U0269234

清华大学公共基础平台课教材

高等微积分教程(上)

一元函数微积分与常微分方程

■ 刘智新 闫浩 章纪民 编著

清华大学出版社
北 京

内 容 简 介

本教材是编者在多年的教学经验与教学研究的基础上编写而成的.教材中适当加强了微积分的基本理论,同时并重微积分的应用,使之有助于培养学生分析问题和解决问题的能力.书中还给出了习题答案或提示,以方便教师教学与学生自学.

教材分为上、下两册,此书是上册,内容包括实数与实数列的极限、一元函数极限与连续、一元函数导数与导数应用、一元函数积分与广义积分、常微分方程.

本书可作为大学理工科非数学专业微积分课程的教材.

图书在版编目(CIP)数据

高等微积分教程.上,一元函数微积分与常微分方程/刘智新,闫浩,章纪民编著.--北京:清华大学出版社,2014(2022.8重印)

清华大学公共基础平台课教材

ISBN 978-7-302-38101-3

Ⅰ.①高… Ⅱ.①刘… ②闫… ③章… Ⅲ.①微积分-高等学校-教材 Ⅳ.①O172

中国版本图书馆CIP数据核字(2014)第220498号

责任编辑: 石 磊 赵从棉
封面设计: 傅瑞学
责任校对: 刘玉霞
责任印制: 杨 艳

出版发行: 清华大学出版社
网 址: http://www.tup.com.cn,http://www.wqbook.com
地 址: 北京清华大学学研大厦A座 **邮 编:** 100084
社 总 机: 010-83470000 **邮 购:** 010-62786544
投稿与读者服务: 010-62776969,c-service@tup.tsinghua.edu.cn
质量反馈: 010-62772015,zhiliang@tup.tsinghua.edu.cn
印 装 者: 天津安泰印刷有限公司
经 销: 全国新华书店
开 本: 170mm×230mm **印 张:** 17.75 **字 数:** 334千字
版 次: 2014年9月第1版 **印 次:** 2022年8月第13次印刷
定 价: 49.80元

产品编号:052091-04

前言

微积分是现代大学生(包括理工科学生以及部分文科学生)大学入学后的第一门课程,也是大学数学教育的一门重要的基础课程,其重要性已为大家所认可.但学生对这门课仍有恐惧感.对学生来说如何学好这门课,对教师来说如何教好这门课,都是广大师生关注的事情.众多微积分教材的出版,都是为了帮助学生更好地理解、学习这门课程,也为了教师更容易地教授这门课.本书的编写就是这么一次尝试.

一、微积分的发展史

以英国科学家牛顿(Newton)和德国数学家莱布尼茨(Leibniz)在17世纪下半叶独立研究和完成的,现在被称为微积分基本定理的牛顿-莱布尼茨公式为标志,微积分的创立和发展已经历了三百多年的时间.但是微积分的思想可以追溯到公元前3世纪古希腊的阿基米德(Archimedes).他在研究一些关于面积、体积的几何问题时,所用的方法就隐含着近代积分学的思想.而微分学的基础——极限理论也早在公元前3世纪左右我国的庄周所著的《庄子》一书的"天下篇"中就有记载,"一尺之棰,日取其半,万世不竭";在魏晋时期我国伟大的数学家刘徽在他的割圆术中提到的"割之弥细,所失弥小,割之又割,以至于不可割,则与圆周和体而无所失矣",都是朴素的、也是很典型的极限概念.利用割圆术,刘徽求出了圆周率 $\pi=3.1416\cdots$ 的结果.

牛顿和莱布尼茨的伟大工作是把微分学的中心问题——切线问题和积分学的中心问题——求积问题联系起来.用这种划时代的联系所创立的微积分方法和手段,使得一些原本被认为是很难的天文学问题、物理学问题得到解决,展现了微积分的威力,推动了当时科学的发展.

尽管牛顿和莱布尼茨的理论在现在看来是正确的,但他们当时的工作是不完善的,尤其缺失数学分析的严密性.在一些基本概念上,例如"无穷"和"无穷小量"这些概念,他们的叙述十分含糊."无穷小量"有时是以零的形式,有时又以非零而是有限的小量出现在牛顿的著作中.同样,在莱布尼茨的著作中也有类似的混淆.这些缺陷,导致了越来越多的悖论和谬论的出现,引发了微积分的危机.

在随后的几百年中，许多数学家为微积分理论做出了奠基性的工作，其中有：

捷克的数学家和哲学家波尔查诺(Bolzano)(1781—1848年)，著有《无穷的悖论》，提出了级数收敛的概念，并对极限、连续和变量有了较深入的了解.

法国数学家柯西(Cauchy)(1789—1857年)，著有《分析教程》、《无穷小分析教程概论》和《微积分在几何上的应用》，“柯西极限存在准则”给微积分奠定了严密的基础，创立极限理论.

德国数学家维尔斯特拉斯(Weierstrass)(1815—1897年)，引进“ε-δ”、“ε-N”语言，在数学上“严格”定义了“极限”和“连续”，逻辑地构造了实数理论，系统建立了数学分析的基础.

在微积分理论的发展之路上，还有一些数学家必须提到，他们是黎曼(Riemann)、欧拉(Euler)、拉格朗日(Lagrange)、阿贝尔(Abel)、戴德金(Dedekind)、康托尔(Cantor)，等等，他们的名字将在我们的教材中一次又一次地被提到.

我们将在教材中呈现的是经过许多数学家不断完善、发展的微积分体系.

二、我们的教材

教材的编写与教学目的是紧密相关的. 微积分的教学目的主要为：

工具与方法　微积分是近代自然科学与工程技术的基础，其工具与方法属性是毋庸置疑的. 物理、化学、生物、力学等，很少有学科不用到微积分的概念、思想方法与手段. 即便是在许多人文社会科学中，也会用到微积分知识.

语言功能　“数学教学也就是数学语言的教学.” 这是俄罗斯学者斯托利亚尔说过的. 其实这里说的数学语言，不仅仅指的是数学上用到的语言，还指科学上用到的语言. 科学知识的获取、发展及表述都需要一套语言，而数学语言是应用最广的一种科学语言. 微积分中所用到的语言，包括“ε-δ”、“ε-N”语言，是最重要的数学语言之一. 因此数学语言的学习也是微积分课程的教学内容.

培养理性思维　理性思维方法是处理科学问题所必需的一种思维方法. 微积分理论中处处闪耀着历史上一代又一代数学大师们理性思维的光芒，我们力图在教材中向学生展现这些理性思维的光芒，以激发学生理性思维的潜能. 同时注重理性思维训练，使学生在微积分的学习过程中有机会逐步理解、掌握解决数学以及相关科学问题的逻辑思维方法.

实践过程　从微积分的发展历史可以发现，从阿基米德、刘徽的朴素微积分思想，到牛顿和莱布尼茨的微积分基本定理，再到“实数系—极限论—微积分”体系的建立，正好是一门学科从萌芽到初步建立再到完善的过程. 任何一门科学的产生都沿袭这个过程. 微积分是学生第一次完整地经历这一过程，而这种经历对每个学生来说也是难得的.微积分的学习就是一次实践过程,让学生体会、学习如何建立一门科学,在创建的过程中会遇到什么问题,如何去解决那些乍一看似乎解决不了的问题(例如"柯西极限存在准则"成功解决了数列或函数极限不存在的问题,而这个问题用极限的定义是无法解决的;实数理论解决了实数在实数轴上的完备性问题).尽管微积分是一门已经成熟的课程,我们几乎不可能有创新的机会,但是通过建立微积分理论体系的实践,可以培养学生创新的能力.一旦有机会,他们会在各自的工作中提出自己的理论,并会完善自己的理论.就像儿时的搭积木对培养建筑师的重要性一样.

随着计算机和软件技术的日益发展,微积分中的一些计算工作,例如求导数、求积分等的重要性日渐减弱,而微积分的语言功能和实践过程却越来越重要.对于非数学专业的理工科学生来说,原来的微积分教材太注重微积分的工具功能,而数学专业的数学分析教材又太注重细节,学时太长,因此我们编写了现在的教材.

在本教材中,我们在不影响总学时的情况下,适当加强了极限理论的内容和训练,使学生为进一步学好微积分理论打下坚实的基础.同时,将确界原理作为平台(基本假设),给出了关于实数完备性的几个基本定理,使之满足微积分体系的需要.而对于初学学生不容易理解和掌握的内容,如有限覆盖定理等,则不作过多的论述与要求,从而避免冗长的论证和过于学究化的深究.我们比较详细地介绍了积分理论,证明了一元函数可积的等价定理以及二重积分的可积性定理,得到了只要函数"比较好"(函数的间断点为零长度集(一元函数定积分)或零面积集(二元函数的二重积分)),积分区域边界也"比较好"(积分区域边界为零面积集(二元函数的二重积分)),一元函数定积分(二元函数的二重积分)一定存在.至于三重积分和曲线、曲面积分,我们采取了简化的方法,没有探究细节.

我们将常微分方程的内容放到上册,以便于其他学科(比如物理学)的学习.而级数则放到本书的最后.作为函数项级数的应用,我们在本书的最后证明了常微分方程初值问题解的存在唯一性定理.

微积分教材的理性与直观的关系一直是比较难处理的问题.过多地强调理性,可能会失去微积分本来的意图;而过多地强调直观,又会使这么优秀的大学生失去了一次难得的理性思维训练,这种训练是高层次人才所必须经历的,而且我们的学生也非常愿意接受这种训练.与国外的微积分教材比较强调直观相比,我们兼顾了数学的理性思维训练.与国内的微积分教材相比,我们结合了学生的实际情况(学习能力强,学习热情高),适当地加强了教材与习题的难度,并考虑到理工科学生的背景,加强了应用.

本教材作为讲义已经在清华大学的很多院系使用过数次.上册与下册的基本内容分别使用 75 学时讲授,各辅以 20～25 学时的习题课.

本书是根据编者在清华大学微积分课程的讲义整理而成的.上册主要由刘智新编写,下册主要由章纪民编写,教材中的习题主要由北京邮电大学闫浩编写.在编写的过程中,得到了"清华大学'985工程'三期人才培养项目"的资助和清华大学数学科学系领导的关心与帮助.编者的同事苏宁、姚家燕、郭玉霞、扈志明、杨利军、崔建莲、梁恒等老师在本书的编写过程中也给予了很多帮助和关心,借此机会,向他们一一致谢.

三、关于微积分的学习

我们的学生经过小学、中学的数学学习,已经有一定的数学基础和技能,但是面对微积分这门严谨和理性的课程,多少都会有一些不适应.对学生而言,毅力和坚持是唯一的途径.对教师而言,耐心和细致也是必要的前提.任何教材都只是知识的载体,缺少了学生的毅力和教师的耐心,学好微积分是不可能的.

祝同学们学习进步!

编 者

2014年7月于清华园

目录

第 1 章　实数系与实数列的极限

微积分是在 17 世纪后半叶由科学家牛顿(Newton)和哲学家莱布尼茨(Leibniz)在前人成果的基础上创立的. 在此后的近两个世纪中,微积分经历了一个飞速发展的时期,在许多科学领域里得到了广泛的应用,解决了许多过去认为是高不可攀的困难问题. 然而这个时期的微积分却未能为自己的方法提供逻辑上坚实的基础,而只是借助于直观的"无穷小"来表述他们的卓越思想. 这种逻辑上的缺陷招致了很多怀疑与批评,引起人们长达一个多世纪的误解与争论. 直到 19 世纪上半叶,柯西(Cauchy)与维尔斯特拉斯(Weierstrass)等人建立了极限理论,为建立微积分坚实的理论基础向前迈进了一大步. 又过了几十年时间,在 19 世纪下半叶,康托尔(Cantor)与戴德金(Dedekind)等人经过缜密的考察才发现,极限理论的一些基本原理,本质上依赖于实数系的一个非常关键的性质——实数的连续性. 进而建立了实数理论,这样才使得微积分有了坚实的逻辑基础. 为了方便读者的学习,在本章中我们主要指出关于实数系的一些基本事实与性质,进而给出实数列的极限理论.

1.1　实数系

微积分的主要研究对象是以实数为自变量的函数. 本节先来介绍实数系的相关知识.

在中学数学中,我们已经熟知,实数可以用数轴表示,且这种表示方法使得各实数之间的一些关系及运算具有几何直观性(图 1.1.1).

任何两个实数间可以进行加、减、乘、除(分母不为零)运算且运算结果仍为实数.

−4 −3 −2 −1 0 1 2 3 4

图 1.1.1

实数集还具有序关系: 对任意两个实数 a,b,下列三种关系

$$a<b,\quad a=b,\quad a>b$$

有且只有一个成立. 对任何三个实数 a,b,c,若 $a\leqslant b$,则 $a+c\leqslant b+c$,且当 $c\geqslant 0$ 时,$ac\leqslant bc$.

从数轴上还可以看到，任何两个实数之间既有有理数，又有无理数，这称为有理数和无理数在实数系中的稠密性.

实数集的子集称为数集.为方便起见，记实数集为$\mathbb{R}$，空集为$\varnothing$，几个常用的数集分别记为：

自然数集——$\mathbb{N}=\{0,1,2,\cdots,n,\cdots\}$；

正整数集——$\mathbb{N}^*=\{1,2,\cdots,n,\cdots\}$；

整数集——$\mathbb{Z}=\{0,\pm1,\pm2,\cdots,\pm n,\cdots\}$；

有理数集——$\mathbb{Q}=\left\{\frac{p}{q}\,\middle|\,p,q\in\mathbb{Z},q\neq0\right\}$.

为叙述方便，我们引入两个常用的数学符号：

“$\exists$”表示“存在”；

“$\forall$”表示“对于任意的”.

例如，“$\exists M\in\mathbb{R}$”表示“存在实数M”；“$\forall x\in\mathbb{Q}$”表示“对于任意的有理数x”.

下面考虑数集的有界性.

定义 1.1.1 ……………………………………

设A为非空数集，若$\exists M\in\mathbb{R}$，使得$\forall x\in A$，有$x\leqslant M$，则称数集A有上界，并且称M为A的一个上界；若$\exists m\in\mathbb{R}$，使得$\forall x\in A$，有$x\geqslant m$，则称数集A有下界，并且称m为A的一个下界.既有上界又有下界的数集A称为有界的；否则称A为无界的.

例如，闭区间$[0,1]$，开区间$(-1,1)$为有界的；自然数集$\mathbb{N}$有下界0，但无上界；有理数集既无上界又无下界.

显然，若数集A有上界(下界)，则A有无穷多个上界(下界).

定义 1.1.2 ……………………………………

(1)设A是有上界的非空数集，称A的最小上界ξ为A的**上确界**，记为$\xi=\sup A$；(2)设A是有下界的非空数集，称A的最大下界η为A的**下确界**，记为$\eta=\inf A$.

▶ **例 1.1.1** ……………………………………

(1) 闭区间$[0,3]$的上，下确界分别是3和0；

(2) 开区间$(-1,1)$的上，下确界分别是1和-1；

(3) 无穷区间$(0,+\infty)$无上界，下确界是0；

(4) 数集$\left\{0,1-\frac{1}{2},1-\frac{1}{3},\cdots,1-\frac{1}{n},\cdots\right\}$的上，下确界分别是1和0；

(5) 开区间$(0,1)$内的无理数之集E的上，下确界分别是1和0.

易见,A 的上确界 $\xi=\sup A$ 可以在 A 中(如闭区间$[0,3]$),也可以不在 A 中(如开区间$(-1,1)$),如果 ξ 在 A 中,又称 ξ 为 A 的最大值,记为 $\xi=\max A$. 此时,$\max A=\sup A$. 开区间$(-1,1)$则没有最大值.

类似地,如果 A 的下确界 $\eta=\inf A$ 在 A 中,又称 η 为 A 的最小值,记为 $\eta=\min A$.

作为本节结尾,我们给出下列关于实数系的基本性质. 它本质上揭示了实数的连续性.

定理 1.1.1(确界原理) ……………………………………

有上界的非空数集必有上确界.

这个结果直观上是非常显然的,但是其严格证明已超出本课程的要求.

若 A 为有下界的非空数集,则数集 $-A=\{-x\mid x\in A\}$ 非空且有上界,由定理 1.1.1,$-A$ 存在上确界 ξ,不难看出,$\eta=-\xi$ 即为 A 的下确界. 由此得

定理 1.1.2 ……………………………………

有下界的非空数集必有下确界.

习题 1.1

1. 用数学归纳法证明:

(1) $1+2+\cdots+n=\dfrac{1}{2}n(n+1)$;

(2) $1^2+2^2+\cdots+n^2=\dfrac{1}{6}n(n+1)(2n+1)$;

(3) $1^3+2^3+\cdots+n^3=\dfrac{1}{4}n^2(n+1)^2$.

2. 求下列数集的上、下确界.

(1) 有限个实数构成的集合$\{a_1,a_2,\cdots,a_n\}$;

(2) $\{x\mid x\in\mathbb{Q},x^2<2\}$;

(3) $\{x\mid x\in\mathbb{R},x^2-2x-3<0\}$;

(4) $\left\{x_n\mid x_n=[1+(-1)^n]\dfrac{n+1}{n},n\in\mathbb{N}^*\right\}$.

3. 集合 $A=\{x\mid x\in\mathbb{R},x^2<2\}$,证明:$\sup A=\sqrt{2}$.

4. 设函数 $f(x)$在数集 D 上有定义,证明:

(1) $\sup\limits_{x\in D}\{-f(x)\}=-\inf\limits_{x\in D}\{f(x)\}$;　(2) $\inf\limits_{x\in D}\{-f(x)\}=-\sup\limits_{x\in D}\{f(x)\}$.

5. 对于非空实数集 A,$\sup A(\inf A)$与 $\max A(\min A)$有什么联系与区别?

6. 设 $a,b\in\mathbb{R}$. 证明:$\max\{a,b\}=\dfrac{a+b+|a-b|}{2}$;$\min\{a,b\}=\dfrac{a+b-|a-b|}{2}$.

7. 证明下列命题：(1) 设 A 为有上界的非空数集，则 $\xi=\sup A$ 的充分必要条件是：ξ 为 A 的上界，并且 $\forall\varepsilon>0$，存在 $x\in A$，使得 $x>\xi-\varepsilon$.

(2) 设 A 为有下界的非空数集，则 $\eta=\inf A$ 的充分必要条件是：η 为 A 的下界，并且 $\forall\varepsilon>0$，存在 $x\in A$，使得 $x<\eta+\varepsilon$.

8. 设 A,B 均为非空有界数集，且 $A\cap B$ 非空，证明：

(1) $\inf(A\cup B)=\min\{\inf A,\inf B\}$； (2) $\sup(A\cup B)=\max\{\sup A,\sup B\}$；

(3) $\inf(A\cap B)\geqslant\max\{\inf A,\inf B\}$； (4) $\sup(A\cap B)\leqslant\min\{\sup A,\sup B\}$.

9. 设 A,B 均为非空有界数集，定义 $A+B=\{x+y\mid x\in A,y\in B\}$，$AB=\{xy\mid x\in A,y\in B\}$. 证明：(1) $\inf(A+B)=\inf A+\inf B$；(2) $\sup(A+B)=\sup A+\sup B$；(3) 当 $A,B\subseteq\{x\mid x\geqslant 0\}$ 时，有 $\inf AB=\inf A\inf B$，$\sup AB=\sup A\sup B$.

1.2 数列极限的基本概念

以正整数 $1,2,\cdots,n,\cdots$ 为下标的一列实数按照下标的大小顺序排成一列

$$a_1,a_2,\cdots,a_n,\cdots$$

称为一个(实)**数列**，也可以记为 $\{a_n\}$. a_n 称为数列的第 n 项或通项. 例如，

(1) $\{2n-1\}$；(2) $\{(-1)^n\}$；(3) $\{2+2^{-n}\}$；(4) $\left\{\dfrac{2-(-1)^n}{n}\right\}$.

考察上面几个数列的例子可以发现，当项数 n 由小变大时，数列 $\{2+2^{-n}\}$ 的项 $2+2^{-n}$ 越来越接近实数 2，即数列 $\{2+2^{-n}\}$ 的项越来越靠后时，这些项会朝着固定值 2 变化并无限接近 2，我们称数列 $\{2+2^{-n}\}$ 有"极限"2. 同样地，数列 $\left\{\dfrac{2-(-1)^n}{n}\right\}$ 的项越来越靠后时，这些项会朝着固定值 0 变化并无限接近 0，即数列 $\left\{\dfrac{2-(-1)^n}{n}\right\}$ 有极限 0. 但是 $\{2n-1\}$ 与 $\{(-1)^n\}$ 则没有这样的性质.

我们需要把这种关于**数列极限**的直观描述用符合逻辑的语言表达出来.

定义 1.2.1 ……………………………………………………………

对于数列 $\{a_n\}$ 及常数 A，如果 $\forall\varepsilon>0$，$\exists N\in\mathbb{N}$，使得当 $n>N$ 时，就有 $|a_n-A|<\varepsilon$. 则称数列 $\{a_n\}$ 有极限 A，也称 $\{a_n\}$ 收敛于 A，记为 $\lim\limits_{n\to\infty}a_n=A$ 或 $a_n\to A(n\to\infty)$.

若数列 $\{a_n\}$ 没有极限，则称 $\{a_n\}$ 发散.

上述定义精确地表达了当数列 $\{a_n\}$ 的项越来越靠后时，这些项会朝着 A 变化并"无限接近"A，因为无论对于多么小的正数 ε，都可以找到相应(依赖于 ε)的自然数 $N=N(\varepsilon)$，使得数列 $\{a_n\}$ 中第 N 项后面的每一项与 A 的距离

都小于 ε.

▶ **例 1.2.1** ……………………………………………………………………

设 $0<|q|<1$,求证 $\lim\limits_{n\to\infty}q^n=0$.

证明 对任意正数 ε,为了使 $|q^n-0|=|q|^n<\varepsilon$,只要 $n>\log_{|q|}\varepsilon$ 就可以了.于是可取自然数 $N\geqslant\log_{|q|}\varepsilon$.当 $n>N$ 时,就有 $n>\log_{|q|}\varepsilon$,从而有

$$|q^n-0|=|q|^n<\varepsilon.$$

由极限定义便知 $\lim\limits_{n\to\infty}q^n=0$

▶ **例 1.2.2** ……………………………………………………………………

设 $a_n=\dfrac{2n^2+n+2}{n^2-3}$,证明 $\lim\limits_{n\to\infty}a_n=2$.

证明 当 $n\geqslant8$ 时,有

$$|a_n-2|=\frac{n+8}{n^2-3}\leqslant\frac{2n}{\frac{1}{2}n^2}=\frac{4}{n}.$$

由此知,$\forall\,\varepsilon>0$,可取自然数 $N\geqslant\max\left\{8,\dfrac{4}{\varepsilon}\right\}$,当 $n>N$ 时,

$$|a_n-2|\leqslant\frac{4}{n}<\varepsilon,$$

所以 $\lim\limits_{n\to\infty}a_n=2$.

▶ **例 1.2.3** ……………………………………………………………………

证明 $\lim\limits_{n\to\infty}\sqrt[n]{n}=1$.

证明 记 $a_n=\sqrt[n]{n}-1$,则当 $n\geqslant2$ 时,

$$n=(1+a_n)^n=\sum_{k=0}^{n}C_n^k a_n^k\geqslant\frac{1}{2}n(n-1)a_n^2\geqslant\frac{1}{4}n^2a_n^2,$$

从而 $0<a_n\leqslant\dfrac{2}{\sqrt{n}}$.所以 $\forall\,\varepsilon>0$,取自然数 $N\geqslant\max\left\{2,\dfrac{4}{\varepsilon^2}\right\}$,则当 $n>N$ 时,有

$$0<a_n\leqslant\frac{2}{\sqrt{n}}<\varepsilon.$$

由极限定义得 $\lim\limits_{n\to\infty}\sqrt[n]{n}=1$.

▶ **例 1.2.4** ……………………………………………………………………

设 $\lim\limits_{n\to\infty}a_n=A$.求证:

(1) $\lim\limits_{n\to\infty}e^{a_n}=e^A$;

(2) 如果 $A>0,a_n>0,n=1,2,\cdots$,则 $\lim\limits_{n\to\infty}\ln a_n=\ln A$;

(3) $\lim\limits_{n\to\infty}\frac{\ln n}{n}=0$.

证明 (1) $\forall\varepsilon>0$,

$$
\begin{aligned}
&|e^{a_n}-e^A|<\varepsilon \\
\Leftrightarrow\ &|e^{a_n-A}-1|<\varepsilon e^{-A} \\
\Leftrightarrow\ &1-\varepsilon e^{-A}<e^{a_n-A}<1+\varepsilon e^{-A} \\
\Leftrightarrow\ &\ln(1-\varepsilon e^{-A})<a_n-A<\ln(1+\varepsilon e^{-A}).
\end{aligned}
\tag{1}
$$

不妨设 $\varepsilon<e^A$,令 $\delta=\min\{-\ln(1-\varepsilon e^{-A}),\ln(1+\varepsilon e^{-A})\}$,则 $\delta>0$. 由于 $\lim\limits_{n\to\infty}a_n=A$,故 $\exists N\in\mathbb{N}$,使得当 $n>N$ 时,就有 $|a_n-A|<\delta$. 于是当 $n>N$ 时,不等式(1)成立. 从而有 $|e^{a_n}-e^A|<\varepsilon$. 由极限定义即得 $\lim\limits_{n\to\infty}e^{a_n}=e^A$.

(2) $\forall\varepsilon>0$,要使 $|\ln a_n-\ln A|<\varepsilon$,只需

$$-\varepsilon<\ln\frac{a_n}{A}<\varepsilon,$$

亦即

$$A(e^{-\varepsilon}-1)<a_n-A<A(e^{\varepsilon}-1). \tag{2}$$

令 $\delta=\min\{A(1-e^{-\varepsilon}),A(e^{\varepsilon}-1)\}$,显然 $\delta>0$. 由于 $\lim\limits_{n\to\infty}a_n=A$,故 $\exists N\in\mathbb{N}$,使得当 $n>N$ 时,就有 $|a_n-A|<\delta$. 于是当 $n>N$ 时,不等式(2)成立. 从而有 $|\ln a_n-\ln A|<\varepsilon$. 由极限定义即得 $\lim\limits_{n\to\infty}\ln a_n=\ln A$.

(3) 由例 1.2.3 知,$\lim\limits_{n\to\infty}\sqrt[n]{n}=1$. 再由(2)即得

$$\lim_{n\to\infty}\frac{\ln n}{n}=\lim_{n\to\infty}\ln n^{\frac{1}{n}}=\ln 1=0.$$

例 1.2.5

设 $\lim\limits_{n\to\infty}a_n=A$, $\lim\limits_{n\to\infty}b_n=B$,求证:$\lim\limits_{n\to\infty}(a_n\pm b_n)=A\pm B$.

证明 因为 $\lim\limits_{n\to\infty}a_n=A$,由极限定义,$\forall\varepsilon>0$,$\exists N_1\in\mathbb{N}$,使得当 $n>N_1$ 时,有

$$|a_n-A|<\frac{\varepsilon}{2}.$$

另一方面,$\lim\limits_{n\to\infty}b_n=B$,故对上述 ε,$\exists N_2\in\mathbb{N}$,使得当 $n>N_2$ 时,有

$$|b_n-B|<\frac{\varepsilon}{2}.$$

进而知,当 $n>N=\max\{N_1,N_2\}$ 时,便有

$$|(a_n\pm b_n)-(A\pm B)|\leqslant|a_n-A|+|b_n-B|<\frac{\varepsilon}{2}+\frac{\varepsilon}{2}=\varepsilon.$$

再由极限定义,

$$\lim_{n\to\infty}(a_n\pm b_n)=A\pm B.$$

习题 1.2

1. 下列说法中,哪些与$\lim\limits_{n\to\infty}a_n=A$等价.如果等价,请证明,如果不等价,请举出反例.

(1) 对于无限多个正数ε,$\exists N\in\mathbb{N}^*$,只要$n\geqslant N$,就有$|a_n-A|<\varepsilon$;

(2) $\forall\varepsilon>0$,$\exists N\in\mathbb{N}^*$,只要$n\geqslant N$,就有$|a_n-A|<\varepsilon$;

(3) $\forall\varepsilon\in(0,1)$,$\exists N\in\mathbb{N}^*$,只要$n>N$,就有$|a_n-A|<\varepsilon$;

(4) $k>0$,$\forall\varepsilon>0$,$\exists N\in\mathbb{N}^*$,只要$n>N$,就有$|a_n-A|<k\varepsilon$;

(5) $\forall\varepsilon>0$,$\exists N\in\mathbb{N}^*$,只要$n>N$,就有$|a_n-A|<\varepsilon^{\frac{2}{3}}$;

(6) $\forall k\in\mathbb{N}^*$,$\exists N_k\in\mathbb{N}^*$,只要$n>N_k$,就有$|a_n-A|<\dfrac{1}{2^k}$;

(7) $\exists N\in\mathbb{N}^*$,只要$n>N$,就有$|a_n-A|<\dfrac{1}{n}$;

(8) $\forall\varepsilon>0$,$\exists N\in\mathbb{N}^*$,只要$n>N$,就有$|a_n-A|<\dfrac{\varepsilon}{n}$;

(9) $\forall\varepsilon>0$,$\exists N\in\mathbb{N}^*$,只要$n>N$,就有$|a_n-A|<\sqrt{n}\varepsilon$.

2. 用ε-N语言叙述:“$\{a_n\}$不收敛于A”.并讨论下列哪些说法与“$\{a_n\}$不收敛于A”等价.

(1) $\exists\varepsilon_0>0$,$\exists N\in\mathbb{N}^*$,只要$n>N$,就有$|a_n-A|\geqslant\varepsilon_0$;

(2) $\forall\varepsilon>0$,$\exists N\in\mathbb{N}^*$,只要$n\geqslant N$,就有$|a_n-A|\geqslant\varepsilon$;

(3) $\exists\varepsilon_0>0$,使得$\{a_n\}$中除有限项外,都满足$|a_n-A|\geqslant\varepsilon_0$;

(4) $\exists\varepsilon_0>0$,使得$\{a_n\}$中有无穷多项满足$|a_n-A|\geqslant\varepsilon_0$.

3. 利用极限的定义证明以下极限:

(1) $\lim\limits_{n\to\infty}\dfrac{2n^3-1}{n^3-n+1}=2$;

(2) $\lim\limits_{n\to\infty}\left(\sqrt{n^2-1}-\sqrt{n^2+4}\right)=0$;

(3) $\lim\limits_{n\to\infty}\dfrac{\cos n}{n}=0$;

(4) $\lim\limits_{n\to\infty}\arctan n=\dfrac{\pi}{2}$;

(5) $\lim\limits_{n\to\infty}\dfrac{1}{1+\sqrt{n}}=0$;

(6) $\lim\limits_{n\to\infty}\dfrac{n!}{n^n}=0$

(7) $\lim\limits_{n\to\infty}\dfrac{n}{a^n}=0,a>1$;

(8) $\lim\limits_{n\to\infty}\dfrac{1}{\sqrt[n]{n!}}=0$;

(9) $\lim\limits_{n\to\infty}a^{\frac{1}{n}}=1,a>0$.

4. 设$\lim\limits_{n\to\infty}a_n=A$,$k$是自然数.证明:$\lim\limits_{n\to\infty}a_{n+k}=A$.

5. 设$\lim\limits_{n\to\infty}a_{2n}=\lim\limits_{n\to\infty}a_{2n-1}=A$.证明:$\lim\limits_{n\to\infty}a_n=A$.

6. 设$\lim\limits_{n\to\infty}a_n=A$,利用极限的定义证明:

(1) $\lim\limits_{n\to\infty}\dfrac{a_n}{n}=0$;

(2) $\lim\limits_{n\to\infty}|a_n|=|A|$;

(3) $\lim\limits_{n\to\infty}\sqrt{a_n}=\sqrt{A}\ (A>0)$;

(4) $\lim\limits_{n\to\infty}\dfrac{a_{n+1}}{a_n}=1\ (A\neq 0)$.

7. 已知$\lim\limits_{n\to\infty}a_n=A$,证明:

(1) $\lim\limits_{n\to\infty}|a_n|=|A|$,反之何时成立?

(2) $\lim\limits_{n\to\infty}\dfrac{a_1+a_2+\cdots+a_n}{n}=A$,反之成立吗?

1.3 收敛数列的性质

性质 1

若数列$\{a_n\}$收敛,则它的极限是唯一的.

证明 假定$\lim\limits_{n\to\infty}a_n=A$,同时又有$\lim\limits_{n\to\infty}a_n=B$. $\forall\varepsilon>0$,由极限定义,$\exists N_1\in\mathbb{N}$,使得当$n>N_1$时,就有$|a_n-A|<\varepsilon/2$. 同时$\exists N_2\in\mathbb{N}$,使得当$n>N_2$时,就有$|a_n-B|<\varepsilon/2$. 进而知,当$n>N=\max\{N_1,N_2\}$时,便有

$$|A-B|\leqslant|A-a_n|+|a_n-B|<\frac{\varepsilon}{2}+\frac{\varepsilon}{2}=\varepsilon.$$

而$\varepsilon>0$可以是任意正数,从而必有$|A-B|\leqslant 0$,即$A=B$.

性质 2

在一个收敛数列$\{a_n\}$中任意添加、删去有限项,或者任意改变有限项的值,不会改变该数列的收敛性与极限值.

证明 设数列$\{a_n\}$的前k项$a_1,a_2,\cdots,a_k$被改变为$b_1,b_2,\cdots,b_m$,而k项以后的所有项保持不变. 记$b_{m+i}=a_{k+i}$,$i=1,2,\cdots$,即$\{b_n\}$为数列$\{a_n\}$改变后所得到的数列.

若数列$\{a_n\}$有极限A,则$\forall\varepsilon>0$,$\exists N\in\mathbb{N}$(不妨设$N\geqslant k$),使得当$n>N$时,就有

$$|a_n-A|<\varepsilon.$$

由于$b_{m+i}=a_{k+i}$,并且

$$k+i>N\Leftrightarrow m+i>m+N-k=N_1,$$

从而当$n>N_1$时,就有$|b_n-A|<\varepsilon$,即$\{b_n\}$收敛于A.

另一方面,数列$\{a_n\}$也可看作$\{b_n\}$改变后所得到的数列,所以,若$\{b_n\}$收敛,则$\{a_n\}$收敛. 从而若$\{a_n\}$发散,则$\{b_n\}$必发散.

定义 1.3.1

设$\{a_n\}$是一个数列，$0<n_1<n_2<\cdots<n_k<\cdots$是一列自然数，称数列$\{a_{n_k}\}$为$\{a_n\}$的**子列**.

例如，$\{2n\}$与$\{2n-1\}$都是自然数列$\mathbb{N}$的子列.

性质 3

若数列$\{a_n\}$收敛于A，则它的任何子列都收敛于A.

证明 设$\{a_{n_k}\}$为$\{a_n\}$的一个子列. 由于$\{a_n\}$收敛于A，$\forall \varepsilon>0$，$\exists N\in\mathbb{N}$，使得当$n>N$时，有$|a_n-A|<\varepsilon$. 而$n_k\geqslant k$，故当$k>N$时，便有$|a_{n_k}-A|<\varepsilon$. 即$\{a_{n_k}\}$收敛于A.

例 1.3.1

证明数列$\{(-1)^n\}$发散.

证明 记$a_n=(-1)^n$，则$a_{2n}=1$，$a_{2n-1}=-1$. 即数列$\{(-1)^n\}$有两个子列分别收敛于1和-1. 由性质3便知，数列$\{(-1)^n\}$发散.

上例说明，有界数列不一定收敛. 然而我们有以下性质.

性质 4

收敛数列一定有界，即存在正数M，使得$|a_n|\leqslant M(n=1,2,\cdots)$.

证明 设$\{a_n\}$收敛于A. 取$\varepsilon=1$，由极限定义，$\exists N\in\mathbb{N}$，使得当$n>N$时，$|a_n-A|<1$. 取$M=\max\{|a_1|,|a_2|,\cdots,|a_N|,|A|+1\}$，易见$\forall n\in\mathbb{N}^*$，有$|a_n|\leqslant M$.

例 1.3.2

设$\lim\limits_{n\to\infty}a_n=A$，证明：$\lim\limits_{n\to\infty}a_n^2=A^2$.

证明 由于$\lim\limits_{n\to\infty}a_n=A$，根据性质4，存在正数$M$，使得$|a_n|\leqslant M(n=1,2,\cdots)$.

另一方面，$\forall \varepsilon>0$，$\exists N\in\mathbb{N}$，使得当$n>N$时，有$|a_n-A|<\dfrac{\varepsilon}{M+|A|}$. 于是当$n>N$时

$$|a_n^2-A^2|=|a_n+A|\cdot|a_n-A|\leqslant(M+|A|)|a_n-A|<\varepsilon.$$

所以$\lim\limits_{n\to\infty}a_n^2=A^2$.

性质 5（极限的保序性）

设数列$\{a_n\}$收敛于A，数列$\{b_n\}$收敛于B. (1) 若$A>B$，则$\exists N\in\mathbb{N}$，使得当$n>N$时，就有$a_n>b_n$；(2) 若$\exists N\in\mathbb{N}$，使得当$n>N$时，就有$a_n\geqslant b_n$，则$A\geqslant B$.

证明 (1) 由于$\lim\limits_{n\to\infty}a_n=A$,取$\varepsilon=\frac{1}{2}(A-B)$,则$\exists N_1\in\mathbb{N}$,使得当$n>N_1$时,就有

$$a_n-A>-\varepsilon=\frac{1}{2}(B-A),$$

即

$$a_n>\frac{1}{2}(A+B).$$

同时$\lim\limits_{n\to\infty}b_n=B$,故$\exists N_2\in\mathbb{N}$,使得当$n>N_2$时,就有

$$b_n-B<\varepsilon=\frac{1}{2}(A-B),$$

即

$$b_n<\frac{1}{2}(A+B).$$

令$N=\max\{N_1,N_2\}$,则当$n>N$时,便有

$$b_n<\frac{1}{2}(A+B)<a_n.$$

(2) 假定$A<B$,由(1)知,$\exists N\in\mathbb{N}$,使得当$n>N$时$b_n>a_n$.这与$a_n\geqslant b_n$相矛盾.故$A\geqslant B$.

定理 1.3.1(极限的四则运算)

设$\lim\limits_{n\to\infty}a_n=A$,$\lim\limits_{n\to\infty}b_n=B$,则

(1) 对任意实数c,有$\lim\limits_{n\to\infty}(ca_n)=c\cdot\lim\limits_{n\to\infty}a_n=cA$;

(2) $\lim\limits_{n\to\infty}(a_n\pm b_n)=\lim\limits_{n\to\infty}a_n\pm\lim\limits_{n\to\infty}b_n=A\pm B$;

(3) $\lim\limits_{n\to\infty}(a_n\cdot b_n)=\lim\limits_{n\to\infty}a_n\cdot\lim\limits_{n\to\infty}b_n=AB$;

(4) 若$B\neq 0$,则有$\lim\limits_{n\to\infty}\dfrac{a_n}{b_n}=\dfrac{\lim\limits_{n\to\infty}a_n}{\lim\limits_{n\to\infty}b_n}=\dfrac{A}{B}$.

证明 (1)的证明留给读者作为练习.(2)在例1.2.5中已给出证明.下面证明(3)和(4).

(3) $\{a_n\}$为收敛数列,由性质3知,$\{a_n\}$有界,即$\exists M>0$,使得$\forall n\in\mathbb{N}^*$,有$|a_n|\leqslant M$.又因为$A=\lim\limits_{n\to\infty}a_n$,$B=\lim\limits_{n\to\infty}b_n$,由极限定义,$\forall\varepsilon>0$,$\exists N\in\mathbb{N}$,使得当$n>N$时,同时有

$$|a_n-A|<\frac{\varepsilon}{2(1+|B|)},\quad |b_n-B|<\frac{\varepsilon}{2M}.$$

于是当 $n>N$ 时便有

$$\begin{aligned}|a_nb_n-AB|&\leqslant|a_nb_n-a_nB|+|a_nB-AB|\\&<M\frac{\varepsilon}{2M}+\frac{\varepsilon}{2(1+|B|)}|B|<\varepsilon.\end{aligned}$$

由极限定义便知 $\lim\limits_{n\to\infty}a_nb_n=AB$.

(4) 根据(3),要证(4)成立,只需证 $\lim\limits_{n\to\infty}\frac{1}{b_n}=\frac{1}{B}$. 由于 $B\neq0$,由极限定义,对于 $\varepsilon_0=\frac{|B|}{2}$,$\exists N_1\in\mathbb{N}$,使得当 $n>N_1$ 时,有 $|b_n-B|<\frac{|B|}{2}$,因而当 $n>N_1$ 时 $|b_n|>\frac{|B|}{2}$,即 $\left|\frac{1}{b_n}\right|<\frac{2}{|B|}$. 不妨设 $\forall n\in\mathbb{N}^*$,$b_n\neq0$. 另一方面,再由 $\lim\limits_{n\to\infty}b_n=B$,$\forall\varepsilon>0$,$\exists N_2\in\mathbb{N}$,使得当 $n>N_2$ 时,有 $|b_n-B|<\frac{\varepsilon|B|^2}{2}$. 进而知,当 $n>N=\max\{N_1,N_2\}$ 时,

$$\left|\frac{1}{b_n}-\frac{1}{B}\right|=\left|\frac{B-b_n}{Bb_n}\right|<\left|\frac{1}{B}\cdot\frac{2}{B}\right|\cdot\frac{\varepsilon|B|^2}{2}=\varepsilon.$$

即 $\lim\limits_{n\to\infty}\frac{1}{b_n}=\frac{1}{B}$.

▶ **例 1.3.3** ……………………………………………………………………

求 $\lim\limits_{n\to\infty}\frac{n^2-n+1}{2n^2+3n-2}$.

解 由于 $\lim\limits_{n\to\infty}\frac{1}{n}=0$,$\lim\limits_{n\to\infty}\frac{1}{n^2}=0$,应用定理 1.3.1 便得到

$$\lim_{n\to\infty}\frac{n^2-n+1}{2n^2+3n-2}=\lim_{n\to\infty}\frac{1-\frac{1}{n}+\frac{1}{n^2}}{2+\frac{3}{n}-\frac{2}{n^2}}=\frac{1-\lim\limits_{n\to+\infty}\frac{1}{n}+\lim\limits_{n\to+\infty}\frac{1}{n^2}}{2+3\lim\limits_{n\to+\infty}\frac{1}{n}-2\lim\limits_{n\to+\infty}\frac{1}{n^2}}=\frac{1}{2}.$$

▶ **例 1.3.4** ……………………………………………………………………

设 a,b 为实数,满足 $0<|a|<1,0<|b|<1$,求 $\lim\limits_{n\to+\infty}\frac{1+a+a^2+\cdots+a^n}{1+b+b^2+\cdots+b^n}$.

解 注意到

$$1+a^2+a^2+\cdots+a^n=\frac{1-a^{n+1}}{1-a},1+b+b^2+\cdots+b^n=\frac{1-b^{n+1}}{1-b},$$

所以

$$\lim_{n\to\infty}\frac{1+a+a^2+\cdots+a^n}{1+b+b^2+\cdots+b^n}=\lim_{n\to\infty}\frac{1-b}{1-a}\cdot\frac{1-a^{n+1}}{1-b^{n+1}}=\frac{1-b}{1-a}.$$

定理 1.3.2(夹逼原理) ……

设数列$\{a_n\}$,$\{b_n\}$和$\{x_n\}$满足条件：$\exists n_0\in\mathbb{N}$,使得当$n>n_0$时有

$$a_n\leqslant x_n\leqslant b_n.$$

若$\lim\limits_{n\to\infty}a_n=\lim\limits_{n\to\infty}b_n=A$,则$\lim\limits_{n\to\infty}x_n=A$.

证明 由于当$n>n_0$时

$$a_n-A\leqslant x_n-A\leqslant b_n-A,$$

从而

$$|x_n-A|\leqslant\max\{|a_n-A|,|b_n-A|\}.$$

另一方面,$\lim\limits_{n\to\infty}a_n=\lim\limits_{n\to\infty}b_n=A$,故$\forall\varepsilon>0$,$\exists N_1\in\mathbb{N}$,使得当$n>N_1$时,同时有

$$|a_n-A|<\varepsilon,\quad |b_n-A|<\varepsilon.$$

从而知,当$n>N=\max\{n_0,N_1\}$时,有$|x_n-A|<\varepsilon$. 所以$\lim\limits_{n\to\infty}x_n=A$.

▶ **例 1.3.5** ……

求$\lim\limits_{n\to\infty}(\sqrt{n+3}-\sqrt{n-1})$.

解 $\forall n\in\mathbb{N}^*$,有

$$0\leqslant\sqrt{n+3}-\sqrt{n-1}=\frac{4}{\sqrt{n+3}+\sqrt{n-1}}<\frac{4}{\sqrt{n}}.$$

不难看出$\lim\limits_{n\to\infty}\dfrac{4}{\sqrt{n}}=0$. 另外,由常数$a_n=0(n=1,2,\cdots)$组成的数列以0为极限. 于是由定理1.3.2就得到$\lim\limits_{n\to\infty}(\sqrt{n+3}-\sqrt{n-1})=0$.

▶ **例 1.3.6** ……

设$a>0$,求证$\lim\limits_{n\to\infty}\sqrt[n]{a}=1$.

证明 当$a\geqslant 1$时,$\forall n\geqslant a$,$1\leqslant\sqrt[n]{a}\leqslant\sqrt[n]{n}$. 又由例1.2.3知$\lim\limits_{n\to\infty}\sqrt[n]{n}=1$,应用夹逼原理即得$\lim\limits_{n\to\infty}\sqrt[n]{a}=1$. 当$0<a<1$时,$\dfrac{1}{a}>1$,所以

$$\lim_{n\to\infty}\sqrt[n]{a}=\frac{1}{\lim\limits_{n\to\infty}\sqrt[n]{\dfrac{1}{a}}}=\frac{1}{1}=1.$$

▶ **例 1.3.7** ……

设$a_1,a_2,\cdots,a_m$是m个非负数,求证:

$$\lim_{n\to\infty}(a_1^n+a_2^n+\cdots+a_m^n)^{\frac{1}{n}}=\max_{1\leqslant k\leqslant m}a_k.$$

证明 记 $a=\max\limits_{1\leqslant k\leqslant m}a_k$，则

$$a\leqslant(a_1^n+a_2^n+\cdots+a_m^n)^{\frac{1}{n}}\leqslant(ma^n)^{\frac{1}{n}}=am^{\frac{1}{n}}.$$

由例 1.3.6 知 $\lim\limits_{n\to\infty}m^{\frac{1}{n}}=1$，应用夹逼原理即得所要结论.

习题 1.3

1. 讨论以下命题是否正确，如果不正确，请举反例.

(1) 数列 $\{2x_n-y_n\}$ 与 $\{3x_n+4y_n\}$ 都收敛，则数列 $\{x_n\}$ 与 $\{y_n\}$ 都收敛；

(2) 数列 $\{x_n\}$ 收敛，$\{y_n\}$ 发散，则 $\{x_n+y_n\}$ 与 $\{x_ny_n\}$ 均发散；

(3) 数列 $\{x_n\}$、$\{y_n\}$ 均发散，则 $\{x_n+y_n\}$ 与 $\{x_ny_n\}$ 均发散；

(4) 数列 $\{x_n\}$、$\{x_ny_n\}$ 都收敛，则 $\{y_n\}$ 也收敛；

(5) 若 $\lim\limits_{n\to\infty}x_n=0$，则对任何数列 $\{y_n\}$，有 $\lim\limits_{n\to\infty}x_ny_n=0$；

(6) 若 $\lim\limits_{n\to\infty}x_ny_n=0$，则 $\lim\limits_{n\to\infty}x_n=0$ 或 $\lim\limits_{n\to\infty}y_n=0$.

2. 证明本节定理 1.3.1 的(1).

3. 设 $\lim\limits_{n\to\infty}a_n=A$，$a,b\in\mathbb{R}$，满足：$a<A<b$. 证明：$\exists N\in\mathbb{N}^*$，当 $n>N$ 时，有 $a<a_n<b$.

4. 求下列极限：

(1) $\lim\limits_{n\to\infty}\dfrac{2n^3-2n^2-n-1}{3n^3+n^2+2}$； (2) $\lim\limits_{n\to\infty}\dfrac{2^n+(-1)^n}{2^{n-2}+(-1)^{n-1}}$；

(3) $\lim\limits_{n\to\infty}\dfrac{\sqrt{n}\cos n}{n+2}$； (4) $\lim\limits_{n\to\infty}\left(\sqrt{n^2-n+1}-\sqrt{n^2+n-2}\right)$；

(5) $\lim\limits_{n\to\infty}\left(1+\dfrac{1}{n}\right)^{\frac{1}{n}}$； (6) $\lim\limits_{n\to\infty}\left(\dfrac{1}{1\cdot2}+\dfrac{1}{2\cdot3}+\cdots+\dfrac{1}{n(n+1)}\right)$；

(7) $\lim\limits_{n\to\infty}\sqrt[n]{2+(-1)^n}$； (8) $\lim\limits_{n\to\infty}\left(\dfrac{1+2+\cdots+n}{n+2}-\dfrac{n}{2}\right)$；

(9) $\lim\limits_{n\to\infty}\sum\limits_{k=n}^{2n}\dfrac{1}{k^2}$； (10) $\lim\limits_{n\to\infty}\left(1-\dfrac{1}{2^2}\right)\left(1-\dfrac{1}{3^2}\right)\cdots\left(1-\dfrac{1}{n^2}\right)$；

(11) $\lim\limits_{n\to\infty}\sqrt{2}\sqrt[4]{2}\sqrt[8]{2}\cdot\cdots\cdot\sqrt[2^n]{2}$； (12) $\lim\limits_{n\to\infty}\left(\dfrac{1}{\sqrt{n^2+1}}+\dfrac{1}{\sqrt{n^2+2}}+\cdots+\dfrac{1}{\sqrt{n^2+n}}\right)$.

5. 设 $k>0$，$a>1$，证明：$\lim\limits_{n\to\infty}\dfrac{n^k}{a^n}=0$.

6. 设 $x_n\leqslant A\leqslant y_n(n=1,2,3,\cdots)$，并且 $\lim\limits_{n\to\infty}(x_n-y_n)=0$，求证：$\lim\limits_{n\to\infty}x_n=\lim\limits_{n\to\infty}y_n=A$.

7. 设正数列 $\{a_n\}$ 收敛于 A，$\alpha>0$. 求证：$\lim\limits_{n\to\infty}(a_n)^\alpha=A^\alpha$.

8. 证明不等式：$\frac{1}{2n}<\frac{1}{2}\cdot\frac{3}{4}\cdot\cdots\cdot\frac{2n-1}{2n}<\frac{1}{\sqrt{2n+1}}$，并求极限 $\lim\limits_{n\to\infty}\sqrt[n]{\frac{1}{2}\cdot\frac{3}{4}\cdot\cdots\cdot\frac{2n-1}{2n}}$.

9. 已知 $a_n>0(n=1,2,\cdots)$，$\lim\limits_{n\to\infty}a_n=A$. 证明：$\lim\limits_{n\to\infty}\sqrt[n]{a_1a_2\cdots a_n}=A$；并求 $\lim\limits_{n\to\infty}\sqrt[n]{\frac{1}{n!}}$.

10. 已知 $a_n>0(n=1,2,\cdots)$，$\lim\limits_{n\to\infty}\frac{a_{n+1}}{a_n}=a$.

(1) 证明：$\lim\limits_{n\to\infty}\sqrt[n]{a_n}=a$； (2) 若 $a<1$，求证：$\lim\limits_{n\to\infty}a_n=0$； (3) 求 $\lim\limits_{n\to\infty}\frac{n}{\sqrt[n]{n!}}$.

1.4 单调数列

定义 1.4.1

(1)对于数列 $\{a_n\}$，如果 $\forall n\in\mathbb{N}^*$，都有 $a_n\leqslant a_{n+1}$ $(a_n\geqslant a_{n+1})$，则称数列 $\{a_n\}$ 单调递增(单调递减)；(2)对于数列 $\{a_n\}$，如果 $\forall n\in\mathbb{N}^*$，都有 $a_n<a_{n+1}$ $(a_n>a_{n+1})$，则称数列 $\{a_n\}$ 严格单调递增(严格单调递减).

单调递增与单调递减的数列统称为**单调数列**.

定理 1.4.1(单调收敛定理)

(1)单调递增且有上界的数列必收敛；(2)单调递减且有下界的数列必收敛.

证明 (1) 设数列 $\{a_n\}$ 单调递增且有上界. 根据确界定理，$\{a_n\}$ 有上确界：$A=\sup\limits_{n\geqslant 1}\{a_n\}$. 由于 $\forall\varepsilon>0$，$A-\varepsilon$ 不再是 $\{a_n\}$ 的上界，于是，$\exists N\in\mathbb{N}^*$ 使得 $A-\varepsilon<a_N\leqslant A$. 注意到 $\{a_n\}$ 单调递增，从而当 $n>N$ 时，有 $A-\varepsilon<a_N\leqslant a_n\leqslant A$，所以 $\lim\limits_{n\to\infty}a_n=A$.

同理可证明(2).

单调收敛定理是实数系的一个非常重要的结论，在今后将有许多应用.

▶ **例 1.4.1**

求证：极限 $\lim\limits_{n\to\infty}\left(1+\frac{1}{n}\right)^n$ 存在.

证明 记 $a_n=\left(1+\frac{1}{n}\right)^n$ $(n=1,2,\cdots)$. 先来证明数列 $\{a_n\}$ 单调递增：$\forall n\in\mathbb{N}^*$，

$$\begin{aligned}
a_n &= \left(1+\frac{1}{n}\right)^n = 1+\sum_{k=1}^{n} C_n^k \frac{1}{n^k} \\
&= 1+\sum_{k=1}^{n}\frac{n(n-1)\cdots(n-k+1)}{k!}\cdot\frac{1}{n^k} \\
&= 1+\sum_{k=1}^{n}\frac{1}{k!}\left(1-\frac{1}{n}\right)\left(1-\frac{2}{n}\right)\cdots\left(1-\frac{k-1}{n}\right) \\
&< 1+\sum_{k=1}^{n+1}\frac{1}{k!}\left(1-\frac{1}{n+1}\right)\left(1-\frac{2}{n+1}\right)\cdots\left(1-\frac{k-1}{n+1}\right) \\
&= \left(1+\frac{1}{n+1}\right)^{n+1} = a_{n+1}.
\end{aligned}$$

另一方面，

$$\begin{aligned}
a_n &= 1+\sum_{k=1}^{n}\frac{1}{k!}\left(1-\frac{1}{n}\right)\left(1-\frac{2}{n}\right)\cdots\left(1-\frac{k-1}{n}\right)\leqslant 1+\sum_{k=1}^{n}\frac{1}{k!} \\
&\leqslant 1+1+\sum_{k=2}^{n}\frac{1}{k(k-1)} = 2+\sum_{k=2}^{n}\left(\frac{1}{k-1}-\frac{1}{k}\right)<3.
\end{aligned}$$

所以数列$\{a_n\}$又是有界的，于是由定理 1.4.1 即得数列$\{a_n\}$收敛.

记 $e=\lim\limits_{n\to\infty}\left(1+\frac{1}{n}\right)^n$. 从例 1.4.1 的证明中可知 e 是一个介于 2 和 3 之间的正实数，它就是我们在中学数学中看到的自然对数的底数. 可以证明：e 是一个无理数，它的近似值为 $e\approx 2.71828$.

例 1.4.2

令 $a_n=\sum\limits_{k=1}^{n}\frac{1}{k^2}(n=1,2,\cdots)$，求证：$\lim\limits_{n\to\infty}a_n$ 存在.

证明 $\{a_n\}$显然单调递增，因此，要证$\{a_n\}$收敛，只需证$\{a_n\}$有上界.

注意到 $\forall n\in\mathbb{N}^*$，

$$0<a_n=\sum_{k=1}^{n}\frac{1}{k^2}=1+\sum_{k=2}^{n}\frac{1}{k^2}\leqslant 1+\sum_{k=2}^{n}\left(\frac{1}{k-1}-\frac{1}{k}\right)=2-\frac{1}{n}<2,$$

即$\{a_n\}$有界，于是由定理 1.4.1 推出极限$\lim\limits_{n\to\infty}a_n$ 存在.

例 1.4.3

设 $a>1$，求证$\lim\limits_{n\to\infty}\frac{n}{a^n}=0$.

证明 记 $x_n=\frac{n}{a^n}$，则

$$\frac{x_{n+1}}{x_n}=\frac{1}{a}\frac{n+1}{n}\to\frac{1}{a}<1\quad(n\to\infty).$$

由极限定义，对 $\varepsilon=1-\frac{1}{a}$，$\exists N\in\mathbb{N}$，使得当 $n>N$ 时，有

$$\frac{x_{n+1}}{x_n}-\frac{1}{a}<\varepsilon=1-\frac{1}{a}.$$

即当 $n>N$ 时有 $x_{n+1}<x_n$，从而 $\{x_n\}$ 单调递减(从第 $N+1$ 项开始)且有下界 0. 于是由定理 1.4.1 知 $\lim\limits_{n\to\infty}x_n$ 存在，设 $\lim\limits_{n\to\infty}x_n=A$，对等式

$$x_{n+1}=\frac{n+1}{na}x_n$$

两端取极限，即得 $A=\frac{A}{a}$. 而 $a>1$，所以 $A=0$. 即 $\lim\limits_{n\to\infty}\frac{n}{a^n}=0$.

▶ **例 1.4.4**

设 $c>0$，$a_1=\sqrt{c}$，$a_{n+1}=\sqrt{c+a_n}$ $(n\geqslant1)$. 试证明数列 $\{a_n\}$ 收敛，并求其极限值.

证明 $a_2=\sqrt{c+a_1}=\sqrt{c+\sqrt{c}}>\sqrt{c}=a_1$，假定 $a_n>a_{n-1}$，则

$$a_{n+1}=\sqrt{c+a_n}>\sqrt{c+a_{n-1}}=a_n.$$

应用数学归纳法即得，$\forall n\in\mathbb{N}^*$，$a_{n+1}>a_n$，即数列 $\{a_n\}$ 单调递增. 另一方面，

$$a_2=\sqrt{c+\sqrt{c}}<\sqrt{c+2\sqrt{c}+1}=\sqrt{c}+1.$$

假定 $a_n<\sqrt{c}+1$，则

$$a_{n+1}=\sqrt{c+a_n}<\sqrt{c+\sqrt{c}+1}<\sqrt{c}+1.$$

再次应用数学归纳法可得，$\forall n\in\mathbb{N}^*$，$a_n<\sqrt{c}+1$，即数列 $\{a_n\}$ 有上界. 于是由定理 1.4.1 知 $\lim\limits_{n\to\infty}a_n$ 存在，设 $\lim\limits_{n\to\infty}a_n=A$.

对等式 $a_{n+1}^2=c+a_n$ 两端取极限，即得 $A^2=c+A$. 解此方程得 $A=\frac{1}{2}\pm\sqrt{c+\frac{1}{4}}$. 由保序性有 $A\geqslant0$，负根不合题意，故舍去，所以

$$\lim_{n\to\infty}a_n=\frac{1}{2}+\sqrt{c+\frac{1}{4}}.$$

下面我们考虑一类特殊形式的数列极限. 首先引入无穷大数列的概念.

定义 1.4.2

设 $\{a_n\}$ 是一个数列. (1) 若对于任意的正数 M，$\exists N\in\mathbb{N}$，使得当 $n>N$ 时，有 $|a_n|>M$，则称数列 $\{a_n\}$ 趋向于 ∞，记为 $a_n\to\infty(n\to\infty)$. 也称 $\{a_n\}$ 是一个**无穷大数列**. (2) 若对于任意正数 M，$\exists N\in\mathbb{N}$，使得当 $n>N$ 时，有 $a_n>M$(或 $a_n<-M$)，则称数列 $\{a_n\}$ 趋向于 $+\infty$(或 $-\infty$)，记为 $a_n\to+\infty$(或 $a_n\to-\infty$)$(n\to\infty)$.

例如,数列$\{(-1)^n n\}$趋向于∞,数列$\{2^n\}$与$\{-n\}$分别趋向于$+\infty$与$-\infty$.

定理 1.4.2(Stolz 定理)

(1)设数列$\{b_n\}$严格单调递增且$b_n\to+\infty(n\to\infty)$. 如果$\lim\limits_{n\to\infty}\dfrac{a_n-a_{n-1}}{b_n-b_{n-1}}=A$,则$\lim\limits_{n\to\infty}\dfrac{a_n}{b_n}=A$;(2)设数列$\{b_n\}$严格单调递减且$\lim\limits_{n\to\infty}b_n=\lim\limits_{n\to\infty}a_n=0$. 如果$\lim\limits_{n\to\infty}\dfrac{a_n-a_{n-1}}{b_n-b_{n-1}}=A$,则$\lim\limits_{n\to\infty}\dfrac{a_n}{b_n}=A$.

由于篇幅所限,我们略去这个定理的证明.

例 1.4.5

已知$\lim\limits_{n\to\infty}x_n=A$,求证:$\lim\limits_{n\to\infty}\dfrac{x_1+x_2+\cdots+x_n}{n}=A$.

证明 在 Stolz 定理中取$a_n=x_1+x_2+\cdots+x_n$,$b_n=n$即得所要结论.

例 1.4.6

令$x_n=\dfrac{1}{\ln n}\left(1+\dfrac{1}{2}+\cdots+\dfrac{1}{n}\right)$,求$\lim\limits_{n\to\infty}x_n$.

解 在 Stolz 定理中令$a_n=1+\dfrac{1}{2}+\cdots+\dfrac{1}{n}$,$b_n=\ln n(n=1,2,\cdots)$,则有

$$\lim_{n\to\infty}\frac{a_{n+1}-a_n}{b_{n+1}-b_n}=\lim_{n\to\infty}\frac{\dfrac{1}{n+1}}{\ln(n+1)-\ln n}=1.$$

应用 Stolz 定理即得$\lim\limits_{n\to\infty}x_n=\lim\limits_{n\to\infty}\dfrac{a_n}{b_n}=1$.

例 1.4.7

令$c_n=\dfrac{1^k+2^k+\cdots+n^k}{n^{k+1}}$(其中$k$为自然数),求$\lim\limits_{n\to\infty}c_n$.

解 在 Stolz 定理中令$a_n=1^k+2^k+\cdots+n^k$,$b_n=n^{k+1}(n=1,2,\cdots)$,则有

$$b_n-b_{n-1}=n^{k+1}-(n-1)^{k+1}=n^k+n^{k-1}(n-1)+\cdots+(n-1)^k,$$

所以

$$\begin{aligned}\lim_{n\to\infty}\frac{a_n-a_{n-1}}{b_n-b_{n-1}}&=\lim_{n\to\infty}\frac{n^k}{n^k+n^{k-1}(n-1)+\cdots+(n-1)^k}\\&=\lim_{n\to\infty}\left[1+\frac{n-1}{n}+\cdots+\left(\frac{n-1}{n}\right)^k\right]^{-1}\\&=\frac{1}{k+1}.\end{aligned}$$

应用 Stolz 定理即得

$$\lim_{n\to\infty} c_n = \lim_{n\to\infty} \frac{a_n}{b_n} = \frac{1}{k+1}.$$

习题 1.4

1. 证明：单调递减且有下界的数列必收敛.

2. 数列$\{a_n\}$严格单调递增，$\{b_n\}$严格单调递减，且$\lim\limits_{n\to\infty}(a_n-b_n)=0$，则$\{a_n\}$，$\{b_n\}$收敛于同一极限.

3. 求极限：$\lim\limits_{n\to\infty}\left(1-\frac{1}{n}\right)^n$.

4. 利用单调有界定理，证明极限$\lim\limits_{n\to\infty}a_n$存在.

(1) $a_n=1+\frac{1}{2^2}+\frac{1}{3^3}+\cdots+\frac{1}{n^n}$；

(2) $a_n=\left(1+\frac{1}{2}\right)\left(1+\frac{1}{2^2}\right)\cdot\cdots\cdot\left(1+\frac{1}{2^n}\right)$；

(3) $a_n=\left(1+\frac{1}{2^2}\right)\left(1+\frac{1}{3^2}\right)\cdot\cdots\cdot\left(1+\frac{1}{n^2}\right)$.

5. 利用单调有界定理，证明极限$\lim\limits_{n\to\infty}a_n$存在，并求出极限值.

(1) $a_1=\sqrt{2}, a_{n+1}=\sqrt{2a_n}$；

(2) $a_1>0, a_{n+1}=\frac{1}{2}\left(a_n+\frac{4}{a_n}\right)$；

(3) $a_1>0, a_{n+1}=\sin a_n$；

(4) $a_1=1, a_{n+1}=2-\frac{1}{1+a_n}$.

6. 举出满足条件的数列：

(1) 无界数列，但是不趋于无穷；(2)有界数列，但不收敛；

(3) 发散数列，但含有若干收敛子列.

7. 用定义证明：$\lim\limits_{n\to\infty}a_n=\infty$.

(1) $a_n=\ln n$； (2)$a_n=(-1)^n n!$.

8. 已知非零数列$\{a_n\}$，证明：$\lim\limits_{n\to\infty}a_n=0$ 等价于$\lim\limits_{n\to\infty}\frac{1}{a_n}=\infty$.

9. 若$\lim\limits_{n\to\infty}a_n=\infty$，$\{b_n\}$有界，证明：$\lim\limits_{n\to\infty}(a_n+b_n)=\infty$.

10. 若$\lim\limits_{n\to\infty}a_n=a\neq0$，$\lim\limits_{n\to\infty}b_n=\infty$，证明：$\lim\limits_{n\to\infty}a_nb_n=\infty$.

11. 数列$\{a_n\}$趋于无穷的充要条件是其任意子列$\{a_{n_k}\}$也趋于无穷.

12. 求下列极限：

(1) $\lim\limits_{n\to\infty}\frac{1}{\ln n}\left(1+\frac{1}{3}+\cdots+\frac{1}{2n-1}\right)$；

(2) $\lim\limits_{n\to\infty}\frac{1}{\sqrt{n}}\left(1+\frac{1}{\sqrt{2}}+\cdots+\frac{1}{\sqrt{n}}\right)$；

(3) $\lim\limits_{n\to\infty}\frac{1}{n\sqrt{n}}(1+\sqrt{2}+\sqrt{3}+\cdots+\sqrt{n})$；

(4) $\lim\limits_{n\to\infty}(n!)^{\frac{1}{n^2}}$.

13. 设$\lim\limits_{n\to\infty}a_n=a$,求极限$\lim\limits_{n\to\infty}\dfrac{a_1+2a_2+\cdots+na_n}{n^2}$.

14. 数列$\{a_n\}$满足：$a_1=1,a_{n+1}=1+\dfrac{1}{a_n}$,求证：$\lim\limits_{n\to\infty}a_n$ 存在.

15. 设数列$\{a_n\}$,$\{b_n\}$满足：$a_1=a>0,b_1=b>0,a_{n+1}=\sqrt{a_nb_n},b_{n+1}=\dfrac{a_n+b_n}{2}$,求证：$\{a_n\}$,$\{b_n\}$极限存在,并且极限值相等.

16. 令$b_n=\left(1+\dfrac{1}{n}\right)^{n+1}(n\geqslant1)$,证明：

(1) $\dfrac{b_{n-1}}{b_n}>1\ (n>1)$；　　(2) $\dfrac{1}{n+1}<\ln\left(1+\dfrac{1}{n}\right)<\dfrac{1}{n}$.

17. 证明极限：$\lim\limits_{n\to\infty}\left(1+\dfrac{1}{2}+\dfrac{1}{3}+\cdots+\dfrac{1}{n}-\ln n\right)=\gamma$ 存在.（$\gamma\approx0.577\cdots$,称为欧拉常数）

1.5 关于实数系的几个基本定理

前面我们已经给出了关于实数系的两个基本定理：

定理 A(确界原理)

有上界的非空数集必有上确界.

定理 B(单调收敛定理)

单调递增且有上界的数列必收敛.

本节我们将给出关于实数系的另外几个基本定理.它们连同定理 A 与定理 B 一起构成了微积分学的重要基础.

定理 1.5.1

有界数列必有收敛子列.

证明 设$\{x_n\}$为有界数列：$a\leqslant x_n\leqslant b(n=1,2,\cdots)$.将闭区间$[a,b]$两等分,则其中至少有一个闭区间包含数列$\{x_n\}$中的无穷多项,将其记为$[a_1,b_1]$.再将$[a_1,b_1]$两等分,其中仍至少有一个闭区间包含数列$\{x_n\}$中的无穷多项,将其记为$[a_2,b_2]$.重复上面步骤一直如此作下去,可以得到一列闭区间$[a_n,b_n](n=1,2,\cdots)$满足下列条件：

(1) $[a_n,b_n]\supseteq[a_{n+1},b_{n+1}]$；

(2) $b_n-a_n=2^{-n}(b-a)$；

(3) 每个闭区间$[a_k,b_k]$都包含数列$\{x_n\}$中的无穷多项.

由(1)知数列$\{a_n\}$单调递增,并且$a\leqslant a_n\leqslant b\ (n=1,2,\cdots)$,于是由定理 B 可

得 $\xi=\lim\limits_{n\to\infty}a_n$ 存在且 $\forall n\in\mathbb{N}^*, a_n\leqslant\xi$. 再由(2),

$$b_n - a_n = 2^{-n}(b-a)\to 0 \quad (n\to\infty),$$

所以, $\lim\limits_{n\to\infty}b_n=\lim\limits_{n\to\infty}a_n=\xi$. 而 $\{b_n\}$ 单调递减, 故 $\forall n\in\mathbb{N}^*, a_n\leqslant\xi\leqslant b_n$.

由于每个区间 $[a_n,b_n]$ 中都包含有 $\{x_n\}$ 中的无穷多项, 先在 $[a_1,b_1]$ 中取 x_{n_1}, 再在 $[a_2,b_2]$ 中取 x_{n_2}, 使得 $n_2>n_1$, 然后在 $[a_3,b_3]$ 中取 x_{n_3}, 使得 $n_3>n_2$, ……, 如此作下去, 即得 $\{x_n\}$ 的子列 $\{x_{n_j}\}$ 满足 $x_{n_j}\in[a_j,b_j]\,(j=1,2,\cdots)$, 再由夹逼定理可得

$$\lim_{j\to\infty}x_{n_j} = \lim_{j\to\infty}a_j = \lim_{j\to\infty}b_j = \xi.$$

即子列 $\{x_{n_j}\}$ 收敛于 ξ.

在介绍下一个基本定理之前, 先引入柯西列的概念.

定义 1.5.1 ……………………………………………………

称数列 $\{x_n\}$ 为**柯西列**(或**基本列**), 如果 $\forall\varepsilon>0, \exists N\in\mathbb{N}$, 使得对所有大于 N 的自然数 n,m, 都有

$$|x_n - x_m| < \varepsilon.$$

注 在上面定义中, 不妨设 $m\geqslant n$, m 可写为 $m=n+p, p\in\mathbb{N}$. 从而 $\{x_n\}$ 为柯西列也可以表述为:

$$\forall\varepsilon>0, \exists N\in\mathbb{N}, \text{当 } n>N \text{ 时}, \forall p\in\mathbb{N}, \text{有 } |x_{n+p}-x_n|<\varepsilon.$$

定理 1.5.2(柯西收敛原理) ……………………………………

数列 $\{x_n\}$ 收敛的充分必要条件是 $\{x_n\}$ 为柯西列.

证明 必要性: 设数列 $\{x_n\}$ 收敛, $A=\lim\limits_{n\to\infty}x_n$, 则 $\forall\varepsilon>0, \exists N\in\mathbb{N}$, 使得当 $n>N$ 时就有

$$|x_n - A| < \frac{\varepsilon}{2}.$$

于是, 对任意大于 N 的自然数 n,m, 都有

$$|x_m - x_n| \leqslant |x_m - A| + |x_n - A| < \varepsilon,$$

因此 $\{x_n\}$ 为柯西列.

充分性: 设 $\{x_n\}$ 为柯西列, 首先证明, $\{x_n\}$ 有界. 取 $\varepsilon=1$, 由柯西列定义, $\exists N\in\mathbb{N}$, 使得当 $n>N$ 时就有

$$|x_n - x_{N+1}| < 1.$$

令 $M=\max\{|x_1|,|x_2|,\cdots,|x_N|,|x_{N+1}|+1\}$, 易见 $\forall n\in\mathbb{N}^*$, 有 $|x_n|\leqslant M$. 即 $\{x_n\}$ 有界. 于是, 由定理 1.5.1 推出, 存在 $\{x_n\}$ 的收敛子列 $\{x_{n_j}\}$: $\lim\limits_{j\to\infty}x_{n_j}=A$. 下面证明: $\lim\limits_{n\to\infty}x_n=A$. 事实上, 由于 $\{x_n\}$ 是柯西列, 故 $\forall\varepsilon>0, \exists N\in\mathbb{N}$, 使得所

有大于 N 的自然数 n,m，都有

$$|x_n - x_m| < \frac{\varepsilon}{2}. \tag{1}$$

另一方面，由于子列 $\{x_{n_j}\}$ 收敛于 A，故对上述 ε，存在 $K\in\mathbb{N}^*$，只要 $j\geqslant K$，就有

$$|x_{n_j} - A| < \frac{\varepsilon}{2}. \tag{2}$$

不妨设 $K>N$，这时必有 $n_K>N$. 结合(1)与(2)式即得，对任意的 $n>N$，

$$|x_n - A| \leqslant |x_n - x_{n_K}| + |x_{n_K} - A| < \frac{\varepsilon}{2} + \frac{\varepsilon}{2} = \varepsilon.$$

所以 $\lim\limits_{n\to\infty} x_n = A$.

柯西收敛原理指出，在实数系中柯西列必收敛，这称为实数系的完备性. 在许多情况下，用柯西收敛原则判定数列的收敛性在理论上是非常重要的.

例 1.5.1

设 $x_n = \sum\limits_{k=1}^{n} \frac{1}{k}(n = 1,2,\cdots)$，证明：数列 $\{x_n\}$ 发散.

证明 对任意的 $n\in\mathbb{N}^*$，有

$$|x_{2n} - x_n| = \frac{1}{n+1} + \frac{1}{n+2} + \cdots + \frac{1}{2n} > \frac{n}{2n} = \frac{1}{2},$$

于是对正数 $\varepsilon_0 = \frac{1}{2}$，不论 $N\in\mathbb{N}^*$ 有多大，只要 $n>N$，就有

$$|x_{2n} - x_n| > \frac{1}{2},$$

所以 $\{x_n\}$ 不是柯西列，因而发散.

例 1.5.2

设 $x_n = \sum\limits_{k=1}^{n} \frac{(-1)^k}{k^2}(n = 1,2,\cdots)$，证明：数列 $\{x_n\}$ 收敛.

证明 $\forall n\in\mathbb{N}^*$ 及 $p\in\mathbb{N}$，

$$|x_{n+p} - x_n| = \left|\sum_{k=n+1}^{n+p} \frac{(-1)^k}{k^2}\right| \leqslant \sum_{k=n+1}^{n+p} \frac{1}{k^2} \leqslant \sum_{k=n+1}^{n+p}\left(\frac{1}{k-1} - \frac{1}{k}\right) \leqslant \frac{1}{n},$$

所以，$\forall\varepsilon>0$，取 $N\geqslant\varepsilon^{-1}$，则当 $n>N$ 时，$\forall p\in\mathbb{N}$，有 $|x_{n+p} - x_n|<\varepsilon$. 即 $\{x_n\}$ 为柯西列从而收敛.

例 1.5.3

设数列 $\{x_n\}$ 满足条件 $\sum\limits_{k=1}^{n} |x_{k+1} - x_k| \leqslant M(n = 1,2,\cdots)$，其中 M 为常数. 证明数列 $\{x_n\}$ 收敛.

证明　令 $y_1=0$，$y_n=\sum_{k=1}^{n-1}|x_{k+1}-x_k|(n=2,3,\cdots)$，则 $\{y_n\}$ 单调递增且有上界 M，所以 $\{y_n\}$ 收敛，从而是柯西列. 于是 $\forall \varepsilon>0$，$\exists N\in\mathbb{N}$，当 $n>N$ 时，$\forall p\in\mathbb{N}$，有

$$0\leqslant y_{n+p}-y_n<\varepsilon.$$

进而得

$$|x_{n+p}-x_n|=\left|\sum_{k=n}^{n+p-1}(x_{k+1}-x_k)\right|\leqslant\sum_{k=n}^{n+p-1}|x_{k+1}-x_k|=y_{n+p}-y_n<\varepsilon.$$

即 $\{x_n\}$ 是柯西列. 应用柯西收敛原理便知 $\{x_n\}$ 收敛.

需要指出的是，上面这四个定理是相互等价的. 也就是说，如果假设其中任意一个成立，则可推出其他所有定理. 实际上，我们已经给出的逻辑关系如下：

定理 A⇒ 定理 B⇒ 定理 1.5.1⇒ 定理 1.5.2.

只要再证明：定理 1.5.2⇒定理 A，便得到这四个定理的相互等价性. 证明如下：

定理 1.5.2⇒定理 A

设数集 E 非空且有上界 b. 任取 $a\in E$，则 $a\leqslant b$. 当 $a=b$ 时 b 即为 E 的上确界. 下面设 $a<b$.

将闭区间 $[a,b]$ 两等分，若分点 $\frac{a+b}{2}$ 是 E 的上界，则取 $[a_1,b_1]=\left[a,\frac{a+b}{2}\right]$，若分点 $\frac{a+b}{2}$ 不是 E 的上界，则取 $[a_1,b_1]=\left[\frac{a+b}{2},b\right]$. 再重复上面步骤将 $[a_1,b_1]$ 两等分，……，如此作下去，可以得到一列闭区间 $[a_n,b_n](n=1,2,\cdots)$ 满足下列条件：

(1) b_n 是 E 的上界，且 $[a_n,b_n]\cap E\neq\varnothing$；

(2) $[a_n,b_n]\supseteq[a_{n+1},b_{n+1}]$；

(3) $b_n-a_n=2^{-n}(b-a)$.

由(2)与(3)，任取 $n\in\mathbb{N}^*$ 及 $\forall m>n$，$0\leqslant b_n-b_m\leqslant b_n-a_n=2^{-n}(b-a)$，根据柯西列的定义，易见 $\{b_n\}$ 为柯西列. 应用定理 1.5.2 即得 $\{b_n\}$ 收敛：$\lim\limits_{n\to\infty}b_n=\xi$. 再由(3)，$\lim\limits_{n\to\infty}a_n=\lim\limits_{n\to\infty}b_n=\xi$. 下证 $\xi=\sup E$.

$\forall x\in E$，由(1)，每个 b_n 都是 E 的上界，故 $x\leqslant b_n$，$\forall n\in\mathbb{N}^*$. 由极限的保序性可得 $x\leqslant\xi=\lim\limits_{n\to\infty}b_n$，所以 ξ 是 E 的上界. 另一方面，若 η 也是 E 的上界且 $\eta<\xi$，则 $\varepsilon=\xi-\eta>0$，由于 $\lim\limits_{n\to\infty}a_n=\xi$，故 $\exists N\in\mathbb{N}^*$ 使得 $a_N>\xi-\varepsilon=\eta$. 再由(1)，$\exists x\in E\cap[a_N,b_N]$，从而 $x\geqslant a_N>\eta$，这与 η 是 E 的上界矛盾. 所以 $\xi=\sup E$.

习题 1.5

1. 用 ε-N 语言叙述："数列 $\{a_n\}$ 不是柯西列".

2. 利用柯西收敛原理证明$\lim\limits_{n\to\infty}a_n$存在.

(1) $a_n=\sum\limits_{k=1}^{n}\dfrac{\sin k}{2^k}$;　　(2) $a_n=\sum\limits_{k=1}^{n}\dfrac{\cos k!}{k(k+1)}$;

(3) $a_n=\sum\limits_{k=1}^{n}c_kq^k(|q|<1,\{c_k\}$有界);　(4) $a_n=\prod\limits_{k=1}^{n}\left(1+\dfrac{1}{k^2}\right)$;

(5) $a_n=\sum\limits_{k=1}^{n}(-1)^{k-1}\dfrac{1}{k}$;　　(6) $a_n=\sum\limits_{k=1}^{n}\dfrac{(-1)^{k-1}}{k^\alpha}(0<\alpha\leqslant 1)$.

3. 证明$\lim\limits_{n\to\infty}a_n$不存在.

(1) $a_n=\cos\dfrac{2n\pi}{3}$;　(2) $a_n=\sqrt[n]{1+3^{(-1)^n n}}$;　(3) $a_n=\sum\limits_{k=1}^{n}\dfrac{1}{\sqrt{k}}$.

4. 设数列$\{a_n\}$满足：$\forall p\in\mathbb{N}$，有$\lim\limits_{n\to\infty}(a_{n+p}-a_n)=0$，问$\{a_n\}$是否是柯西列？研究以下例子：(1)$a_n=\sqrt{n}$；(2)$a_n=\ln n$；(3) $a_n=\sum\limits_{k=1}^{n}\dfrac{1}{k}$.

5. 设数列$\{a_n\}$和$\{b_n\}$有界，证明：存在正整数列$\{n_k\}$，满足$n_{k+1}>n_k$，使得$\lim\limits_{k\to\infty}a_{n_k}$，$\lim\limits_{k\to\infty}b_{n_k}$均存在.

6. 证明：若有界数列$\{a_n\}$发散，则$\{a_n\}$存在两个收敛子列，分别收敛到两个不相等的实数.

7. 证明：若数列$\{a_n\}$无界，但不趋于无穷，则$\{a_n\}$存在两个分别趋于无穷和收敛的子列.

8. 设数列$\{a_n\}$满足：$|a_{n+1}-a_n|\leqslant q|a_n-a_{n-1}|$，其中$q\in(0,1)$为常数. 证明：$\{a_n\}$收敛.

9. (**闭区间套定理**)设闭区间列$[a_n,b_n](n=1,2,\cdots)$满足如下条件：

(1) $[a_{n+1},b_{n+1}]\subseteq[a_n,b_n](n=1,2,\cdots)$；　(2) $\lim\limits_{n\to\infty}(b_n-a_n)=0$，

则存在唯一的实数$\xi\in[a_n,b_n]$，$n=1,2,\cdots$.

试问：条件(2)中可否把闭区间改为开区间？若(2)的条件去掉，定理是否还成立？请举例说明.

10. 利用闭区间套定理证明单调有界收敛定理.

11. 利用单调有界收敛定理证明确界存在定理.

第1章总复习题

1. 设$A=\left\{\dfrac{m}{n}\,|\,m,n\in\mathbb{N}^*,0<m<n\right\}$. 证明：

(1) 数集A没有最大元素，也没有最小元素；(2)$\inf A=0$；(3)$\sup A=1$.

2. 已知数列$\{a_n\}$与常数A. $\forall\varepsilon>0$,令$G_\varepsilon=\{n\in\mathbb{N}^*\mid |a_n-A|<\varepsilon\}$.

(1) 若$0<\varepsilon_1<\varepsilon_2$,求证:$G_{\varepsilon_1}\subseteq G_{\varepsilon_2}$;

(2) 求集合$\bigcup\limits_{\varepsilon>0}G_\varepsilon$;(3) $\bigcap\limits_{\varepsilon>0}G_\varepsilon$何时非空.

3. 若$\{a_n\}$单调,$\{a_n\}$的子列$\{a_{n_k}\}$满足$\lim\limits_{k\to\infty}a_{n_k}=A$,证明:$\lim\limits_{n\to\infty}a_n=A$.

4. 设数列$\{x_n\}$中,既没有最大值,也没有最小值,求证:数列$\{x_n\}$发散.

5. 数列$\{x_n\}$满足:$0<a_n<1$,且有不等式$(1-a_n)a_{n+1}>\dfrac{1}{4}$,$n=1,2,3,\cdots$,求证:$\lim\limits_{n\to\infty}a_n=\dfrac{1}{2}$.

6. $\lim\limits_{n\to\infty}\dfrac{a_1+a_2+\cdots+a_n}{n}=A$,$\{a_n\}$单调,证明:$\lim\limits_{n\to\infty}a_n=A$.

7. 已知$\lim\limits_{n\to\infty}a_n=a$,证明:$\lim\limits_{n\to\infty}\dfrac{a_1+2a_2+\cdots+na_n}{n^2}=\dfrac{a}{2}$.

8. 已知$\lim\limits_{n\to\infty}a_n=a$,$\lim\limits_{n\to\infty}b_n=b$,证明:$\lim\limits_{n\to\infty}\dfrac{a_1b_n+a_2b_{n-1}+\cdots+a_nb_1}{n}=ab$.

9. 已知$\lim\limits_{n\to\infty}a_n=a$,证明:$\lim\limits_{n\to\infty}\dfrac{1}{2^n}\sum\limits_{k=1}^{n}\mathrm{C}_n^k a_k=a$.

10. 证明下列数列收敛,并求出极限值.

(1) $x_1=a,x_2=b,x_{n+1}=\dfrac{x_n+x_{n-1}}{2}$;　　(2) $x_1>x_2>0,x_{n+2}=\sqrt{x_{n+1}x_n}$.

11. 求极限$\lim\limits_{n\to\infty}\left(\dfrac{1}{n+1}+\dfrac{1}{n+2}+\cdots+\dfrac{1}{3n}\right)$.(提示:利用习题1.4第17题的结果)

12. (1)数列$\{x_n\}$满足:$|x_{n+p}-x_n|\leqslant\dfrac{p}{n}$,对于一切$p,n\in\mathbb{N}^*$成立,问$\{x_n\}$是否为柯西列?

(2) $|x_{n+p}-x_n|\leqslant\dfrac{p}{n^2}$时,结果又如何?

13. 利用柯西收敛原理证明单调有界定理.

14. 设数列$\{x_n\}$满足$0\leqslant x_{n+m}\leqslant x_n+x_m$,求证$A=\inf\limits_{n\geqslant1}\dfrac{x_n}{n}$存在,且$\lim\limits_{n\to\infty}\dfrac{x_n}{n}=A$.

15. 已知有界的数列$\{x_n\}$,令

$$\alpha_n=\sup\{x_n,x_{n+1},\cdots\},\quad \beta_n=\inf\{x_n,x_{n+1},\cdots\},$$

证明　(1) $\{\alpha_n\}$单调递减且有界,$\{\beta_n\}$单调递增且有界.

(2) $\lim\limits_{n\to\infty}\alpha_n\geqslant\lim\limits_{n\to\infty}\beta_n$.

(3) 称$\lim\limits_{n\to\infty}\alpha_n$,$\lim\limits_{n\to\infty}\beta_n$分别为数列$\{x_n\}$的**上极限**,**下极限**,分别记为$\overline{\lim\limits_{n\to\infty}}x_n$,$\underline{\lim\limits_{n\to\infty}}x_n$. 试证明:$\lim\limits_{n\to\infty}x_n$存在的充分必要条件是$\overline{\lim\limits_{n\to\infty}}x_n=\underline{\lim\limits_{n\to\infty}}x_n$.

(4) $\forall\varepsilon>0$,在区间$(\underline{\lim}_{n\to\infty}x_n-\varepsilon,\overline{\lim}_{n\to\infty}x_n+\varepsilon)$之外最多有数列$\{x_n\}$的有限项.

16. (**有限覆盖定理**)设闭区间$[a,b]$被一个开区间族$D=\{(a_\lambda,b_\lambda)\}$覆盖,即$[a,b]\subseteq\bigcup_{\lambda}(a_\lambda,b_\lambda)$,求证:从$D$中必可选出有限个开区间$(a_1,b_1),(a_2,b_2),\cdots,(a_m,b_m)$,使得这有限个开区间也覆盖$[a,b]$,即$[a,b]\subseteq\bigcup_{k=1}^{m}(a_k,b_k)$.

试利用闭区间套定理证明有限覆盖定理;利用有限覆盖定理证明有界数列必有收敛子列.

第2章　函数　函数的极限与连续

2.1　函数

2.1.1　函数的概念

在中学里我们已经接触过函数的概念以及一些具体的函数.由于函数是本课程要讨论的一类重要对象,我们再作一简短的阐述.

定义 2.1.1 ……………………………………………………………

设 X,Y 是两个非空集合.如果按照某种规则 f,对于每个 $x\in X$,都有唯一的 $y\in Y$ 与之对应,记为 $y=f(x)$,我们把这个对应规则 f 称为一个从 X 到 Y 的**映射**,记为

$$f: X\to Y.$$

X 称为 f 的**定义域**; $y=f(x)\in Y$ 称为 x(在 f 下)的像;像集合 $R(f)=\{f(x)\mid x\in X\}$ 称为 f 的**值域**(图 2.1.1).

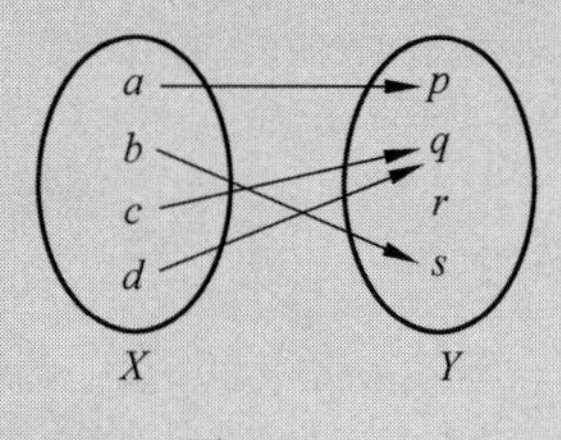

图　2.1.1

映射的概念非常广泛,日常生活中随处都可以找到映射的例子.

▶　**例 2.1.1** ……………………………………………………………

记 S 是某个班的学生全体,每个学生都有一个学号,于是每个学生与他的学号之间的对应关系(记为 f)便可以看作 S 到自然数集 $\mathbb{N}$ 的一个映射:

$$f: S\to\mathbb{N}.$$

如果一个映射的定义域和值域都是数集,即得到函数的概念.

定义 2.1.2 ……………………………………………………………

设 X,Y 是两个非空数集.从 X 到 Y 的一个映射 $f: X\to Y$,称为定义在 X 上的一个函数,记为 $y=f(x)$ 或 $f(x)$. X 称为 f 的定义域,常用 $D(f)$表示.定义域 $D(f)$中的元素 x 称为 f 的自变量,值域 $R(f)$中的元素 y 称为 f 的因变量.

函数的实质就是描述自变量与因变量之间的对应关系.

我们只要知道对应规则 f 以及定义域 $D(f)$，整个函数也就确定了，因此有时也称函数 f. 这里应当注意，一般情况下 $f(x)$ 表示一个函数，但有时 $f(x)$ 是指函数 f 在 x 点的函数值，这要从上下文中加以区别.

对于函数 $y=f(x)$，在几何上通常可以用 xOy 平面上的一条曲线来表示，即函数 f 的“图像”(图 2.1.2).

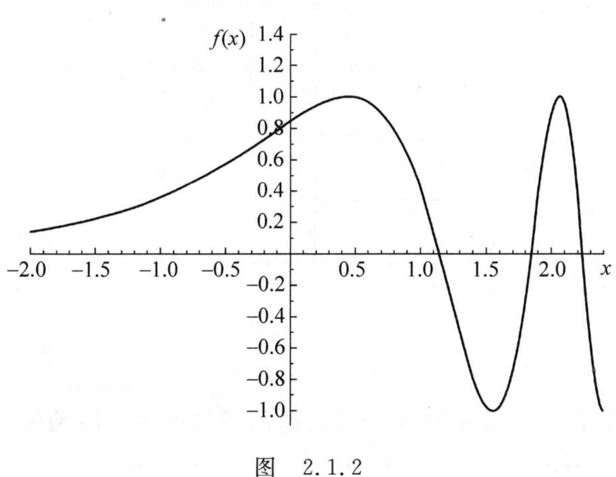

图 2.1.2

下面介绍几个微积分中常用函数的例子.

例 2.1.2

符号函数(图 2.1.3)：

$$\operatorname{sgn}(x)=\begin{cases}1, & x>0,\\ 0, & x=0,\\ -1, & x<0.\end{cases}$$

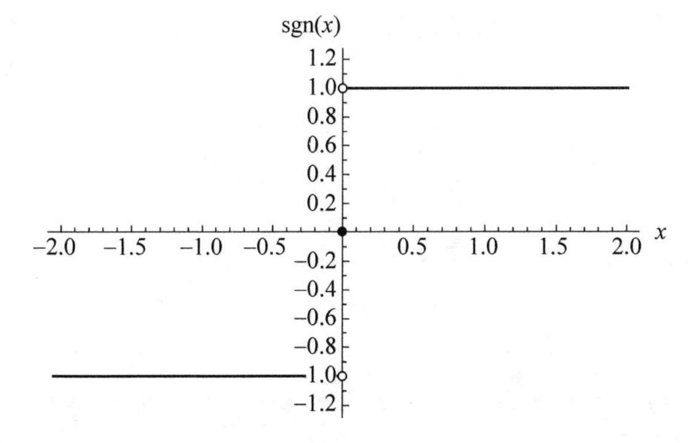

图 2.1.3

▶ **例 2.1.3** ……………………………………………………………………

取整函数：$[x]=k$，当 $x\in[k,k+1)$，而 $k\in\mathbb{Z}$. 其图像(图 2.1.4)为阶梯状的.

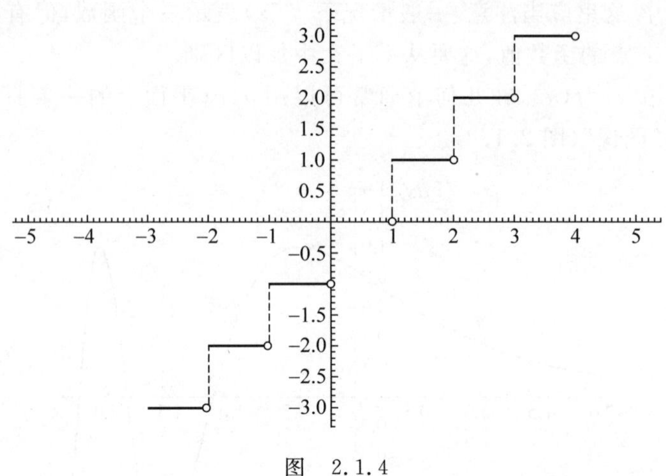

图 2.1.4

像例 2.1.2，例 2.1.3 中这样分段表达的函数称为分段函数.

▶ **例 2.1.4** ……………………………………………………………………

狄利克雷(Dirichlet)函数：$D(x)=\begin{cases}1, & x\text{ 是有理数},\\ 0, & x\text{ 是无理数}.\end{cases}$

狄利克雷函数既“简单”，又“复杂”——它的值域中只有两个数：0 和 1，但是却无法描出它的图像.

2.1.2 函数的运算

对于两个函数 f,g，在它们的公共定义域 D 上可以定义其和、差、积、商函数：

$$(f\pm g)(x)=f(x)\pm g(x), x\in D,$$
$$(f\cdot g)(x)=f(x)\cdot g(x), x\in D,$$
$$\left(\frac{f}{g}\right)(x)=\frac{f(x)}{g(x)},\quad x\in D\ (g(x)\neq 0).$$

如果 g 的值域包含于 f 的定义域，则可以定义 f 与 g 的**复合函数** $f\circ g$：

$$(f\circ g)(x)=f(g(x)),\quad x\in D(g).$$

▶ **例 2.1.5** ……………………………………………………………………

(1) 函数 $\sin e^x$ 为正弦函数 $\sin u$ 与指数函数 e^x 的复合函数.

(2) 函数 $2^{\cos\sqrt{1+x^2}}$ 是三个函数 $f(z)=2^z$，$g(y)=\cos y$ 与 $h(x)=\sqrt{1+x^2}$ 的复合函数.

2.1.3 初等函数

在中学中,已经学习过下列六类函数,这六类函数称为**基本初等函数**.

1) 多项式函数:

$$f(x) = a_n x^n + a_{n-1} x^{n-1} + \cdots + a_1 x + a_0, \quad x \in \mathbb{R},$$

其中,$a_0, a_1, \cdots, a_n$ 为 $n+1$ 个常数. 特别地,当 $n=0$ 时,$f(x)=a_0(x\in\mathbb{R})$为常值函数.

2) 幂函数:$f(x)=x^p$,其中 p 为常数.

当 p 是正整数时,$f(x)=x^p$ 也是多项式函数,定义域是$\mathbb{R}$;

当 p 是负整数时,幂函数 $f(x)=x^p$ 的定义域是$\mathbb{R}\setminus\{0\}$;

对于所有的实数 p,幂函数 $f(x)=x^p$ 的公共定义域是$(0,+\infty)$.

当 p 取不同值时,幂函数 $f(x)=x^p$ 的图像如图 2.1.5 与图 2.1.6 所示.

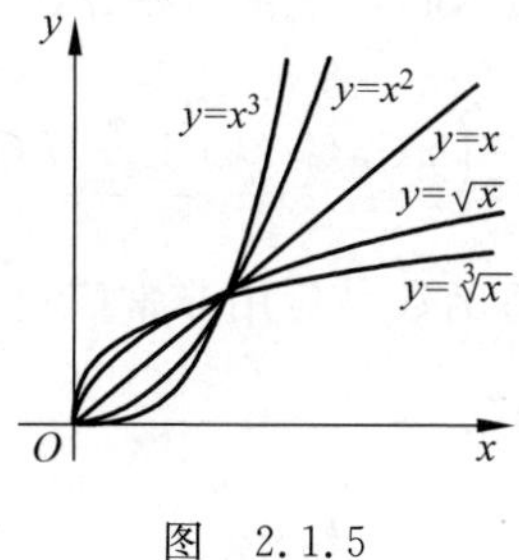

图 2.1.5

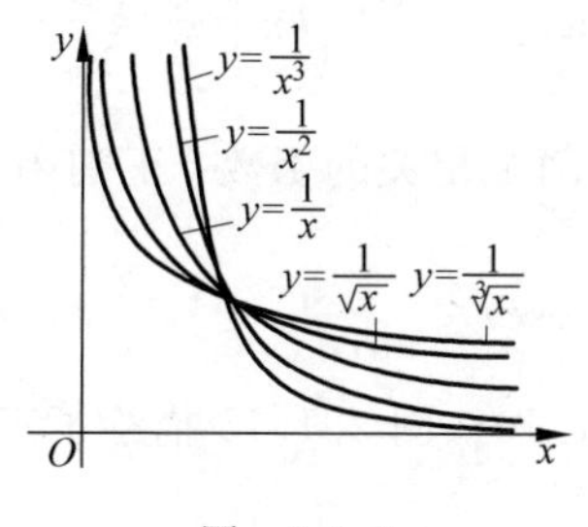

图 2.1.6

3) 指数函数:$f(x)=a^x$,定义域是$\mathbb{R}$,其中底数 $a>0$,且 $a\neq1$. 图 2.1.7 与图 2.1.8 描绘了指数函数 $f(x)=a^x$ 当底数 $a>1$ 与 $a<1$ 时的图像.

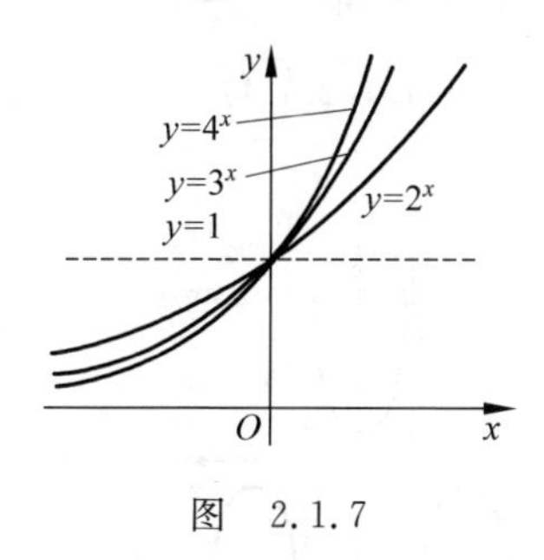

图 2.1.7

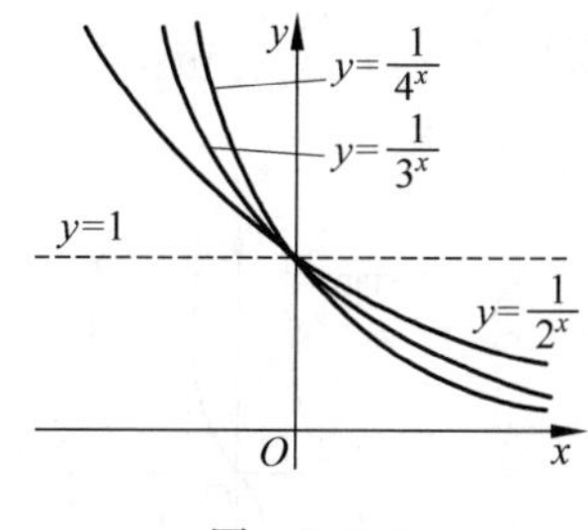

图 2.1.8

指数函数具有下列基本性质:设 $a>0, a\neq1$,则 $\forall\, x, y\in\mathbb{R}$,

$$a^{x+y} = a^x \cdot a^y; \qquad (a^x)^y = a^{xy}.$$

4) 对数函数:$f(x)=\log_a x$,定义域是$(0,+\infty)$,称为以 a 为底数的对数函数,其中底数 $a>0$,且 $a\neq1$. 当底数 $a=10$ 时表示为:$f(x)=\lg x$;当底数 $a=\mathrm{e}$ 时表示为:$f(x)=\ln x$,称为自然对数(自然对数的底数 e 将在 2.4 节中介绍).

图 2.1.9 描绘了函数 $f(x)=\ln x$ 的图像.

对数函数具有下列基本性质：设 $a>0, a\neq 1$，则 $\forall x, y>0$，

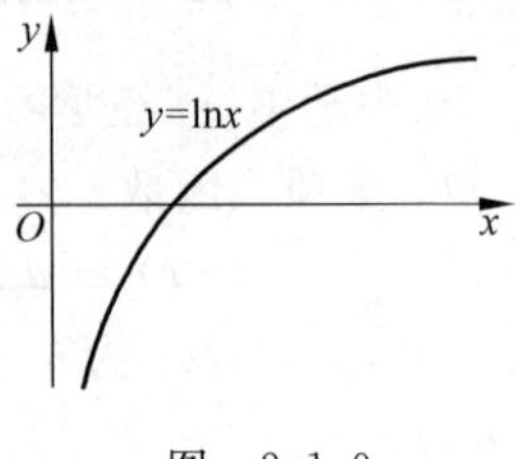

图 2.1.9

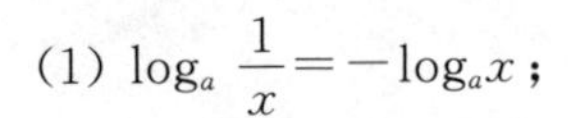

(1) $\log_a \dfrac{1}{x}=-\log_a x$；

(2) $\log_a(x\cdot y)=\log_a x+\log_a y$；

(3) $\log_a(x^p)=p\log_a x\ (p\in\mathbb{R})$；

(4) $\log_a 1=0, a^0=1$；

(5) $a^{\log_a x}=x, \log_a a^x=x$；

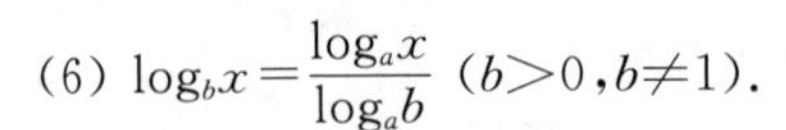

(6) $\log_b x=\dfrac{\log_a x}{\log_a b}\ (b>0, b\neq 1)$.

5）三角函数：三角函数有正弦函数 $\sin x(x\in\mathbb{R})$，余弦函数 $\cos x(x\in\mathbb{R})$，正切函数 $\tan x\left(x\in\mathbb{R}\Big\backslash\left\{k\pi+\dfrac{\pi}{2}\,\middle|\,k\in\mathbb{Z}\right\}\right)$与余切函数 $\cot x(x\in\mathbb{R}\backslash\{k\pi|k\in\mathbb{Z}\})$，有时也会用到两个相关的函数：正割函数 $\sec x=\dfrac{1}{\cos x}\left(x\in\mathbb{R}\backslash\left\{k\pi+\dfrac{\pi}{2}\,\middle|\,k\in\mathbb{Z}\right\}\right)$，与余割函数 $\csc x=\dfrac{1}{\sin x}\left(x\in\mathbb{R}\Big\backslash\{k\pi|k\in\mathbb{Z}\}\right)$. 三角函数是应用非常广泛的一类函数. 图 2.1.10～图 2.1.15 描绘了三角函数的图像.

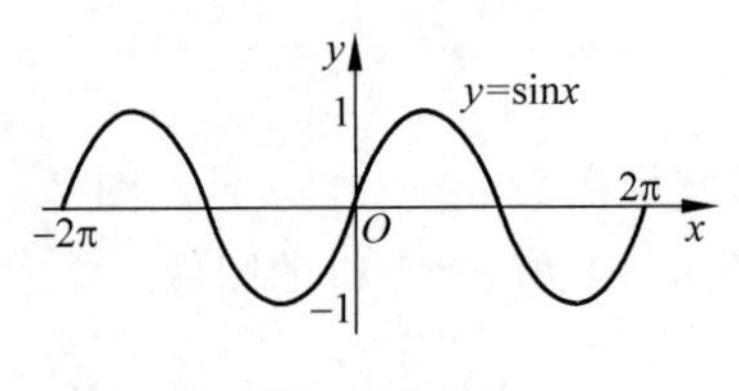

图 2.1.10

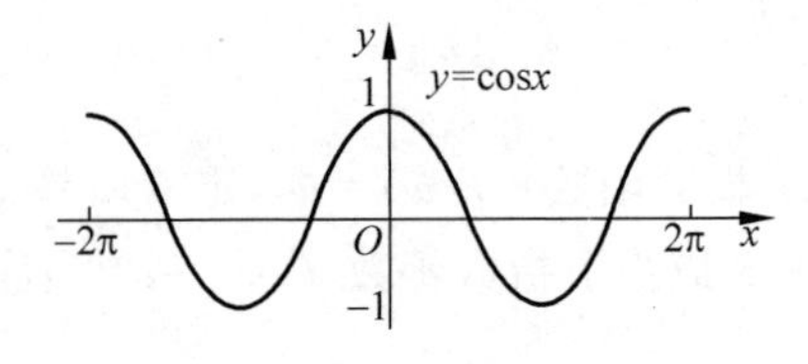

图 2.1.11

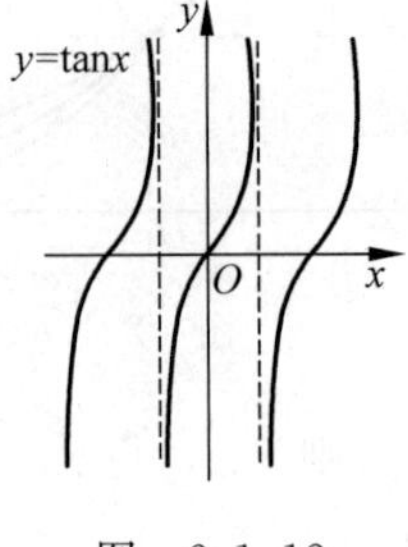

图 2.1.12

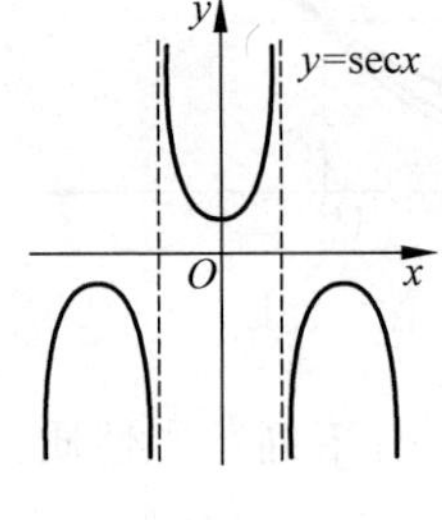

图 2.1.13

熟知，三角函数之间有许多很有用的公式，为方便查阅，这里列出其中一部分.

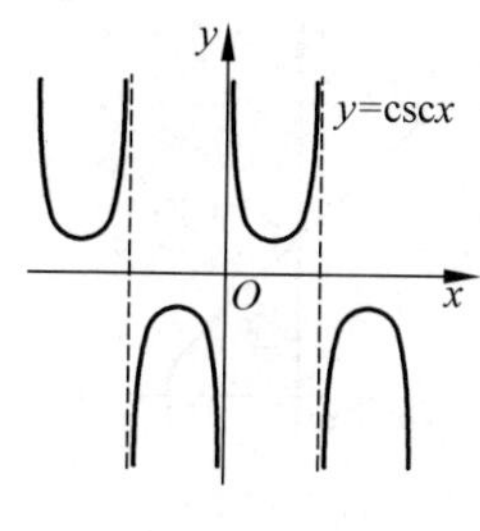

图 2.1.14

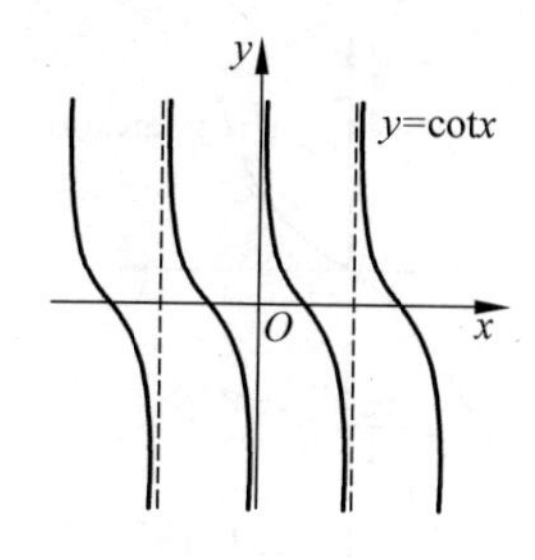

图 2.1.15

(1) $\sin\left(\frac{\pi}{2}-x\right)=\cos x, \cos\left(\frac{\pi}{2}-x\right)=\sin x$;

(2) $\sin^2 x+\cos^2 x=1$;

(3) $\sin(x+y)=\sin x\cos y+\cos x\sin y$;

(4) $\cos(x+y)=\cos x\cos y-\sin x\sin y$;

(5) $\sin 2x=2\sin x\cos x, \cos 2x=\cos^2 x-\sin^2 x$;

(6) $\sin x+\sin y=2\sin\frac{x+y}{2}\cos\frac{x-y}{2}$;

(7) $\cos x+\cos y=2\cos\frac{x+y}{2}\cos\frac{x-y}{2}$;

(8) $\cos x-\cos y=-2\sin\frac{x+y}{2}\sin\frac{x-y}{2}$;

(9) $\sin x\sin y=-\frac{1}{2}[\cos(x+y)-\cos(x-y)]$;

(10) $\cos x\cos y=\frac{1}{2}[\cos(x+y)+\cos(x-y)]$;

(11) $\sin x\cos y=\frac{1}{2}[\sin(x+y)+\sin(x-y)]$;

(12) $\tan(x+y)=\frac{\tan x+\tan y}{1-\tan x\tan y}$;

(13) $\cot(x+y)=\frac{\cot x\cot y-1}{\cot x+\cot y}$.

6) 反三角函数：反三角函数有反正弦函数 $\arcsin x, x\in[-1,1]$，值域为 $\left[-\frac{\pi}{2},\frac{\pi}{2}\right]$；反余弦函数 $\arccos x, x\in[-1,1]$，值域为 $[0,\pi]$；反正切函数 $\arctan x, x\in\mathbb{R}$，值域为 $\left(-\frac{\pi}{2},\frac{\pi}{2}\right)$；反余切函数 $\operatorname{arccot} x, x\in\mathbb{R}$，值域为 $(0,\pi)$. 图 2.1.16～图 2.1.19 描绘了反三角函数的图像.

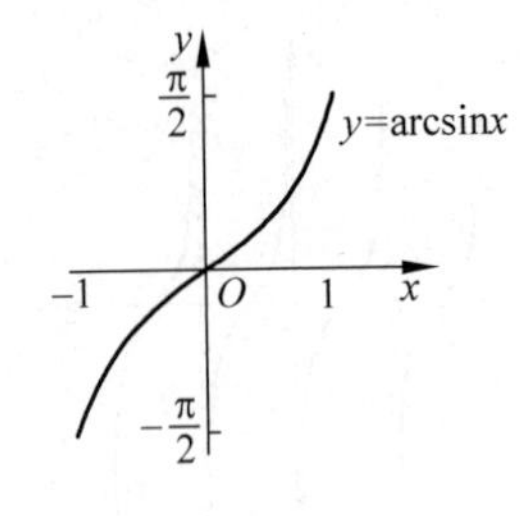

图 2.1.16

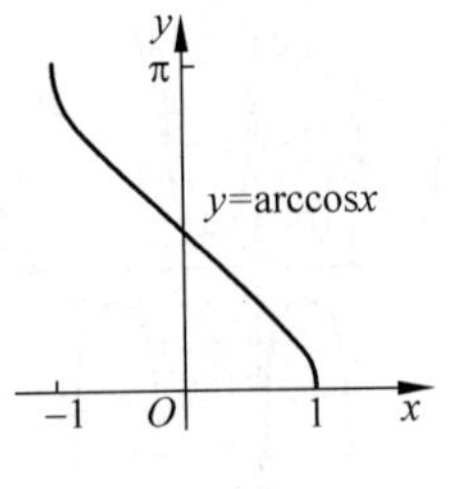

图 2.1.17

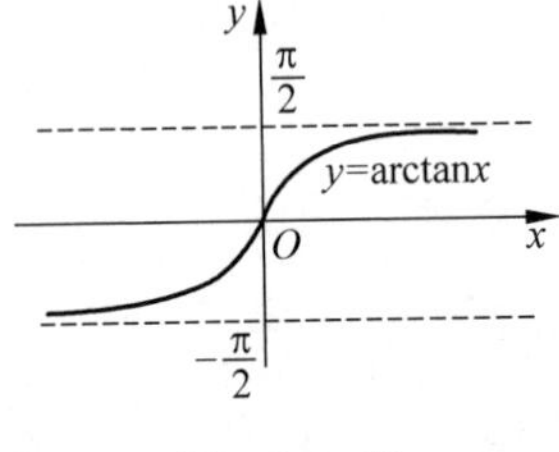

图 2.1.18

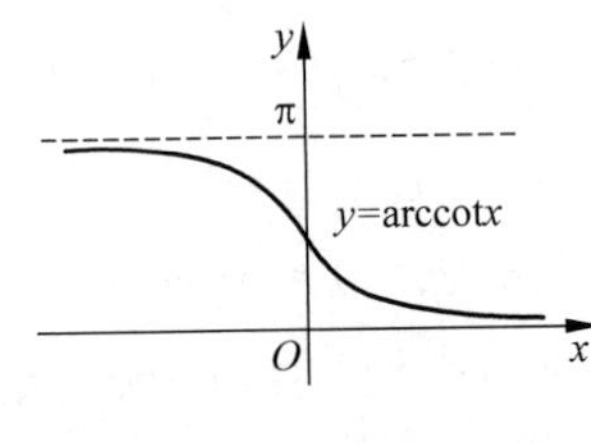

图 2.1.19

定义 2.1.3 ……………………………………………………………

由上面列出的 6 类基本初等函数经过有限次的加减乘除(四则运算)与复合运算得到的函数称作**初等函数**.其他类型的函数称作非初等函数.

例如,例 2.1.2,例 2.1.3 与例 2.1.4 中的函数都是非初等函数.

每个初等函数都有一个"自然的定义域".

▶ **例 2.1.6** ……………………………………………………………

设 $f(x)=\dfrac{\sqrt{1-x^2}}{\sin x}2^x$,其自然定义域是$[-1,0)\cup(0,1]$.

2.1.4 几个常用的函数类

下面我们介绍几个常用的函数类.

1. 有界函数

设函数 $f(x)$在数集 A 上有定义.如果$\exists M\in\mathbb{R}$使得$\forall x\in A$均有$f(x)\leqslant M$,则称 f 在 A 上有上界.类似地,可以定义 f 在 A 上有下界.

如果 f 在 A 上既有上界,又有下界,则称 f 在 A 上有界.否则称 f 在 A 上无界.

显然,f 在 A 上有界,当且仅当$\exists M\in\mathbb{R}$使得$\forall x\in A$均有$|f(x)|\leqslant M$.例如,函数 $\sin x$ 与 $\cos x$ 都在$\mathbb{R}$上有界,但 e^x 在$\mathbb{R}$上无界.

▶ **例 2.1.7** ……………………………………………………………………

设 $f(x)=\frac{1}{x}$，$x\in(0,+\infty)$，则 f 在区间 $(0,+\infty)$ 上有下界，但在 $(0,+\infty)$ 上无上界. 若把区间 $(0,+\infty)$，换成 $(1,+\infty)$，则显然 f 在区间 $(1,+\infty)$ 上有界.

2. 周期函数

设 f 的定义域为 $\mathbb{R}$，如果存在正数 T 使得 $f(x+T)=f(x)$ 对一切 $x\in\mathbb{R}$ 成立，则称 f 是以 T 为周期的周期函数. 例如，$\sin x$ 与 $\cos x$ 都是以 2π 为周期的周期函数.

▶ **例 2.1.8** ……………………………………………………………………

函数 $x-[x]$ 是以 1 为周期的周期函数.

▶ **例 2.1.9** ……………………………………………………………………

对于狄利克雷函数 $D(x)$，任给有理数 r，$D(x+r)\equiv D(x)$ 成立. 因此 $D(x)$ 是周期函数，每个正有理数 r 都是它的周期.

当 $f(x)$ 以 $T>0$ 为周期时，每个 $nT(n\in\mathbb{N})$ 都是 $f(x)$ 的周期. 通常所说的函数的周期是专指函数的最小正周期. 例如，$\tan x$ 与 $\cot x$ 的最小正周期是 π. 但并不是每个周期函数都有最小正周期，例如，狄利克雷函数 $D(x)$ 就没有最小正周期，任何正有理数 r 都是 $D(x)$ 的周期. 本课程中后面所提及的周期函数都是指具有最小正周期的函数.

3. 奇、偶函数

设 f 定义在一个以 0 为中心的对称区间 I 上，若 $f(-x)\equiv f(x)$，$x\in I$，则称 f 是偶函数. 若 $f(-x)\equiv -f(x)$，$x\in I$，则称 f 是奇函数.

例如，$y=\cos x$，$y=x^2$ 与狄利克雷函数 $D(x)$ 是偶函数，而 $y=\sin x$，$y=x^3$ 是奇函数. 偶函数的图像关于 y 轴对称，奇函数的图像关于原点对称.

▶ **例 2.1.10** ……………………………………………………………………

考察函数 $f(x)=\frac{1}{a^x+1}-\frac{1}{2}$ 的奇偶性.

解

$$f(-x)=\frac{1}{a^{-x}+1}-\frac{1}{2}=\frac{a^x}{1+a^x}-\frac{1}{2}$$
$$=\frac{1}{2}-\frac{1}{a^x+1}=-f(x),$$

所以 $f(x)$ 是 $\mathbb{R}$ 上的奇函数.

4. 单调函数

设函数 f 定义在数集 D 上，如果 $\forall x_1,x_2\in D$ 且 $x_1<x_2$，有 $f(x_1)\leqslant f(x_2)$，则称 f 在 D 上是单调递增的. 如果 $\forall x_1,x_2\in D$ 且 $x_1<x_2$，有 $f(x_1)<f(x_2)$，此时称 f 在 D 上是严格单调递增的.

类似地可以定义单调递减与严格单调递减函数.（严格）单调递增或递减的函数统称为（严格）单调函数. 例如，符号函数 $\operatorname{sgn}(x)$ 在 $\mathbb{R}$ 上单调递增；函数 e^x 与 $\arctan x$ 都在 $\mathbb{R}$ 上严格单调递增.

依定义，常值函数既可以看作是单调递增的，也可以看作是单调递减的.

例 2.1.11

函数 $\sin x$ 不是 $\mathbb{R}$ 上的单调函数，但 $\sin x$ 在区间 $\left[-\frac{\pi}{2},\frac{\pi}{2}\right]$ 上是严格单调递增的，而在区间 $\left[\frac{\pi}{2},\frac{3\pi}{2}\right]$ 上是严格单调递减的.

类似地，函数 $\cos x$ 不是 $\mathbb{R}$ 上的单调函数，但 $\cos x$ 在区间 $[0,\pi]$ 上是严格单调递减的，而在区间 $[-\pi,0]$ 上是严格单调递增的.

5. 反函数

设 f 是数集 D 上定义的函数，且对其值域 $R(f)$ 内每一个元素 y，恰有一个 $x\in D$，使得 $f(x)=y$，这就确定了由 $y\in R(f)$ 到 $x\in D$ 的一个对应关系，即定义在 $R(f)$ 上的一个函数，称为 f 的反函数，用 f^{-1} 表示，或记为 $x=f^{-1}(y)$. 显然，$R(f^{-1})=D$，且 f^{-1} 与 f 互为反函数.

当 f 严格单调递增（递减）时，$\forall y\in R(f)$，恰有一个 $x\in D(f)$ 使得 $f(x)=y$，所以 f 的反函数 f^{-1} 存在，且 f^{-1} 也是严格单调递增（递减）的. 例如，对 $a>0$ 且 $a\neq 1$，a^x 与 $\log_a x$ 互为反函数；$\sin x, x\in\left[-\frac{\pi}{2},\frac{\pi}{2}\right]$ 与 $\arcsin x$ 互为反函数；$\cos x, x\in[0,\pi]$ 与 $\arccos x$ 互为反函数；$\tan x, x\in\left(-\frac{\pi}{2},\frac{\pi}{2}\right)$ 与 $\arctan x$ 互为反函数；x^3 与 $\sqrt[3]{x}$ 互为反函数.

需要注意的是，当 f 不是严格单调函数时，f 也可能有反函数. 例如，

$$f(x)=\begin{cases}x, & x\text{ 是有理数},\\ -x, & x\text{ 是无理数}.\end{cases}$$

这个函数不但不是单调函数，它的图像也无法明确画出来. 然而，f 有反函数而且 f 的反函数就是它自己：$f^{-1}(x)=f(x)$.

习题 2.1

1. 下列各组中,$f(x)$和$g(x)$是否为同一函数?并说明理由.

(1) $f(x)=\ln x^2, g(x)=2\ln x$;　　(2) $f(x)=\sqrt{\frac{x-1}{x+1}}, g(x)=\frac{\sqrt{x-1}}{\sqrt{x+1}}$;

(3) $f(x)=x, g(x)=\left(\sqrt{x}\right)^2$.

2. 求下列函数的定义域.

(1) $y=\sqrt{x^2-4x-5}+\frac{1}{\sqrt{6-x}}$;　　(2) $y=\lg\tan x$;

(3) $y=\arccos(\sin x-\cos x)$;　　(4) $y=\cot(\arcsin x)$.

3. 设$f(x)=\frac{2-3x}{1+x}$,求$f(-x), f\left(2+\frac{1}{x}\right), f(f(x)), f(f(f(x)))$.

4. 设$f(x)=2^x, g(x)=x\ln x$,求$f\circ g$以及$g\circ f$.

5. 设$f(x)=\begin{cases}x+2, & x\geqslant 0,\\ 0, & x<0,\end{cases}$ $g(x)=\begin{cases}x, & x<0,\\ x^2, & x\geqslant 0,\end{cases}$ 求$f\circ g$以及$g\circ f$,并验证是否有$f\circ g=g\circ f$.

6. 作出下列函数的图像.

(1) $y=x^{\frac{3}{2}}$;　　(2) $y=\cos x-|\cos x|$;　　(3) $y=3\sin\left(2x+\frac{\pi}{3}\right)$;

(4) $y=\ln(2-x)$;　　(5) $y=\arcsin|x-1|$;　　(6) $y=\begin{cases}e^{-x}, & x\geqslant 0,\\ 2^{|x-1|}, & x<0.\end{cases}$

7. 下列函数可以看成是哪些基本初等函数复合而成的?

(1) $y=|x|$;　　(2) $y=\frac{1}{2+\arcsin 2x}$;

(3) $y=\lg\lg x$;　　(4) $y=\exp\left(\cos\sqrt{1-2x}\right)$.

8. 设f,g均为严格单减函数,证明:若它们可以复合,则它们的复合函数$f\circ g$严格单增.

9. 判断下列函数的奇偶性.

(1) $y=\ln\left(x+\sqrt{x^2+1}\right)$;　　(2) $y=x\,\frac{1-e^x}{1+e^x}$;

(3) $y=3x-x^3$;　　(4) $y=\ln\left|\frac{1-x}{1+x}\right|$;

(5) $y=\ln(e^x+1)-\frac{1}{x}+1$;

(6) $y=R(x)=\begin{cases}\frac{1}{n}, & x=\frac{m}{n}, m,n\text{ 互质}, n>0,\\ 0, & x\in\mathbb{R}\setminus\mathbb{Q}.\end{cases}$

10. 设 $f(x)$ 的定义域关于原点对称. 证明：$f(x)$ 可以表示为一个奇函数与一个偶函数的和.

11. 设 $f(x)$ 为 $\mathbb{R}$ 上的奇函数，当 $x>0$ 时，$f(x)=x-x^2+1$，求 $f(x)$ 在 $(-\infty,0]$ 上的表达式.

12. 证明：奇函数在对称区间上单调性相同，偶函数在对称区间上单调性相反.

13. 下列哪些函数是周期函数？如果是，则求出其最小正周期.

(1) $y=\cos\left(2x-\frac{\pi}{3}\right)$；　　(2) $y=|\tan x|$；

(3) $y=x\sin x$；　　(4) $y=\left|\ln\frac{1-\tan x}{1+\cot x}\right|$.

14. 设 $f(x)$ 为 $\mathbb{R}$ 上以 2 为周期的周期函数，当 $x\in[0,2)$ 时，$f(x)=x^2$，求 $f(x)$ 在 $[4,6)$ 上的表达式，并画出 $x\in[0,6)$ 时 $f(x)$ 的图像.

15. 设 $f(x)$ 为 $\mathbb{R}$ 上以 2 为周期的奇函数，当 $x\in[0,1]$ 时，$f(x)=x(1-x)$，求 $f(x)$ 的表达式，并画出 $f(x)$ 的图像.

16. 设 $a\neq b$，函数 $y=f(x)$ 关于直线 $x=a$ 与 $x=b$ 对称，证明：f 是周期函数.

17. 证明：$\sin|x|$，$\sin x^2$ 不是周期函数.

18. 求下列函数的反函数，并求出反函数的定义域.

(1) $y=\ln(x-1)+2$；　　(2) $y=\arcsin\frac{x-1}{4}$；

(3) $y=1+\cos^3 x, x\in[0,\pi]$；　　(4) $y=\sin x, x\in\left[\frac{\pi}{2},\frac{3\pi}{2}\right]$；

(5) $y=\begin{cases}1-2x^2, & x<-1,\\ x^3, & -1\leqslant x\leqslant 2,\\ 12x-16, & x>2.\end{cases}$

19. 求分式线性函数 $y=\frac{ax+b}{cx+d}(ad\neq bc, c\neq 0)$ 的反函数，并讨论何时它的反函数与它相同.

20. 设奇函数 f 存在反函数，证明：它的反函数 f^{-1} 也为奇函数.

21. 设函数 f 在定义域内严格递增，证明：它的反函数 f^{-1} 也严格递增.

22. 证明：$y=\frac{1}{x^2}$ 在定义域内无界；$\forall\delta>0$，$y=\frac{1}{x^2}$ 在 $(-\infty,\delta]\cup[\delta,+\infty)$ 上有界.

23. 双曲函数是一类常用的函数，定义如下：

双曲正弦 $\sinh x=\frac{e^x-e^{-x}}{2}$；　　双曲余弦 $\cosh x=\frac{e^x+e^{-x}}{2}$；

双曲正切 $\tanh x=\frac{\sinh x}{\cosh x}=\frac{e^x-e^{-x}}{e^x+e^{-x}}$；　双曲余切 $\coth x=\frac{\cosh x}{\sinh x}=\frac{e^x+e^{-x}}{e^x-e^{-x}}$.

证明对于双曲函数，下列恒等式成立：

(1) $\cosh^2 x-\sinh^2 x=1$；

(2) $\sinh^2 x+\cosh^2 x=\cosh(2x)$；

(3) $\sinh(x+y)=\sinh x\cosh y+\sinh y\cosh x$；

(4) $\cosh(x+y)=\cosh x\cosh y+\sinh x\sinh y$；

(5) $\cosh x+\cosh y=2\cosh\dfrac{x+y}{2}\cosh\dfrac{x-y}{2}$；

(6) $\cosh x-\cosh y=2\sinh\dfrac{x+y}{2}\sinh\dfrac{x-y}{2}$；

(7) $\sinh x+\sinh y=2\sinh\dfrac{x+y}{2}\cosh\dfrac{x-y}{2}$；

(8) $\tanh(x+y)=\dfrac{\tanh x+\tanh y}{1+\tanh x\tanh y}$；

(9) $\coth(x+y)=\dfrac{1+\coth x\coth y}{\coth x+\coth y}$.

2.2 函数极限的概念

本节中我们来讨论函数的极限. **函数极限**是研究函数最重要的工具之一.

从第1章中知道，讨论数列$\{a_n\}$的极限问题就是考察当n无限增大时，相应的项a_n的变化趋势. 类似地，讨论函数的极限问题就是考察当函数的自变量x无限逼近某个点x_0(但不等于x_0)，或趋向于∞时，相应的函数值$f(x)$的变化趋势.

与数列极限不同的是，函数的自变量x是连续变化的，且x既可以无限逼近点x_0，又可以无限趋向于$+\infty$或$-\infty$；既可以从x_0的左侧(或右侧)趋向于x_0，又可以从x_0的两侧任意地趋向于x_0. 所以函数极限有多种形式. 然而，不同的形式的函数极限在本质上都是类似的，它们都具有类似的性质.

2.2.1 函数在一点的极限

为叙述方便，记$N(x_0,\delta)$是以x_0为中心的开区间：$N(x_0,\delta)=(x_0-\delta,x_0+\delta)$ $(\delta>0)$，称为x_0的一个**邻域**或δ-邻域.

又记$U(x_0,\delta)=(x_0-\delta,x_0)\cup(x_0,x_0+\delta)$，称为$x_0$的一个**空心邻域**或$\delta$-空心邻域.

定义 2.2.1 ……………………………………………………

设函数f在点x_0的某个空心邻域$U(x_0,\rho)$内定义，A为一实数. 如果$\forall\varepsilon>0$，$\exists\delta>0$，当$x\in U(x_0,\delta)$时，就有$|f(x)-A|<\varepsilon$，则称$f(x)$在点x_0处有极限A. 或者说当x趋向于x_0时，$f(x)$趋向于A. 记作$\lim\limits_{x\to x_0}f(x)=A$，或$f(x)\to A(x\to x_0)$.

注 定义 2.2.1 的关键在于描述当自变量 x 越来越逼近 x_0（但永远不等于 x_0）的过程中，函数值 $f(x)$ 的变化趋势. 所以，函数 f 在点 x_0 的极限是否存在，与函数 f 在 x_0 点是否有定义及 f 在 x_0 点取什么值无关.

如果限制自变量 x 只能在 x_0 的一侧变化，就得到“单侧极限”的概念.

定义 2.2.2 ……………………………………………………………

(1) 设函数 f 在 $(x_0, x_0+\rho)$ 内定义，$\rho>0$，$A\in\mathbb{R}$. 如果 $\forall\varepsilon>0$，$\exists\delta>0$，当 $x\in(x_0, x_0+\delta)$ 时，就有 $|f(x)-A|<\varepsilon$，则称 A 为 $f(x)$ 在点 x_0 的**右极限**. 或者说当 x 趋向于 x_0^+ 时，$f(x)$ 趋向于 A. 记作 $\lim\limits_{x\to x_0^+} f(x)=A$，或 $f(x)\to A(x\to x_0^+)$.

(2) 设函数 f 在 $(x_0-\rho, x_0)$ $(\rho>0)$ 内定义，$A\in\mathbb{R}$. 若 $\forall\varepsilon>0$，$\exists\delta>0$，当 $x\in(x_0-\delta, x_0)$ 时，有 $|f(x)-A|<\varepsilon$，则称 A 为 $f(x)$ 在 x_0 点的**左极限**. 记作 $\lim\limits_{x\to x_0^-} f(x)=A$，或 $f(x)\to A(x\to x_0^-)$.

由上述定义不难验证：

命题 2.2.1 ……………………………………………………………

设函数 f 在点 x_0 的某个空心邻域 $U(x_0,\rho)$ 内定义. 则 $\lim\limits_{x\to x_0} f(x)=A$ 的充分必要条件是：$\lim\limits_{x\to x_0^+} f(x)=A$ 并且 $\lim\limits_{x\to x_0^-} f(x)=A$.

事实上，必要性显然，下证充分性. 由于 $\lim\limits_{x\to x_0^+} f(x)=A$ 且 $\lim\limits_{x\to x_0^-} f(x)=A$，$\forall\varepsilon>0$，$\exists\delta_1>0$ 当 $x\in(x_0, x_0+\delta_1)$ 时，有 $|f(x)-A|<\varepsilon$. 同时，$\exists\delta_2>0$ 当 $x\in(x_0-\delta_2, x_0)$ 时，有 $|f(x)-A|<\varepsilon$. 若记 $\delta=\min\{\delta_1,\delta_2\}$，则当 $x\in U(x_0,\delta)$ 时，有 $|f(x)-A|<\varepsilon$. 由定义可得 $\lim\limits_{x\to x_0} f(x)=A$.

▶ **例 2.2.1** ……………………………………………………………

设 $x_0\in\mathbb{R}$ 为一固定点，求证：$\lim\limits_{x\to x_0}\cos x=\cos x_0$.

证明 注意到

$$\begin{aligned}|\cos x-\cos x_0| &= \left|2\sin\frac{x+x_0}{2}\sin\frac{x-x_0}{2}\right| \\ &\leqslant |x-x_0|,\end{aligned}$$

于是 $\forall\varepsilon>0$，可取 $\delta=\varepsilon$. 只要 $0<|x-x_0|<\delta$，就有

$$|\cos x-\cos x_0|<|x-x_0|<\varepsilon,$$

由极限定义知 $\lim\limits_{x\to x_0}\cos x=\cos x_0$.

类似地有，$\lim\limits_{x\to x_0}\sin x=\sin x_0$.

▶ **例 2.2.2** ……………………………………………………………………

求证：$\lim\limits_{x\to 0}x\sin\dfrac{1}{x}=0$.

证明 $\forall\varepsilon>0$，取 $\delta=\varepsilon$，则当 $0<|x|<\delta$ 时，就有 $\left|x\sin\dfrac{1}{x}-0\right|\leqslant|x|<\varepsilon$. 故由极限定义知 $\lim\limits_{x\to 0}x\sin\dfrac{1}{x}=0$.

注意所给函数在 $x_0=0$ 处并无定义，但这不妨碍讨论函数在点 $x_0=0$ 的极限.

图 2.2.1 描述了当 $x\to 0$ 时函数 $x\sin\dfrac{1}{x}$ 的变化趋势.

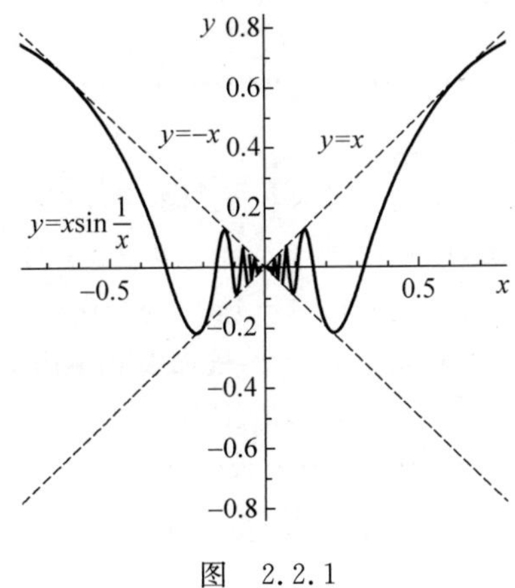

图 2.2.1

▶ **例 2.2.3** ……………………………………………………………………

求证：$\lim\limits_{x\to 1}\dfrac{x^2-3x+2}{x^2-x}=-1$.

证明 由于 $x\to 1$，不妨设 $|x-1|<\dfrac{1}{2}$. 此时 $x>\dfrac{1}{2}$. 于是有

$$\left|\frac{x^2-3x+2}{x^2-x}-(-1)\right|=2\left|\frac{x-1}{x}\right|\leqslant 4|x-1|.$$

所以 $\forall\varepsilon>0$，可取 $\delta=\min\left\{\dfrac{\varepsilon}{4},\dfrac{1}{2}\right\}$. 只要 $0<|x-1|<\delta$ 就有

$$\left|\frac{x^2-3x+2}{x^2-x}-(-1)\right|\leqslant 4|x-1|<\varepsilon.$$

因此 $\lim\limits_{x\to 1}\dfrac{x^2-3x+2}{x^2-x}=-1$.

从函数 $y=f(x)$ 的图像上看(如图 2.2.2),若极限 $\lim\limits_{x\to x_0}f(x)=A$,则对任意正数 ε,存在 x_0 的某个空心邻域 $U(x_0,\delta)$,在此空心邻域内,曲线 $y=f(x)$ 上的点都位于两水平直线 $y=A+\varepsilon$ 与 $y=A-\varepsilon$ 之间.

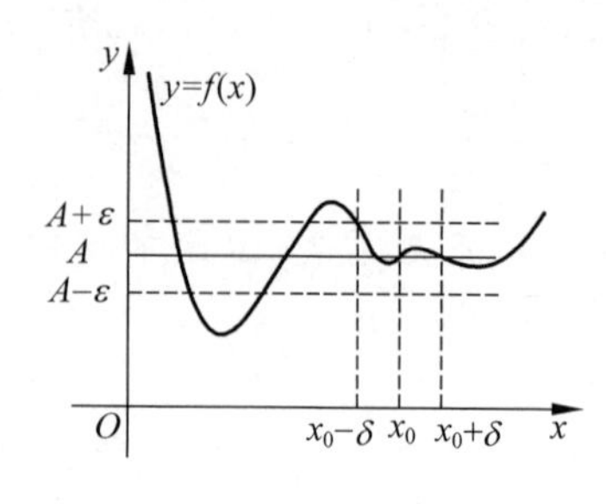

图　2.2.2

例 2.2.4

对于符号函数

$$\operatorname{sgn}(x)=\begin{cases}1, & x>0,\\0, & x=0,\\-1, & x<0,\end{cases}$$

显然有 $\lim\limits_{x\to 0^-}\operatorname{sgn}(x)=-1$, $\lim\limits_{x\to 0^+}\operatorname{sgn}(x)=1$. 进而知 $\lim\limits_{x\to 0}\operatorname{sgn}(x)$ 不存在.

例 2.2.5

对于函数 $f(x)=\mathrm{e}^{\frac{1}{x}}$, $\lim\limits_{x\to 0^-}f(x)=0$, $\lim\limits_{x\to 0^+}f(x)$ 不存在.

例 2.2.6

求证:开区间 (a,b) 上的单调函数在每一点处的左右极限都存在.

证明　设 f 在 (a,b) 上单调递增, $x_0\in(a,b)$,则 $f(x)\leqslant f(x_0)\ (x\in(a,x_0))$. 于是数集 $\{f(x)\mid x\in(a,x_0)\}$ 非空有上界. 记 A 为其上确界,则 $f(x_0)\geqslant A$,且 $\forall\varepsilon>0$,存在 $x^*\in(a,x_0)$ 使得 $f(x^*)>A-\varepsilon$. 由于 f 单增,故对所有的 $x\in(x^*,x_0)$ 都有

$$A-\varepsilon<f(x)\leqslant A,$$

所以 $\lim\limits_{x\to x_0^-}f(x)=A$.

完全类似地,数集 $\{f(x)\mid x\in(x_0,b)\}$ 非空有下界. 记 B 为其下确界,则 $f(x_0)\leqslant B$,且

$$\lim_{x\to x_0^+}f(x)=B.$$

若 f 在 (a,b) 上单调递减, $x_0\in(a,b)$,则同理可证:

$$\lim_{x\to x_0^-} f(x) \geqslant f(x_0) \geqslant \lim_{x\to x_0^+} f(x).$$

2.2.2 函数在无穷远点的极限

定义 2.2.3 ……

(1) 设 f 在 $(-\infty,-a)\cup(a,+\infty)$ $(a>0)$ 内定义，$A\in\mathbb{R}$. 若 $\forall\varepsilon>0$，$\exists M>0$，当 $|x|>M$ 时，有 $|f(x)-A|<\varepsilon$，则称当 $x\to\infty$ 时 $f(x)$ 有极限 A. 记作 $\lim\limits_{x\to\infty} f(x)=A$；

(2) 设 f 在 $(a,+\infty)$（或 $(-\infty,a)$）内定义，$A\in\mathbb{R}$. 若 $\forall\varepsilon>0$，$\exists M>0$，当 $x>M$（或 $x<-M$）时，有 $|f(x)-A|<\varepsilon$，则称当 $x\to+\infty$（或 $x\to-\infty$）时 $f(x)$ 有极限 A. 记作 $\lim\limits_{x\to+\infty} f(x)=A$（或 $\lim\limits_{x\to-\infty} f(x)=A$）.

由上述定义不难验证：$\lim\limits_{x\to\infty} f(x)=A$ 的充分必要条件是：$\lim\limits_{x\to+\infty} f(x)=A$ 与 $\lim\limits_{x\to-\infty} f(x)=A$ 同时成立.

图 2.2.3 说明了 $\lim\limits_{x\to+\infty} f(x)=A$ 几何上的直观意义：$\forall\varepsilon>0$，以直线 $y=A$ 为中心线，作一个宽为 2ε 的水平带形，则存在 $M>0$，使得在区间 $(M,+\infty)$ 上，曲线 $y=f(x)$ 完全落在这个带形之内.

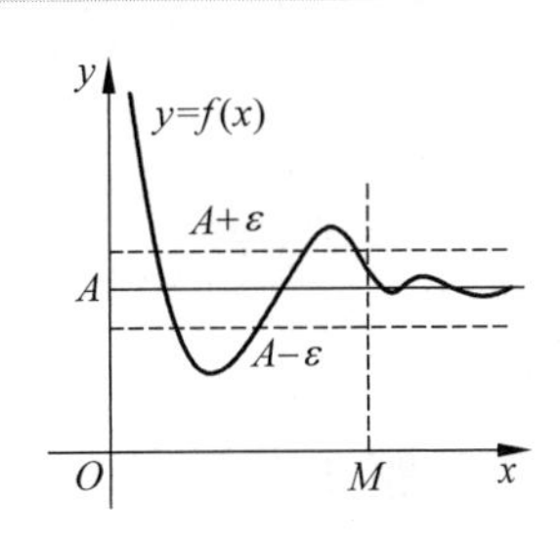

图 2.2.3

例 2.2.7 ……

设 $a>1$，求证 $\lim\limits_{x\to+\infty} a^{-x}=0$.

证明 $\forall\varepsilon>0$，为使 $|a^{-x}-0|=a^{-x}<\varepsilon$，只需使 $x>\log_a\dfrac{1}{\varepsilon}$. 于是，若取正数 $M\geqslant\log_a\dfrac{1}{\varepsilon}$，那么只要 $x>M$，就有

$$|a^{-x}-0| = a^{-x} < \varepsilon,$$

于是 $\lim\limits_{x\to+\infty} a^{-x}=0$.

例 2.2.8 ……

求证 $\lim\limits_{x\to+\infty}[\ln(x+1)-\ln x]=0$.

证明 注意到 $|\ln(x+1)-\ln x-0|=\ln\left(1+\dfrac{1}{x}\right)(x>0)$. $\forall\varepsilon>0$，为使 $\ln\left(1+\dfrac{1}{x}\right)<\varepsilon$，只需使 $1+\dfrac{1}{x}<\mathrm{e}^{\varepsilon}$，即 $x>M=\dfrac{1}{\mathrm{e}^{\varepsilon}-1}$. 于是 $\lim\limits_{x\to+\infty}[\ln(x+1)-\ln x]=0$.

例 2.2.9

求证 $\lim\limits_{x\to\infty}\sqrt{\dfrac{x^2+1}{x^2-1}}=1$.

证明 注意到

$$\left|\sqrt{\frac{x^2+1}{x^2-1}}-1\right|=\frac{\sqrt{x^2+1}-\sqrt{x^2-1}}{\sqrt{x^2-1}}=\frac{2}{\sqrt{x^2-1}\left(\sqrt{x^2+1}+\sqrt{x^2-1}\right)},$$

由于 $x\to\infty$，不妨设 $|x|>\sqrt{2}$. 从而有

$$\left|\sqrt{\frac{x^2+1}{x^2-1}}-1\right|<\frac{2}{|x|}.$$

于是，$\forall\varepsilon>0$，取 $M=\max\left\{\sqrt{2},\dfrac{2}{\varepsilon}\right\}$，则当 $|x|>M$ 时，就有

$$\left|\sqrt{\frac{x^2+1}{x^2-1}}-1\right|<\frac{2}{|x|}<\varepsilon.$$

所以，$\lim\limits_{x\to\infty}\sqrt{\dfrac{x^2+1}{x^2-1}}=1$.

习题 2.2

1. 用 ε-δ 语言分别叙述："$\lim\limits_{x\to x_0}f(x)\neq A$"与"$\lim\limits_{x\to+\infty}f(x)\neq A$".

2. 下列说法中，哪些与 $\lim\limits_{x\to x_0}f(x)=A$ 等价. 如果等价，请证明；如果不等价，请举出反例.

(1) 对于无限多个正数 $\varepsilon>0$，$\exists\delta>0$，只要 $x\in U(x_0,\delta)$，就有 $|f(x)-A|\leqslant\varepsilon$；

(2) $\forall\varepsilon\in(0,1)$，$\delta>0$，只要 $x\in U(x_0,\delta)$，就有 $|f(x)-A|\leqslant 8\varepsilon$；

(3) $\forall k\in\mathbb{N}^*$，$\exists\delta_k>0$，只要 $x\in U(x_0,\delta_k)$，就有 $|f(x)-A|<2^{-k}$；

(4) $\forall n\in\mathbb{N}^*$，只要 $0<|x-x_0|<\dfrac{1}{n}$，就有 $|f(x)-A|<\dfrac{1}{n}$.

3. 用函数极限的定义证明下列极限.

(1) $\lim\limits_{x\to 2}\sqrt{x^2+5}=3$；

(2) $\lim\limits_{x\to 3}\dfrac{x-3}{x^2-9}=\dfrac{1}{6}$；

(3) $\lim\limits_{x\to 2}\dfrac{x^2-3}{x^2-4x+3}=-1$；

(4) $\lim\limits_{x\to 1^+}\dfrac{x-1}{\sqrt{x^2-1}}=0$；

(5) $\lim\limits_{x\to-\infty}\left(x+\sqrt{x^2-a}\right)=0$；

(6) $\lim\limits_{x\to\infty}\dfrac{2x^2+3}{x^2-2x}=2$；

(7) $\lim\limits_{x\to+\infty}\left(\sin\sqrt{x+1}-\sin\sqrt{x}\right)=0$；

(8) $\lim\limits_{x\to x_0}\cos\dfrac{1}{x}=\cos\dfrac{1}{x_0}\ (x_0\neq 0)$；

(9) $\lim\limits_{x\to x_0}\arctan x=\arctan x_0\ (x_0>0)$； (10) $\lim\limits_{x\to x_0}\tan x=\tan x_0\left(x_0\neq k\pi+\dfrac{\pi}{2}\right)$.

4. 设$\lim\limits_{x\to x_0}f(x)=A$，证明：$\lim\limits_{x\to x_0}|f(x)|=|A|$.

5. 讨论下列函数在 $x=0$ 处的极限是否存在.

(1) $f(x)=\dfrac{|x|}{x}$； (2) $f(x)=\begin{cases}2x, & x>0,\\ a\sin x+b\cos x, & x<0.\end{cases}$

6. 设函数 f 在开区间(a,b)上单调递增，求证：

(1) 若 f 在(a,b)上有上界，则 $\lim\limits_{x\to b^-}f(x)$存在；

(2) 若 f 在(a,b)上有下界，则 $\lim\limits_{x\to a^+}f(x)$存在.

7. 设函数 f 在开区间$(a,+\infty)$上单调有界，求证：$\lim\limits_{x\to+\infty}f(x)$存在.

8. 设 f 是$(-\infty,+\infty)$上的周期函数，求证：若 $\lim\limits_{x\to+\infty}f(x)=0$，则 $f(x)\equiv 0$.

2.3 函数极限的性质

在上一节中我们给出了函数极限的六种形式.本节中我们将讨论函数极限的一些基本性质.为叙述方便，主要对 $x\to x_0$ 的情形加以叙述.

性质 1

若极限$\lim\limits_{x\to x_0}f(x)$存在，则极限值是唯一的.

性质 2

设$\lim\limits_{x\to x_0}f(x)$存在，则存在 $\delta>0$ 及正数 M，使得当 $x\in U(x_0,\delta)$时，有$|f(x)|<M$.

性质 1 与性质 2 的证明可仿照数列情形进行，我们把它留给读者完成.

性质 3(极限的保序性)

设$\lim\limits_{x\to x_0}f(x)=A$，$\lim\limits_{x\to x_0}g(x)=B$.

(1) 若 $A>B$，则存在 $\delta>0$，使得当 $x\in U(x_0,\delta)$时，有 $f(x)>g(x)$.

(2) 若存在 $\rho>0$，使得当 $x\in U(x_0,\rho)$时，有 $f(x)\geqslant g(x)$，则 $A\geqslant B$.

证明 (1) 若 $A>B$，令 $\varepsilon=\dfrac{1}{2}(A-B)$. 由于$\lim\limits_{x\to x_0}f(x)=A$，$\exists\,\delta_1>0$，当 $x\in U(x_0,\delta_1)$时，有 $f(x)-A>-\varepsilon=\dfrac{1}{2}(B-A)$，即 $f(x)>\dfrac{1}{2}(A+B)$. 再由$\lim\limits_{x\to x_0}g(x)=B$，$\exists\,\delta_2>0$，使得当 $x\in U(x_0,\delta_2)$时，有 $g(x)-B<\varepsilon=\dfrac{1}{2}(A-B)$，即 $g(x)<\dfrac{1}{2}(A+B)$. 若取 $\delta=\min\{\delta_1,\delta_2\}$，则当 $x\in U(x_0,\delta)$时，就有 $f(x)>$

$\frac{1}{2}(A+B)>g(x)$.

(2) 假定 $A<B$,由(1)知,存在 $\delta>0$,使得当 $x\in U(x_0,\delta)$ 时,有 $g(x)>f(x)$. 这与题设相矛盾. 故 $A\geqslant B$.

若在性质 3 中取 $g(x)\equiv 0$,即得:

当 $\lim\limits_{x\to x_0}f(x)=A>0$ 时,存在 $\delta>0$,使得 $\forall x\in U(x_0,\delta)$,有 $f(x)>0$. 反之,若存在 $\rho>0$,使得当 $x\in U(x_0,\rho)$ 时,$f(x)\geqslant 0$,则 $A\geqslant 0$.

这个结论常称为极限的保号性.

定理 2.3.1(四则运算)

设 $\lim\limits_{x\to x_0}f(x)=A$, $\lim\limits_{x\to x_0}g(x)=B$,则

(1) 对任意实数 c, $\lim\limits_{x\to x_0}[cf(x)]=cA$;

(2) $\lim\limits_{x\to x_0}[f(x)\pm g(x)]=A\pm B$;

(3) $\lim\limits_{x\to x_0}[f(x)\cdot g(x)]=A\cdot B$;

(4) 当 $B\neq 0$ 时, $\lim\limits_{x\to x_0}\frac{f(x)}{g(x)}=\frac{A}{B}$.

定理 2.3.2(夹逼原理)

设函数 f,g,h 在 $U(x_0,\rho)$ 内定义,并且满足

$$f(x)\leqslant g(x)\leqslant h(x),\quad x\in U(x_0,\rho).$$

如果 $\lim\limits_{x\to x_0}f(x)=\lim\limits_{x\to x_0}h(x)=A$,则 $\lim\limits_{x\to x_0}g(x)=A$.

定理 2.3.1 与定理 2.3.2 的证明与数列情形完全类似,这里不再赘述.

定理 2.3.3(复合函数极限)

设 $\lim\limits_{x\to x_0}g(x)=u_0$, $\lim\limits_{u\to u_0}f(u)=A$,且当 $x\neq x_0$ 时 $g(x)\neq u_0$,则有

$$\lim_{x\to x_0}f(g(x))=\lim_{u\to u_0}f(u)=A.$$

证明 $\forall\varepsilon>0$,由于 $\lim\limits_{u\to u_0}f(u)=A$,存在 $\delta_1>0$,当 $u\in U(u_0,\delta_1)$ 时,有

$$|f(u)-A|<\varepsilon.$$

又由于 $\lim\limits_{x\to x_0}g(x)=u_0$,故对上述 $\delta_1>0$,存在 $\delta>0$,只要 $x\in U(x_0,\delta)$,就有

$$0<|g(x)-u_0|<\delta_1$$

(注意当 $x\neq x_0$ 时 $g(x)\neq u_0$),从而

$$|f(g(x))-A|<\varepsilon(\forall x\in U(x_0,\delta)).$$

于是由极限定义即得$\lim\limits_{x\to x_0} f(g(x))=A$.

注 从定理2.3.3的证明中不难发现,条件"当$x\neq x_0$时$g(x)\neq u_0$"可以替换为如下条件:"$f(u_0)=A$".

性质1,性质2,性质3与定理2.3.1,定理2.3.2与定理2.3.3中的极限过程$x\to x_0$可以换成其他5种极限过程的任一种,其证明也是完全类似的.

应用夹逼原理,可以得到下面的重要极限.

例 2.3.1

求证$\lim\limits_{x\to 0}\dfrac{\sin x}{x}=1$.

证明 不妨设$-\dfrac{\pi}{2}<x<\dfrac{\pi}{2}$.如图2.3.1所示,当$0<x<\dfrac{\pi}{2}$时,$\triangle OAC$的面积<扇形$OAC$的面积<$\triangle OAB$的面积,即

$$\sin x<x<\tan x.$$

由此可得

$$\cos x<\frac{\sin x}{x}<1.$$

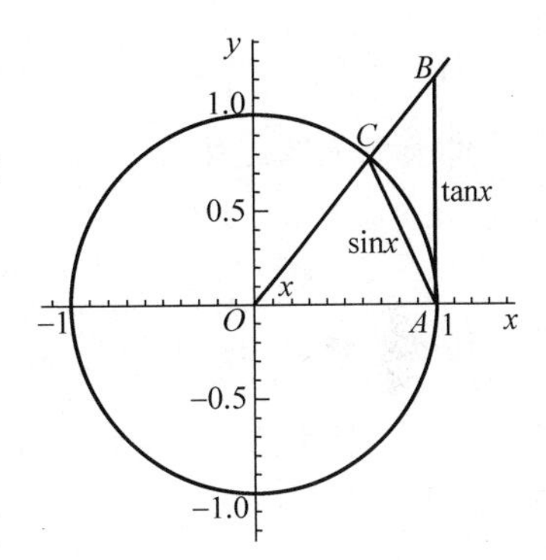

图 2.3.1

注意到此不等式对于$-\dfrac{\pi}{2}<x<\dfrac{\pi}{2}$成立,且$\lim\limits_{x\to 0}\cos x=1$(例2.2.1),于是由夹逼定理得到

$$\lim_{x\to 0}\frac{\sin x}{x}=1.$$

例 2.3.2

求极限:$\lim\limits_{x\to 0}\dfrac{1-\cos x}{x^2}$.

解 $\lim\limits_{x\to 0}\dfrac{1-\cos x}{x^2}=\lim\limits_{x\to 0}\dfrac{2\sin^2(x/2)}{x^2}=\dfrac{1}{2}\lim\limits_{x\to 0}\left[\dfrac{\sin(x/2)}{x/2}\right]^2=\dfrac{1}{2}\cdot 1^2=\dfrac{1}{2}$.

例 2.3.3

求极限:$\lim\limits_{x\to 0}\dfrac{\sin(\tan x)}{\sin x}$.

解 令$u=\tan x$,则当$x\to 0$时,$u\to 0$.由定理2.2.3可得

$$\lim_{x\to 0}\frac{\sin(\tan x)}{\sin x}=\lim_{x\to 0}\frac{\sin(\tan x)}{\tan x}\cdot\lim_{x\to 0}\frac{1}{\cos x}=\lim_{u\to 0}\frac{\sin u}{u}=1.$$

应用夹逼定理与例1.4.1的结果,可以得到另一个重要极限:

例 2.3.4

证明：$\lim\limits_{x\to\infty}\left(1+\dfrac{1}{x}\right)^{x}=\lim\limits_{t\to 0}(1+t)^{\frac{1}{t}}=\mathrm{e}$.

证明 注意到当 $x\geqslant 1$ 时，

$$\left(1+\frac{1}{[x]+1}\right)^{[x]}\leqslant\left(1+\frac{1}{x}\right)^{x}\leqslant\left(1+\frac{1}{[x]}\right)^{[x]+1}.$$

由于 $\lim\limits_{n\to\infty}\left(1+\dfrac{1}{n}\right)^{n}=\mathrm{e}$，易见 $\lim\limits_{x\to+\infty}\left(1+\dfrac{1}{[x]}\right)^{[x]}=\mathrm{e}$. 运用极限的四则运算可得

$$\lim_{x\to+\infty}\left(1+\frac{1}{[x]}\right)^{[x]+1}=\lim_{x\to+\infty}\left(1+\frac{1}{[x]}\right)^{[x]}\cdot\lim_{x\to+\infty}\left(1+\frac{1}{[x]}\right)=\mathrm{e},$$

$$\lim_{x\to+\infty}\left(1+\frac{1}{[x]+1}\right)^{[x]}=\lim_{x\to+\infty}\left(1+\frac{1}{[x]+1}\right)^{[x]+1}\cdot\left(1+\frac{1}{[x]+1}\right)^{-1}=\mathrm{e}.$$

于是由夹逼原理得到

$$\lim_{x\to+\infty}\left(1+\frac{1}{x}\right)^{x}=\mathrm{e}.$$

还需要证明 $\lim\limits_{x\to-\infty}\left(1+\dfrac{1}{x}\right)^{x}=\mathrm{e}$. 由于 $\lim\limits_{x\to+\infty}\left(1+\dfrac{1}{x}\right)^{x}=\mathrm{e}$，故 $\forall\,\varepsilon>0$，$\exists\, M>0$，使得当 $x>M$ 时有

$$\left|\left(1+\frac{1}{x}\right)^{x}-\mathrm{e}\right|<\varepsilon,$$

注意到 $\left(1+\dfrac{1}{x}\right)^{x+1}=\left(1+\dfrac{1}{-x-1}\right)^{-x-1}$，于是当 $x<-(M+1)$ 时有

$$\left|\left(1+\frac{1}{x}\right)^{x+1}-\mathrm{e}\right|=\left|\left(1+\frac{1}{-x-1}\right)^{-x-1}-\mathrm{e}\right|<\varepsilon,$$

因此 $\lim\limits_{x\to-\infty}\left(1+\dfrac{1}{x}\right)^{x+1}=\mathrm{e}$. 进而知

$$\lim_{x\to-\infty}\left(1+\frac{1}{x}\right)^{x}=\lim_{x\to-\infty}\left(1+\frac{1}{x}\right)^{x+1}\cdot\left(1+\frac{1}{x}\right)^{-1}=\mathrm{e}.$$

所以 $\lim\limits_{x\to\infty}\left(1+\dfrac{1}{x}\right)^{x}=\mathrm{e}$.

最后，由于 $\lim\limits_{x\to\infty}\left(1+\dfrac{1}{x}\right)^{x}=\mathrm{e}$，$\forall\,\varepsilon>0$，$\exists\, M>0$，使得当 $|x|>M$ 时有

$$\left|\left(1+\frac{1}{x}\right)^{x}-\mathrm{e}\right|<\varepsilon.$$

于是当 $0<|t|<\delta=\dfrac{1}{M}$ 时有

$$\left|(1+t)^{\frac{1}{t}}-\mathrm{e}\right|<\varepsilon.$$

所以 $\lim\limits_{t\to 0}(1+t)^{\frac{1}{t}}=\mathrm{e}$.

例 2.3.5

求证：(1) $\lim\limits_{x\to+\infty}\dfrac{x}{a^x}=0\ (a>1)$；(2) $\lim\limits_{x\to+\infty}\dfrac{\log_a x}{x}=0\ (a>0,a\neq 1)$.

证明 (1) 由例 1.4.3，$\lim\limits_{n\to\infty}\dfrac{n}{a^n}=0$，易知 $\lim\limits_{x\to+\infty}\dfrac{[x]}{a^{[x]}}=0$. 而

$$0<\frac{x}{a^x}\leqslant\frac{2[x]}{a^{[x]}}\quad(x\geqslant 1),$$

于是由夹逼原理推出 $\lim\limits_{x\to+\infty}\dfrac{x}{a^x}=0$.

(2) 由例 1.2.4，$\lim\limits_{n\to\infty}\dfrac{\ln n}{n}=0$，于是 $\lim\limits_{x\to+\infty}\dfrac{\ln[x]}{[x]}=0$. 而当 $x>1$ 时，

$$0<\frac{\ln x}{x}\leqslant\frac{\ln(2[x])}{x}\leqslant\frac{\ln 2}{x}+\frac{\ln[x]}{[x]}.$$

从而由夹逼原理可得 $\lim\limits_{x\to+\infty}\dfrac{\ln x}{x}=0$，进而得

$$\lim_{x\to+\infty}\frac{\log_a x}{x}=\frac{1}{\ln a}\lim_{x\to+\infty}\frac{\ln x}{x}=0.$$

定理 2.3.4

设函数 f 在 $U(x_0,\rho)$ 内定义. 则下列命题等价：

(1) $\forall\varepsilon>0,\exists\delta>0$，当 $x_1,x_2\in U(x_0,\delta)$ 时，就有 $|f(x_1)-f(x_2)|<\varepsilon$.

(2) $\exists A\in\mathbb{R}$，对于 $U(x_0,\rho)$ 内任意一个收敛于 x_0 的点列 $\{x_n\}$，有 $\lim\limits_{n\to\infty}f(x_n)=A$.

(3) $\lim\limits_{x\to x_0}f(x)=A$.

定理 2.3.4 中(1)与(3)的等价性称为函数极限的柯西收敛原理。

证明 (1)⇒(2) 由(1)，$\forall\varepsilon>0,\exists\delta>0$，当 $x,y\in U(x_0,\delta)$ 时，就有

$$|f(x)-f(y)|<\varepsilon.$$

若 $\{x_n\}$ 为 $U(x_0,\rho)$ 内任一个收敛于 x_0 的点列，则对上面 $\delta>0$，$\exists N\in\mathbb{N}$，使得当 $n>N$ 时，有 $0<|x_n-x_0|<\delta$，即 $x_n\in U(x_0,\delta)$. 所以当 $m,n>N$ 时，有 $|f(x_m)-f(x_n)|<\varepsilon$. 于是 $\{f(x_n)\}$ 为柯西列，从而收敛：$\lim\limits_{n\to\infty}f(x_n)=A$.

又设点列 $\{y_n\}\subseteq U(x_0,\rho)$ 且收敛于 x_0，同理，$\lim\limits_{n\to\infty}f(y_n)=B$ 存在. 只需再证明 $B=A$ 即可. 令 $z_{2n-1}=x_n,z_{2n}=y_n(n=1,2,\cdots)$，则点列 $\{z_n\}\subseteq U(x_0,\rho)$ 且收敛于 x_0，从而 $\{f(z_n)\}$ 必收敛，所以 $B=\lim\limits_{n\to\infty}f(z_{2n})=\lim\limits_{n\to\infty}f(z_{2n-1})=A$.

(2)⇒(3) 假定 $\lim\limits_{x\to x_0}f(x)=A$ 不成立. 由极限定义，存在正数 ε_0，使得 $\forall\delta>0$，总

可以找到 $x_\delta \in U(x_0,\delta)$，满足 $|f(x_\delta)-A| \geqslant \varepsilon_0$. 于是，分别取 $\delta=\rho, \frac{\rho}{2}, \cdots, \frac{\rho}{n}, \cdots$，可以相应地得到点列 $\{x_n\}$ 满足：$x_n \in U\left(x_0, \frac{\rho}{n}\right) \subseteq U(x_0,\rho)$ 并且 $|f(x_n)-A| \geqslant \varepsilon_0 (n=1,2,\cdots)$.

注意到 $0<|x_n-x_0|<\frac{\rho}{n}\ (n=1,2,\cdots)$，从而 $\{x_n\}$ 收敛于 x_0. 由定理条件知应有 $\lim\limits_{n\to\infty} f(x_n)=A$，这与 $|f(x_n)-A| \geqslant \varepsilon_0 (n=1,2,\cdots)$ 相矛盾. 于是 $\lim\limits_{x\to x_0} f(x)=A$ 成立.

(3)⇒(1) 设 $\lim\limits_{x\to x_0} f(x)=A$，则 $\forall \varepsilon>0$，$\exists \delta>0$，当 $x\in U(x_0,\delta)$ 时，就有 $|f(x)-A|<\frac{\varepsilon}{2}$. 于是当 $x_1, x_2 \in U(x_0,\delta)$ 时，就有

$$|f(x_1)-f(x_2)| \leqslant |f(x_1)-A| + |A-f(x_2)| < \varepsilon.$$

注 将定理 2.3.4 中的极限过程 $x\to x_0$ 换成其他五种极限过程的任一种，结论仍然成立. 例如：

设函数 f 在 $(a,+\infty)$ 内定义，则下列命题等价：

(1) $\forall \varepsilon>0$，$\exists M>0$，当 $x_2>x_1>M$ 时，就有 $|f(x_2)-f(x_1)|<\varepsilon$；

(2) $\exists A\in\mathbb{R}$，对于 $(a,+\infty)$ 内任意一个趋向于 $+\infty$ 的点列 $\{x_n\}$，有 $\lim\limits_{n\to\infty} f(x_n)=A$；

(3) $\lim\limits_{x\to+\infty} f(x)=A$.

读者可以尝试写出这些定理并给出证明.

例 2.3.6

证明 $\lim\limits_{x\to 0}\sin\frac{1}{x}$ 不存在.

证明 对于下面两个收敛于 0 的点列

$$x_n=\frac{1}{2n\pi},\quad y_n=\frac{1}{2n\pi+\frac{\pi}{2}}\quad (n\in\mathbb{N}),$$

有

$$\lim_{n\to+\infty} f(x_n)=\lim_{n\to+\infty}\sin(2n\pi)=0,$$

$$\lim_{n\to+\infty} f(y_n)=\lim_{n\to+\infty}\sin\left(2n\pi+\frac{\pi}{2}\right)=1,$$

于是由定理 2.3.4 可推出 $\lim\limits_{x\to x_0} f(x)$ 不存在.

由图 2.3.2 可以看出，当 $x\to 0$ 时，曲线 $y=\sin\frac{1}{x}$ 在 -1 和 1 之间震荡，不趋于任何数.

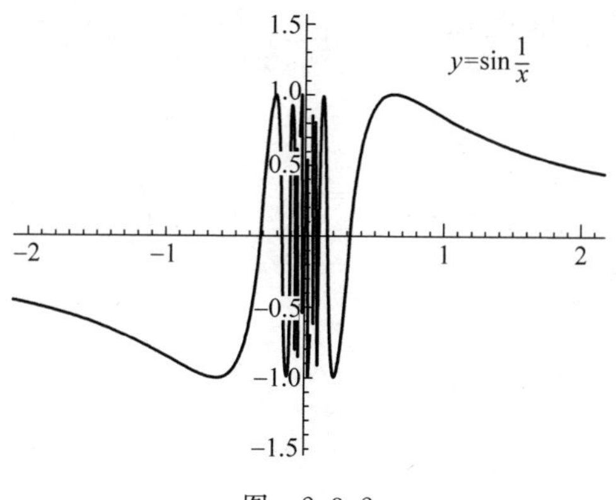

图 2.3.2

例 2.3.7

求证：(1) $\lim\limits_{x\to x_0}e^x=e^{x_0}$；(2) 当 $x_0>0$ 时，$\lim\limits_{x\to x_0}\ln x=\ln x_0$.

证明 (1) 根据例 1.2.4，对于任取的点列 $\{x_n\}$，当 $x_n\to x_0$ 时，便有 $\lim\limits_{n\to\infty}e^{x_n}=e^{x_0}$，应用定理 2.3.4 即得 $\lim\limits_{x\to x_0}e^x=e^{x_0}$.

类似地可证得(2).

例 2.3.8

设 $\lim\limits_{x\to x_0}u(x)=a>0$，$\lim\limits_{x\to x_0}v(x)=b$，则 $\lim\limits_{x\to x_0}u(x)^{v(x)}=a^b$.

证明 由例 2.2.4，$\lim\limits_{x\to a}\ln x=\ln a$. 应用定理 2.3.3 便知

$$\lim_{x\to x_0}\ln u(x)=\ln a.$$

于是

$$\lim_{x\to x_0}v(x)\ln u(x)=\lim_{x\to x_0}v(x)\lim_{x\to x_0}\ln u(x)=b\ln a.$$

再由例 2.3.7，$\lim\limits_{u\to u_0}e^u=e^{u_0}$，若在定理 2.3.3 中取 $f(u)=e^u$，$g(x)=v(x)\ln u(x)$，即得

$$\lim_{x\to x_0}u(x)^{v(x)}=\lim_{x\to x_0}e^{[v(x)\ln u(x)]}=e^{b\ln a}=a^b.$$

不难看出，例 2.3.8 中的极限过程 $x\to x_0$ 也可以换成其他五种极限过程的任一种.

例 2.3.9

设 $a\neq0$，求极限 $\lim\limits_{x\to+\infty}\left(\dfrac{x+a}{x-a}\right)^x$.

解 注意到

$$\left(\frac{x+a}{x-a}\right)^x=\left[\left(1+\frac{2a}{x-a}\right)^{\frac{x-a}{2a}}\right]^{\frac{2ax}{x-a}},$$

由于

$$\lim_{x\to+\infty}\left(1+\frac{2a}{x-a}\right)^{\frac{x-a}{2a}}=\mathrm{e},\quad \lim_{x\to+\infty}\frac{2ax}{x-a}=2a,$$

由例 2.3.8 的结论得到

$$\lim_{x\to+\infty}\left(\frac{x+a}{x-a}\right)^x=\lim_{x\to+\infty}\left[\left(1+\frac{2a}{x-a}\right)^{\frac{x-a}{2a}}\right]^{\frac{2ax}{x-a}}=\mathrm{e}^{2a}.$$

▶ **例 2.3.10** ……………………………………………………………

求极限$\lim\limits_{x\to0}(\cos x)^{\frac{1}{x^2}}$.

解
$$(\cos x)^{\frac{1}{x^2}}=\left(1-2\sin^2\frac{x}{2}\right)^{\frac{-1}{2\sin^2\frac{x}{2}}\cdot\frac{2\sin^2\frac{x}{2}}{-x^2}}.$$

注意到当 $x\to0$ 时,

$$u(x)=\left(1-2\sin^2\frac{x}{2}\right)^{\frac{-1}{2\sin^2\frac{x}{2}}}\to\mathrm{e},$$

$$v(x)=\frac{2\sin^2\frac{x}{2}}{-x^2}\to-\frac{1}{2}.$$

利用例 2.3.8 的结论便得到

$$\lim_{x\to0}(\cos x)^{\frac{1}{x^2}}=\lim_{x\to0}u(x)^{v(x)}=\mathrm{e}^{-\frac{1}{2}}.$$

习题 2.3

1. 证明本节的性质 1 与性质 2.
2. 证明定理 2.3.1.
3. 设$\lim\limits_{x\to x_0}f(x)=A$,证明:

(1) $\lim\limits_{x\to x_0}f^2(x)=A^2$;(2) $\lim\limits_{x\to x_0}\sqrt{f(x)}=\sqrt{A}\,(A>0)$;(3) $\lim\limits_{x\to x_0}\sqrt[3]{f(x)}=\sqrt[3]{A}$.

4. 若$\lim\limits_{x\to x_0}f(x)=A>B$,则$\exists\,\delta>0$,当 $x\in U(x_0,\delta)$时,$f(x)>B$.
5. 证明定理 2.3.2.
6. 求下列极限(其中各题中的 m 与 n 都是正整数).

(1) $\lim\limits_{x\to2}(5-3x)(3x-1)$; (2) $\lim\limits_{x\to\frac{\pi}{2}}\dfrac{\sin x}{x}$;

(3) $\lim\limits_{x\to2}\dfrac{x^2-2x}{x^2-3x+2}$; (4) $\lim\limits_{x\to1^-}\dfrac{\sqrt{(x-1)^2}}{x-1}$;

(5) $\lim\limits_{x\to-\infty}\dfrac{1-x-4x^3}{1+x^2+2x^3}$；　　(6) $\lim\limits_{x\to\infty}\dfrac{x-\arctan x}{x+\arctan x}$；

(7) $\lim\limits_{h\to0}\dfrac{(x+h)^3-x^3}{h}$；　　(8) $\lim\limits_{x\to+\infty}\left(\sqrt{x+\sqrt{x}}-\sqrt{x-\sqrt{x}}\right)$；

(9) $\lim\limits_{x\to0}\dfrac{\sqrt{x^2+p^2}-p}{\sqrt{x^2+q^2}-q}(p,q>0)$；　　(10) $\lim\limits_{x\to0}\dfrac{\sqrt{1+x}-\sqrt{1-x}}{x}$；

(11) $\lim\limits_{x\to1}\dfrac{x^m-1}{x-1}$；　　(12) $\lim\limits_{x\to1}\dfrac{x^m-1}{x^n-1}$；

(13) $\lim\limits_{x\to1}\dfrac{x+x^2+\cdots+x^n-n}{x-1}$；　　(14) $\lim\limits_{x\to0}\dfrac{(1+x)^{\frac{1}{m}}-1}{x}$；

(15) $\lim\limits_{x\to0}\dfrac{(1+mx)^n-(1+nx)^m}{x^2}$；　　(16) $\lim\limits_{x\to0}\dfrac{(1+nx)^{\frac{1}{m}}-(1+mx)^{\frac{1}{n}}}{x}$；

(17) $\lim\limits_{x\to0}x\left[\dfrac{1}{x}\right]$；　　(18) $\lim\limits_{x\to2^-}\dfrac{[x]^2+4}{x^2+4}$.

7. 求下列极限.

(1) $\lim\limits_{x\to0}\dfrac{\sin x^3}{\sin^3 6x}$；　　(2) $\lim\limits_{x\to\frac{\pi}{2}}\dfrac{\cos x}{x-\dfrac{\pi}{2}}$；

(3) $\lim\limits_{x\to0}\dfrac{\tan 3x}{x}$；　　(4) $\lim\limits_{x\to0}\dfrac{\arctan x}{2x}$；

(5) $\lim\limits_{n\to\infty}2^n\sin\dfrac{\pi}{2^n}$；　　(6) $\lim\limits_{x\to9}\dfrac{\sin^2 x-\sin^2 9}{x-9}$；

(7) $\lim\limits_{x\to\frac{\pi}{4}}\dfrac{\sin x-\cos x}{\cos 2x}$；　　(8) $\lim\limits_{x\to0}\dfrac{\tan x-\sin x}{x^3}$；

(9) $\lim\limits_{x\to1}(1-x)\tan\dfrac{\pi x}{2}$；　　(10) $\lim\limits_{x\to0}\dfrac{\sin 4x}{\sqrt{x+2}-\sqrt{2}}$；

(11) $\lim\limits_{x\to0}\dfrac{\sin^2 ax-\sin^2 bx}{x\sin x}$；　　(12) $\lim\limits_{x\to\infty}\dfrac{3x^2\sin\dfrac{1}{x}+2\sin x}{x}$.

8. 求下列极限.

(1) $\lim\limits_{x\to0}(1+kx)^{\frac{1}{x}}$；　　(2) $\lim\limits_{x\to\infty}\left(\dfrac{x+n}{x-n}\right)^x$；

(3) $\lim\limits_{x\to0}(1+3\tan x)^{\cot x}$；　　(4) $\lim\limits_{x\to\pi/4}(\tan x)^{\tan 2x}$；

(5) $\lim\limits_{x\to1}(2x-1)^{\frac{1}{x-1}}$；　　(6) $\lim\limits_{x\to0}(2\sin x+\cos x)^{\frac{1}{x}}$.

9. 确定 a,b 的值，使下列各式成立.

(1) $\lim\limits_{x\to-\infty}\left(\sqrt{x^2-x+1}-ax-b\right)=0$；　　(2) $\lim\limits_{x\to+\infty}\left(\dfrac{x^2+1}{x+1}-ax-b\right)=0$.

10. 分析下面两个复合函数的极限，说明定理 2.3.3 中的条件“$x\neq x_0$ 时，

$g(x)\neq u_0$”是不能缺少的.

(1) $f(u)=\begin{cases}1, & u=0,\\ 0, & u\neq 0,\end{cases}$ $g(x)=\begin{cases}1, & x=1,\\ 0, & x\neq 1,\end{cases}$ $u_0=0, x_0=1$;

(2) $f(u)=\begin{cases}1, & u=0,\\ 0, & u\neq 0,\end{cases}$ $g(x)=\begin{cases}0, & x=0,\\ x\sin\dfrac{1}{x}, & x\neq 0,\end{cases}$ $u_0=0, x_0=0$.

11. 设 $\lim\limits_{u\to u_0^+}f(u)=A$, $\lim\limits_{x\to x_0}g(x)=u_0$,且 $\exists\rho>0$,使得当 $x\in U(x_0,\rho)$ 时 $g(x)>u_0$. 求证

$$\lim_{x\to x_0}f(g(x)) = \lim_{u\to u_0^+}f(u) = A.$$

12. 设函数 f 在 $(a,+\infty)$ 内定义,则下列命题等价:

(1) $\lim\limits_{x\to+\infty}f(x)=A$;

(2) $\forall\varepsilon>0, \exists M>0$,当 $x_2>x_1>M$ 时,就有 $|f(x_2)-f(x_1)|<\varepsilon$;

(3) 对于 $(a,+\infty)$ 内任意一个趋向于 $+\infty$ 的点列 $\{x_n\}$,有 $\lim\limits_{n\to\infty}f(x_n)=A$.

13. 设 $f(x)$ 在 $\mathbb{R}$ 上有定义,并满足 $f(2x)=f(x)$,如果 $\lim\limits_{x\to 0}f(x)=f(0)$,证明: $f(x)$ 在 $\mathbb{R}$ 上为常数.

14. 已知狄利克雷函数 $D(x)=\begin{cases}1, & x\in\mathbb{Q},\\ 0, & x\notin\mathbb{Q},\end{cases}$ 证明: $\forall x_0\in\mathbb{R}$, $\lim\limits_{x\to x_0}D(x)$ 不存在.

15. 试举一个函数 $f(x)$,它只在一点有极限,在其余点处都没有极限.

2.4 无穷小量与无穷大量

定义 2.4.1 ……

(1) 若 $\lim\limits_{x\to x_0}f(x)=0$,则称当 $x\to x_0$ 时, $f(x)$ 是**无穷小量**.

(2) 设 $f(x)$ 在 x_0 的某个空心邻域内有定义. 若 $\forall M>0, \exists\delta>0$,当 $x\in U(x_0,\delta)$ 时,就有 $|f(x)|>M$,则称当 $x\to x_0$ 时 $f(x)$ 为**无穷大量**,记作 $f(x)\to\infty(x\to x_0)$.

(3) 设 $f(x)$ 在 x_0 的某个空心邻域内有定义. 若 $\forall M>0, \exists\delta>0$,当 $x\in U(x_0,\delta)$ 时,就有 $f(x)>M(f(x)<-M)$,则称当 $x\to x_0$ 时 $f(x)$ 为正(负)无穷大量,记作 $f(x)\to+\infty(-\infty)(x\to x_0)$.

对于其他几种极限过程: $x\to x_0^{\pm}$, $x\to\infty$ 及 $x\to\pm\infty$,同样可以定义无穷小量、无穷大量及正(负)无穷大量. 读者可以尝试写出这些定义.

例如,设 $f(x)$ 在 $(a,+\infty)$ 内定义. 若 $\forall M>0$, $\exists A\geqslant a$, 当 $x>A$ 时,就有 $f(x)<-M$,则称当 $x\to+\infty$ 时,$f(x)$ 为负无穷大量,记作 $f(x)\to-\infty(x\to+\infty)$.

例 2.4.1

(1) 当 $x\to0^+$ 时,$f(x)=\ln x$ 为负无穷大量;当 $x\to+\infty$ 时,$f(x)=\ln x$ 为正无穷大量;当 $x\to1$ 时,$f(x)=\ln x$ 为无穷小量.

(2) 当 $x\to+\infty$ 时,$f(x)=\mathrm{e}^x$ 是正无穷大量;当 $x\to-\infty$ 时,$f(x)=\mathrm{e}^x$ 是无穷小量.

(3) 当 $x\to\infty$ 时,$f(x)=1/x$ 是无穷小量;当 $x\to0^+$ 时,$f(x)=1/x$ 是正无穷大量;当 $x\to0^-$ 时,$f(x)=1/x$ 是负无穷大量.

(4) 当 $x\to x_0$ 时,若 $f(x)$ 为(正,负)无穷大量,则 $\dfrac{1}{f(x)}$ 为无穷小量;反之,若 $f(x)$ 为无穷小量,且 $\exists\delta>0$,当 $x\in \mathring{U}(x_0,\delta)$ 时,$f(x)\neq0$,则 $\dfrac{1}{f(x)}$ 为无穷大量.

不难看出,当 $x\to0$ 时,x 与 x^2 都是无穷小量,但是它们趋向于 0 的速度却有差别;同样,当 $x\to+\infty$ 时,x 和 e^x 都是正无穷大量,但趋向于无穷的快慢也是不同的. 为了描述这一现象,我们引入下面的概念.

定义 2.4.2

设当 $x\to x_0$ 时,$f(x)$ 与 $g(x)$ 都是无穷小量.

(1) 若 $\lim\limits_{x\to x_0}\dfrac{f(x)}{g(x)}=0$,则称当 $x\to x_0$ 时 $f(x)$ 是 $g(x)$ 的**高阶无穷小量**,记作

$$f(x)=o(g(x))\quad(x\to x_0).$$

(2) 若 $\lim\limits_{x\to x_0}\dfrac{f(x)}{g(x)}=c\neq0$,则称当 $x\to x_0$ 时,$f(x)$ 与 $g(x)$ 是**同阶无穷小量**.

特别地,若 $\lim\limits_{x\to x_0}\dfrac{f(x)}{g(x)}=1$,则称当 $x\to x_0$ 时,$f(x)$ 与 $g(x)$ 是**等价无穷小量**,记作

$$f(x)\sim g(x)(x\to x_0).$$

(3) 若 $\exists k\in\mathbb{N}^*$,使得 $\lim\limits_{x\to x_0}\dfrac{f(x)}{(x-x_0)^k}=c\neq0$,则称当 $x\to x_0$ 时,$f(x)$ 是 k 阶无穷小量.

上面定义中的极限过程 $x\to x_0$ 可以换成其他几种极限过程:$x\to x_0^{\pm}$,$x\to\infty$ 及 $x\to\pm\infty$.

注 对单侧极限过程 $x\to x_0^{\pm}$,也可以考虑 $\alpha>0$ 不是整数时的 α 阶无穷小量:

若 $\lim\limits_{x\to x_0^{\pm}}\dfrac{f(x)}{|x-x_0|^{\alpha}}=c\neq 0$,则称当 $x\to x_0^{\pm}$ 时,$f(x)$ 是 α 阶无穷小量.

根据例 2.3.5,便得到下列很有用的两个关系式:若 $a>1$,则

$$a^{-x}=o\left(\frac{1}{x}\right),\quad \frac{1}{x}=o\left(\frac{1}{\log_a x}\right)\quad (x\to+\infty).$$

下面列出的是一些常用的无穷小量间的等价关系:当 $x\to 0$ 时,

(1) $\sin x\sim x,\tan x\sim x$;

(2) $1-\cos x\sim\dfrac{1}{2}x^2$;

(3) $\ln(1+x)\sim x$;

(4) $e^x-1\sim x,a^x-1\sim x\ln a(a>0)$;

(5) $(1+x)^{\alpha}-1\sim\alpha x$.

事实上,(1)与(2)可在上一节例题中找到.(3)可由下式得到:

$$\lim_{x\to 0}\frac{\ln(1+x)}{x}=\lim_{x\to 0}\ln(1+x)^{\frac{1}{x}}=\ln e=1.$$

对(4),令 $u=e^x-1$,则 $x\to 0$ 等价于 $u\to 0$,并且 $x=\ln(1+u)$,于是由(3)可得

$$\lim_{x\to 0}\frac{e^x-1}{x}=\lim_{u\to 0}\frac{u}{\ln(1+u)}=1.$$

即 $e^x-1\sim x(x\to 0)$.再注意到 $a^x=e^{x\cdot\ln a}$,从而 $a^x-1=e^{x\ln a}-1\sim x\ln a$.

对(5),注意到 $(1+x)^{\alpha}=e^{\alpha\ln(1+x)}$,且当 $x\to 0$ 时 $u=\alpha\ln(1+x)\to 0$,应用定理 2.3.3,再由(3)与(4)即得(5):

$$\begin{aligned}\lim_{x\to 0}\frac{(1+x)^{\alpha}-1}{\alpha x}&=\lim_{x\to 0}\frac{e^{\alpha\ln(1+x)}-1}{\alpha\ln(1+x)}\cdot\frac{\alpha\ln(1+x)}{\alpha x}\\&=\lim_{u\to 0}\frac{e^u-1}{u}\cdot\lim_{x\to 0}\frac{\ln(1+x)}{x}=1.\end{aligned}$$

在极限运算过程中,利用无穷小量间的等价关系,常常可以使计算得到简化.

▶ **例 2.4.2** ……………………………………………………………………

求下列极限:

(1) $\lim\limits_{x\to 0}\dfrac{\sin 3x}{\sin 5x}$;(2) $\lim\limits_{x\to 0}\dfrac{1-\cos(1-\cos x)}{x^4}$;(3) $\lim\limits_{x\to 0}\dfrac{\sqrt{1+2x^4}-\sqrt[3]{1-x^4}}{\sin^2 x(1-\cos x)}$.

解 (1) 当 $x\to 0$ 时,$\sin kx\sim kx$,所以

$$\lim_{x\to 0}\frac{\sin 3x}{\sin 5x}=\frac{3}{5}\lim_{x\to 0}\frac{\sin 3x}{3x}\cdot\frac{5x}{\sin 5x}=\frac{3}{5}.$$

(2) 当 $x\to 0$ 时,$1-\cos x\sim\dfrac{1}{2}x^2$,所以

$$\lim_{x\to0}\frac{1-\cos(1-\cos x)}{x^4}=\frac{1}{8}\lim_{x\to0}\frac{1-\cos(1-\cos x)}{\frac{1}{2}(1-\cos x)^2}\cdot\left(\frac{1-\cos x}{x^2/2}\right)^2$$

$$=\frac{1}{8}\times1\times1^2=\frac{1}{8}.$$

(3) 当 $x\to0$ 时，$\sqrt{1+2x^4}-1\sim x^4$，$\sqrt[3]{1-x^4}-1\sim\frac{-1}{3}x^4$，所以

$$\lim_{x\to0}\frac{\sqrt{1+2x^4}-\sqrt[3]{1-x^4}}{\sin^2x(1-\cos x)}$$

$$=2\lim_{x\to0}\left(\frac{\sqrt{1+2x^4}-1}{x^4}+\frac{1}{3}\frac{\sqrt[3]{1-x^4}-1}{-x^4/3}\right)\cdot\frac{x^2}{\sin^2x}\cdot\frac{\frac{x^2}{2}}{(1-\cos x)}$$

$$=2\left(1+\frac{1}{3}\right)\times1\times1=\frac{8}{3}.$$

仔细观察上例中求极限的过程不难发现：待求极限函数的分子、分母的无穷小因子可以用等价的无穷小代换.这种方法常称为等价无穷小量代换法.例如，

$$\lim_{x\to0}\frac{\tan x-\sin x}{x^2\ln(1+x)}=\lim_{x\to0}\frac{\sin x(1-\cos x)}{x^2\ln(1+x)\cos x}=\lim_{x\to0}\frac{x\cdot\frac{1}{2}x^2}{x^2\cdot x\cos x}=\frac{1}{2}.$$

但是必须要注意的是，如果待求极限函数或其分子、分母中有多个加项，则其中的某一个加项不能随意用等价的无穷小量代换.例如，虽然当 $x\to0$ 时，$\tan x\sim x$，$\sin x\sim x$，但下列做法是错误的：

$$\lim_{x\to0}\frac{\tan x-\sin x}{x^2\ln(1+x)}=\lim_{x\to0}\frac{x-x}{x^2\ln(1+x)}=0.$$

对于同一个极限过程的两个无穷大量，可以完全类似于无穷小量情形定义高阶、同阶和等价无穷大量的概念.

定义 2.4.3 ……………………………………………………

设 $x\to x_0$ 时，$f(x)$ 与 $g(x)$ 都是无穷大量.

(1) 若 $\lim\limits_{x\to x_0}\frac{f(x)}{g(x)}=0$，则称当 $x\to x_0$ 时 $g(x)$ 是 $f(x)$ 的**高阶无穷大量**，记作

$$f(x)=o(g(x))\quad(x\to x_0);$$

(2) $\lim\limits_{x\to x_0}\frac{f(x)}{g(x)}=c\neq0$，则称当 $x\to x_0$ 时，$f(x)$ 与 $g(x)$ 是**同阶无穷大量**.

特别地，若 $\lim\limits_{x\to x_0}\frac{f(x)}{g(x)}=1$，则称当 $x\to0$ 时 $f(x)$ 与 $g(x)$ 是**等价无穷大量**，记作

$$f(x)\sim g(x)\quad(x\to x_0).$$

上面定义中的极限过程 $x\to x_0$ 可以换成其他几种极限过程：$x\to x_0^{\pm}$，$x\to\infty$ 及 $x\to\pm\infty$. 例如，当 $x\to+\infty$ 时，

$$\log_a x = o(x),\quad x = o(a^x)\quad (a>1).$$

习题 2.4

1. 一个函数是否是无穷大(小)量是否依赖于极限过程？是否一定要指明极限过程？

2. 已知函数 $f(x)\neq 0$. 证明：$\lim\limits_{x\to x_0} f(x)=0$ 等价于 $\lim\limits_{x\to x_0}\dfrac{1}{f(x)}=\infty$.

3. 若 $\lim\limits_{x\to x_0} f(x)=+\infty$，$\lim\limits_{x\to x_0} g(x)=A>0$，则 $\lim\limits_{x\to x_0} f(x)g(x)=+\infty$.

4. 证明：当 $x\to\infty$ 时，$f(x)\to\infty$ 的充要条件是：任意一个趋向于 ∞ 的点列 $\{x_n\}$，均有 $f(x_n)\to\infty$.

5. 某种极限过程下，分别考虑以下结果是不是无穷小量？是不是无穷大量？并举例说明.

(1) 恒等于零的函数；

(2) 两个无穷小量之和；

(3) 两个无穷小量之积；

(4) 两个无穷大量之和；

(5) 两个无穷大量之积；

(6) 一个无穷小量与一个无穷大量之和；

(7) 一个无穷小量与一个无穷大量之积；

(8) 无穷多个无穷小量之和.

6. 某种极限过程下，考虑以下问题，并举例说明.

(1) 有没有与零函数同阶的无穷小量；

(2) 所有的无穷小量中，是否有阶数最高(最低)的无穷小量；

(3) 是否任意两个无穷小量都可以比阶.

7. 确定下列无穷小量($x\to 0^+$)的阶，并按照阶的高低排列出来.

$\sin x^2$，$2\sqrt{x}+x^3$，$\mathrm{e}^{x^3}-1$，$\sin(\tan x)$，$\ln\left(1+x^{\frac{2}{3}}\right)$，$1-\cos x^2$，$\sqrt{x}-\sqrt[4]{x}$.

8. 将下列无穷大量($n\to\infty$)按照阶的高低排列出来.

$$n^2,\ \mathrm{e}^n,\ \ln(1+n^2),\ \sqrt{n},\ 2^n,\ \sqrt{n^3+\sqrt{n}},\ n^n,\ n!.$$

9. 求下列极限.

(1) $\lim\limits_{x\to 0}\dfrac{\sin(\tan x)}{\tan(\sin x)}$；

(2) $\lim\limits_{x\to 0}\dfrac{\mathrm{e}^{x^2}-1}{\cos x-1}$；

(3) $\lim\limits_{x\to 0}\dfrac{a^{\sin x}-1}{x}$；

(4) $\lim\limits_{x\to 0}\dfrac{\arcsin\dfrac{x}{\sqrt{1-x^2}}}{\ln(1-x)}$；

(5) $\lim\limits_{x\to 0}\dfrac{1-\sqrt{\cos kx^2}}{x^4}$；　(6) $\lim\limits_{x\to\infty}x^2\ln\left(\cos\dfrac{1}{x}\right)$；

(7) $\lim\limits_{x\to\infty}x(\mathrm{e}^{\sin\frac{1}{x}}-1)$；　(8) $\lim\limits_{x\to 0}\dfrac{\sqrt{1+\tan x}-\sqrt{1-\tan x}}{\mathrm{e}^x-1}$；

(9) $\lim\limits_{x\to 0}\dfrac{\sqrt{1+x\sin x}-\cos x}{x^2}$；　(10) $\lim\limits_{x\to 0}\dfrac{1-\sqrt{\cos x}}{\cos\sqrt{x}-1+x}$；

(11) $\lim\limits_{x\to 0}\dfrac{\mathrm{e}^x-\mathrm{e}^{\tan x}}{x-\tan x}$；　(12) $\lim\limits_{x\to 0}\dfrac{1-\cos\left(1-\cos\dfrac{x}{2}\right)}{x^3\ln(1+x)}$；

(13) $\lim\limits_{x\to+\infty}x[\ln(x-2)-\ln x]$；　(14) $\lim\limits_{x\to+\infty}(\sqrt{x^2+2x}-\sqrt[3]{x^3-x^2})$.

10. 在乘除运算过程中，可以使用无穷小等价代换，那么在和与差的运算中，是否可以使用等价无穷小代换？需要注意些什么？(可以考察第9题中的(8)(9).)

11. 设当 $x\to 0$ 时，$(1+\alpha x^2)^{1/3}-1$ 与 $1-\cos x$ 是等价无穷小，求常数 α.

12. 设 $a>0$，确定 p 的值，使极限 $\lim\limits_{x\to+\infty}x^p(a^{\frac{1}{x}}-a^{\frac{1}{x+1}})$ 存在.

13. 设 $x\to x_0$ 时，$g(x)\to\infty$，且 $\lim\limits_{u\to\infty}f(u)=A$，求证：$\lim\limits_{x\to x_0}f(g(x))=A$. 若将其中的 ∞ 换为 $+\infty(-\infty)$，结论是否成立？

2.5 函数的连续与间断

定义 2.5.1 ……………………………………

如果 $\lim\limits_{x\to x_0}f(x)=f(x_0)$，则称 f 在点 x_0 处**连续**.

f 在点 x_0 连续用函数极限的语言可表述为：设 f 在点 x_0 的某个邻域 $N(x_0,\rho)$ 内定义，若 $\forall\varepsilon>0$，$\exists\delta>0$，当 $x\in N(x_0,\delta)$ 时，就有 $|f(x)-f(x_0)|<\varepsilon$.

由定义看见，函数 f 在点 x_0 处连续蕴涵下面两个要点：

(1) f 在 x_0 及其附近有定义；

(2) 极限 $\lim\limits_{x\to x_0}f(x)$ 存在且与 $f(x_0)$ 相等.

▶ **例 2.5.1** ……………………………………

$\cos x,\sin x,\ln x,a^x$ 在各自的定义域内每一点处连续.

事实上，由例 2.2.1 与例 2.3.7，

$$\lim_{x\to x_0}\cos x=\cos x_0;\quad \lim_{x\to x_0}\sin x=\sin x_0;$$

$$\lim_{x\to a}\ln x=\ln a,\quad \lim_{x\to x_0}a^x=a^{x_0}\quad(a>0).$$

类似于函数的单侧极限,也可以考虑函数的单侧连续性.

定义 2.5.2

(1) 若 $\lim\limits_{x\to x_0^+} f(x)=f(x_0)$,则称 f 在点 x_0 处**右连续**.

(2) 若 $\lim\limits_{x\to x_0^-} f(x)=f(x_0)$,则称 f 在点 x_0 处**左连续**.

由上述定义不难得到,

命题 2.5.1

f 在点 x_0 连续的充分必要条件是 f 在点 x_0 既右连续又左连续.

例 2.5.2

取整函数 $f(x)=[x]$在每个整数点处右连续,但不是左连续的,在其他点处连续.

若 f 在点 x_0 处不连续,则称 f 在点 x_0 处间断. 此时有下列三种可能的情形:

(1) 极限 $\lim\limits_{x\to x_0} f(x)$存在,但是 f 在点 x_0 没有定义或 $f(x_0)\neq\lim\limits_{x\to x_0} f(x)$. 此时称 x_0 是 f 的一个**可去间断点**(意即,修改 f 在 x_0 点的值,使得 $f(x_0)=\lim\limits_{x\to x_0} f(x)$,则 x_0 就成为 f 的一个连续点).

(2) 左右极限 $\lim\limits_{x\to x_0^-} f(x)$与 $\lim\limits_{x\to x_0^+} f(x)$都存在,但二者不相等,则称 x_0 是 f 的**跳跃间断点**. f 的可去间断点与跳跃间断点统称为**第一类间断点**.

(3) 在 x_0 至少有一个单侧极限不存在,这时称 x_0 是 f 的**第二类间断点**.

例 2.5.3

(1) $x_0=0$ 是函数 $f(x)=\dfrac{\sin x}{x}$与 $g(x)=x\sin\dfrac{1}{x}$的可去间断点.

事实上,只要补充定义 $f(0)=1, g(0)=0$,即可使 $f(x)$与 $g(x)$在点 $x_0=0$ 处连续.

(2) $x_0=0$ 是函数 $f(x)=\arctan\dfrac{1}{x}$的跳跃间断点$\left(\lim\limits_{x\to 0^{\pm}}\arctan\dfrac{1}{x}=\pm\dfrac{\pi}{2}\right)$.

(3) 开区间上定义的单调函数的间断点都是跳跃间断点,因为单调函数在每个点处的左、右极限都存在.

(4) $x_0=0$ 是函数 $f(x)=\mathrm{e}^{\frac{1}{x}}$和 $g(x)=\sin\dfrac{1}{x}$的第二类间断点.

事实上,$\lim\limits_{x\to 0^-} f(x)=0$,但是 $\lim\limits_{x\to 0^+} f(x)$不存在; $\lim\limits_{x\to 0^{\pm}} g(x)$皆不存在.

下面讨论连续函数的运算性质.

定理 2.5.1

设函数 f,g 都在 x_0 点连续,则

(1) 函数 cf(c 为常数)、$f\pm g$、$f\cdot g$ 在 x_0 点连续;

(2) $g(x_0)\neq 0$ 时,$\dfrac{f}{g}$ 也在 x_0 点连续.

定理 2.5.2

设 g 在 t_0 点连续,f 在 $x_0=g(t_0)$ 点连续,则复合函数 $f\circ g$ 在 t_0 点连续.

根据函数极限四则运算的定理 2.3.1 和复合函数极限的定理 2.3.3,可以分别得到定理 2.5.1 与定理 2.5.2,这里不再重复证明过程.

例 2.5.4

设 α 为任意实数,则函数 x^α 在任一点 $x_0>0$ 处连续.

证明 $x^\alpha=\mathrm{e}^{\alpha\ln x}$,由例 2.5.1 知 $u=\alpha\ln x$ 在点 x_0 连续,e^u 在任一点处连续,再由定理 2.5.2 便导出 $x^\alpha=\mathrm{e}^{\alpha\ln x}$ 在点 x_0 连续.

习题 2.5

1. 考察下列问题,如果正确,请说明原因;如果错误,请举出反例.

(1) 函数 f 在 x_0 处连续,是否有 f 在 x_0 的某个邻域内有定义?

(2) 函数 f 在 x_0 处连续,是否有 f 在 x_0 的邻域内连续?

(3) 如果函数 f,g 在 x_0 处不连续,那么 $f+g,fg,\dfrac{f}{g}$ 在 x_0 处是否也不连续?

2. 研究下列函数在 $x=x_0$ 处的连续性.

(1) $f(x)=\begin{cases}\mathrm{e}^{\frac{-1}{x^2}}, & x\neq 0,\\ 0, & x=0,\end{cases}\quad x_0=0$;

(2) $f(x)=\begin{cases}\dfrac{\sin x}{|x|}, & x\neq 0,\\ 1, & x=0,\end{cases}\quad x_0=0$;

(3) $f(x)=\operatorname{sgn}(\sin x),x_0=0$;

(4) $f(x)=\begin{cases}|x|^\alpha\sin\dfrac{1}{x}, & x\neq 0,\\ 0, & x=0,\end{cases}\quad x_0=0$;

(5) $f(x)=\begin{cases} x^{-1}(1-e^{\frac{x}{x-2}}), & x\neq 0,2, \\ 0, & x=2, \\ \dfrac{1}{2}, & x=0, \end{cases}$　　$x_0=0,2.$

3. 确定常数 a,使得函数 $f(x)$在$\mathbb{R}$上连续.

(1) $f(x)=\begin{cases} \dfrac{\sqrt{1+x^2}-\sqrt{1-x^2}}{x^2}, & x<0, \\ 3e^x+a, & x\geqslant 0; \end{cases}$

(2) $f(x)=\begin{cases} x+a, & x\leqslant 0, \\ \dfrac{\ln(1+x)}{x}, & x>0. \end{cases}$

4. 确定常数 a,b,使得函数 $f(x)$在$\mathbb{R}$上连续.

(1) $f(x)=\begin{cases} 2x+1, & x<-1, \\ ax+b, & -1\leqslant x\leqslant 1, \\ x^2-x, & x>1; \end{cases}$

(2) $f(x)=\begin{cases} \sin x-2, & x<0, \\ ax^2+b, & 0\leqslant x\leqslant 1, \\ 2^x+x, & x>1. \end{cases}$

5. 指出下列函数的间断点及其类型.

(1) $f(x)=\begin{cases} x+\dfrac{1}{x}, & x\neq 0, \\ 0, & x=0; \end{cases}$　　(2) $f(x)=[|\sin x|]$;

(3) $f(x)=\operatorname{sgn}(|x|)$.

6. 设 $f(x)=\lim\limits_{n\to\infty}\dfrac{x^{2n+1}+1}{x^{2n+1}-x^{n+1}+x}$,确定 f 的间断点.

7. 设 $f(x)$在 x_0 处连续,$f(x_0)>0$,证明:$\exists\,\delta>0$,当 $x\in N(x_0,\delta)$时,有 $f(x)>0$.

8. 设 $f(x)$在 x_0 处连续,证明:$|f(x)|$,$f^2(x)$也在 x_0 处连续.反之成立吗?

9. 求证:若连续函数在有理点的函数值为0,则此函数恒为0.

2.6　闭区间上连续函数的性质

若函数 f 在开区间(a,b)中每一点都连续,则称 f 在(a,b)上连续,记作 $f\in C(a,b)$;若 $f\in C(a,b)$,且在 a 点右连续,在 b 点左连续,则称 f 在闭区间

$[a,b]$上连续,记作 $f\in C[a,b]$.

定理 2.6.1(介值定理) ……………………………………

设 $f\in C[a,b]$,$f(a)\neq f(b)$,则对介于 $f(a)$与 $f(b)$之间的每个数 c,都存在 $\xi\in(a,b)$,使 $f(\xi)=c$.

证明 (1) 先考虑 $f(a)$与 $f(b)$不同号的情形. 不妨设 $f(a)<0,f(b)>0$(在相反情形可以考虑 $-f$).

令 $E=\{x\in[a,b]\mid f(x)<0\}$,因为 $f(a)<0$,故 $a\in E\neq\varnothing$,令 $\xi=\sup E$,显然 $\xi\in[a,b]$. 下面证明 $f(\xi)=0$.

若 $f(\xi)>0$,由于 f 在点 ξ(左)连续,由极限的保号性,$\exists x_0<\xi$ 使得当 $x_0<x\leqslant\xi$ 时 $f(x)>0$. 这与 $\xi=\sup E$ 矛盾. 若 $f(\xi)<0$,由于 $f(b)>0$,故 $\xi<b$,而 f 在点 ξ(右)连续,由极限的保号性,$\exists x_1\in(\xi,b)$使得当 $\xi\leqslant x<x_1$ 时 $f(x)<0$ 从而$[a,x_1)\subseteq E$. 这也和 $\xi=\sup E$ 矛盾. 所以 $f(\xi)=0$. 再注意到 $f(a)<0,f(b)>0$,于是 $\xi\in(a,b)$.

(2) 一般情况下,令 $g(x)=f(x)-c$,则 $g(a)$与 $g(b)$异号,由(1)中讨论,存在 $\xi\in(a,b)$,使得 $g(\xi)=0$,即 $f(\xi)=c$.

▶ **例 2.6.1** ……………………………………

设 $m>0$ 为奇数,则多项式 $f(x)=x^m+a_1x^{m-1}+\cdots+a_{m-1}x+a_m$ 至少有一个实根,其中 $a_1,a_2,\cdots,a_m$ 为实数.

证明 注意到当 $x\to+\infty$ 时,$f(x)\to+\infty$,而当 $x\to-\infty$ 时 $f(x)\to-\infty$,故存在正数 M,使得 $f(-M)<0$,且 $f(M)>0$. 在$[-M,M]$上对 f 应用定理 2.6.1 便知在区间$(-M,M)$内 $f(x)$至少有一个实根.

为叙述方便,用$\langle a,b\rangle$表示分别以 a、b 为左、右端点的开、闭或半开半闭区间.

▶ **例 2.6.2** ……………………………………

设 f 在$\langle a,b\rangle$上连续(即 f 在(a,b)内连续,并且当$\langle a,b\rangle$的某个端点在$\langle a,b\rangle$内时,f 在此端点处单侧连续),则 f 的值域 J 构成一个区间.

证明 要证 J 构成一个区间,只需证 $\forall y_1,y_2\in J$,且 $y_1<y_2$,有$[y_1,y_2]\subseteq J$ 即可.

由于 J 是 f 的值域,故 $\exists x_1,x_2\in\langle a,b\rangle$使得 $f(x_1)=y_1$,$f(x_2)=y_2$. 而$\langle a,b\rangle$也是一个区间,所以$[x_1,x_2]\subseteq\langle a,b\rangle$(或$[x_2,x_1]\subseteq\langle a,b\rangle$). 对 f 在$[x_1,x_2]$上应用介值定理即知,$[y_1,y_2]$中每个点 y 都在 f 的值域内,即$[y_1,y_2]\subseteq J$,所以 J 构成一个区间.

定理 2.6.2 ……

设 f 是 $\langle a,b\rangle$ 上的单调函数，则 f 在 $\langle a,b\rangle$ 上连续当且仅当 f 的值域 J 构成一个区间.

证明 若 f 在 $\langle a,b\rangle$ 上连续，由例 2.6.2 便知 J 构成一个区间.

反之，设 J 构成一个区间. 不妨设 f 单增，由于单调函数在其定义域上每一点处的单侧极限存在，若 f 在 $\langle a,b\rangle$ 中点 x_0 处间断，则 $\lim\limits_{x\to x_0^+} f(x)-f(x_0)>0$ 与 $f(x_0)-\lim\limits_{x\to x_0^-} f(x)>0$ 两者中至少有一个成立. 不妨设前者成立，则当 $x>x_0$ 时，$f(x)\geqslant\lim\limits_{x\to x_0^+} f(x)$，当 $x<x_0$ 时，$f(x)\leqslant f(x_0)$，从而，$\forall\, y\in\left(f(x_0),\lim\limits_{x\to x_0^+} f(x)\right)$，不存在 $x\in[a,b]$，使得 $f(x)=y$. 这与 f 的值域 J 是一个区间相矛盾. 于是 f 在 $\langle a,b\rangle$ 上每一点处连续.

定理 2.6.3 ……

设 f 是 $\langle a,b\rangle$ 上严格单调的连续函数. 则 f 的值域为一个区间 $\langle c,d\rangle$，并且 f 的反函数 f^{-1} 在 $\langle c,d\rangle$ 上连续.

证明 由于 f 在 $\langle a,b\rangle$ 上连续且严格单调，由定理 2.6.2 知 f 的值域为一个区间 $\langle c,d\rangle$. 进而知，f 的反函数 f^{-1} 在 $\langle c,d\rangle$ 上定义且与 f 具有相同的严格单调性. 由于 f^{-1} 的值域就是区间 $\langle a,b\rangle$，再应用定理 2.6.2 可得 f^{-1} 是 $\langle c,d\rangle$ 上的连续函数.

在例 2.5.1 与例 2.5.4 中已经看到，基本初等函数 $\sin x$，$\cos x$，a^x，$\log_a x=\dfrac{\ln x}{\ln a}$，以及 x^α 在它们各自的定义域内都是连续的.

再由定理 2.5.1，$\tan x=\dfrac{\sin x}{\cos x}$ 与 $\cot x=\dfrac{\cos x}{\sin x}$ 也在各自的定义域内连续. 进而定理 2.6.3 告诉我们反三角函数 $\arcsin x$，$\arccos x$，$\arctan x$，$\operatorname{arccot} x$ 在其定义域内也是连续的. 即所有的基本初等函数在它们各自的定义域内都是连续的.

由于所有初等函数都是由基本初等函数通过有限次四则运算与复合运算而成的，应用定理 2.5.1，定理 2.5.2 即得以下定理.

定理 2.6.4 ……

初等函数在其定义区间上连续.

作为本章结尾，我们给出闭区间上连续函数的有界性定理与最大最小值定理.

定理 2.6.5 ……

设 $f\in C[a,b]$，则

(1) f 在$[a,b]$上有界；

(2) f 在$[a,b]$上可以达到最大、最小值，即存在 $\xi\in[a,b]$，$\eta\in[a,b]$，使得

$$f(\xi)=\max_{a\leqslant x\leqslant b}\{f(x)\},\quad f(\eta)=\min_{a\leqslant x\leqslant b}f(x).$$

证明 (1) 假定$|f(x)|$在$[a,b]$上无界，则每个自然数 n 都不是$|f(x)|$的上界，于是存在 $x_n\in[a,b]$使得

$$|f(x_n)|>n\quad(n=1,2,\cdots).$$

注意到点列$\{x_n\}$有界，由定理 1.5.1 知$\{x_n\}$必有收敛的子列$\{x_{n_k}\}$：$x_0=\lim\limits_{k\to\infty}x_{n_k}$. 不难看到，$x_0\in[a,b]$. 由于函数 f 在点 x_0 连续，故

$$\lim_{k\to\infty}f(x_{n_k})=f(x_0).$$

由此知$\{f(x_{n_k})\}$是一个有界数列，这与$|f(x_n)|>n$ $(n=1,2,\cdots)$矛盾. 所以 f 在$[a,b]$上有界.

(2) 由(1)知，f 在$[a,b]$上有界，从而有上确界 $M=\sup\limits_{a\leqslant x\leqslant b}\{f(x)\}$. 根据上确界的性质，$\forall n\in\mathbb{N}^*$，$M-\dfrac{1}{n}$不再是 f 在$[a,b]$中的上界，即存在 $x_n\in[a,b]$使得

$$M-\frac{1}{n}<f(x_n)\leqslant M.$$

由此知$\lim\limits_{n\to\infty}f(x_n)=M$. 又因为点列$\{x_n\}$有界，从而$\{x_n\}$有收敛子列$\{x_{n_k}\}$：$\xi=\lim\limits_{k\to\infty}x_{n_k}$且 $\xi\in[a,b]$. 而 f 在点 ξ 处连续，从而

$$f(\xi)=\lim_{k\to\infty}f(x_{n_k})=\lim_{n\to\infty}f(x_n)=M=\max_{a\leqslant x\leqslant b}\{f(x)\}.$$

同理可证存在 $\eta\in[a,b]$使得 $f(\eta)=\min\limits_{a\leqslant x\leqslant b}f(x)$.

习题 2.6

1. 设 $f\in C[a,b]$，如果 f 在$[a,b]$上任意一点都不等于零，证明：f 在$[a,b]$上不变号.

2. 设 $a_{2m}<0$，求证：实系数多项式 $x^{2m}+a_1x^{2m-1}+\cdots+a_{2m-1}x+a_{2m}$ 至少有两个零点.

3. 设 $f\in C[a,b]$，$x_1,x_2,\cdots,x_n\in[a,b]$，求证：$\exists\,\xi\in[a,b]$使得

$$f(\xi)=\frac{f(x_1)+f(x_2)+\cdots+f(x_n)}{n}.$$

4. 设 $f\in C[0,2a]$，$f(0)=f(2a)$. 求证：$\exists\,\xi\in[0,a]$使得 $f(\xi)=f(\xi+a)$.

5. 设 $a<b<c$，证明：$f(x)=\dfrac{1}{x-a}+\dfrac{1}{x-b}+\dfrac{1}{x-c}$在区间$(a,c)$内恰有两个零点.

6. 设 $f\in C[0,1]$，$f(0)=f(1)$，试证：

(1) $\exists\xi\in[0,1]$使得 $f(\xi)=f\left(\xi+\frac{1}{2}\right)$；(2) $\forall n\in\mathbb{N}^*$，$\exists\xi\in[0,1]$使得 $f(\xi)=f\left(\xi+\frac{1}{n}\right)$.

7. 设 $f(x)\in C[a,b)$，且 $\lim\limits_{x\to b^-}f(x)$存在，求证：$f(x)$在$[a,b)$上有界.

8. 设 $f(x)\in C[a,+\infty)$，且 $\lim\limits_{x\to+\infty}f(x)$存在，求证：$f(x)$在$[a,+\infty)$上有界.

9. 设 $f(x)$在$(0,+\infty)$上有定义，且 $f(x^2)=f(x)$，证明：若 $f(x)$在 $x=1$ 处连续，则 $f(x)$恒为常数.

10. 设 $f\in C(\mathbb{R})$，且$\lim\limits_{x\to\infty}f(x)=+\infty$，则 f 在$\mathbb{R}$上有最小值.

11. 设 $f\in C[a,b]$，其值域也是$[a,b]$，证明：$\exists\xi\in[a,b]$使得 $f(\xi)=\xi$.

12. 设 $f\in C[a,b]$，其值域也是$[a,b]$，且 f 在$[a,b]$上单调递增. 任取 $x_1\in[a,b]$，令 $x_{n+1}=f(x_n)$，$n=1,2,\cdots$，求证：极限$\lim\limits_{n\to\infty}x_n=\xi$存在并且 $f(\xi)=\xi$.

13. 设 f 在区间 I 上满足：$\exists L>0$，$\forall x,y\in I$，$|f(x)-f(y)|\leqslant L|x-y|$，证明：$f\in C(I)$.

14. 设 $f(x)$在$\mathbb{R}$上有定义，$\exists L\in(0,1)$，$\forall x,y\in\mathbb{R}$，$|f(x)-f(y)|\leqslant L|x-y|$，任取 $a_1\in\mathbb{R}$，$a_{n+1}=f(a_n)$，证明：

(1) $\{a_n\}$收敛；(2)设$\lim\limits_{n\to\infty}a_n=a$，则 a 为 $f(x)$唯一的不动点.

第 2 章总复习题

1. 试写出一个从$(0,1)$到$\mathbb{R}$的一个一一映射；写出一个自然数集到整数集的一一映射.

2. 设 f：$X\to Y$，g：$Y\to Z$ 都是一一映射，求证：$g\circ f$：$X\to Z$ 也是一一映射，并且$(g\circ f)^{-1}=f^{-1}\circ g^{-1}$.

3. 已知函数 $y=f(x)$，$a,b\in\mathbb{R}$ 为常数，求 $y=f(a+x)$与 $y=f(b-x)$关于哪条直线对称？

4. 设 $f\left(x+\frac{1}{x}\right)=x^2+\frac{1}{x^2}$，求 $f(x)$，$f\left(x-\frac{1}{x}\right)$.

5. 设函数 $f(x)$满足 $2f(x)+f(1-x)=\mathrm{e}^x$，求 $f(x)$.

6. 记 $f(x_0-)=\lim\limits_{x\to x_0^-}f(x)$，$f(x_0+)=\lim\limits_{x\to x_0^+}f(x)$. 求证：若 $f(x_0-)<f(x_0+)$，则存在 $\delta>0$，使得当 $x\in(x_0-\delta,x_0)$，$y\in(x_0,x_0+\delta)$时有 $f(x)<f(y)$.

7. 设常数 $a_1,a_2,\cdots,a_n$ 满足 $a_1+a_2+\cdots+a_n=0$，计算$\lim\limits_{x\to\infty}\sum\limits_{k=1}^{n}a_k\sin\sqrt{x+k}$.

8. 求下列极限.

(1) $\lim\limits_{n\to\infty}\sin\left(\pi\sqrt{n^2+1}\right)$；

(2) $\lim\limits_{n\to\infty}\sin^2\left(\pi\sqrt{n^2+n}\right)$；

(3) $\lim\limits_{n\to\infty}\cos\dfrac{x}{2}\cos\dfrac{x}{4}\cdots\cos\dfrac{x}{2^n}$；

(4) $\lim\limits_{x\to 0}\dfrac{1-\cos x\cos 2x\cdots\cos nx}{x^2}$；

(5) $\lim\limits_{x\to+\infty}x\left(\dfrac{\pi}{2}-\arctan x\right)$；

(6) $\lim\limits_{x\to 1}\left(\dfrac{m}{1-x^m}-\dfrac{n}{1-x^n}\right), m,n\in\mathbb{N}^*$；

(7) $\lim\limits_{x\to 1}\dfrac{\sqrt[m]{x}-1}{\sqrt[n]{x}-1}, m,n\in\mathbb{N}^*$；

(8) $\lim\limits_{n\to\infty}\left(1+\dfrac{x+x^2+\cdots+x^n}{n}\right)^n, |x|<1$.

9. 用极限来定义函数 $f(x)=\lim\limits_{n\to\infty}n^x\left[\left(1+\dfrac{1}{n}\right)^{n+1}-\left(1+\dfrac{1}{n}\right)^n\right]$. 求 f 的定义域与表达式.

10. 若对于 $x\in(-1,1)$，有 $\left|\sum\limits_{k=1}^{n}a_k\sin kx\right|\leqslant|\sin x|$，求证：$\left|\sum\limits_{k=1}^{n}ka_k\right|\leqslant 1$.

11. (1) 求常数 a,b 使得 $\lim\limits_{x\to 1}\dfrac{\ln(2-x^2)}{x^2+ax+b}=-\dfrac{1}{2}$；

(2) 已知极限 $\lim\limits_{x\to+\infty}((x^3+x^2)^c-x)$ 存在，求常数 c 及极限值.

12. 讨论函数 $f(x)=\begin{cases}\dfrac{x(x+2)}{\sin\pi x}, & x<0,\\ \dfrac{\sin x}{x^2-1}, & x\geqslant 0\end{cases}$ 的间断点及类型.

13. 设 f,g 均为 $\mathbb{R}$ 上的函数，f 在 $\mathbb{R}$ 上连续且 $f(x)\neq 0$，g 有间断点，讨论 $f(g(x)), g(f(x)), (g(x))^2, \dfrac{g(x)}{f(x)}$ 在 $\mathbb{R}$ 上的连续性.

16. 试举一个函数 $f(x)$，它只在 $x=0,1,2$ 三点连续，其余的点均为第二类间断点.

17. 设 $f(x)$ 只有可去间断点，令 $g(x)=\lim\limits_{t\to x}f(t)$，则 $g(x)$ 为一连续函数.

18. 设 $f(x), g(x)\in C[a,b]$.

证明 (1) $|f(x)|, \max\{f(x),g(x)\}, \min\{f(x),g(x)\}\in C[a,b]$；

(2) $\max\limits_{a\leqslant x\leqslant b}|f(x)+g(x)|\leqslant\max\limits_{a\leqslant x\leqslant b}|f(x)|+\max\limits_{a\leqslant x\leqslant b}|g(x)|$；

(3) $m(x)=\min\limits_{a\leqslant\xi\leqslant x}f(\xi), M(x)=\max\limits_{a\leqslant\xi\leqslant x}f(\xi)\in C[a,b]$.

19. 设 $f(x)\in C[a,b]$，且有 $\{x_n\}\subseteq[a,b]$ 使得 $\lim\limits_{n\to\infty}f(x_n)=A$，求证：存在 $x_0\in[a,b]$ 使得 $f(x_0)=A$.

20. 设定义在 $\mathbb{R}$ 上的函数 $f(x)$ 满足：$f(x+y)=f(x)+f(y), \forall x,y\in\mathbb{R}$，求证：

(1) 存在常数 a，使得对任意有理数 x，有 $f(x)=ax$；

(2) 若 $f(x)$在 $x=0$ 处连续,则存在常数 a,使得对任意实数 x,有 $f(x)=ax$.

21. 设定义在$\mathbb{R}$上的函数 $f(x)$满足:$f(x+y)=f(x)f(y)$,$\forall x,y\in\mathbb{R}$,且 $f(x)$在 $x=0$ 处连续,求证:$f(x)\equiv 0$ 或存在常数 a,使得对任意实数 x,有 $f(x)=\mathrm{e}^{ax}$.

22. 若函数 $f(x)$在$[a,b]$上连续,并且存在反函数,则 $f(x)$在$[a,b]$上单调.

23. 黎曼函数(Riemann)定义为 $R(x)=\begin{cases}\dfrac{1}{n}, & x=\dfrac{m}{n},m,n\text{ 互质},n>0,\\ 0, & x\in\mathbb{R}\setminus\mathbb{Q},\end{cases}$ 证明:黎曼函数在任意一点的极限均为 0.

第3章　函数的导数

3.1　导数与微分的概念

3.1.1　导数

导数是微积分学中的中心概念之一，我们首先通过几个具体例子来说明为什么需要建立导数的概念.

1. 曲线在一点的切线问题

在图 3.1.1 中，考虑由 $y=f(x)$ 所表示的曲线 C，$P_0(x_0,y_0)$ 是曲线 C 上一点. 我们来考虑如何定义与计算 C 在 P_0 点的切线.

在点 P_0 附近任取曲线 C 上一点 $P(x,y)$，连接 P_0 与 P 即得曲线 C 的一条割线 T，T 的斜率是

$$\frac{f(x)-f(x_0)}{x-x_0}$$

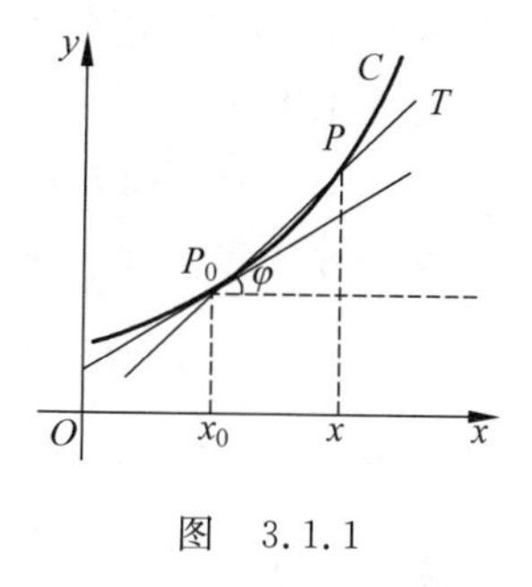

图　3.1.1

当 x 越来越接近 x_0 时，点 P 也沿曲线 C 越来越接近点 P_0，割线 T 的位置和斜率也随之而变化. 当 $x\to x_0$ 时，如果割线 T 的斜率$\dfrac{f(x)-f(x_0)}{x-x_0}$有极限：

$$k=\lim_{x\to x_0}\frac{f(x)-f(x_0)}{x-x_0},$$

那么过点 P_0、以 k 为斜率的直线就定义为曲线 C 在 P_0 点的切线.

2. 质点运动的瞬时速度问题

设质点沿直线作变速运动，质点所走过的路程 S 与时间 t 的关系是 $S=S(t)$. 试求质点在某个时刻 t_0 的瞬时速度.

取一小段时间 Δt，在 t_0 到 $t_0+\Delta t$ 这一时间段，质点走过的路程为 $S(t_0+\Delta t)-S(t_0)$. 于是，在这段时间内质点的平均速度就是

$$\frac{S(t_0+\Delta t)-S(t_0)}{\Delta t}.$$

显然,Δt 越小,这个平均速度就越接近于质点在时刻 t_0 的瞬时速度.因此,如果极限

$$v=\lim_{\Delta t\to 0}\frac{S(t_0+\Delta t)-S(t_0)}{\Delta t}$$

存在,则此极限 v 就是质点在 t_0 时刻的瞬时速度.

在上面两个来自不同领域的问题中,我们遇到了相同类型的极限:“函数的改变量与自变量的改变量之比当自变量的改变量趋向于零时的极限”,也可以叫做“函数对于其自变量的变化率”.

现在抛开问题的具体背景,着重研究上述形式的极限,便需要引入导数的概念.

定义 3.1.1

设函数 f 在 x_0 点的某个邻域内定义,如果极限

$$\lim_{\Delta x\to 0}\frac{f(x_0+\Delta x)-f(x_0)}{\Delta x}$$

存在,则称 f 在 x_0 点可导,称这个极限值为 f 在 x_0 点的**导数**,记作 $f'(x_0)$.

根据导数定义,在上面两个问题中,曲线 C 在点 $P(x_0,f(x_0))$ 处的切线斜率就等于 $f'(x_0)$;而质点在时刻 t_0 的瞬时速度即为 $S'(t_0)$.

例 3.1.1

设 $f(x)\equiv C$,求 $f'(x)$.

解 对任意 x,由导数定义

$$f'(x)=\lim_{\Delta x\to 0}\frac{f(x+\Delta x)-f(x)}{\Delta x}=\lim_{\Delta x\to 0}\frac{C-C}{\Delta x}=0.$$

这就是说,常值函数在任一点的导数等于0.

例 3.1.2

$f(x)=\sin x$,求 $f'(x)$.

解 由导数定义,

$$\lim_{\Delta x\to 0}\frac{\sin(x+\Delta x)-\sin(x)}{\Delta x}=\lim_{\Delta x\to 0}\frac{2\sin\frac{\Delta x}{2}\cos\left(x+\frac{\Delta x}{2}\right)}{\Delta x}.$$

注意到:

$$\lim_{\Delta x\to 0}\frac{2\sin\frac{\Delta x}{2}}{\Delta x}=1,\lim_{\Delta x\to 0}\cos\left(x+\frac{\Delta x}{2}\right)=\cos x,$$

就得到

$$(\sin x)' = \lim_{\Delta x \to 0} \frac{\sin(x+\Delta x) - \sin x}{\Delta x} = \cos x.$$

类似地，可得$(\cos x)' = -\sin x$.

例 3.1.3

设 $a>0$，且 $a \neq 1$，$f(x)=a^x$，$g(x)=\log_a x$，求 $f'(x)$ 与 $g'(x)$.

解 (1) $f'(x)=\lim\limits_{\Delta x \to 0}\dfrac{a^{x+\Delta x}-a^x}{\Delta x}=a^x \lim\limits_{\Delta x \to 0}\dfrac{a^{\Delta x}-1}{\Delta x}=a^x \ln a$.

(2) 当 $x>0$ 时，

$$g'(x) = \lim_{\Delta x \to 0} \frac{\log_a(x+\Delta x) - \log_a x}{\Delta x} = \lim_{\Delta x \to 0} \frac{1}{x} \log_a \left(1+\frac{\Delta x}{x}\right)^{\frac{x}{\Delta x}}$$

$$= \frac{1}{x} \log_a \mathrm{e} = \frac{1}{x \ln a}.$$

特别地，当 $a=\mathrm{e}$ 时，导数的表达式最简单：

$$(\mathrm{e}^x)' = \mathrm{e}^x, \quad (\ln x)' = \frac{1}{x}.$$

这正是以 e 为底数的指数函数与对数函数被广泛使用的重要原因.

例 3.1.4

设 $f(x)=x^\alpha$，求 $f'(x)$.

解 当 $x \neq 0$ 时，

$$f'(x) = \lim_{\Delta x \to 0} \frac{(x+\Delta x)^\alpha - x^\alpha}{\Delta x} = x^{\alpha-1} \lim_{\Delta x \to 0} \frac{\left(1+\dfrac{\Delta x}{x}\right)^\alpha - 1}{\dfrac{\Delta x}{x}} = \alpha x^{\alpha-1}.$$

上面等式中只需要求 x 使得运算过程中各个表达式都有意义即可. 所以，

(1) 若 $\alpha=k$ 为正整数，则 $f(x)=x^k$ 在 $x=0$ 点的导数也存在：

$$f'(0) = \lim_{\Delta x \to 0} \frac{(\Delta x)^k - 0^k}{\Delta x} = \begin{cases} 1, & k=1, \\ 0, & k \neq 1, \end{cases}$$

即

$$(x^k)' = kx^{k-1} \quad (x \in \mathbb{R});$$

(2) 若 $\alpha=k$ 为负整数，则

$$(x^k)' = kx^{k-1} \quad (x \neq 0);$$

(3) 若 α 为非零实数，则

$$(x^\alpha)' = \alpha x^{\alpha-1} \quad (x > 0).$$

从导数定义不难看出

命题 3.1.1

若 f 在点 x_0 可导，则 f 在点 x_0 连续.

事实上，由于极限

$$\lim_{\Delta x\to 0}\frac{f(x_0+\Delta x)-f(x_0)}{\Delta x}=f'(x_0)$$

存在，从而

$$\lim_{\Delta x\to 0}[f(x_0+\Delta x)-f(x_0)]=0,$$

即 f 在点 x_0 连续.

但是，函数在一点连续却不足以保证它在这一点可导，如下例所示.

例 3.1.5

函数 $f(x)=|x|$ 在 $x_0=0$ 点不可导.

证明 事实上，

$$\lim_{\Delta x\to 0^{\pm}}\frac{|\Delta x|-0}{\Delta x}=\pm 1.$$

左、右极限不相等，即极限不存在，所以 $f(x)=|x|$ 在 $x_0=0$ 点不可导.

在微积分发展史上曾有相当长一段时间，基于直观上的观察，人们普遍认为一条连续曲线除去一些孤立点外，在其他点处都应具有切线. 即认为一个区间上的连续函数只可能在一些孤立点处不可导. 然而德国数学家 Weierstrass 于 1872 年在柏林学院的一次讲演中，给出了一个处处不可导的连续函数，这是一个经典的反例. 但是要构造这个反例需要进一步的知识，这里我们不做进一步的讨论.

例 3.1.6

问函数 $f(x)=x^2D(x)$ 在哪些点可导？其中 $D(x)$ 是狄利克雷函数.

解 $f(x)$ 在 $x_0=0$ 点可导且 $f'(0)=0$：

$$f'(0)=\lim_{\Delta x\to 0}\frac{x^2D(x)-0}{x}=0.$$

但是除 $x_0=0$ 点外，$f(x)=x^2D(x)$ 在任何一点 $x_0\neq 0$ 处甚至不连续，从而不可导.

类似于单侧极限与单侧连续的情形，也可以定义函数在一点的单侧导数.

定义 3.1.2

设函数 f 在 $[x_0,x_0+\rho)$ 内定义 $(\rho>0)$，如果极限

$$\lim_{\Delta x\to 0^+}\frac{f(x_0+\Delta x)-f(x_0)}{\Delta x}$$

存在，则称此极限值为 f 在点 x_0 的**右导数**，记作 $f'_+(x_0)$.

类似地可以定义函数在点 x_0 的**左导数**

$$f'_-(x_0)=\lim_{\Delta x\to 0^-}\frac{f(x_0+\Delta x)-f(x)}{\Delta x}.$$

从例 3.1.5 可以看到，函数 $f(x)=|x|$ 在 $x_0=0$ 点的左导数等于 -1，右导数等于 1.

显然，导数 $f'(x_0)$ 存在的充分必要条件是 $f'_+(x_0)$ 与 $f'_-(x_0)$ 都存在并且相等.

如果 f 在区间 (a,b) 上每个点 x 处都可导，就称 f 在 (a,b) 上可导. 如果 f 在 (a,b) 上可导，且在端点 a 和 b 处分别存在右导数和左导数，则称 f 在 $[a,b]$ 上可导.

例 3.1.7

设函数 $f(x)=\begin{cases}x+1, & x\leqslant 0,\\ \mathrm{e}^x, & x>0,\end{cases}$ 求 $f'(0)$.

解 先计算 $f(x)$ 在 $x_0=0$ 点的左、右导数：

$$f'_-(0)=\lim_{x\to 0^-}\frac{f(x)-f(0)}{x}=\lim_{x\to 0^-}\frac{x+1-1}{x}=1,$$

$$f'_+(0)=\lim_{x\to 0^+}\frac{f(x)-f(0)}{x}=\lim_{x\to 0^+}\frac{\mathrm{e}^x-1}{x}=1.$$

所以 $f(x)$ 在 $x_0=0$ 点可导且 $f'(0)=1$.

应用导数概念，可以证明旋转抛物面的光学性质.

例 3.1.8

设旋转抛物面由抛物线 $y=\dfrac{x^2}{2p}(p>0)$ 绕 y 轴旋转而成. 求证：放在焦点 $F\left(0,\dfrac{p}{2}\right)$ 处的光源所发出的光，经过抛物面反射后成为平行于 y 轴的光束.

证明 设 $M\left(t,\dfrac{t^2}{2p}\right)$ 为抛物线上任一点，作抛物线过点 M 的切线与 y 轴交于点 P（如图 3.1.2 所示）. 要证 MC 平行于 y 轴，只需证 $\angle FPM=\angle CMQ$. 根据光的反射定律，入射角等于反射角，即 $\angle FMP=\angle CMQ$. 因而只需证 $\angle FPM=\angle FMP$，亦即 $\triangle FPM$ 为等腰三角形. 抛物线过点 $M\left(t,\dfrac{t^2}{2p}\right)$ 的切线 MP 的斜

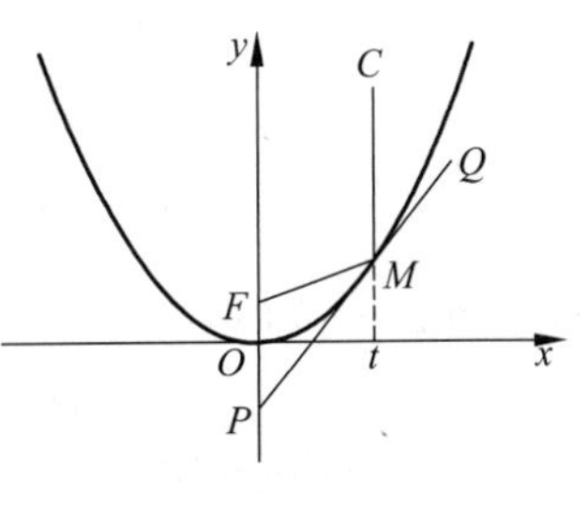

图 3.1.2

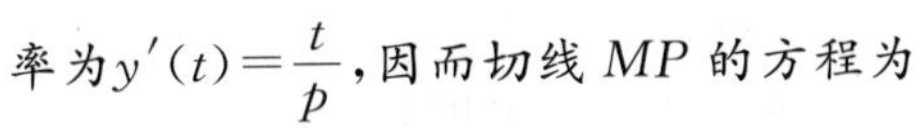
率为 $y'(t)=\dfrac{t}{p}$，因而切线 MP 的方程为

$$y=\frac{t}{p}(x-t)+\frac{t^2}{2p},$$

于是点 P 的坐标为 $P\left(0,\frac{-t^2}{2p}\right)$. 直接计算线段$\overline{FM}$与$\overline{FP}$的长度可得

$$\overline{FM}=\sqrt{t^2+\left(\frac{p}{2}-\frac{t^2}{2p}\right)^2}=\frac{p}{2}+\frac{t^2}{2p}=\overline{FP}.$$

所以 MC 平行于 y 轴.

3.1.2 微分

与函数在一点的导数密切相关的另一概念是函数在一点的微分.

定义 3.1.3

设函数 f 在点 x_0 的某个邻域内定义,如果当自变量的增量 Δx 充分小时,相应的函数值的增量 $\Delta f(x_0)=f(x_0+\Delta x)-f(x_0)$ 可以表示为

$$\Delta f(x_0)=a\Delta x+o(\Delta x)(\Delta x\to 0),$$

其中 a 为常数,则称 f 在点 x_0 可微,并称 $\mathrm{d}f(x_0)=a\cdot\Delta x$ 为 f 在点 x_0 处的**微分**.

$\mathrm{d}f(x_0)=a\cdot\Delta x$ 是一个(关于自变量 Δx 的)线性函数,它是函数增量 $\Delta f(x_0)$的线性主要部分,与 $\Delta f(x_0)$仅相差一个 Δx 的高阶无穷小量 $o(\Delta x)$,因而当 Δx 充分小时,可以用 $\mathrm{d}f(x_0)$作为 $\Delta f(x_0)$的近似值. 这一事实使得微分在很多实际问题中具有应用价值.

下面的定理揭示了导数与微分之间的联系.

定理 3.1.1

f 在点 x_0 可微的充要条件是 f 在点 x_0 可导. 此时

$$\mathrm{d}f(x_0)=f'(x_0)\cdot\Delta x.$$

证明 充分性 设 f 在点 x_0 可导,即下面极限存在:

$$\lim_{\Delta x\to 0}\frac{f(x_0+\Delta x)-f(x)}{\Delta x}=f'(x_0),$$

亦即

$$\lim_{\Delta x\to 0}\frac{f(x_0+\Delta x)-f(x_0)-f'(x_0)\Delta x}{\Delta x}=0.$$

所以,当 $\Delta x\to 0$ 时,

$$\Delta f(x_0)=f'(x_0)\Delta x+o(\Delta x).$$

由此知 f 在点 x_0 可微,并且 $\mathrm{d}f(x_0)=f'(x_0)\Delta x$.

必要性 设 f 在点 x_0 可微,则 $\exists a\in\mathbb{R}$,使得当 $\Delta x\to 0$ 时,

$$\Delta f(x_0)=a\Delta x+o(\Delta x).$$

于是

$$\lim_{\Delta x\to 0}\frac{f(x_0+\Delta x)-f(x_0)}{\Delta x}=\lim_{\Delta x\to 0}\frac{a\Delta x+o(\Delta x)}{\Delta x}=a,$$

即 f 在点 x_0 可导且 $f'(x_0)=a$.

习惯上,通常将 Δx 写作 $\mathrm{d}x$,从而函数 $y=f(x)$ 在点 x 处的微分可以改写为

$$\mathrm{d}f(x)=f'(x)\mathrm{d}x,$$

也可以写作:

$$\mathrm{d}y=f'(x)\mathrm{d}x.$$

由此原因,函数 $y=f(x)$ 在点 x 处的导数 $f'(x)$ 也常常被记作 $\frac{\mathrm{d}f(x)}{\mathrm{d}x}$ 或 $\frac{\mathrm{d}y}{\mathrm{d}x}$.

习题 3.1

1. 利用导数的定义求下列函数 $f(x)$ 在指定点 x_0 处的导数.

(1) $f(x)=\frac{1}{x},x_0=-3$;

(2) $f(x)=2^{-x},x_0=0$;

(3) $f(x)=\tan x,x_0=\pi$;

(4) $f(x)=\cos x,x_0=-2$.

2. 研究下列函数在点 $x_0=0$ 处的连续性与可导性,若可导,求出导数值 $f'(x_0)$.

(1) $f(x)=|x-3|$;

(2) $f(x)=|x|+2x$;

(3) $f(x)=\begin{cases}x, & x<0,\\ \ln(1+x), & x\geqslant 0;\end{cases}$

(4) $f(x)=\begin{cases}3x^2+4x, & x<0,\\ x^2-1, & x\geqslant 0;\end{cases}$

(5) $f(x)=\begin{cases}x\sin\frac{1}{x}, & x\neq 0,\\ 0, & x=0;\end{cases}$

(6) $f(x)=\begin{cases}\frac{1}{1+\mathrm{e}^{\frac{1}{x}}}, & x\neq 0,\\ 0, & x=0.\end{cases}$

3. 设 $f(x)=\begin{cases}x^2+1, & x\leqslant 1,\\ ax+b, & x>1,\end{cases}$ 问:a,b 取何值时,$f(x)$ 在 $x=1$ 处可导?

4. 判断下列论述哪些与"$f(x)$ 在 x_0 处可导"等价.

(1) $\lim\limits_{h\to+\infty}h\left[f\left(x_0+\frac{1}{h}\right)-f(x_0)\right]$ 存在;

(2) $\lim\limits_{h\to 0}\frac{f(x_0+2h)-f(x_0)}{h}$ 存在;

(3) $\lim\limits_{h\to 0}\frac{f(x_0+h)-f(x_0-h)}{h}$ 存在;

(4) $\lim\limits_{h\to 0}\frac{f(x_0)-f(x_0-h)}{h}$ 存在.

5. 设 $f(x)$ 在 x_0 处可导,求下列极限.

(1) $\lim\limits_{h\to 0}\frac{f(x_0+\alpha h)-f(x_0-\beta h)}{h}$;

(2) $\lim\limits_{n\to\infty}n\left[f\left(x_0+\frac{2}{n}\right)-f(x_0)\right]$;

(3) $\lim\limits_{h\to 0}\frac{f(x_0-h)-f(x_0)}{h}$;

(4) $\lim\limits_{h\to 0}(f(x_0+h))^{1/h}$，其中 $f(x_0)=1, f'(x_0)\neq 0$.

6. 设 $f(x)$在 $x=a$ 处可导，$g(x)=\begin{cases}\dfrac{f(x)-f(a)}{x-a}, & x\neq a\\ f'(a), & x=a,\end{cases}$ 证明：$g(x)$在 $x=a$ 处连续.

7. 证明：

(1) 可导偶函数的导函数为奇函数；

(2) 可导奇函数的导函数为偶函数；

(3) 可导的周期函数，其导函数为相同周期的周期函数.

8. 求半径为 r 的球的体积关于其半径的变化率，该变化率与球的表面积有什么关系？

9. 当 a 为何值时，曲线 $y=ax^2$ 与曲线 $y=\ln x$ 相切？并求出切点与切线方程.

10. 问：抛物线 $y=x^2$ 在哪一点处的切线平行于 $y=4x-5$？哪一点处的法线平行于 $2x-6y-5=0$？哪一点的切线与直线 $3x-y+1=0$ 夹角为$\dfrac{\pi}{4}$？

11. 设函数 $f(x)$在点 $x=0$ 处连续，且极限$\lim\limits_{x\to 0}\dfrac{f(x)}{x}=A$ 存在. 求证：$f(x)$在点 $x=0$ 处可导且 $f'(0)=A$.

12. 设函数 $f(x)$在$[a,b]$上连续，$f(a)=f(b)=0$，且 $f'_+(a)f'_-(b)>0$. 求证：$f(x)$在(a,b)内至少有一个零点.

13. 设 $f(x)=\sqrt{x}$，$x_0=4$，$\Delta x=0.2$，计算 f 在 x_0 处的微分 $\mathrm{d}f$.

14. 利用函数微分近似函数值改变量的方法，求近似值(保留到小数点后两位).

(1) $\sin 29°$；　(2) $\cos 151°$；　(3) $\sqrt[3]{1.02}$.

15. 单摆振动的周期 T(以 s 为单位)由 $T=2\pi\sqrt{l/g}$确定，其中 $g=980\text{cm/s}^2$，为了使周期 T 增大 0.05s，问：对摆长 $l=20\text{cm}$ 需要做多少修改？(保留到小数点后两位)

3.2　求导法则

3.2.1　导数的运算法则

按照导数定义直接求一个函数的导数并不总是一件容易的事情，有时甚至很难做到. 下面我们将对求导数运算建立一些法则. 利用这些运算法则，会使导数计算的工作变得较为简单易行.

定理 3.2.1(导数的四则运算)

设 f,g 在点 x_0 处可导,则 cf(c 为任意常数),$f+g$ 与 $f\cdot g$ 都在点 x_0 处可导;如果 $g(x_0)\neq 0$,则 $\frac{f}{g}$ 也在点 x_0 处可导,并且

(1) $(f+g)'(x_0)=f'(x_0)+g'(x_0)$;

(2) $(cf)'(x_0)=cf'(x_0)$;

(3) $(fg)'(x_0)=f'(x_0)g(x_0)+f(x_0)g'(x_0)$;

(4) $\left(\frac{f}{g}\right)'(x_0)=\frac{f'(x_0)g(x_0)-f(x_0)g'(x_0)}{g^2(x_0)}$.

证明 (1)与(2)可由导数定义与极限的运算性质得到.

$$
\begin{aligned}
(3)\ (fg)'(x_0)&=\lim_{h\to 0}\frac{f(x_0+h)g(x_0+h)-f(x_0)g(x_0)}{h}\\
&=\lim_{h\to 0}\left[g(x_0+h)\frac{f(x_0+h)-f(x_0)}{h}\right.\\
&\qquad\left.+f(x_0)\frac{g(x_0+h)-g(x_0)}{h}\right]\\
&=f'(x_0)g(x_0)+f(x_0)g'(x_0).
\end{aligned}
$$

(4) 可以类似于(3)证得,留给读者作为课后练习.

例 3.2.1

设 $f(x)=\frac{\ln x}{x}+e^x\sin x$,求 $f'(x)$.

解 根据定理 3.2.1,

$$f'(x)=\left(\frac{\ln x}{x}\right)'+(e^x\sin x)'=\frac{1-\ln x}{x^2}+e^x\sin x+e^x\cos x.$$

例 3.2.2

求正切函数 $\tan x$ 与正割函数 $\sec x=\frac{1}{\cos x}$ 的导数.

解

$$
\begin{aligned}
(\tan x)'&=\left(\frac{\sin x}{\cos x}\right)'=\frac{(\sin x)'\cos x-(\cos x)'\sin x}{\cos^2 x}\\
&=\frac{\cos^2 x+\sin^2 x}{\cos^2 x}=\frac{1}{\cos^2 x};
\end{aligned}
$$

$$(\sec x)'=\left(\frac{1}{\cos x}\right)'=\frac{\sin x}{\cos^2 x}=\sec x\tan x.$$

类似地,可求得余切函数 $\cot x$ 与余割函数 $\csc x=\frac{1}{\sin x}$ 的导数为

$$(\cot x)'=\frac{-1}{\sin^2 x};\quad (\csc x)'=-\csc x\cot x.$$

例 3.2.3 ……

设 $f(x)=(x-x_0)^k g(x)$，其中 $k\in\mathbb{N}^*$，$g(x)$ 在 x_0 点连续且 $g(x_0)\neq 0$，此时称点 x_0 为 $f(x)$ 的 k 重零点. 求证：若 $g(x)$ 在点 x_0 的某个邻域内可导，那么点 x_0 为 $f'(x)$ 的 $k-1$ 重零点.

证明

$$\begin{aligned} f'(x) &= k(x-x_0)^{k-1}g(x)+(x-x_0)^k g'(x) \\ &= (x-x_0)^{k-1}(kg(x)+(x-x_0)g'(x)). \end{aligned}$$

而 $kg(x)+(x-x_0)g'(x)$ 在点 x_0 的值为 $kg(x_0)\neq 0$，所以点 x_0 为 $f'(x)$ 的 $k-1$ 重零点.

定理 3.2.2（复合函数求导数的链式法则）……

设 $\varphi(x)$ 在点 x_0 可导，$f(u)$ 在点 $u_0=\varphi(x_0)$ 处可导. 则复合函数 $h(x)=f(\varphi(x))$ 在点 x_0 可导，并且

$$h'(x_0)=f'(\varphi(x_0))\varphi'(x_0).$$

证明 令

$$g(u)=\begin{cases} \dfrac{f(u)-f(u_0)}{u-u_0}, & u\neq u_0, \\ f'(u_0), & u=u_0. \end{cases}$$

注意到 $u_0=\varphi(x_0)$，下面等式在点 x_0 的某个空心邻域内成立：

$$\frac{f(\varphi(x))-f(\varphi(x_0))}{x-x_0}=g(\varphi(x))\cdot\frac{\varphi(x)-\varphi(x_0)}{x-x_0}$$

（当 $\varphi(x)=\varphi(x_0)=u_0$ 时等式两端都等于零）. 又因为 $\varphi(x)$ 在点 x_0 连续，从而当 $x\to x_0$ 时，$\varphi(x)\to\varphi(x_0)=u_0$. 再注意到 $\lim\limits_{u\to u_0}g(u)=f'(u_0)=g(u_0)$，即得

$$\begin{aligned} h'(x_0) &= \lim_{x\to x_0}\frac{h(x)-h(x_0)}{x-x_0}=\lim_{x\to x_0}\frac{f(\varphi(x))-f(\varphi(x_0))}{x-x_0} \\ &= \lim_{x\to x_0}g(\varphi(x))\cdot\frac{\varphi(x)-\varphi(x_0)}{x-x_0}=f'(\varphi(x_0))\varphi'(x_0). \end{aligned}$$

注 由复合函数的求导法则立即可得复合函数的求微分法则. 设函数 $u=\varphi(x)$ 在点 x_0 可微，$y=f(u)$ 在点 $u_0=\varphi(x_0)$ 处可微，则复合函数 $y=f(\varphi(x))$ 在点 x_0 处可微，并且

$$\mathrm{d}y=f'(u_0)\mathrm{d}u=f'(\varphi(x_0))\varphi'(x_0)\mathrm{d}x.$$

从上式可以看到，无论 u 是 y 的自变量还是中间变量，y 的微分在形式上都可以写为

$$\mathrm{d}y=f'(u)\mathrm{d}u.$$

因为当 $u=\varphi(x)$ 时，$\mathrm{d}u=\varphi'(x)\mathrm{d}x$，代入上式便得到同样的表达式：

$$\mathrm{d}y=f'(\varphi(x))\varphi'(x)\mathrm{d}x=f'(u)\mathrm{d}u.$$

这一事实称为(一阶)微分形式的不变性.

例 3.2.4

求函数 $f(x)=\left(\frac{x+1}{x-1}\right)^{\frac{3}{2}}$ 的导数.

解 令 $g(u)=u^{\frac{3}{2}}, h(x)=\frac{x+1}{x-1}$,则 $f(x)=g(h(x))$,则

$$g'(u)=\frac{3}{2}u^{\frac{1}{2}},$$

$$h'(x)=\frac{(x-1)(x+1)'-(x+1)(x-1)'}{(x-1)^2}=\frac{-2}{(x-1)^2}.$$

应用定理 3.2.2,可得

$$f'(x)=g'(h(x))\cdot h'(x)=\frac{3}{2}\left(\frac{x+1}{x-1}\right)^{\frac{1}{2}}\frac{-2}{(x-1)^2}=-\frac{3(x+1)^{\frac{1}{2}}}{(x-1)^{\frac{5}{2}}}.$$

例 3.2.5

$y=\ln(\tan x^2)$,求 $\mathrm{d}y$.

解

$$\mathrm{d}y=\frac{1}{\tan x^2}\mathrm{d}(\tan x^2)=\frac{1}{\tan x^2}\frac{1}{\cos^2(x^2)}\mathrm{d}(x^2)$$

$$=\frac{2x\mathrm{d}x}{\sin x^2\cos x^2}.$$

例 3.2.6

设 $f(x)=\ln|x|(x\neq 0)$,求 $f'(x)$.

解 当 $x>0$ 时,$f(x)=\ln x$,故

$$f'(x)=\frac{1}{x}.$$

当 $x<0$ 时,$f(x)=\ln(-x)$,将 $f(x)$ 看作 $\ln u$ 与 $u=-x$ 的复合函数,应用定理 3.2.2 可得

$$f'(x)=\frac{1}{-x}\cdot(-x)'=\frac{1}{x}.$$

所以,$(\ln|x|)'=\frac{1}{x}\ (x\neq 0)$.

例 3.2.7

设 $f(x)=\ln\left|x+\sqrt{x^2\pm a^2}\right|$,求 $f'(x)$.

解

$$f'(x)=\frac{(x+\sqrt{x^2\pm a^2})'}{x+\sqrt{x^2\pm a^2}}=\frac{1+\frac{1}{2}(x^2\pm a^2)^{-\frac{1}{2}}\cdot 2x}{x+\sqrt{x^2\pm a^2}}=\frac{1}{\sqrt{x^2\pm a^2}}.$$

例 3.2.8

设 $u(x)$，$v(x)$ 都在点 x 处可导，且 $u(x)>0$，$f(x)=u(x)^{v(x)}$，求 $f'(x)$。

解 $f'(x)=(\mathrm{e}^{v(x)\ln u(x)})'=\mathrm{e}^{v(x)\ln u(x)}(v(x)\ln u(x))'$

$$=u(x)^{v(x)}\left(v'(x)\ln u(x)+v(x)\frac{u'(x)}{u(x)}\right).$$

例 3.2.9

设 $f(x)=\left(\frac{x+1}{x-1}\right)^{1/2}(x^2(2x+3))^{1/3}$，求 $f'(x)$。

解 $\ln|f(x)|=\frac{1}{2}(\ln|x+1|-\ln|x-1|)+\frac{1}{3}(2\ln|x|+\ln|2x+3|)$.

将此等式左端看作 x 的复合函数，应用定理 3.2.2，对等式两端关于 x 求导，可得

$$\frac{f'(x)}{f(x)}=\frac{1}{2}\left(\frac{1}{x+1}-\frac{1}{x-1}\right)+\frac{1}{3}\left(\frac{2}{x}+\frac{2}{(2x+3)}\right)$$

$$=\frac{-1}{x^2-1}+\frac{2(x+1)}{x(2x+3)},$$

$$f'(x)=\left(\frac{x+1}{x-1}\right)^{1/2}(x^2(2x+3))^{1/3}\left(\frac{-1}{x^2-1}+\frac{2(x+1)}{x(2x+3)}\right).$$

类似于例 3.2.9 这样，对有多个因子连乘的函数求导时先取对数再两端求导常常会较为简便.

定理 3.2.3（反函数求导数法则）

设 f 在 (a,b) 内严格单调且连续，$x_0\in(a,b)$，$f'(x_0)\neq 0$，则反函数 $x=f^{-1}(y)$ 在 $y_0=f(x_0)$ 处可导，并且 $(f^{-1})'(y_0)=\frac{1}{f'(x_0)}$.

证明 在 y_0 附近任取 y，$y=f(x)$，则 $x=f^{-1}(y)$. 由 f 严格单调及连续可知反函数 f^{-1} 亦连续且严格单调（定理 2.6.3），因此当 $y\neq y_0$ 且 $y\to y_0$ 时有 $x\neq x_0$ 且 $x\to x_0$，于是

$$\lim_{y\to y_0}\frac{f^{-1}(y)-f^{-1}(y_0)}{y-y_0}=\lim_{y\to y_0}\frac{x-x_0}{f(x)-f(x_0)}$$

$$=\lim_{x\to x_0}\frac{1}{\frac{f(x)-f(x_0)}{x-x_0}}=\frac{1}{f'(x_0)}.$$

这一结论也可以写为

$$\frac{\mathrm{d}x}{\mathrm{d}y}=\frac{1}{\frac{\mathrm{d}y}{\mathrm{d}x}}.$$

例 3.2.10

求反正弦函数 $\arcsin x$ 与反正切函数 $\arctan x$ 的导数.

解 由于 $y=\arcsin x$ 与 $x=\sin y$ 互为反函数,根据定理 3.2.3,

$$(\arcsin x)'=\frac{1}{(\sin y)'}=\frac{1}{\cos y}=\frac{1}{\sqrt{1-\sin^2 y}}=\frac{1}{\sqrt{1-x^2}}.$$

类似地,由于 $y=\arctan x$ 与 $x=\tan y$ 互为反函数,故

$$(\arctan x)'=\frac{1}{(\tan y)'}=\cos^2 y=\frac{1}{1+\tan^2 y}=\frac{1}{1+x^2}.$$

同理可得

$$(\arccos x)'=\frac{-1}{\sqrt{1-x^2}};\quad (\operatorname{arccot} x)'=\frac{-1}{1+x^2}.$$

例 3.2.11

求函数 $y=e^x+\arctan x$ 的反函数 $x=x(y)$ 的导数.

解 函数 $y=e^x+\arctan x$ 在 $\mathbb{R}$ 上严格单调递增且可导,且

$$y'=e^x+\frac{1}{x^2+1}=\frac{e^x(x^2+1)+1}{x^2+1}.$$

根据定理 3.2.3,其反函数 $x=x(y)$ 可导并且

$$x'(y)=\frac{1}{y'(x)}=\frac{x^2+1}{e^x(x^2+1)+1},$$

其中右端表达式中的 x 理解为 $x=x(y)$,因而右端表达式为 y 的复合函数.

我们将已经得到的一些常见函数,其中包括基本初等函数的导数列表如下:

(1) $C'=0$(C 为任意常数);

(2) $(x^\alpha)'=\alpha x^{\alpha-1}$;

(3) $(a^x)'=a^x\ln a\,(a>0)$;$(e^x)'=e^x$;

(4) $(\log_a x)'=\frac{1}{x\ln a}\,(a>0,a\neq 1)$;$(\ln|x|)'=\frac{1}{x}\,(x\neq 0)$;

(5) $(\sin x)'=\cos x$;$(\cos x)'=-\sin x$;

(6) $(\tan x)'=\sec^2 x$;$(\cot x)'=-\csc^2 x$;

(7) $(\sec x)'=\tan x\sec x$;$(\csc x)'=-\cot x\csc x$;

(8) $(\arcsin x)'=\frac{1}{\sqrt{1-x^2}}$;$(\arccos x)'=\frac{-1}{\sqrt{1-x^2}}$;

(9) $(\arctan x)'=\frac{1}{1+x^2}$;$(\operatorname{arccot} x)'=\frac{-1}{1+x^2}$;

(10) $(\ln|x+\sqrt{x^2\pm a^2}|)'=\frac{1}{\sqrt{x^2\pm a^2}}$.

3.2.2 隐函数求导

如果自变量 x 与因变量 y 间的函数关系是由一个二元方程

$$F(x,y)=0 \tag{1}$$

所确定,那么这样确定的函数 $y=y(x)$ 称为**隐函数**. 即给定一个 x,由方程 $F(x,y)=0$ 可以确定唯一的 y 使得 $F(x,y)=0$.

例如,考察方程 $x^2+y^2=1$,熟知它是平面上中心在原点的单位圆的方程. 点(0,1)满足此方程,并且由方程 $x^2+y^2=1$ 可以在区间(−1,1)上确定唯一的曲线 $y=\sqrt{1-x^2}$ 满足方程 $x^2+y^2=1$ 且过(0,1)点. 同理,由方程 $x^2+y^2=1$ 也可以在区间(−1,1)上确定唯一的曲线 $y=-\sqrt{1-x^2}$ 满足此方程且过(0,−1)点.

研究在何种条件下隐函数存在与可微要到多元微分学中进行. 在这里我们总假定隐函数存在并且可微分,主要介绍如何在不必从方程(1)中解出隐函数 $y=y(x)$ 的情况下求其导数 $y'(x)$ 的方法.

例 3.2.12

由方程 $xy-\mathrm{e}^x+\mathrm{e}^y=0$ 确定了隐函数 $y=y(x)$,求 $y'(x)$.

解 由题设,若将 $y=y(x)$ 代入方程,则方程两边是恒等的,两边对 x 求导即得

$$xy'+y-\mathrm{e}^x+y'\mathrm{e}^y=0,$$

所以

$$y'=\frac{\mathrm{e}^x-y}{\mathrm{e}^y+x}.$$

例 3.2.13

求曲线 $x^2+y\cos x-2\mathrm{e}^{xy}=0$ 在点 $M(0,2)$ 处的切线方程.

解 方程两边关于 x 求导得

$$2x+y'\cos x-y\sin x-2(y+xy')\mathrm{e}^{xy}=0,$$

$$y'=\frac{2y\mathrm{e}^{xy}+y\sin x-2x}{\cos x-2x\mathrm{e}^{xy}},$$

故曲线在点 $M(0,2)$ 处的切线斜率为 $y'|_{M(0,2)}=4$,所以曲线在点 $M(0,2)$ 处的切线方程为

$$y=4x+2.$$

3.2.3 由参数方程所确定的函数求导法

设函数 $y=f(x)$ 的自变量 x 与因变量 y 之间的函数关系是由参数方程

$$\begin{cases} x=\varphi(t), \\ y=\psi(t) \end{cases}$$

所确定.这里需要假定 $x=\varphi(t)$ 在参变量 t 的某个区间上连续且严格单调,从而其反函数 $t=\varphi^{-1}(x)$ 存在且连续.将 $t=\varphi^{-1}(x)$ 代入 $y=\psi(t)$ 即得

$$y=f(x)=\psi(\varphi^{-1}(x)).$$

所以,若 $x=\varphi(t)$ 与 $y=\psi(t)$ 都可导,则 $t=\varphi^{-1}(x)$ 也可导.应用复合函数与反函数的求导法则便得到

$$\frac{\mathrm{d}y}{\mathrm{d}x}=\frac{\mathrm{d}y}{\mathrm{d}t}\cdot\frac{\mathrm{d}t}{\mathrm{d}x}=\frac{\mathrm{d}y}{\mathrm{d}t}\cdot\frac{1}{\frac{\mathrm{d}x}{\mathrm{d}t}}=\frac{\psi'(t)}{\varphi'(t)}.$$

▶ **例 3.2.14** ……………………………………………………………………

设函数 $y=f(x)$ 由数参方程 $\begin{cases}x=t+\mathrm{e}^t,\\ y=t^2+\mathrm{e}^{2t}\end{cases}$ 确定,求 $\frac{\mathrm{d}y}{\mathrm{d}x}$.

解 $\frac{\mathrm{d}y}{\mathrm{d}x}=\frac{y'(t)}{x'(t)}=\frac{2(t+\mathrm{e}^{2t})}{1+\mathrm{e}^t}$.

下面介绍一种常用的与极坐标相关联的参数方程.首先介绍极坐标的概念.

在平面上取一点 O 及以 O 为起点的射线 OA(如图 3.2.1(a)),点 O 称为极点,射线 OA 称为极轴,由点 O 向任一点 M 作连线 $\overline{OM}$,记 $\rho=\overline{OM}$,由极轴 OA 按逆时针方向转向 $\overline{OM}$ 的转角记为 φ(若按顺时针方向,则 $\varphi<0$).称 (ρ,φ) 为点 M 的极坐标,ρ 称为极径,φ 称为极角.

显然,点 M 的极角 φ 不唯一:若 φ 是点 M 的极角,则 $\varphi+2n\pi\ (n\in\mathbb{Z})$ 也是点 M 的极角.为了保持极角 φ 的确定性,通常取 $\varphi\in[0,2\pi]$ 或 $\varphi\in[-\pi,\pi]$.

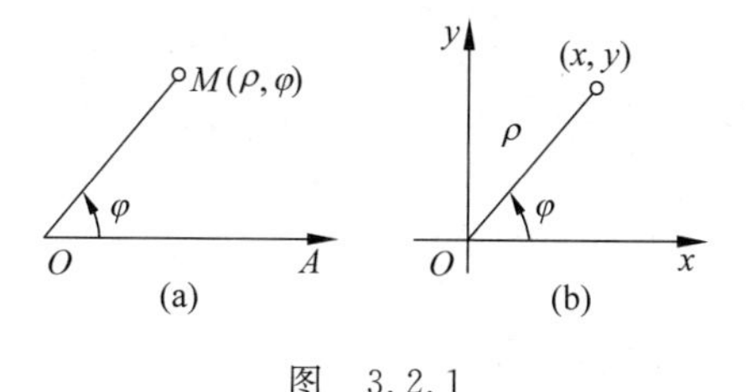

图 3.2.1

如果取极点 O 为直角坐标系的原点,极轴为正半 x 轴(如图 3.2.1(b)),则点 M 的直角坐标 (x,y) 与极坐标 (ρ,φ) 之间的关系是

$$x=\rho\cos\varphi,y=\rho\sin\varphi. \tag{2}$$

用极坐标表示的平面曲线方程

$$\rho=\rho(\varphi)$$

称为极坐标方程.它也可以表示成下列以极角 φ 为参数的参数方程:

$$x=\rho(\varphi)\cos\varphi,\quad y=\rho(\varphi)\sin\varphi.$$

例如,中心在原点、半径为 R 的圆的极坐标方程与相应的参数方程分别为

$$\rho \equiv R, \varphi \in [0, 2\pi],$$

$$x = R\cos\varphi, y = R\sin\varphi, \varphi \in [0, 2\pi].$$

例 3.2.15

将极坐标曲线 $\rho = a(1+\cos\varphi), a > 0$(心脏线,如图 3.2.2 所示),表示成以极角 φ 为参数的参数方程,并求 $\frac{\mathrm{d}y}{\mathrm{d}x}$.

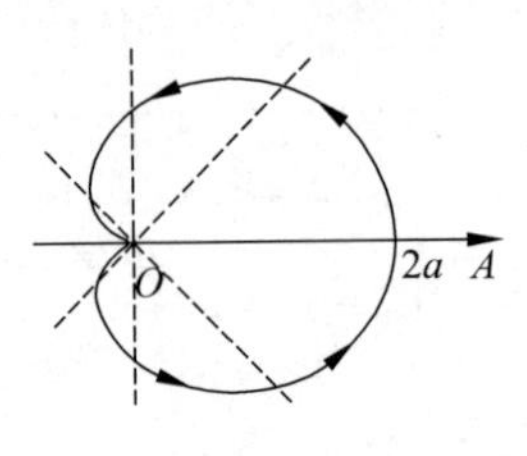

图 3.2.2

解 心脏线的参数方程可写成

$$x = a(1+\cos\varphi)\cos\varphi,$$

$$y = a(1+\cos\varphi)\sin\varphi, \quad \varphi \in [0, 2\pi],$$

所以

$$\frac{\mathrm{d}y}{\mathrm{d}x} = -\frac{\cos\varphi + \cos 2\varphi}{\sin\varphi + \sin 2\varphi}.$$

例 3.2.16

设 $\begin{cases} x = a\cos^3\theta, \\ y = a\sin^3\theta \end{cases} (a > 0)$,求 $\frac{\mathrm{d}y}{\mathrm{d}x}$.

解 $$\frac{\mathrm{d}y}{\mathrm{d}x} = \frac{3a\sin^2\theta\cos\theta}{-3a\cos^2\theta\sin\theta} = -\tan\theta.$$

此例中的曲线称为星形线(见图 3.2.3).

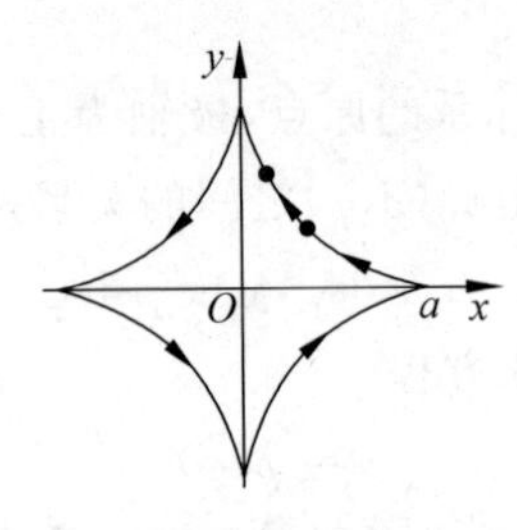

图 3.2.3

习题 3.2

1. 问：$f'(x_0)$与$(f(x_0))'$有什么区别？

2. 利用求导数的四则运算，求下列函数的导函数.

(1) $y=x^3+2\sqrt[3]{x}-\frac{1}{x^3}+\sqrt{2}$；
(2) $y=x\left(\frac{1}{\sqrt{x}}-3x^{\frac{2}{3}}\right)$；

(3) $y=(x^2+1)(x-1)(3-x^3)$；
(4) $y=(x+x^2)^2$；

(5) $y=\frac{\tan x}{x}$；
(6) $y=\mathrm{e}^x\cos x\ln x$；

(7) $y=\frac{1-x^2}{1+x^2}$；
(8) $y=\frac{\sin x-x\cos x}{\cos x+x\sin x}$；

(9) $y=\frac{(1+x^2)\ln x}{\sin x+\cos x}$；
(10) $y=2^x(\sec x+\csc x)+\log_2 3x+\lg x^2$.

3. 求双曲函数 $\sinh x,\cosh x,\tanh x,\coth x$ 的导数（双曲函数的定义参见习题 2.1 第 23 题）.

4. 利用复合函数求导法，求下列函数的导数.

(1) $y=2\sin 3x$；
(2) $y=\exp(x^2-2x+3)$；

(3) $y=(1-x^3)^{\frac{3}{2}}$；
(4) $y=\sin(\cos^2 x)\cos(\sin^2 x)$；

(5) $y=\sqrt{x+\sqrt{x+\sqrt{x}}}$；
(6) $y=\ln\left(x+\sqrt{1+x^2}\right)$；

(7) $y=\arcsin\frac{1}{x}$；
(8) $y=\mathrm{e}^{-3x}\sin 2x$；

(9) $y=\ln\frac{\sqrt{1+x}+\sqrt{1-x}}{\sqrt{1+x}-\sqrt{1-x}}$；
(10) $y=\sec^2\frac{x}{2}+\csc^3\frac{x}{3}$；

(11) $y=\arccos(\arctan x)$；
(12) $y=\mathrm{e}^{-x}+\mathrm{e}^{\mathrm{e}^{-x}}$；

(13) $y=\sinh(\sin^2 x)$；
(14) $y=\tanh(\cos^2 x)$；

(15) $y=\sinh\frac{2}{x}\cosh 3x$；
(16) $y=\operatorname{arccot}\frac{1-x}{1+x}$.

5. 设 $f(x)$为可微函数，求下列函数的导函数.

(1) $f(-x)$；
(2) $f(\sin^2 x)f(\cos x^2)$；

(3) $f\left(\frac{1}{\sqrt{x}}\right)$；
(4) $f(f(f(x)))$；

(5) $\mathrm{e}^{f(x)}\tan[f(x^2)+f(2x)]$；
(6) $f(x)\ln\frac{1}{f(\sqrt{x})}$.

6. 利用对数求导方法，求下列函数的导数.

(1) $y=\frac{x^2}{1-x}\sqrt{\frac{x+1}{1+x+x^2}}$；
(2) $y=(x-a_1)^{a_1}(x-a_2)^{a_2}\cdots(x-a_n)^{a_n}$；

(3) $y=\sqrt[x]{x}+x^{\ln(1-x)}$；　　(4) $y=\left(1+\dfrac{1}{x}\right)^{x}$；

(5) $y=(\ln x)^{\sin x}$；　　(6) $y=x+x^{x}+x^{x^{x}}$.

7. 求下列函数的反函数的导数.

(1) $y=x+\ln x$；　(2) $y=x+\mathrm{e}^{x}$；　(3) $y=\tanh x$；　(4) $y=\sinh x$.

8. 设下列各方程分别确定了 y 是 x 的函数,求 $y'(x)$.

(1) $xy=1+x\mathrm{e}^{y}$；　　(2) $(x^2+y^2)^2=3x^2y-y^3$；

(3) $x-y-\arcsin y=0$；　　(4) $\arctan\dfrac{x}{y}=\ln\sqrt{x^2+y^2}$；

(5) $x^{\frac{2}{3}}+y^{\frac{2}{3}}=a^{\frac{2}{3}}$；　　(6) $x^{y}=y^{x}$.

9. 求下列曲线在指定点的切线方程.

(1) $xy+\ln y=1$ 在点$(1,1)$；　　(2) $\dfrac{x^2}{100}+\dfrac{(y-2)^2}{64}=1$ 在点$(5\sqrt{3},6)$；

(3) $\cos(xy)-\ln\dfrac{x+1}{y}=1$ 在点$(0,1)$.

10. 对下列参数方程,求 $y'(x)$.

(1) $\begin{cases}x=\cos t,\\ y=at\sin t;\end{cases}$　　(2) $\begin{cases}x=t\mathrm{e}^{t},\\ y=2t+t^2;\end{cases}$

(3) $\begin{cases}x=\dfrac{3at}{1+t^3},\\ y=\dfrac{3at^3}{1+t^3};\end{cases}$　　(4) $\begin{cases}x=3t^2+2t,\\ \mathrm{e}^{y}\sin t-y+1=0;\end{cases}$

(5) 阿基米德螺线 $\rho=a\theta$；　　(6) 对数螺线 $\rho=a\mathrm{e}^{m\theta}(a,m\in\mathbb{R})$.

11. 计算下列微分.

(1) $\mathrm{d}(\ln(-x))$；　　(2) $\mathrm{d}\left(\dfrac{x}{\sqrt{1-x^3}}\right)$；

(3) $\mathrm{d}\left(\sqrt{\dfrac{1-\sin x}{1+\sin x}}\right)$；　　(4) $\mathrm{d}\left(\arctan\dfrac{u(x)}{v(x)}\right)$,$u,v$ 可微.

12. 证明近似公式 $\sqrt[n]{a^n+x}\approx a+\dfrac{x}{na^{n-1}}(a>0)$,其中$|x|\ll a$. 利用此公式求下列各式的近似值.

(1) $\sqrt[3]{29}$；　　(2) $\sqrt[10]{1000}$.

3.3 高阶导数

设函数 $y=f(x)$在区间(a,b)上可导,则 $f'(x)$就是定义在(a,b)上的函数,称为 $f(x)$的导函数. 如果 f'在点 $x\in(a,b)$处可导,则称 f'在点 x 处的导数

为 f 在点 x 处的二阶导数，记作 $f''(x)$，或 y''，$\frac{\mathrm{d}^2 y}{\mathrm{d}x^2}$.

类似地，可以定义函数 $y=f(x)$ 的三阶、四阶，……，n 阶导数，分别记为 $f'''(x)$，$f^{(4)}(x)$，…，$f^{(n)}(x)$，也可以记为 y'''，$y^{(4)}$，…，$y^{(n)}$ 或 $\frac{\mathrm{d}^3 y}{\mathrm{d}x^3}$，$\frac{\mathrm{d}^4 y}{\mathrm{d}x^4}$，…，$\frac{\mathrm{d}^n y}{\mathrm{d}x^n}$.

若 f 在 (a,b) 中每点处都有 n 阶导数，则称 f 在 (a,b) 上 n 阶可导；而当 $f^{(n)}(x)$ 在 (a,b) 上连续时，称 f 在 (a,b) 上为 n 阶连续可导（连续可微），记为 $f\in C^n(a,b)$.

若 f 在 (a,b) 上 n 阶可导，并且在 a 点有从一阶直到 n 阶右导数，在 b 点有从一阶直到 n 阶左导数，则称 f 在闭区间 $[a,b]$ 上 n 阶可导；若还有 $f^{(n)}(x)\in C[a,b]$，则称 f 在 $[a,b]$ 上为 n 阶连续可导，记为 $f\in C^n[a,b]$.

例 3.3.1 ……………………………………………………………

$y=\sin x$，求 $y^{(n)}$.

解 $y'=\cos x=\sin\left(x+\frac{\pi}{2}\right)$，$y''=-\sin x=\sin\left(x+2\,\frac{\pi}{2}\right)$，…，不难验证：

$$y^{(n)}=\sin\left(x+\frac{n\pi}{2}\right)\quad (n=0,1,2,\cdots).$$

同理可得

$$(\cos x)^{(n)}=\cos\left(x+\frac{n\pi}{2}\right)\quad (n=0,1,2,\cdots).$$

例 3.3.2 ……………………………………………………………

求函数 $y=\ln(1+x)$ 的 n 阶导数.

解 $y'=(1+x)^{-1}$，$y''=-(1+x)^{-2}$，$y'''=2!\,(1+x)^{-3}$，…，$y^{(n)}=(-1)^{n-1}(n-1)!\,(1+x)^{-n}$.

高阶导数有下列运算法则：

定理 3.3.1 ……………………………………………………………

设 $f(x)$ 与 $g(x)$ 在点 x 处有 n 阶导数，则

(1) $(f+g)^{(n)}(x)=f^{(n)}(x)+g^{(n)}(x)$；

(2) $(cf)^{(n)}(x)=cf^{(n)}(x)$（$c$ 为任意常数）；

(3) $(f\cdot g)^{(n)}(x)=\sum\limits_{k=0}^{n}\mathrm{C}_n^k f^{(k)}(x)g^{(n-k)}(x)$.

其中(3)又称为**莱布尼茨公式**. 公式中 $f^{(0)}$ 即为 f，$f^{(k)}$ 表示 f 的 k 阶导数($k\geqslant 1$).

证明 (1)与(2)显然. 下证(3).

用归纳法. 当 $n=1$ 时，(3)即为定理 3.2.1 中(3)，故成立. 现设公式(1)对

$n=m$ 成立,即有

$$(f\cdot g)^{(m)}=\sum_{k=0}^{m}C_m^k f^{(k)}g^{(m-k)},$$

两端再求导数,得到

$$\begin{aligned}(f\cdot g)^{(m+1)}&=\sum_{k=0}^{m}C_m^k(f^{(k)}g^{(m+1-k)}+f^{(k+1)}g^{(m-k)})\\&=\sum_{k=0}^{m}C_m^k f^{(k)}g^{(m+1-k)}+\sum_{k=0}^{m}C_m^k f^{(k+1)}g^{(m-k)}\\&=\sum_{k=0}^{m}C_m^k f^{(k)}g^{(m+1-k)}+\sum_{k=1}^{m+1}C_m^{k-1}f^{(k)}g^{(m+1-k)}\\&=\sum_{k=1}^{m}(C_m^k+C_m^{k-1})f^{(k)}g^{(m+1-k)}+C_m^0 f\cdot g^{(m+1)}+C_m^m f^{(m+1)}g\\&=\sum_{k=1}^{m}C_{m+1}^k f^{(k)}g^{(m+1-k)}+C_{m+1}^0 f\cdot g^{(m+1)}+C_{m+1}^{m+1}f^{(m+1)}g\\&=\sum_{k=0}^{m+1}C_{m+1}^k f^{(k)}g^{(m+1-k)},\end{aligned}$$

其中用到等式:$C_m^k+C_m^{k-1}=C_{m+1}^k$. 所以(3)对 $n=m+1$ 亦成立. 由数学归纳法,(3)对任何正整数 n 成立.

例 3.3.3

$y=\dfrac{1}{x^2-x-2}$,求 $y^{(n)}$.

解 $y=\dfrac{1}{3}\left(\dfrac{1}{x-2}-\dfrac{1}{x+1}\right)$.

所以

$$\begin{aligned}y^{(n)}&=\frac{1}{3}\left(\frac{1}{x-2}\right)^{(n)}-\frac{1}{3}\left(\frac{1}{x+1}\right)^{(n)}\\&=\frac{1}{3}(-1)^n n!(x-2)^{-(n+1)}-\frac{1}{3}(-1)^n n!(x+1)^{-(n+1)}.\end{aligned}$$

例 3.3.4

$y=x^2\sin x$,求 $y^{(20)}$.

解 在莱布尼茨公式中取 $f(x)=x^2$,$g(x)=\sin x$,便得到

$$\begin{aligned}(x^2\sin x)^{(20)}&=x^2(\sin x)^{(20)}+C_{20}^1 2x(\sin x)^{(19)}+C_{20}^2 2(\sin x)^{(18)}\\&=x^2\sin\left(x+\frac{20\pi}{2}\right)+40x\sin\left(x+\frac{19}{2}\pi\right)+380\sin\left(x+\frac{18}{2}\pi\right)\\&=x^2\sin x-40x\cos x-380\sin x.\end{aligned}$$

例 3.3.5

设由方程 $x^2+xy+y^2=1$ 确定了隐函数 $y=y(x)$，求 $y''(x)$.

解 方程两端对 x 求导得

$$2x+y+xy'+2yy'=0,$$

故

$$y'=-\frac{2x+y}{x+2y}.$$

进而有

$$y''=-\frac{(2+y')(x+2y)-(2x+y)(1+2y')}{(x+2y)^2}=3\frac{xy'-y}{(x+2y)^2}$$

$$=3\frac{-x\cdot\dfrac{2x+y}{x+2y}-y}{(x+2y)^2}=-6\frac{x^2+xy+y^2}{(2x+y)^3}=\frac{-6}{(2x+y)^3}.$$

例 3.3.6

设 $y=y(x)$ 由参数方程 $\begin{cases}x=a(t-\sin t),\\ y=a(1-\cos t)\end{cases}$ 确定，试求 $\dfrac{dy}{dx}$ 与 $\dfrac{d^2y}{dx^2}$.

解 $$\frac{dy}{dx}=\frac{y'(t)}{x'(t)}=\frac{a\sin t}{a(1-\cos t)}=\frac{\sin t}{1-\cos t},$$

$$\frac{d^2y}{dx^2}=\frac{d}{dx}\left(\frac{dy}{dx}\right)=\frac{d}{dx}\left(\frac{\sin t}{(1-\cos t)}\right)=\frac{\dfrac{d}{dt}\left(\dfrac{\sin t}{1-\cos t}\right)}{\dfrac{dx}{dt}}$$

$$=\frac{\dfrac{(1-\cos t)\cos t-\sin^2 t}{(1-\cos t)^2}}{a(1-\cos t)}=\frac{-1}{a\,(1-\cos t)^2}.$$

习题 3.3

1. 求下列函数的二阶导数.

(1) $y=e^{x^2}$；　　(2) $y=\dfrac{x-1}{(x+1)^2}$；

(3) $y=x\arcsin^2 x$；　　(4) $y=\dfrac{x^2}{\sqrt{1-x^2}}$；

(5) $y=x[\sin(\ln x)+\cos(\ln x)]$；　　(6) $y=\ln f(x)$，其中 $f(x)$ 可导.

2. 已知 $f(x)$ 三阶可导，求 y''，y'''.

(1) $y=f(x^2)$；　　(2) $y=f(e^x)$；　　(3) $y=f(\ln x)$.

3. 求下列函数的指定阶数的导数.

(1) $y=\sqrt{x}$，求 $y^{(10)}$；　　(2) $y=e^x x^4$，求 $y^{(4)}$；

(3) $y=\dfrac{\ln x}{x}$,求 $y^{(5)}$；

(4) $y=x^2\sin 2x$,求 $y^{(50)}$；

(5) $y=x\sinh x$,求 $y^{(100)}$；

(6) $y=\dfrac{1}{2-x-x^2}$,求 $y^{(20)}$；

(7) $y=\mathrm{e}^{ax}\sin bx$,求 $y^{(n)}$；

(8) $y=\mathrm{e}^{ax}\cos bx$,求 $y^{(n)}$；

(9) $y=x^3\mathrm{e}^x$,求 $y^{(n)}$；

(10) $y=\ln\sqrt{\dfrac{1-x}{1+x}}$,求 $y^{(n)}$.

4. 对下列参数方程,求 $y''(x)$,$y'''(x)$.

(1) $\begin{cases}x=a(t-\sin t),\\ y=a(1-\cos t);\end{cases}$

(2) $\begin{cases}x=\mathrm{e}^{2t}\cos^2 t,\\ y=\mathrm{e}^{2t}\sin^2 t;\end{cases}$

(3) $\begin{cases}x=f'(t),\\ y=tf'(t)-f(t),\end{cases}$ 其中 f 三阶可导,$f''(x)\neq 0$.

5. 求下列隐函数的二阶导数 $y''(x)$.

(1) $\mathrm{e}^y+xy-\mathrm{e}=0$；　(2) $\sqrt{x}+\sqrt{y}=a$；　(3) $y-2x=(x-y)\ln(x-y)$.

6. 设 $f(x)=\arctan x$. 证明：

$$(1+x^2)f^{(n+2)}(x)+2(n+1)xf^{(n+1)}(x)+n(n+1)f^{(n)}(x)=0,$$

并求 $f^{(n)}(0)$.

7. 设 $f(x)=(\arcsin x)^2$. 证明：

$$(1-x^2)f^{(n+2)}(x)-(2n+1)xf^{(n+1)}(x)-n^2f^{(n)}(x)=0,$$

并求 $f^{(n)}(0)$.

第 3 章总复习题

1. 设 $f(x)=\begin{cases}|x|^k\sin\dfrac{1}{x}, & x\neq 0,\\ 0, & x=0,\end{cases}$ 问：k 取何值时,$f(x)$在 $x=0$ 处

(1) 连续；　(2) 可导；　(3) 导函数连续.

2. 试证：$f(x)=\begin{cases}\mathrm{e}^{-\frac{1}{x^2}}, & x\neq 0,\\ 0, & x=0,\end{cases}$ 在 $x=0$ 处任意阶可导.

3. 设函数 $f(x)$可导,

(1) $f(x+y)=f(x)f(y)$,$\forall\, x,y\in\mathbb{R}$,证明：$f(x)\equiv 0$ 或 $f(x)=\mathrm{e}^{\lambda x}$,$\lambda$ 是常数.

(2) $f(xy)=f(x)+f(y)$,$\forall\, x,y>0$,证明：$f(x)\equiv 0$ 或 $f(x)=\mu\ln x$,μ 是常数.

4. 设 $f(a)>0$，$f'(a)$存在，求$\lim\limits_{n\to\infty}\left(\dfrac{f\left(a+\dfrac{1}{n}\right)}{f(a)}\right)^n$.

5. 设曲线 $y=f(x)$在原点与 $y=\sin x$ 相切，求极限$\lim\limits_{n\to\infty}\sqrt{n}\cdot\sqrt{f\left(\dfrac{2}{n}\right)}$.

6. 求函数 $y=x(1-2x)^2(x-3)^3$ 的 7 阶导数.

7. 求曲线 $y=\dfrac{1}{x}$与 $y=\sqrt{x}$的交角(即交点处两条切线的夹角).

8. 证明曲线 $x^{\frac{2}{3}}+y^{\frac{2}{3}}=a^{\frac{2}{3}}$ 上任意一点的切线介于两根坐标轴之间的线段长度等于 a.

9. 证明椭圆的声学性质：从一个焦点发出的声音经过椭圆反射后必到达另一个焦点.

10. 证明双曲线 $xy=a^2$ 上任意一点处的切线与两坐标轴构成的三角形的面积都等于常数，且切点是三角形斜边的中点.

11. 已知函数 $f(x)=\begin{cases}x^2+x, & x\leqslant 0,\\ ax^3+bx^2+cx+d, & 0<x<1,\\ x^2-x, & x\geqslant 1,\end{cases}$在$\mathbb{R}$ 上连续可微，求 a,b,c,d.

12. 设参数方程$\begin{cases}x=5t+4|t|,\\ y=2t^2+t|t|\end{cases}$确定了函数 $y=y(x)$，讨论此函数在 $x=0$ 处的可导性.

13. 设 $\varphi(x)$在 $x=x_0$ 的某个邻域内一阶可导，且 $\varphi'(x)$在该邻域内有界，证明：$f(x)=(x-x_0)^2\varphi(x)$在 $x=x_0$ 处二阶可导.

14. 设 $f(x)=\begin{cases}g(x)\sin\dfrac{1}{x}, & x\neq 0,\\ 0, & x=0,\end{cases}$且 $g(x)$在 $x=0$ 可导. 问：$g(0)$，$g'(0)$取何值时，$f(x)$在 $x=0$ 可导？并求 $f'(0)$.

15. 设 $y=f(x)$在 $x=x_0$ 三阶可导，且 $f'(x_0)\neq 0$. 若 $f(x)$存在反函数 $x=g(y)$，$y_0=f(x_0)$. 试用 $f'(x_0)$，$f''(x_0)$，$f'''(x_0)$表示 $g'''(y_0)$.

第4章 导数应用

导数是研究函数的一个有力工具. 这一章的主要内容就是应用导数来研究对于理论与应用都具有重要意义的一类问题，例如函数的极大值、极小值问题；函数在一点附近用多项式逼近问题. 此外，本章中还要研究函数的单调性、凸性以及不定型极限的计算等问题. 本章中所使用的思想方法及主要结论构成了微分学的重要组成部分.

4.1 微分中值定理

本节中讨论的微分中值定理是研究函数整体性质的重要工具. 在讨论微分中值定理之前，首先引入局部极值的概念.

定义 4.1.1 ……

设函数 f 在点 x_0 的某个邻域中有定义，如果 $\exists \rho>0$ 使得当 $|x-x_0|<\rho$ 时，有

$$f(x) \geqslant f(x_0) \quad (f(x) \leqslant f(x_0)),$$

则称 f 在点 x_0 取得(局部)**极小值**(**极大值**)，并称 x_0 是 f 的(局部)极小值点(极大值点).

f 的极小值点与极大值点统称为**极值点**.

定理 4.1.1(费马定理) ……

设 x_0 是函数 f 的一个极值点，如果 $f'(x_0)$ 存在，则 $f'(x_0)=0$.

证明 设 x_0 为 f 的极小值点，则 $\exists \rho>0$，使得当 $|x-x_0|<\rho$ 时，有

$$f(x) \geqslant f(x_0).$$

于是当 $x_0<x<x_0+\rho$ 时，

$$\frac{f(x)-f(x_0)}{x-x_0} \geqslant 0.$$

由于 $f'(x_0)$ 存在，所以

$$f'(x_0)=f'_+(x_0)=\lim_{x \to x_0^+} \frac{f(x)-f(x_0)}{x-x_0} \geqslant 0, \tag{1}$$

而当 $x_0>x>x_0-\rho$ 时，

$$\frac{f(x)-f(x_0)}{x-x_0}\leqslant 0,$$

所以

$$f'(x_0)=f'_-(x_0)=\lim_{x\to x_0^-}\frac{f(x)-f(x_0)}{x-x_0}\leqslant 0. \tag{2}$$

联立(1)和(2)式，便知 $f'(x_0)=0$.

定理 4.1.2(罗尔定理) ……………………………………………………

设函数 f 在闭区间 $[a,b]$ 上连续，在开区间 (a,b) 内可导. 如果 $f(a)=f(b)$，则存在 $\xi\in(a,b)$，使得(见图 4.1.1)

$$f'(\xi)=0.$$

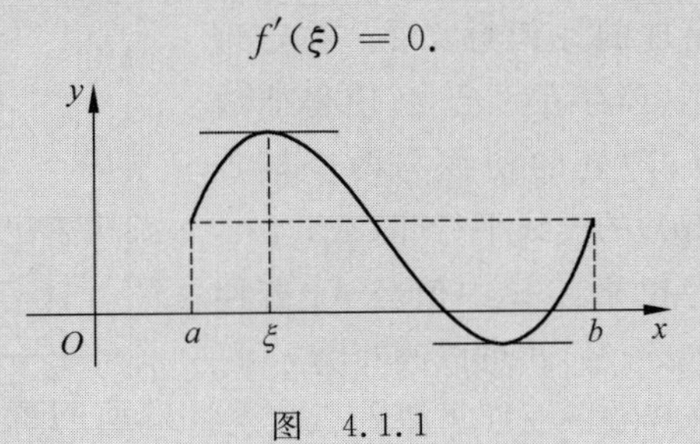

图 4.1.1

证明 由于 $f\in C[a,b]$，所以 f 在 $[a,b]$ 上可以取得最大值 M 和最小值 m.

如果 $M=m=f(a)=f(b)$，则 f 在 $[a,b]$ 上恒为常数，此时由导数定义，$\forall x\in(a,b)$，都有 $f'(x)=0$.

如果 M 与 m 之中至少有一个与 $f(a)$ 不相等，不妨设 $M>f(a)$，于是存在 $\xi\in(a,b)$，使得 $M=f(\xi)$. 显然 ξ 是 f 的一个极大值点，由定理 4.1.1 便知 $f'(\xi)=0$.

定理 4.1.3(柯西中值定理) ……………………………………………

设函数 f,g 都在闭区间 $[a,b]$ 上连续，在开区间 (a,b) 内可导，并且在 (a,b) 中 $g'(x)\neq 0$，则存在 $\xi\in(a,b)$，使得

$$\frac{f'(\xi)}{g'(\xi)}=\frac{f(b)-f(a)}{g(b)-g(a)}. \tag{3}$$

证明 由于 $g'(x)\neq 0(x\in(a,b))$，所以由罗尔定理可以推知 $g(b)\neq g(a)$. 作辅助函数

$$\varphi(x)=[f(x)-f(a)]-\frac{f(b)-f(a)}{g(b)-g(a)}[g(x)-g(a)].$$

易见 φ 在 $[a,b]$ 上连续，在 (a,b) 内可导，并且 $\varphi(a)=\varphi(b)=0$，于是由罗尔定理

可知存在 $\xi\in(a,b)$，使得

$$\varphi'(\xi)=f'(\xi)-\frac{f(b)-f(a)}{g(b)-g(a)}g'(\xi)=0.$$

由此立即得到(3)式.

在柯西中值定理中，一种最常用的情形是 $g(x)\equiv x$，此时便得到著名的拉格朗日中值定理。

定理 4.1.4(拉格朗日中值定理)

设 f 在 $[a,b]$ 上连续，在 (a,b) 内可导，则存在 $\xi\in(a,b)$，使得

$$f'(\xi)=\frac{f(b)-f(a)}{b-a}. \tag{4}$$

拉格朗日中值定理的几何意义是：在定理的条件下，在 (a,b) 中必存在一点 ξ，使得曲线 $y=f(x)$ 在点 $(\xi,f(\xi))$ 处的切线与两个端点 $A(a,f(a))$ 与 $B(b,f(b))$ 的连线平行(图 4.1.2).

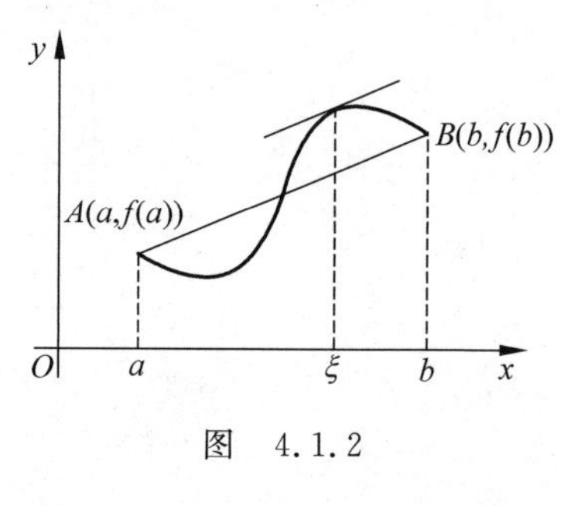

图　4.1.2

(4) 式也常称为拉格朗日中值公式. 若用 x_0 与 x 分别代替 a 与 b，(4)式可以改写为

$$f(x)-f(x_0)=f'(\xi)(x-x_0)\quad(\xi\in(x_0,x)). \tag{5}$$

或者用 x 与 $x+\Delta x$ 分别代替(4)式中的 a 与 b，便得到

$$f(x+\Delta x)-f(x)=\Delta x f'(x+\theta\Delta x)\quad(0<\theta<1). \tag{6}$$

例 4.1.1

若 $f'(x)$ 在 (a,b) 内恒等于零，则 f 在 (a,b) 内为常数.

证明　只要证对于 (a,b) 内任意两点 $x_1<x_2$，有 $f(x_1)=f(x_2)$ 即可. 对 f 在 $[x_1,x_2]$ 上应用拉格朗日中值公式便知，$\exists\,\xi\in(x_1,x_2)$ 使得

$$f(x_1)-f(x_2)=f'(\xi)(x_1-x_2)=0.$$

例 4.1.2

若 f 在 (a,b) 内可导，并且存在常数 $L>0$，使得

$$|f'(x)|\leqslant L\quad(a<x<b),$$

则 f 在 (a,b) 内满足利普希茨条件，即 $\forall\, x_1 x_2\in(a,b)$，有

$$|f(x_1)-f(x_2)|\leqslant L|x_1-x_2|.$$

证明　$\forall\, x_1,x_2\in(a,b)$，对 f 在 $[x_1,x_2]$ 上应用定理 4.1.4 便知，$\exists\,\xi\in(x_1,x_2)$ 使得

$$|f(x_1)-f(x_2)|=|f'(\xi)(x_1-x_2)|\leqslant L|x_1-x_2|.$$

例 4.1.3

证明不等式

$$\frac{x}{1+x}<\ln(1+x)<x \quad (x>-1,x\neq 0). \tag{7}$$

证明 根据拉格朗日中值公式(6),当 $x>-1$ 时,

$$\ln(1+x)=\ln(1+x)-\ln(1+0)=\frac{x}{1+\theta x}(0<\theta<1).$$

由于当 $x>-1$ 且 $x\neq 0$ 时,

$$\frac{x}{1+x}<\frac{x}{1+\theta x}<x,$$

从而不等式(7)成立.

利用罗尔定理,常常可以得到关于函数及其导函数零点的信息.

例 4.1.4

证明下列方程恰有两个不同的实根:

$$x^4+2x^3+6x^2-4x-5=0.$$

证明 令 $f(x)=x^4+2x^3+6x^2-4x-5$. 易见,$f(0)=-5<0$,且

$$\lim_{x\to\pm\infty}f(x)=+\infty,$$

从而$\exists a<0$ 与 $b>0$ 使得 $f(a)>0,f(b)>0$. 由连续函数的介值性质可知方程 $f(x)=0$ 至少有两个实根.

另一方面,假定 $f(x)$至少有三个实零点,则由罗尔定理知 $f'(x)$至少有两个实零点,进而 $f''(x)$至少有一个实零点. 然而,根据二次多项式根与系数的关系,

$$f''(x)=12x^2+12x+12$$

无实零点,所以 $f(x)$恰有两个实零点.

例 4.1.5

设函数 f 与 g 在$[a,b]$上连续,在(a,b)内可导. 如果 $f(a)=f(b)=0$,求证:存在 $\xi\in(a,b)$,使得

$$f'(\xi)+g'(\xi)f(\xi)=0. \tag{8}$$

证明 令 $h(x)=f(x)\mathrm{e}^{g(x)}$,则 $h(x)$在$[a,b]$上连续,在(a,b)内可导,且 $h(a)=h(b)=0$. 应用罗尔定理便知存在 $\xi\in(a,b)$,使得 $h'(\xi)=0$,即

$$h'(\xi)=[f'(\xi)+g'(\xi)f(\xi)]\mathrm{e}^{g(\xi)}=0,$$

从而等式(8)成立.

例 4.1.6

设函数 f 在$[a,b]$上可导. 求证:

(1) 若 $f'_+(a)f'_-(b)<0$,则存在 $\xi\in(a,b)$,使得 $f'(\xi)=0$;

(2) 若 $f'_+(a)\neq f'_-(b)$,则对介于 $f'_+(a)$与 $f'_-(b)$之间的任何实数λ,存在 $\xi\in(a,b)$,使得 $f'(\xi)=\lambda$ (关于导函数的**达布定理**).

证明 (1) 不妨设 $f'_+(a)>0,f'_-(b)<0$(否则,可考虑$-f(x)$),即

$$\lim_{x\to a^+}\frac{f(x)-f(a)}{x-a}>0\ ;\quad \lim_{x\to b^-}\frac{f(x)-f(b)}{x-b}<0.$$

于是可以分别找到 $x_1,x_2\in(a,b)$,使得 $f(x_1)>f(a)$且 $f(x_2)>f(b)$,由此知 f 在$[a,b]$上的最大值在开区间(a,b)内某个点ξ处取得,再由费马定理即知 $f'(\xi)=0$.

(2) 令 $g(x)=f(x)-\lambda x$,则 $g(x)$在$[a,b]$上可导且 $g'(a)g'(b)<0$,由(1),存在 $\xi\in(a,b)$,使得 $g'(\xi)=0$,即 $f'(\xi)=\lambda$.

习题 4.1

1. 设 $f(x)$在$[a,b]$上连续,在(a,b)内二阶可导,且有 $f(a)=f(c)=f(b)$, $a<c<b$.

证明:$\exists\,\xi\in(a,b)$,$f''(\xi)=0$.

2. 设常数 $a_0,a_1,\cdots,a_n$ 满足$\dfrac{a_n}{n+1}+\dfrac{a_{n-1}}{n}+\cdots+\dfrac{a_1}{2}+a_0=0$,证明:多项式 $a_nx^n+a_{n-1}x^{n-1}+\cdots+a_1x+a_0$ 在$(0,1)$内有一零点.

3. 设 $f(x)$在$\mathbb{R}$上有 n 阶导数,$p(x)=a_nx^n+a_{n-1}x^{n-1}+\cdots+a_1x+a_0$ 为一个 n 次多项式,如果存在 $n+1$ 个不同的点 $x_1,x_2,\cdots,x_{n+1}$ 使得 $f(x_i)=p(x_i)$ $(i=1,2,\cdots,n+1)$,则$\exists\,\xi\in(a,b)$,使得 $a_n=\dfrac{f^{(n)}(\xi)}{n!}$.

4. 证明:若 $f(x)$在区间 I 上的 n 阶导数恒为常数,则在此区间上 $f(x)$必为一多项式.

5. 设函数 $f(x)$在区间 I 上满足:$\forall\,x,y\in I$,$|f(x)-f(y)|\leqslant M|x-y|^2$,证明:$f(x)$为常数.

6. 设函数 $f(x)$在$[a,b]$上连续,在(a,b)内可导,$f(a)=f(b)$且 $f(x)$不是常值函数.试证明$\exists\,\xi\in(a,b)$,使得 $f'(\xi)>0$.

7. 设函数 $f(x)$在$[a,b]$上二阶可导,$f(a)=f(b)=0$,且$\exists\,c\in(a,b)$使得 $f(c)>0$.试证明$\exists\,\xi\in(a,b)$,使得 $f''(\xi)<0$.

8. 证明下列等式:

(1) $\arctan x+\operatorname{arccot}x=\dfrac{\pi}{2}$;

(2) $2\arctan x+\arcsin\dfrac{2x}{1+x^2}=\pi\operatorname{sgn}(x)$,$|x|\geqslant 1$.

9. 证明下列不等式：

(1) $|\sin x-\sin y|\leqslant|x-y|$；

(2) $|\arctan x-\arctan y|\leqslant|x-y|$；

(3) $\dfrac{a-b}{a}<\ln\dfrac{a}{b}<\dfrac{a-b}{b}, 0<b<a$；

(4) $py^{p-1}(x-y)\leqslant x^p-y^p\leqslant px^{p-1}(x-y)$，其中 $0<y<x, p>1$.

10. 设函数 $f(x)$ 在 $[0,1]$ 上可导，$f(x)\neq x, f(0)=0, f(1)=1$. 证明：$\exists\xi\in(0,1)$，使得 $f'(\xi)>1$.

11. 广义罗尔定理.

(1) 设函数 $f(x)$ 在 (a,b) 内可导，$\lim\limits_{x\to a^+}f(x)=\lim\limits_{x\to b^-}f(x)$，求证：$\exists\xi\in(a,b)$，$f'(\xi)=0$.

(2) 设函数 $f(x)$ 在 $(a,+\infty)$ 可导，$\lim\limits_{x\to a^+}f(x)=\lim\limits_{x\to+\infty}f(x)$，求证：$\exists\xi\in(a,+\infty)$，$f'(\xi)=0$.

问：将 $(a,+\infty)$ 改为 $(-\infty,a)$ 或 $(-\infty,+\infty)$ 后，是否有相应的结论成立？

12. 设 $f(x)$ 在 $\mathbb{R}$ 上可导，且满足 $\lim\limits_{x\to\infty}\dfrac{f(x)}{|x|}=+\infty$，证明：$\forall a\in\mathbb{R}$，$\exists\xi\in\mathbb{R}$，$f'(\xi)=a$.

13. 设函数 $f(x), g(x), h(x)$ 在 $[a,b]$ 上连续，在 (a,b) 内可导，试证存在 $\xi\in(a,b)$，使得

$$\begin{vmatrix} f(a) & g(a) & h(a) \\ f(b) & g(b) & h(b) \\ f'(\xi) & g'(\xi) & h'(\xi) \end{vmatrix}=0.$$

14. 设 $f(x)$ 在 $[a,b]$ 上一阶可导，在 (a,b) 内二阶可导，$f(a)=f(b)=0$，$f'_+(a)f'_-(b)>0$，证明下列结论：

(1) 存在 $\xi\in(a,b)$，使 $f''(\xi)+2f'(\xi)+f(\xi)=0$；

(2) 存在 $\theta\in(a,b)$，使 $f''(\theta)-2f'(\theta)+f(\theta)=0$；

(3) 存在 $\eta\in(a,b)$，使 $f''(\eta)=f'(\eta)$；

(4) 存在 $\zeta\in(a,b)$，使得 $f''(\zeta)=f(\zeta)$.

15. (1)证明：若 $f(x)$ 在点 x_0 连续，在 x_0 的某个空心邻域 $U(x_0,\delta)$ 内可导，且 $\lim\limits_{x\to x_0}f'(x)=A$，则 $f(x)$ 在点 x_0 可导，且 $f'(x_0)=A$.

(2) 证明：若 $f(x)$ 在区间 I 内可导，则 $f'(x)$ 在区间 I 内不存在第一类间断点.

16. 已知 $f(x)$ 在 $(-\infty,0)$ 上可导，$\lim\limits_{x\to-\infty}f'(x)=A>0$，证明：$\lim\limits_{x\to-\infty}f(x)=-\infty$.

4.2 洛必达法则

在第2章我们已经看到，在某个极限过程中（例如 $x\to x_0$ 时），如果 $f(x)\to 0$，$g(x)\to 0$，这时 $\frac{f(x)}{g(x)}$ 的极限非常复杂，我们通常称之为 $\frac{0}{0}$ 型的不定型. 类似地，如果 $f(x)\to\infty$，$g(x)\to\infty$，则称 $\frac{f(x)}{g(x)}$ 的极限为 $\frac{\infty}{\infty}$ 型的不定型. 本节中我们介绍求不定型极限的一种重要方法——洛必达法则.

定理 4.2.1 ……

设函数 f,g 在 $(x_0,x_0+\rho)$ 上可导，$g'(x)\neq 0$，且 $\lim\limits_{x\to x_0^+}f(x)=\lim\limits_{x\to x_0^+}g(x)=0$. 如果

$$\lim_{x\to x_0^+}\frac{f'(x)}{g'(x)}=A,$$

则

$$\lim_{x\to x_0^+}\frac{f(x)}{g(x)}=A.$$

证明 不妨设 $f(x_0)=g(x_0)=0$，则 $\forall x\in(x_0,x_0+\rho)$，$f$ 和 g 在闭区间 $[x_0,x]$ 上连续. 根据柯西中值定理，存在 $\xi_x\in(x_0,x)$，使得

$$\frac{f(x)}{g(x)}=\frac{f(x)-f(x_0)}{g(x)-g(x_0)}=\frac{f'(\xi_x)}{g'(\xi_x)}.$$

注意到当 $x\to x_0^+$ 时，$\xi_x\to x_0^+$，于是由定理条件得到

$$\lim_{x\to x_0^+}\frac{f(x)}{g(x)}=\lim_{x\to x_0^+}\frac{f'(\xi_x)}{g'(\xi_x)}=A.$$

注 (1)从定理 4.2.1 的证明中不难发现，如果将其中的区间 $(x_0,x_0+\rho)$ 换成 $(x_0-\rho,x_0)$，右极限 $\lim\limits_{x\to x_0^+}$ 换成左极限 $\lim\limits_{x\to x_0^-}$，则相应的结论仍然成立.

(2) 进而知，将定理 4.2.1 中的区间 $(x_0,x_0+\rho)$ 换成空心邻域 $U(x_0,\rho)$，右极限 $\lim\limits_{x\to x_0^+}$ 换成双边极限 $\lim\limits_{x\to x_0}$，则相应的结论也成立.

▶ **例 4.2.1** ……

计算 $\lim\limits_{x\to 0}\frac{x\cos x-\sin x}{x^3}$.

解 $\lim\limits_{x\to 0}\frac{x\cos x-\sin x}{x^3}=\lim\limits_{x\to 0}\frac{(x\cos x-\sin x)'}{(x^3)'}=\lim\limits_{x\to 0}\frac{-x\sin x}{3x^2}=-\frac{1}{3}.$

例 4.2.2 ……

计算$\lim\limits_{x\to 0}\dfrac{e^x-e^{-x}-2x}{x-\sin x}$

解 逐次应用洛必达法则可得

$$\lim_{x\to 0}\frac{e^x-e^{-x}-2x}{x-\sin x}=\lim_{x\to 0}\frac{e^x+e^{-x}-2}{1-\cos x}$$

$$=\lim_{x\to 0}\frac{e^x-e^{-x}}{\sin x}=\lim_{x\to 0}\frac{e^x+e^{-x}}{\cos x}=2.$$

定理 4.2.2 ……

设函数 f,g 在$(x_0,x_0+\rho)$上可导，$g'(x)\neq 0$，且当 $x\to x_0^+$ 时，$g(x)\to\infty$. 如果

$$\lim_{x\to x_0^+}\frac{f'(x)}{g'(x)}=A,$$

则

$$\lim_{x\to x_0^+}\frac{f(x)}{g(x)}=A.$$

证明 由于$\lim\limits_{x\to x_0^+}\dfrac{f'(x)}{g'(x)}=A$，$\forall\varepsilon>0$，$\exists\delta>0$，只要 $t\in(x_0,x_0+\delta)$，便有

$$\left|\frac{f'(t)}{g'(t)}-A\right|<\frac{\varepsilon}{4}. \tag{1}$$

$\forall x\in(x_0,x_0+\delta)$，对 f 与 g 在闭区间$[x,x_0+\delta]$上应用柯西中值定理得

$$\frac{f(x)-f(x_0+\delta)}{g(x)-g(x_0+\delta)}=\frac{f'(\xi_x)}{g'(\xi_x)}\quad(x<\xi_x<x_0+\delta).$$

另一方面，

$$\begin{aligned}\frac{f(x)}{g(x)}-A&=\frac{f(x)-f(x_0+\delta)}{g(x)-g(x_0+\delta)}\cdot\frac{g(x)-g(x_0+\delta)}{g(x)}+\frac{f(x_0+\delta)}{g(x)}-A\\&=\left(\frac{f'(\xi_x)}{g'(\xi_x)}-A\right)\cdot\left(1-\frac{g(x_0+\delta)}{g(x)}\right)\\&\quad+\frac{f(x_0+\delta)-Ag(x_0+\delta)}{g(x)}.\end{aligned} \tag{2}$$

由于 $g(x)\to\infty(x\to x_0^+)$，故$\exists\delta_1\in(0,\delta]$，只要 $x\in(x_0,x_0+\delta_1)$，便有

$$\left|\frac{f(x_0+\delta)-Ag(x_0+\delta)}{g(x)}\right|<\frac{\varepsilon}{2},\ \left|\frac{g(x_0+\delta)}{g(x)}\right|<1. \tag{3}$$

结合(1)、(2)与(3)式可得，当 $x\in(x_0,x_0+\delta_1)$时，

$$\left|\frac{f(x)}{g(x)}-A\right|<\varepsilon,$$

因此$\lim\limits_{x\to x_0^+}\dfrac{f(x)}{g(x)}=A$.

完全类似于定理 4.2.1 的情形，定理 4.2.2 对于极限过程 $x\to x_0^-$，进而对于双边极限过程 $x\to x_0$，相应的结论也成立.

例 4.2.3

计算$\lim\limits_{x\to 0^+}\dfrac{\ln\cot x}{\ln x}$.

解 逐次应用洛必达法则可得

$$\lim_{x\to 0^+}\frac{\ln\cot x}{\ln x}=\lim_{x\to 0^+}\frac{\dfrac{1}{\cot x}\cdot\dfrac{-1}{\sin^2 x}}{\dfrac{1}{x}}=-\lim_{x\to 0^+}\frac{x}{\sin x\cos x}=-1.$$

对于极限过程 $x\to\infty$ 与 $x\to\pm\infty$，相应的洛必达法则如下：

定理 4.2.3

设函数 f,g 在$(a,+\infty)$内可导，$g'(x)\neq 0$，且$\lim\limits_{x\to+\infty}f(x)=\lim\limits_{x\to+\infty}g(x)=0$（或者 $g(x)\to\infty(x\to+\infty)$）. 如果

$$\lim_{x\to+\infty}\frac{f'(x)}{g'(x)}=A,$$

则

$$\lim_{x\to+\infty}\frac{f(x)}{g(x)}=A.$$

证明 不妨设 $a>0$. 令 $\varphi(u)=f(u^{-1})$，$\psi(u)=g(u^{-1})$，$u\in(0,a^{-1})$，则函数 φ，ψ 在$(0,a^{-1})$内可导，$\psi'(u)=g'\left(\dfrac{1}{u}\right)\dfrac{-1}{u^2}\neq 0$，$\lim\limits_{u\to 0^+}\varphi(u)=\lim\limits_{x\to+\infty}f(x)$，$\lim\limits_{u\to 0^+}\psi(u)=\lim\limits_{x\to+\infty}g(x)$，并且

$$\lim_{u\to 0^+}\frac{\varphi'(u)}{\psi'(u)}=\lim_{u\to 0^+}\frac{f'\left(\dfrac{1}{u}\right)\dfrac{-1}{u^2}}{g'\left(\dfrac{1}{u}\right)\dfrac{-1}{u^2}}=\lim_{x\to+\infty}\frac{f'(x)}{g'(x)}=A.$$

于是对函数 φ 与 ψ 在$(0,a^{-1})$上应用定理 4.2.1（或定理 4.2.2）便得到

$$\lim_{x\to+\infty}\frac{f(x)}{g(x)}=\lim_{u\to 0^+}\frac{f(u^{-1})}{g(u^{-1})}=\lim_{u\to 0^+}\frac{\varphi(u)}{\psi(u)}=\lim_{u\to 0^+}\frac{\varphi'(u)}{\psi'(u)}=A.$$

不难看出，定理 4.2.3 对于极限过程 $x\to-\infty$，进而对于极限过程 $x\to\infty$，相应的结论也成立.

例 4.2.4

设 $\alpha>0$，计算 $\lim\limits_{x\to+\infty}\dfrac{\ln x}{x^{\alpha}}=0$.

解 $\lim\limits_{x\to+\infty}\dfrac{\ln x}{x^{\alpha}}=\lim\limits_{x\to+\infty}\dfrac{x^{-1}}{\alpha x^{\alpha-1}}=\lim\limits_{x\to+\infty}\dfrac{1}{\alpha x^{\alpha}}=0$.

例 4.2.5

计算 $\lim\limits_{x\to+\infty}\dfrac{\dfrac{\pi}{2}-\arctan x}{x^{-1}}$.

解 $\lim\limits_{x\to+\infty}\dfrac{\dfrac{\pi}{2}-\arctan x}{x^{-1}}=\lim\limits_{x\to+\infty}\dfrac{\dfrac{-1}{1+x^2}}{-x^{-2}}=1$.

例 4.2.6

设 $f(x)$ 在 $(a,+\infty)$ 内可导且 $\lim\limits_{x\to+\infty}[f'(x)+f(x)]=a$，证明 $\lim\limits_{x\to+\infty}f(x)=a$，$\lim\limits_{x\to+\infty}f'(x)=0$.

证明 由定理 4.2.3，

$$\begin{aligned}\lim_{x\to+\infty}f(x)&=\lim_{x\to+\infty}\frac{e^x f(x)}{e^x}=\lim_{x\to+\infty}\frac{(e^x f(x))'}{(e^x)'}\\&=\lim_{x\to+\infty}(f(x)+f'(x))=a.\end{aligned}$$

进而知 $\lim\limits_{x\to+\infty}f'(x)=0$.

以上讨论了 $\dfrac{0}{0}$ 和 $\dfrac{\infty}{\infty}$ 这两种基本不定型的极限问题，此外还常常会遇到形如 $0\cdot\infty,\infty-\infty,\infty^0,0^0,1^\infty$ 的不定型极限问题，常用的方法是把它们转化成以上两种基本不定型的极限进行计算.

例 4.2.7

计算 $\lim\limits_{x\to1}\left(\dfrac{x}{x-1}-\dfrac{1}{\ln x}\right)$.

解 这是一个 $\infty-\infty$ 型的不定型. 通分化作 $\dfrac{0}{0}$ 型：

$$\begin{aligned}\lim_{x\to1}\left(\frac{x}{x-1}-\frac{1}{\ln x}\right)&=\lim_{x\to1}\frac{x\ln x-x+1}{(x-1)\ln x}\\&=\lim_{x\to1}\frac{\ln x}{\dfrac{x-1}{x}+\ln x}=\lim_{x\to1}\frac{\dfrac{1}{x}}{\dfrac{1}{x^2}+\dfrac{1}{x}}=\frac{1}{2}.\end{aligned}$$

例 4.2.8

计算 $\lim\limits_{x\to 0^+} x^\alpha \ln x(\alpha>0)$.

解 $\lim\limits_{x\to 0^+} x^\alpha \ln x=\lim\limits_{x\to 0^+}\dfrac{\ln x}{x^{-\alpha}}=\lim\limits_{x\to 0^+}\dfrac{x^{-1}}{-\alpha x^{-\alpha-1}}=\lim\limits_{x\to 0^+}\dfrac{-x^\alpha}{\alpha}=0.$

例 4.2.9

计算$\lim\limits_{x\to 0}\left(\dfrac{\sin x}{x}\right)^{\frac{1}{x^2}}$

解 令 $y=\left(\dfrac{\sin x}{x}\right)^{\frac{1}{x^2}}$,则 $\ln y=\dfrac{\ln\sin x-\ln x}{x^2}$ $\left(\dfrac{0}{0}\text{型}\right)$. 由定理 4.2.1,

$$\lim_{x\to 0}\ln y=\lim_{x\to 0}\frac{\ln(\sin x/x)}{x^2}=\lim_{x\to 0}\frac{\dfrac{x}{\sin x}\cdot\dfrac{x\cos x-\sin x}{x^2}}{2x}$$
$$=\lim_{x\to 0}\frac{x\cos x-\sin x}{2x^2\sin x}=\lim_{x\to 0}\frac{-x\sin x}{4x\sin x+2x^2\cos x}=-\frac{1}{6},$$

所以

$$\lim_{x\to 0}\left(\frac{\sin x}{x}\right)^{\frac{1}{x^2}}=\lim_{x\to 0}\mathrm{e}^{\ln y}=\mathrm{e}^{-\frac{1}{6}}.$$

需要特别指出的是,当极限$\lim\limits_{x\to x_0}\dfrac{f'(x)}{g'(x)}$不存在时,并不能确定极限$\lim\limits_{x\to x_0}\dfrac{f(x)}{g(x)}$是否存在,因而不能使用洛必达法则. 例如下列极限存在:

$$\lim_{x\to+\infty}\frac{x+\cos x}{x}=1;\quad \lim_{x\to 0}\frac{x^2\sin\dfrac{1}{x}}{\sin x}=0.$$

但是,下面两个极限都不存在:

$$\lim_{x\to+\infty}\frac{(x+\cos x)'}{x'}=\lim_{x\to+\infty}(1-\sin x);$$
$$\lim_{x\to 0}\frac{\left(x^2\sin\dfrac{1}{x}\right)'}{(\sin x)'}=\lim_{x\to 0}\frac{2x\sin\dfrac{1}{x}-\cos\dfrac{1}{x}}{\cos x}.$$

习题 4.2

1. (极限为无穷时的洛必达法则)设函数 f,g 在$(x_0-\rho,x_0+\rho)$上可导,且 $g'(x)\neq 0$, $\lim\limits_{x\to x_0}f(x)=\lim\limits_{x\to x_0}g(x)=0$. 如果$\lim\limits_{x\to x_0}\dfrac{f'(x)}{g'(x)}=\infty$,证明:$\lim\limits_{x\to x_0}\dfrac{f(x)}{g(x)}=\infty$.

2. 求下列极限.

(1) $\lim\limits_{x\to 0^+}\dfrac{\ln(1-\cos x)}{\ln x}$;　　(2) $\lim\limits_{x\to 0}\dfrac{\mathrm{e}^x-\mathrm{e}^{\sin x}}{x-\sin x}$;

(3) $\lim\limits_{x\to\frac{\pi}{2}}\dfrac{\sqrt{1+2\cos x}-1}{x-\dfrac{\pi}{2}}$;

(4) $\lim\limits_{x\to+\infty}\dfrac{\ln(1+e^x)}{x^2}$;

(5) $\lim\limits_{x\to\frac{1}{\sqrt{2}}}\dfrac{(\arcsin x)^2-\dfrac{\pi^2}{16}}{2x^2-1}$;

(6) $\lim\limits_{x\to0}\dfrac{x-\sin x}{x^3}$;

(7) $\lim\limits_{x\to0}\dfrac{\cos\alpha x-\cos\beta x}{\ln(1+x^2)}$;

(8) $\lim\limits_{x\to0}\dfrac{e^x-x-1}{x(e^x-1)}$;

(9) $\lim\limits_{x\to+\infty}\left(x-\sqrt{x^2+x}\right)$;

(10) $\lim\limits_{x\to+\infty}\dfrac{\ln(1+x)}{x^2}$;

(11) $\lim\limits_{x\to0}\left(\cot x-\dfrac{1}{x}\right)$;

(12) $\lim\limits_{x\to\frac{\pi}{2}}(\sec x-\tan x)$;

(13) $\lim\limits_{x\to1}(x-1)\tan\dfrac{\pi x}{2}$;

(14) $\lim\limits_{x\to0^+}x\ln x$;

(15) $\lim\limits_{x\to+\infty}(\pi-2\arctan x)\ln x$;

(16) $\lim\limits_{x\to\infty}x\ln\dfrac{1+x}{x}$;

(17) $\lim\limits_{x\to\frac{\pi}{2}}\left(\dfrac{\pi}{x}-1\right)^{\tan x}$;

(18) $\lim\limits_{x\to1^-}(1-x)^{\ln x}$;

(19) $\lim\limits_{x\to\infty}\left(\cos\dfrac{1}{x}\right)^{x^2}$;

(20) $\lim\limits_{n\to\infty}n\left[\left(1+\dfrac{1}{n}\right)^n-e\right]$.

3. 设 $f(x)$二阶可导,求极限:$\lim\limits_{h\to0}\dfrac{f(a+h)-2f(a)+f(a-h)}{h^2}$.

4. 设 $f(x)$可导,且 $f(0)=f'(0)=1$,求极限:$\lim\limits_{x\to0}\dfrac{f(\sin x)-1}{\ln f(x)}$.

4.3 泰勒公式

在第 3 章讨论微分时我们看到,如果 $f'(x_0)$存在,则当 $x\to x_0$ 时,有

$$f(x)=f(x_0)+f'(x_0)(x-x_0)+o(x-x_0).$$

这表明在 x_0 点附近 $f(x)$可以用一个较为简单的一阶多项式

$$P_1(x)=f(x_0)+f'(x_0)(x-x_0)$$

来逼近,其误差为 $o(x-x_0)$.从几何上看,就是用曲线 $y=f(x)$过点$(x_0,f(x_0))$的切线来逼近曲线.然而这样的逼近在精度上对许多理论与应用问题是不够的.为了提高逼近精度,人们希望用一个高阶多项式在 x_0 点附近来逼近 $f(x)$,这就是本节所要讨论的泰勒公式.

4.3.1 函数在一点处的泰勒公式

设函数 f 在点 x_0 处有 n 阶导数,称

$$P_n(x)=\sum_{k=0}^{n}\frac{f^{(k)}(x_0)}{k!}(x-x_0)^k \tag{1}$$

为 f 在 x_0 处的 n 阶**泰勒多项式**. 下列定理表明用 $P_n(x)$ 在 x_0 点附近来逼近 $f(x)$ 可以提高逼近精度.

定理 4.3.1 ……………………………………………………………

设函数 f 在点 x_0 处有 n 阶导数,则当 $x\to x_0$ 时,

$$f(x)=\sum_{k=0}^{n}\frac{f^{(k)}(x_0)}{k!}(x-x_0)^k+o((x-x_0)^n). \tag{2}$$

证明 令 $R_n(x)=f(x)-P_n(x)$,由于 f 在点 x_0 处有 n 阶导数,故 $f(x)$ 与 $R_n(x)$ 在 x_0 的某个邻域内有 $n-1$ 阶导数,并且

$$R_n^{(m)}(x)=f^{(m)}(x)-\sum_{k=m}^{n}\frac{f^{(k)}(x_0)}{(k-m)!}(x-x_0)^{(k-m)}\quad (m=0,1,\cdots,n-1).$$

从而 $R_n(x_0)=R_n'(x_0)=\cdots=R_n^{(n-1)}(x_0)=0$. 于是连续 $n-1$ 次应用洛必达法则可得

$$\begin{aligned}\lim_{x\to x_0}\frac{R_n(x)}{(x-x_0)^n}&=\lim_{x\to x_0}\frac{R_n'(x)}{n(x-x_0)^{n-1}}=\cdots=\lim_{x\to x_0}\frac{R_n^{(n-1)}(x)}{n!(x-x_0)}\\&=\lim_{x\to x_0}\frac{f^{(n-1)}(x)-f^{(n-1)}(x_0)-f^{(n)}(x_0)(x-x_0)}{n!(x-x_0)}\\&=\frac{1}{n!}\lim_{x\to x_0}\left[\frac{f^{(n-1)}(x)-f^{(n-1)}(x_0)}{x-x_0}-f^{(n)}(x_0)\right]=0.\end{aligned}$$

即(2)式成立:

$$R_n(x)=o((x-x_0)^n)\quad (x\to x_0). \tag{3}$$

$R_n(x)$ 称为 n 阶余项,由(3)式表达的余项称为**皮亚诺余项形式**. (2)式称为 f 在 x_0 处带皮亚诺余项的 n 阶**泰勒公式**. 它给出了在 x_0 点附近用 $P_n(x)$ 逼近 $f(x)$ 时误差的定性估计. 但是并没有给出误差的定量估计,这使得它的应用范围受到限制. 在下面的定理中我们将给出对于 n 阶余项 $R_n(x)$ 的一个定量估计.

定理 4.3.2 ……………………………………………………………

设函数 f 在区间 $[a,b]$ 上 $n+1$ 阶可导,x_0 与 x 为 $[a,b]$ 中任意两点,P_n 为 f 在 x_0 处的 n 阶泰勒多项式,则存在 ξ 介于 x_0 与 x 之间,使得

$$R_n(x)=f(x)-P_n(x)=\frac{f^{(n+1)}(\xi)}{(n+1)!}(x-x_0)^{n+1} \tag{4}$$

证明 类似于定理 4.3.1 的证明,不难验证,$R_n(x_0)=R_n'(x_0)=\cdots=R_n^{(n)}(x_0)=0$. 对 $R_n(x)$ 与 $g(x)=(x-x_0)^{n+1}$ 在闭区间 $[x_0,x]$(或 $[x,x_0]$)上 $n+1$ 次逐次应用柯西中值定理,得

$$\frac{R_n(x)}{(x-x_0)^{n+1}}=\frac{R_n(x)-R_n(x_0)}{(x-x_0)^{n+1}}=\frac{R'_n(\xi_1)}{(n+1)(\xi_1-x_0)^n}$$
$$=\frac{R''_n(\xi_2)}{(n+1)n(\xi_2-x_0)^{n-1}}=\cdots=\frac{R_n^{(n)}(\xi_n)}{(n+1)!(\xi_n-x_0)}$$
$$=\frac{f^{(n)}(\xi_n)-f^{(n)}(x_0)}{(n+1)!(\xi_n-x_0)}=\frac{f^{(n+1)}(\xi)}{(n+1)!},$$

其中 $x_0<\xi<\xi_n<\cdots<\xi_2<\xi_1<x$（或 $x<\xi_1<\xi_2<\cdots<\xi_n<\xi<x_0$）. 所以(4)式成立.

表达式(4)称为**拉格朗日余项形式**. 相应的泰勒公式称为 $f(x)$在 x_0 点带拉格朗日余项的 n 阶泰勒公式.

拉格朗日余项形式(4)也可以改写为

$$R_n(x)=\frac{f^{(n+1)}(x_0+\theta(x-x_0))}{(n+1)!}(x-x_0)^{n+1}\quad(0<\theta<1).$$

由于历史原因，当 $x_0=0$ 时，f 在 $x_0=0$ 点的 n 阶泰勒公式也称为 f 的 n 阶麦克劳林公式.

▶ **例 4.3.1** ……………………………………………………………

求 e^x 带拉格朗日余项的 n 阶麦克劳林公式.

解 $\forall n\in\mathbb{N}$，$(\mathrm{e}^x)^{(n)}=\mathrm{e}^x$，故 e^x 在 0 点的各阶导数都等于 1，于是 e^x 带拉格朗日余项的 n 阶麦克劳林公式为

$$\mathrm{e}^x=1+x+\frac{x^2}{2!}+\cdots+\frac{x^n}{n!}+\frac{\mathrm{e}^\xi}{(n+1)!}x^{n+1}\quad(\xi\in(0,x)).$$

▶ **例 4.3.2** ……………………………………………………………

写出 $\sin x$ 与 $\cos x$ 带拉格朗日余项的 $2n$ 阶麦克劳林公式.

解 记 $f(x)=\sin x$，由于$(\sin x)^{(n)}=\sin\left(x+\frac{n\pi}{2}\right)$，

$$f^{(2n)}(0)=0,\quad f^{(2n+1)}(0)=(-1)^n\quad(n=0,1,2,\cdots),$$

所以

$$\sin x=x-\frac{x^3}{3!}+\frac{x^5}{5!}+\cdots+(-1)^{n-1}\frac{x^{2n-1}}{(2n-1)!}+\frac{x^{2n+1}}{(2n+1)!}\sin\left(\xi+\frac{2n+1}{2}\pi\right).$$

同理可得

$$\cos x=1-\frac{x^2}{2!}+\frac{x^4}{4!}-\cdots+(-1)^k\frac{x^{2n}}{(2n)!}+\frac{x^{2n+1}}{(2n+1)!}\cos\left(\xi+\frac{2n+1}{2}\pi\right).$$

图 4.3.1 画出了函数 $\sin x$ 在 $x_0=0$ 处的 1 次、3 次、5 次、7 次和 9 次泰勒近似多项式对于 $\sin x$ 的近似程度.

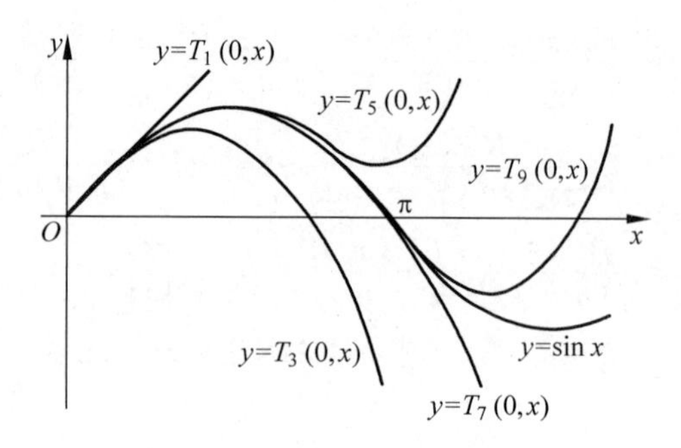

图 4.3.1

例 4.3.3

写出 $f(x)=\ln(1+x)$ 带皮亚诺余项的 n 阶麦克劳林公式.

解

$$f^{(k)}(x)=(-1)^{k-1}(k-1)!(1+x)^{-k}\quad(k=1,2,\cdots),$$

所以

$$\ln(1+x)=x-\frac{x^2}{2}+\frac{x^3}{3}-\cdots+(-1)^{n-1}\frac{x^n}{n}+o(x^n).$$

例 4.3.4

写出 $f(x)=(1+x)^a(a\neq0)$ 带皮亚诺余项的 n 阶麦克劳林公式.

解

$$f^{(k)}(x)=a(a-1)\cdots(a-k+1)(1+x)^{a-k}\quad(k=1,2,\cdots),$$

所以

$$(1+x)^a=1+ax+\frac{a(a-1)}{2!}x^2+\cdots+\frac{a(a-1)\cdots(a-n+1)}{n!}x^n+o(x^n).$$

下面的定理表明，f 在点 x_0 的 n 阶泰勒多项式是唯一的.

定理 4.3.3

设 f 在点 x_0 有 n 阶导数，并且存在 n 阶多项式 $Q_n(x)$，使得

$$f(x)=Q_n(x)+o((x-x_0)^n)(x\to x_0),\tag{5}$$

则 $Q_n(x)$ 即为 f 在点 x_0 的 n 阶泰勒多项式 $P_n(x)$.

证明 根据定理 4.3.1，f 在点 x_0 带皮亚诺余项的 n 阶泰勒公式为

$$f(x)=P_n(x)+o((x-x_0)^n)(x\to x_0).\tag{6}$$

比较(5)式与(6)式可得

$$P_n(x)-Q_n(x)=o((x-x_0)^n)(x\to x_0).$$

由于 $P_n(x)-Q_n(x)=a_0+a_1(x-x_0)+\cdots+a_n(x-x_0)^n$ 是关于 $x-x_0$ 的 n 阶

多项式,即

$$a_0+a_1(x-x_0)+\cdots+a_n(x-x_0)^n=o((x-x_0)^n)(x\to x_0),\qquad(7)$$

由式(7)便知 $a_0=0$. 再将等式(7)两端同除以 $x-x_0$ 可得

$$a_1+a_2(x-x_0)+\cdots+a_n(x-x_0)^{n-1}=o((x-x_0)^{n-1})(x\to x_0).$$

进而知 $a_1=0$,如此进行下去,便可得到 $a_0=a_1=\cdots=a_n=0$,从而 $Q_n(x)\equiv P_n(x)$.

在上面几个例题中,要得到 f 在点 x_0 的 n 阶泰勒多项式,需要依次计算出 f 在点 x_0 的 $1\sim n$ 阶导数,这往往是一件比较烦琐的事情. 而定理 4.3.3 为我们提供了求 f 在点 x_0 带皮亚诺余项的 n 阶泰勒公式的另一种方法——间接展开法.

例 4.3.5

求 $f(x)=\dfrac{1}{2x-x^2}$ 在点 $x_0=1$ 处带皮亚诺余项的 $2n$ 阶泰勒公式.

解 在例 4.3.4 中,若取 $a=-1$,则得函数 $\dfrac{1}{1+t}$ 的 n 阶麦克劳林公式为

$$\frac{1}{1+t}=1-t+t^2-\cdots+(-1)^nt^n+o(t^n)\quad(t\to 0).$$

用 $-t$ 代替 t,即得

$$\frac{1}{1-t}=1+t+t^2+\cdots+t^n+o(t^n)\quad(t\to 0).$$

再令 $t=(x-1)^2$,则当 $x\to 1$ 时有

$$\begin{aligned}\frac{1}{2x-x^2}&=\frac{1}{1-(x-1)^2}\\&=1+(x-1)^2+(x-1)^4+\cdots+(x-1)^{2n}+o((x-1)^{2n}).\end{aligned}$$

根据定理 4.3.3,此式即为 f 在点 $x_0=1$ 处带皮亚诺余项的 $2n$ 阶泰勒公式.

例 4.3.6

求 $f(x)=\mathrm{e}^{\sin^2 x}$ 带皮亚诺余项的 4 阶麦克劳林公式.

解 函数 $\sin x$ 与 e^{u^2} 的带皮亚诺余项的麦克劳林公式分别为

$$\sin x=x-\frac{x^3}{3!}+o(x^3)\quad(x\to 0),$$

$$\mathrm{e}^{u^2}=1+u^2+\frac{u^4}{2!}+o(u^4)\ (u\to 0).$$

由于当 $x\to 0$ 时 $u=\sin x\sim x$,于是

$$\begin{aligned}\mathrm{e}^{\sin^2 x}&=1+\left[x-\frac{x^3}{3!}+o(x^3)\right]^2+\frac{1}{2!}\left[x-\frac{x^3}{3!}+o(x^3)\right]^4+o(x^4)\\&=1+x^2+\frac{1}{6}x^4+o(x^4)\quad(x\to 0).\end{aligned}$$

根据定理 4.3.3 即知 $f(x)=\mathrm{e}^{\sin^2 x}$ 带皮亚诺余项的 4 阶麦克劳林公式为

$$\mathrm{e}^{\sin^2 x}=1+x^2+\frac{1}{6}x^4+o(x^4)\quad(x\to 0).$$

4.3.2　泰勒公式的应用

上面我们已经看到，函数 f 在一点处的泰勒多项式可以在这一点附近很好地逼近 f，因此泰勒公式是研究函数在一点近旁性状的一个有力工具. 在下面几个例题中，我们将看到泰勒公式在求近似值、无穷小量阶的确定与求不定型极限以及有关函数及其导数的等式与不等式证明等问题中的应用.

例 4.3.7

求 e 的近似值，使得误差不大于10^{-5}.

解　e^x 带拉格朗日余项的 n 阶麦克劳林公式为

$$\mathrm{e}^x=1+x+\frac{x^2}{2!}+\cdots+\frac{x^n}{n!}+\frac{\mathrm{e}^{\xi}}{(n+1)!}x^{n+1}\quad(\xi\in(0,x)).$$

取 $x=1$ 即得

$$\mathrm{e}=1+1+\frac{1}{2!}+\cdots+\frac{1}{n!}+\frac{\mathrm{e}^{\xi}}{(n+1)!}\quad(\xi\in(0,1)).$$

若取 $n=8$，则

$$\frac{\mathrm{e}^{\xi}}{(8+1)!}<\frac{3}{9!}<10^{-5}.$$

所以

$$\mathrm{e}\approx 1+1+\frac{1}{2!}+\cdots+\frac{1}{8!}\approx 2.71828.$$

例 4.3.8

求极限 $\lim\limits_{x\to 0^+}\dfrac{\mathrm{e}^{\sin^2 x}-\cos(2\sqrt{x})-2x}{x^2}$.

解　由例 4.3.6，

$$\mathrm{e}^{\sin^2 x}=1+x^2+\frac{1}{6}x^4+o(x^4)\quad(x\to 0),$$

$$\begin{aligned}\cos(2\sqrt{x})&=1-\frac{1}{2}(2\sqrt{x})^2+\frac{1}{4!}(2\sqrt{x})^4+o(x^2)\\&=1-2x+\frac{2}{3}x^2+o(x^2)\ (x\to 0^+),\end{aligned}$$

所以

$$\lim_{x\to 0^+}\frac{\mathrm{e}^{\sin^2 x}-\cos(2\sqrt{x})-2x}{x^2}=\lim_{x\to 0^+}\frac{\frac{1}{3}x^2+o(x^2)}{x^2}=\frac{1}{3}.$$

例 4.3.9

求 a 与 k 的值使得极限 $\lim\limits_{x\to 0}\dfrac{e^{ax^k}-\cos(x^2)}{x^8}$ 存在，并求出极限值.

解 将函数 $\cos(x^2)$ 与 e^{ax^k} 分别展开为带皮亚诺余项的麦克劳林公式：

$$\cos(x^2)=1-\frac{1}{2!}x^4+\frac{1}{4!}x^8+o(x^8)\quad(x\to 0),$$

$$e^{ax^k}=1+ax^k+\frac{1}{2}(ax^k)^2+o(x^{2k})\quad(x\to 0).$$

于是

$$e^{ax^k}-\cos(x^2)=\frac{1}{2}x^4+ax^k+\frac{a^2}{2}x^{2k}-\frac{1}{4!}x^8+o(x^{2k})+o(x^8).$$

由此知，当 $a=-\dfrac{1}{2}$ 且 $k=4$ 时，极限 $\lim\limits_{x\to 0}\dfrac{e^{ax^k}-\cos(x^2)}{x^8}=\dfrac{1}{12}$.

例 4.3.10

试证明不等式

$$\left|\frac{\sin x-\sin y}{x-y}-\cos y\right|\leqslant\frac{1}{2}\,|\,x-y\,|\quad(x,y\in\mathbb{R}).$$

证明 将函数 $\sin x$ 在点 y 处展开为带拉格朗日余项的 1 阶泰勒公式：

$$\sin x=\sin y+(x-y)\cos y-\frac{1}{2}(x-y)^2\sin\xi,$$

其中 ξ 介于 x,y 之间. 因此

$$\left|\frac{\sin x-\sin y}{x-y}-\cos y\right|=\frac{1}{2}\,|\,(x-y)\sin\xi\,|\leqslant\frac{1}{2}\,|\,x-y\,|.$$

例 4.3.11

设 $f'''(x)$ 在 $[-1,1]$ 上连续，且 $f(1)=1,f(-1)=0,f'(0)=0$. 求证：存在 $\xi\in(-1,1)$，使得 $f'''(\xi)=3$.

证明 利用 f 的带拉格朗日余项的 2 阶麦克劳林公式，有

$$f(1)=f(0)+f'(0)+\frac{1}{2}f''(0)+\frac{1}{6}f'''(\xi_1)\quad(-1<\xi_1<1),$$

$$f(-1)=f(0)-f'(0)+\frac{1}{2}f''(0)-\frac{1}{6}f'''(\xi_2)\ (-1<\xi_2<1).$$

二式相减可得 $f'''(\xi_1)+f'''(\xi_2)=6$. 而 $f'''(x)$ 在 $[-1,1]$ 上连续，根据连续函数的介值定理即知存在 $\xi\in(\xi_1,\xi_2)\subseteq(-1,1)$，使得 $f'''(\xi)=3$.

习题 4.3

1. 怎样理解“泰勒公式是函数在一点附近的性质”?

2. 函数在同一点处的带有皮亚诺余项的泰勒公式与带有拉格朗日余项的泰勒公式有什么不同？得到相应的泰勒公式的条件有何不同？这两种余项分别在什么场合使用？

3. 写出下列函数在指定点的泰勒多项式.

(1) $y=\sqrt{x}$，$x_0=1$，展开到4次；

(2) $y=\sin x$，$x_0=\frac{\pi}{4}$，展开到3次；

(3) $y=1+2x-4x^2+x^3+6x^4$，$x_0=1$，展开到6次；

(4) $y=\tan x$，$x_0=\frac{\pi}{4}$，展开到2次.

4. 写出下列函数在指定点的泰勒多项式.

(1) $y=\frac{1+x+x^2}{1-x+x^2}$，$x_0=0$，展开到4次；

(2) $y=\ln\cos x$，$x_0=0$，展开到6次；

(3) $y=\frac{x}{1-x}$，$x_0=2$，展开到n次；

(4) $y=(x-1)^3\ln x$，$x_0=1$，展开到30次；

(5) $y=\arcsin x$，$x_0=0$，展开到$2n+1$次；

(6) $y=\frac{x-2}{x^2-4x}$，$x_0=2$，展开到$2n$次；

(7) $y=\frac{1}{(1-x)^2}$，$x_0=0$，展开到n次；

(8) $y=\ln\sqrt{\frac{1+x}{1-x}}$，$x_0=0$，展开到$n$次；

(9) $y=\begin{cases} e^{-\frac{1}{x^2}}, & x\neq 0 \\ 0, & x=0 \end{cases}$，$x_0=0$，展开到$n$次.

5. 求下列极限.

(1) $\lim\limits_{x\to\infty}\left[x-x^2\ln\left(1+\frac{1}{x}\right)\right]$；

(2) $\lim\limits_{x\to 0}\frac{\frac{x^2}{2}+1-\sqrt{1+x^2}}{(\cos x-e^{x^2})\sin x^2}$；

(3) $\lim\limits_{x\to+\infty}x^{\frac{3}{2}}\left(\sqrt{x+1}+\sqrt{x-1}-2\sqrt{x}\right)$；

(4) $\lim\limits_{x\to 0}\frac{\sin(\sin x)-\tan(\tan x)}{\sin x-\tan x}$.

6. 当$x\to 0$时，求无穷小量$\ln(1+\sin x^2)+\alpha\left(\sqrt[3]{2-\cos x}-1\right)$的阶.

7. 用泰勒公式进行近似计算：

(1) $\sqrt[12]{4000}$，精确到10^{-4}；

(2) $\ln(1.02)$，精确到10^{-5}.

8. 证明下列不等式：

$$\left|\frac{\ln\frac{x}{y}}{x-y}-\frac{1}{y}\right|\leqslant\frac{1}{2}|x-y|\quad(x,y\geqslant 1,x\neq y).$$

9. 设函数 $y=f(x)$在$[0,1]$上有连续的三阶导数，且 $f(0)=f'\left(\frac{1}{2}\right)=0$，$f(1)=\frac{1}{2}$. 证明：$\exists\,\xi\in(0,1)$，使得 $f'''(\xi)=12$.

10. 设函数 $y=f(x)$在$[a,b]$上二阶可导，证明：$\exists\,\xi\in(a,b)$，使得

$$f(b)-2f\left(\frac{a+b}{2}\right)+f(a)=\frac{(b-a)^2}{4}f''(\xi).$$

11. 设 $h>0$，$f(x)$在$[x_0-h,x_0+h]$上可导. 求证：存在 $0<\theta<1$，使得

$$f(x_0+h)-f(x_0-h)=[f'(x_0+\theta h)+f'(x_0-\theta h)]h.$$

12. 设函数 $f\in C^1[a,b]$，在(a,b)上二阶可导，且 $f'(a)=f'(b)=0$. 求证 $\exists\,\xi\in(a,b)$使得

$$|f''(\xi)|\geqslant\frac{4}{(b-a)^2}|f(b)-f(a)|.$$

4.4 函数的增减性与极值问题

4.4.1 函数的增减性

利用微分中值定理可以得到下列关于函数增减性的判定方法.

定理 4.4.1

设函数 f 在$[a,b]$上连续，在(a,b)内可导，则

(1) f 在$[a,b]$上单调递增（递减）的充分必要条件是在(a,b)内 $f'(x)\geqslant 0(\leqslant 0)$；

(2) f 在$[a,b]$上严格单调递增（递减）的充分必要条件是在(a,b)内 $f'(x)\geqslant 0(\leqslant 0)$，并且在$(a,b)$的任何子区间$(c,d)$内 $f'(x)$不恒等于零.

下面只对单调递增的情形给出证明，对单调递减的情形可类似地得到.

证明 (1) 必要性　设 f 在$[a,b]$上单调递增，则 $\forall\,x\in(a,b)$，当 $x+h\in(a,b)$时有

$$\frac{f(x+h)-f(x)}{h}\geqslant 0,$$

于是

$$f'(x)=\lim_{h\to 0}\frac{f(x+h)-f(x)}{h}\geqslant 0.$$

充分性　设 $f'(x)\geqslant 0(x\in(a,b))$，则 $\forall x_1,x_2\in[a,b]$ 且 $x_1<x_2$，应用拉格朗日中值定理即知，$\exists\xi\in(x_1,x_2)\subseteq(a,b)$，使得

$$f(x_2)-f(x_1)=f'(\xi)(x_2-x_1)\geqslant 0.$$

所以 f 在$[a,b]$上单调递增.

(2) 必要性　设 f 在$[a,b]$上严格单调递增，由(1)知，在(a,b)内 $f'(x)\geqslant 0$. 假定在(a,b)的某个子区间(c,d)内 $f'(x)\equiv 0$，则 $f(c)=f(d)$. 这与 f 在$[a,b]$上严格单调递增相矛盾.

充分性　设 $f'(x)\geqslant 0(x\in(a,b))$，由(1)知，$f(x)$在$[a,b]$上单调递增. 假定 $\exists c,d\in[a,b]$ 且 $c<d$ 使得 $f(c)=f(d)$，则 $\forall x\in[c,d]$，$f(x)\equiv f(c)$，从而在(c,d)内 $f'(x)\equiv 0$，这与定理条件相矛盾. 所以 f 在$[a,b]$上严格单调递增.

▶ **例 4.4.1** ……………………………………

求函数 $f(x)=x^4-2x^2$ 的单调递增与单调递减区间.

解　$f'(x)=4x^3-4x=4x(x-1)(x+1)$，因此在区间$(-\infty,-1)$与$(0,1)$内 $f'(x)<0$，而在区间$(-1,0)$与$(1,+\infty)$内 $f'(x)>0$. 根据定理 4.4.1 便知在区间$(-\infty,-1)$与$(0,1)$内 $f(x)$单调递减，而在区间$(-1,0)$与$(1,+\infty)$内 $f(x)$单调递增.

使用上述判断函数增减性的方法还可以帮助我们证明很多常用的不等式.

▶ **例 4.4.2** ……………………………………

证明不等式 $e^x>x$.

证明　考虑函数 $f(x)=e^x-x$，有 $f'(x)=e^x-1$. 于是在区间$(0,+\infty)$内 $f'(x)>0$，从而 $f(x)$严格单调递增；在区间$(-\infty,0)$内 $f'(x)<0$，从而 $f(x)$严格单调递减. 再注意到 $f(0)=1>0$，便知 $f(x)>0$，即 $e^x>x$.

▶ **例 4.4.3** ……………………………………

证明不等式：(1) $\sin x<x\ (x>0)$；(2) $\cos x>1-\dfrac{x^2}{2}\ (x\neq 0)$.

证明　(1)考虑函数 $f(x)=x-\sin x$，有 $f'(x)=1-\cos x\geqslant 0$，且 $f'(x)$在任何开区间内不恒等于零. 根据定理 4.4.1 便知 $f(x)$在区间$[0,+\infty)$内严格单调递增. 而 $f(0)=0$，所以当 $x>0$ 时，$f(x)>0$，即 $\sin x<x$.

(2) 不等式两端都是偶函数，因而只需考虑 $x>0$ 的情形. 令 $g(x)=\cos x-1+\dfrac{x^2}{2}$，由(1)，$f'(x)=-\sin x+x>0(x>0)$. 根据定理 4.4.1 便知 $f(x)$在区间$[0,+\infty)$内严格单调递增. 而 $f(0)=0$，所以当 $x\neq 0$ 时，$f(x)>0$，即 $\cos x>1-\dfrac{x^2}{2}$.

4.4.2 函数的极值

在4.1节中我们已经知道,如果 x_0 是函数 $f(x)$ 的(局部)极值点,并且 $f(x)$ 在点 x_0 可导,则必有 $f'(x_0)=0$(费马定理).

通常称使得 $f'(x_0)=0$ 的点 x_0 为 f 的一个**驻点**.

也就是说,可导的极值点一定是驻点.然而,应当注意的是 f 在它的极值点处不一定可导.例如,$f(x)=|x|$ 在 $x_0=0$ 处取得极小值,但是 f 在点 $x_0=0$ 处不可导.

另一方面,f 的驻点也不一定是它的极值点,例如,函数 $f(x)=x^3$ 在点 $x_0=0$ 处的导数为零,但是 $x_0=0$ 却不是 f 的极值点.

下面的定理给出了一个驻点成为极值点的充分条件.

定理 4.4.2 ……………………………………………………………………

设函数 f 在点 x_0 的某个邻域内可导,$f'(x_0)=0$,并且 $f'(x)$ 在点 x_0 的两侧异号,则 x_0 为 f 的一个极值点,并且

(1) 当 $f'(x)$ 在点 x_0 的左侧非正,右侧非负时,x_0 为 f 的极小值点;

(2) 当 $f'(x)$ 在点 x_0 的左侧非负,右侧非正时,x_0 为 f 的极大值点.

证明 只给出(1)的证明,(2)的证明留给读者.

(1) 由于在点 x_0 的某个邻域内,当 $x<x_0$ 时,$f'(x)\leqslant 0$;当 $x>x_0$ 时,$f'(x)\geqslant 0$,因此函数 f 在点 x_0 的左侧单调递减,右侧单调递增.即 x_0 为 f 的极小值点.

定理 4.4.3 ……………………………………………………………………

设 $f'(x_0)=0$,$f''(x_0)\neq 0$,则 x_0 为 f 的一个极值点,并且

(1) 当 $f''(x_0)>0$ 时,x_0 为 f 的极小值点;

(2) 当 $f''(x_0)<0$ 时,x_0 为 f 的极大值点.

证明 (1) 由于 $f'(x_0)=0$,$f''(x_0)>0$,即

$$0<f''(x_0)=\lim_{x\to x_0}\frac{f'(x)-f'(x_0)}{x-x_0}=\lim_{x\to x_0}\frac{f'(x)}{x-x_0},$$

于是存在 x_0 的某个空心邻域 $U(x_0,\rho)$,使得对所有的 $x\in U(x_0,\rho)$,都有 $\dfrac{f'(x)}{x-x_0}>0$.从而当 $x\in(x_0-\rho,x_0)$ 时,$f'(x)<0$;当 $x\in(x_0,x_0+\rho)$ 时,$f'(x)>0$.应用定理4.4.2即得 x_0 为 f 的极小值点.

(2) 函数 $g(x)=-f(x)$ 满足(1)的条件,所以 x_0 为 $g(x)=-f(x)$ 的极小值点,从而 x_0 为 $f(x)$ 的极大值点.

▶ **例 4.4.4**

求函数 $f(x)=|x|^{\frac{2}{3}}(x-1)$ 的极值点.

解：f 在 $x=0$ 处不可导，不难看出，$f(0)=0$，并且 f 在空心邻域 $U(0,1)$ 内取负值，所以 $x=0$ 为 $f(x)$ 的极大值点. 而当 $x\neq 0$ 时，

$$f'(x)=\frac{5x-2}{3x^{1/3}},$$

求解方程 $f'(x)=0$，可得 f 的唯一驻点 $x=\frac{2}{5}$. 由于当 $x\in\left(0,\frac{2}{5}\right)$ 时 $f'(x)<0$，当 $x>\frac{2}{5}$ 时 $f'(x)>0$，应用定理 4.4.2 可得 $x=\frac{2}{5}$ 为 f 的极小值点.

4.4.3 最大值与最小值

求一个函数的最大、最小值对于很多理论与应用问题都非常重要. 如果 f 在闭区间 $[a,b]$ 上连续，那么 f 在 $[a,b]$ 上一定存在最大、最小值. 要得到最大、最小值，首先需要找出 f 的驻点，并从中选出 f 的极大、极小值点；其次，将 f 在这些极值点上的值与 f 在端点 a,b 处的值，以及 f 在不可导的点处的值加以比较，从而求出 f 在 $[a,b]$ 上的最大、最小值.

▶ **例 4.4.5**

求函数 $f(x)=x^4-4x^3+4x^2$ 在 $[-1,3]$ 上的最大值和最小值.

解 $f'(x)=4x^3-12x^2+8x=4x(x-1)(x-2)$，

因而 f 有三个驻点：$x=0,1,2$. 再由

$$f''(x)=12x^2-24x+8,$$
$$f''(0)=8, f''(1)=-4, f''(2)=8,$$

应用定理 4.4.3 可得 $x=1$ 为 f 的极大值点，$x=0,2$ 为 f 的极小值点.

最后，再比较 f 在这些极值点处的值以及 f 在端点处的值：$f(0)=0$，$f(1)=1$，$f(2)=0$，$f(-1)=f(3)=9$，即得 f 在 $[-1,3]$ 上的最大值为 9，最小值为 0.

▶ **例 4.4.6**

求 $f(x)=xe^{-2x^2}$ 在 $\mathbb{R}$ 上的最大值和最小值.

解 $f'(x)=(1-4x^2)e^{-2x^2}$，求解方程 $f'(x)=0$，可得 f 的两个驻点 $x=\pm\frac{1}{2}$. 又因为

$$f''(x)=(16x^3-12x)e^{-2x^2},\quad f''\left(\pm\frac{1}{2}\right)=\mp 4e^{-\frac{1}{2}},$$

应用定理 4.4.3 可得 $x=\frac{1}{2}$ 与 $x=-\frac{1}{2}$ 分别为 f 的极大值点与极小值点.

另一方面，$f'(x)<0\left(|x|>\frac{1}{2}\right)$，因此 f 在区间 $\left(-\infty,-\frac{1}{2}\right)$ 与 $\left(\frac{1}{2},+\infty\right)$ 中分别严格单调递减. 再注意到 $\lim\limits_{x\to\infty}f(x)=0$，即得 $x=\frac{1}{2}$ 与 $x=-\frac{1}{2}$ 分别为 f 在 $\mathbb{R}$ 上的最大值点与最小值点，并且 $f\left(\pm\frac{1}{2}\right)=\pm\frac{1}{2\sqrt{e}}$ 分别为 f 的最大值与最小值.

▶ 例 4.4.7

有一块边长为 a 的正方形铁皮，在它的四个角截去同样的小正方形做成一个无盖方盒. 问截去怎样边长的小正方形，才能使做成的无盖方盒容积最大？

解 设截去的小正方形边长为 x，则所做成的无盖方盒容积为

$$V(x)=x(a-2x)^2\quad(0\leqslant x\leqslant a/2).$$

只需要求出函数 $V(x)=x(a-2x)^2$ 在 $[0,a/2]$ 上的最大值点即可.

$$V'(x)=(a-6x)(a-2x),$$

$V(x)$ 在 $(0,a/2)$ 内有唯一驻点 $x=\frac{a}{6}$. 而 $V''\left(\frac{a}{6}\right)=-4a<0$，故 $x=\frac{a}{6}$ 为 $V(x)$ 的极大值点. 再注意到 $V(x)$ 在两个端点处为零，即得 $x=\frac{a}{6}$ 为 $V=x(a-2x)^2$ 的最大值点. 所以，当截去的小正方形边长为 $\frac{a}{6}$ 时，做成的方盒容积最大.

▶ 例 4.4.8

光学中关于光线传播的费马原理是说，光线总是沿着需要时间最少的路径传播. 现设有两种介质，它们以平面为分界面. 光线从第一种介质中点 A 射向第二种介质中点 B，设光在这两种介质中的速度分别为 v_1 与 v_2，试根据费马原理确定光线的传播路径.

解 过 A,B 两点作垂直于分界面的平面 π 与分界面相交于一条分界线 l. 光线从点 A 出发经过分界线 l 上点 P 折射到点 B(图 4.4.1). 从 A,B 两点分别向 l 引垂线相交于垂足 M,Q，令

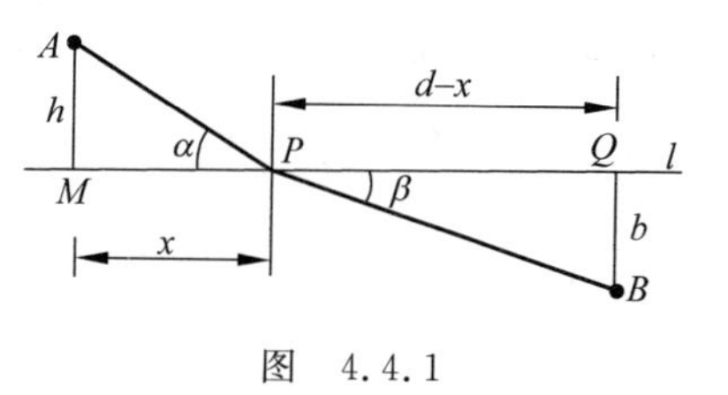

图 4.4.1

$$AM=h,BQ=b,MQ=d,MP=x,$$

则光线从点 A 出发经过分界线 L 上点 P 折射到点 B 所用的时间为

$$T(x)=\frac{1}{v_1}\sqrt{x^2+h^2}+\frac{1}{v_2}\sqrt{(d-x)^2+b^2},$$

对函数 $T(x)$ 求导：

$$T'(x)=\frac{x}{v_1\sqrt{x^2+h^2}}-\frac{d-x}{v_2\sqrt{(d-x)^2+b^2}},$$

$$T''(x)=\frac{h^2}{v_1(x^2+h^2)^{\frac{3}{2}}}+\frac{b^2}{v_2[(d-x)^2+b^2]^{\frac{3}{2}}}.$$

$T''(x)>0$，故 $T'(x)$ 严格单调递增. 由于 $T'(0)<0$，$T'(d)>0$，从而 $T'(x)$ 有唯一驻点 $x_0\in(0,d)$，且在 $[0,x_0)$ 内取负值，在 (x_0,d) 内取正值. 进而知 $T(x)$ 在 $[0,x_0)$ 内严格单调递减，在 (x_0,d) 内严格单调递增，所以 x_0 为 $T(x)$ 的最小值点，并且 x_0 满足等式

$$\frac{x_0}{v_1\sqrt{x_0^2+h^2}}=\frac{d-x_0}{v_2\sqrt{(d-x_0)^2+b^2}}.$$

若记 $\angle APM=\alpha$，$\angle BPQ=\beta$，则上面等式可改写为

$$\frac{\cos\alpha}{v_1}=\frac{\cos\beta}{v_2}.$$

这正是光的折射定律.

习题 4.4

1. 单调函数的导数是否单调?

2. 若 $f'(x_0)>0$，是否有 $f(x)$ 在 x_0 附近单调递增? 如果是，请证明；如果不是，举出反例.

3. 若连续函数 $f(x)$ 在 x_0 处取到极大值，试问是否存在 $\delta>0$，使得 $f(x)$ 在 $(x_0-\delta,x_0)$ 内单调递增，在 $(x_0,x_0+\delta)$ 内单调递减? 如果存在，请证明；如果不存在，举出反例.

4. 研究下列函数的单调性，有极值的求出极值.

(1) $y=\arctan x-x,x\in\mathbb{R}$；　(2) $y=\left(1+\frac{1}{x}\right)^x,x\in(0,1)$；

(3) $y=x^n\mathrm{e}^{-x},x\geqslant0$；　(4) $y=2x^3-3x^2-12x+1$；

(5) $y=\frac{2x^3+3x^2-x-4}{x^2-1}$；　(6) $y=\frac{x}{\ln x}$；

(7) $y=\sin^3x+\cos^3x$；　(8) $y=\frac{f(x)}{x},x>0$，其中 $f(0)=0$，$f'(x)$ 单增；

(9) $f(x)=(x-1)x^{\frac{2}{3}}$.

5. 证明下列不等式.

(1) $\mathrm{e}^{-x^2}\leqslant\frac{1}{1+x^2}\quad(x>0)$；　(2) $\frac{1-x}{1+x}\leqslant\mathrm{e}^{-2x}\quad(0\leqslant x\leqslant1)$；

(3) $\sin x+\cos x\geqslant1+x-x^2\quad(x\geqslant0)$；　(4) $2\sqrt{x}>3-\frac{1}{x}\quad(x>1)$；

(5) $\ln(1+x)>\dfrac{\arctan x}{1+x}\quad(x>0)$； (6) $x-\dfrac{x^3}{6}<\sin x<x\quad(x>0)$；

(7) $x-\dfrac{1}{2}x^2<\ln(1+x)<x\quad(x>0)$；

(8) $\dfrac{1}{2^{p-1}}\leqslant x^p+(1-x)^p\leqslant 1, x\in[0,1], p>1$.

6. 求下列函数在指定区间的最值.

(1) $y=x^5-5x^4+5x^3+1, x\in[-1,2]$；

(2) $y=|x^2-3x+2|, x\in[-10,10]$；

(3) $y=\sqrt{x}\ln x, x\in(0,+\infty)$.

7. 证明：

(1) 方程 $x^3-3x+c=0$ 在$[0,1]$上至多有一个实根；

(2) 已知方程 $x^n+px+q=0$，则当 n 为偶数时，最多有两个实根；当 n 为奇数时，最多有三个实根.

8. 证明：n 次勒让德多项式 $\mathrm{P}_n(x)=\dfrac{\mathrm{d}^n}{\mathrm{d}x^n}[(x^2-1)^n]\,(n=1,2,\cdots)$在$(-1,1)$内恰有 n 个不同的实零点.

9. 求内接于椭圆$\dfrac{x^2}{a^2}+\dfrac{y^2}{b^2}=1$，边平行于坐标轴的面积最大的矩形.

10. 某产品在制造过程中，次品数 y 与日产量 x 有如下关系：

$$y=\begin{cases}\dfrac{x}{101-x}, & 0\leqslant x\leqslant 100,\\ x, & x>100,\end{cases}$$

若出一件正品获利 A 元，出一件次品损失$\dfrac{A}{3}$元. 问，日产量定为多少时，盈利最大？

11. 用一半径为 R 的圆扇形片做漏斗. 问：漏斗的高为多少时，漏斗的容积最大？此时扇形片的圆心角是多大？

12. 有 n 节电池，每节的电动势为 E，内阻为 r，与给定的电阻为 R 的电阻连接，问如何连接（串联、并联或串并联）才能使电阻上的有效功率 $P=I^2R$ 最大？

4.5 凸函数

设函数 f 在区间 I（I 可以开、闭或半开半闭）上定义. f 的图像 $y=f(x)$ 为一条平面曲线. 如果对此曲线上任意两点 P,Q，连接 P 与 Q 的线段（即曲线的一条弦）$\overline{PQ}$总在弧段$\overset{\frown}{PQ}$的上方（下方）（图 4.5.1），则称 f 是区间 I 上的下凸（上凸）函数，也称 $y=f(x)$ 为一条下凸（上凸）曲线.

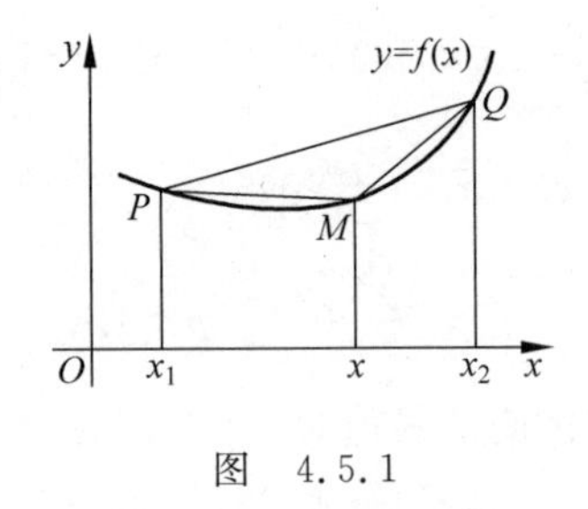

图　4.5.1

凸函数的概念也可以用解析表达式描述如下.

定义 4.5.1

设函数 f 在区间 I 上定义. 如果对任意的 $x_1, x_2 \in I$, 以及任意正数 $\lambda \in (0,1)$, 都有

$$f(\lambda x_1 + (1-\lambda)x_2) \leqslant \lambda f(x_1) + (1-\lambda) f(x_2), \tag{1}$$

则称 f 是区间 I 上的**下凸函数**.

若将(1)式中的不等号"$\leqslant$"换为"$\geqslant$",则称 f 是区间 I 上的**上凸函数**.

不等式(1)可以推广为下列形式.

定理 4.5.1

f 为区间 I 上的下凸函数当且仅当对于 I 中的任意 n 个点 $x_1, x_2, \cdots, x_n$, 以及任意满足 $\lambda_1 + \lambda_2 + \cdots + \lambda_n = 1$ 的 n 个正数 $\lambda_1, \lambda_2, \cdots, \lambda_n$, 都有

$$f(\lambda_1 x_1 + \lambda_2 x_2 + \cdots + \lambda_n x_n) \leqslant \lambda_1 f(x_1) + \lambda_2 f(x_2) + \cdots + \lambda_n f(x_n). \tag{2}$$

证明　充分性显然,下面证明必要性. 对 $n=1,2$,(2)式显然成立. 假设(2)式对于 $n=k$ 成立,则对于 $n=k+1$,根据 f 的下凸性质,

$$\begin{aligned} f(\lambda_1 x_1 + \cdots + \lambda_{k+1} x_{k+1}) &= f\left(\lambda_{k+1} x_{k+1} + (1-\lambda_{k+1}) \frac{\lambda_1 x_1 + \cdots + \lambda_k x_k}{1-\lambda_{k+1}}\right) \\ &\leqslant \lambda_{k+1} f(x_{k+1}) + (1-\lambda_{k+1}) f\left(\frac{\lambda_1 x_1 + \cdots + \lambda_k x_k}{1-\lambda_{k+1}}\right). \end{aligned} \tag{3}$$

由于 $\frac{\lambda_1}{1-\lambda_{k+1}} + \cdots + \frac{\lambda_k}{1-\lambda_{k+1}} = 1$,根据归纳假设,

$$f\left(\frac{\lambda_1 x_1 + \cdots + \lambda_k x_k}{1-\lambda_{k+1}}\right) \leqslant \frac{\lambda_1}{1-\lambda_{k+1}} f(x_1) + \cdots + \frac{\lambda_k}{1-\lambda_{k+1}} f(x_k).$$

代入(3)式,即得

$$f(\lambda_1 x_1 + \cdots + \lambda_{k+1} x_{k+1}) \leqslant \lambda_1 f(x_1) + \cdots + \lambda_{k+1} f(x_{k+1}).$$

所以,(2)式对于 $n=k+1$ 也成立. 根据数学归纳法,(2)式对于每个正整数 n 皆成立.

定理 4.5.2 ……………………………………………………………

设函数 f 在区间 I 上定义，则 f 是区间 I 上的下凸函数当且仅当 $\forall x_1, x_2 \in I$ 及 $x \in (x_1, x_2)$，有

$$\frac{f(x)-f(x_1)}{x-x_1} \leqslant \frac{f(x_2)-f(x_1)}{x_2-x_1} \leqslant \frac{f(x_2)-f(x)}{x_2-x}. \tag{4}$$

不等式(4)具有明显的几何意义(如图 4.5.2 所示). 记 x_1, x_2 与 x 在曲线 $y=f(x)$ 上对应的点分别是 P, Q 与 M，则不等式(4)表明：

$\overline{PM}$的斜率$\leqslant\overline{PQ}$的斜率$\leqslant\overline{MQ}$的斜率.

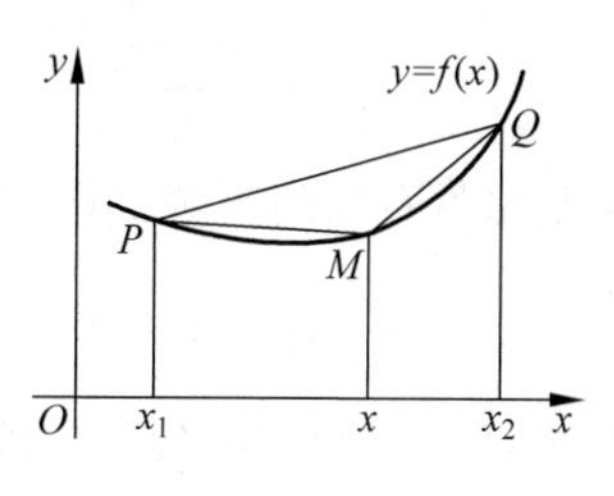

图 4.5.2

证明 必要性 令 $\lambda=\dfrac{x_2-x}{x_2-x_1}$，则 $\lambda \in (0,1)$，$1-\lambda=\dfrac{x-x_1}{x_2-x_1}$，并且

$$\lambda x_1+(1-\lambda)x_2=\frac{x_2-x}{x_2-x_1}x_1+\frac{x-x_1}{x_2-x_1}x_2=x. \tag{5}$$

由于 f 下凸，从而

$$f(x) \leqslant \frac{x_2-x}{x_2-x_1}f(x_1)+\frac{x-x_1}{x_2-x_1}f(x_2). \tag{6}$$

不等式(6)等价于下列不等式(两端同时减去 $f(x_1)$，再化简即可)：

$$f(x)-f(x_1) \leqslant \frac{x-x_1}{x_2-x_1}[f(x_2)-f(x_1)]. \tag{7}$$

两端同除以 $x-x_1$ 即得(4)左端的不等式. 同理可证(4)右端的不等式.

充分性 $\forall x_1, x_2 \in I(x_1<x_2)$ 及 $\lambda \in (0,1)$，存在唯一的 $x \in (x_1, x_2)$ 使得 $\lambda=\dfrac{x_2-x}{x_2-x_1}$. 由(4)式左端的不等式立即可得不等式(7)，而(6)式与(7)式等价，因此(6)式成立. 再由(5)式便知(6)式可以改写为

$$f(\lambda x_1+(1-\lambda)x_2) \leqslant \lambda f(x_1)+(1-\lambda)f(x_2).$$

所以 f 是区间 I 上的下凸函数.

定理 4.5.1 与定理 4.5.2 对于上凸函数的情形，相应的结论也成立.(注意 f 是区间 I 上的上凸函数当且仅当 $-f$ 是区间 I 上的下凸函数，由此不难得到上述结论.)

如果 f 可导，则有下列关于 f 凸性的简便判别准则.

定理 4.5.3 ……………………………………………………………

设 f 在 $[a,b]$ 上连续，则有

(1) 如果 f 在 (a,b) 内可导，那么 f 在 $[a,b]$ 中下凸(上凸)的充分必要条件是 $f'(x)$ 在 (a,b) 内单调递增(递减)；

(2) 如果 f 在 (a,b) 内二阶可导，则 f 在 $[a,b]$ 中下凸(上凸)的充分必要条件是在 (a,b) 内 $f''(x)\geqslant 0(\leqslant 0)$.

证明 这里只给出下凸情形的证明，上凸情形的证明留给读者来完成.

(1) 必要性 设 f 是区间 I 上的下凸函数. 任取 $x_1,x_2\in(a,b)$ 且 $x_1<x_2$. $\forall x\in(x_1,x_2)$，根据定理 4.5.2，不等式(4)成立：

$$\frac{f(x)-f(x_1)}{x-x_1}\leqslant\frac{f(x_2)-f(x_1)}{x_2-x_1}\leqslant\frac{f(x_2)-f(x)}{x_2-x}.$$

在左端与右端的不等式中分别令 $x\to x_1^+$ 与 $x\to x_2^-$，便得到

$$f'(x_1)=f'_+(x_1)\leqslant\frac{f(x_2)-f(x_1)}{x_2-x_1}\leqslant f'_-(x_2)=f'(x_2).$$

由此知 $f'(x)$ 在 (a,b) 单调递增.

充分性 设 $f'(x)$ 在 (a,b) 单调递增. 对任意的 $x_1,x_2\in(a,b)$，以及 $\lambda\in(0,1)$，利用微分中值定理可得

$$\begin{aligned}&\lambda f(x_1)+(1-\lambda)f(x_2)-f(\lambda x_1+(1-\lambda)x_2)\\&=\lambda[f(x_1)-f(\lambda x_1+(1-\lambda)x_2)]+(1-\lambda)[f(x_2)-f(\lambda x_1+(1-\lambda)x_2)]\\&=\lambda(1-\lambda)(x_1-x_2)f'(\xi)+(1-\lambda)\lambda(x_2-x_1)f'(\eta)\\&=(1-\lambda)\lambda(x_2-x_1)[f'(\eta)-f'(\xi)]\geqslant 0.\end{aligned}$$

其中 ξ 介于 x_1 与 $\lambda x_1+(1-\lambda)x_2$ 之间，η 介于 $\lambda x_1+(1-\lambda)x_2$ 与 x_2 之间，所以 $\xi<\eta$. 而 $f'(x)$ 单调递增，所以

$$\lambda f(x_1)+(1-\lambda)f(x_2)-f(\lambda x_1+(1-\lambda)x_2)\geqslant 0.$$

这就得到了 f 的下凸性.

(2) 如果 f 在 (a,b) 内二阶可导，则 $f'(x)$ 在 (a,b) 内单调递增当且仅当在 (a,b) 内 $f''(x)\geqslant 0$. 再由(1)即得定理结论.

▶ **例 4.5.1** ……………………………………………………

确定旋轮线 $\begin{cases}x=a(t-\sin t),\\ y=a(1-\cos t)\end{cases}$ $(0\leqslant t\leqslant 2\pi)$ 的凸性(图 4.5.3).

解 曲线在 $t\in[0,2\pi]$ 上连续，在 $t\in(0,2\pi)$ 内有

$$\frac{\mathrm{d}y}{\mathrm{d}x}=\frac{\sin t}{1-\cos t},$$

$$\frac{\mathrm{d}^2y}{\mathrm{d}x^2}=\frac{\dfrac{\mathrm{d}}{\mathrm{d}t}\left(\dfrac{\sin t}{1-\cos t}\right)}{\dfrac{\mathrm{d}x}{\mathrm{d}t}}=\frac{-1}{a\,(1-\cos t)^2}<0.$$

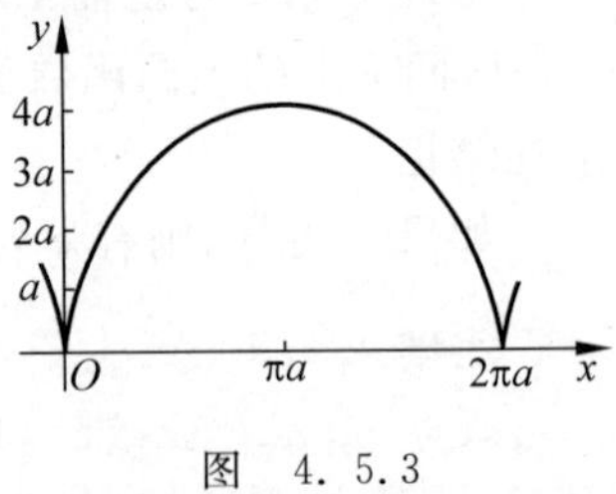

图 4.5.3

根据定理 4.5.3 可得曲线在 $t\in[0,2\pi]$ 上是上凸的.

定义 4.5.2

如果曲线 $y=f(x)$ 在曲线上点 $(x_0,f(x_0))$ 的两侧有不同的凸性，即在 $(x_0,f(x_0))$ 的一侧上凸，在另一侧下凸，则称点 $(x_0,f(x_0))$ 是曲线 $y=f(x)$ 的一个拐点.

命题 4.5.1

设 $(x_0,f(x_0))$ 是曲线 $y=f(x)$ 的拐点且 $f''(x_0)$ 存在，则 $f''(x_0)=0$.

证明 由于 $f''(x_0)$ 存在，f 在 x_0 的某个邻域内可导，根据定理 4.5.3，f' 在点 x_0 的两侧有不同的单调性，从而 x_0 为 f' 的极值点. 再由费马定理可知 $f''(x_0)=0$.

例 4.5.2

指出曲线 $y=(x-1)^3(x+1)$ 的下凸与上凸区间以及拐点.

解 $y'=2(x-1)^2(2x+1)$， $y''=12x(x-1)$.

于是曲线的下凸区间是 $(-\infty,0]$ 与 $[1,+\infty)$，上凸区间是 $[0,1]$，拐点是 $(0,-1)$ 和 $(1,0)$.

例 4.5.3

设 $x_1,x_2,\cdots,x_n$ 是正实数，求证：

$$\sqrt[n]{x_1x_2\cdots x_n}\leqslant\frac{x_1+x_2+\cdots+x_n}{n}. \tag{8}$$

证明 考虑函数 $f(x)=\ln x, x\in(0,+\infty)$. 因为 $f''(x)=-\dfrac{1}{x^2}<0$，所以 f 是区间 $(0,+\infty)$ 上的上凸函数. 于是

$$\ln\left(\frac{x_1+x_2+\cdots+x_n}{n}\right)\geqslant\frac{\ln x_1+\ln x_2+\cdots+\ln x_n}{n}=\ln(x_1x_2\cdots x_n)^{\frac{1}{n}}.$$

由对数函数的单调性，即得不等式(8).

习题 4.5

1. 确定下列函数的上凸与下凸区间及拐点.

(1) $y=3x^2-x^3$；

(2) $y=\ln(x^2+1)$；

(3) $y=x+\sin x$；

(4) $y=x\mathrm{e}^{-x}$；

(5) $y=(x-1)x^{\frac{2}{3}}$；

(6) $y=2+(x-4)^{\frac{1}{3}}$.

2. a,b 为何值时，点 $(1,3)$ 是曲线 $y=ax^3+bx^2$ 的拐点？

3. 求一个六次多项式，使它过原点，有拐点 $(-1,1)$ 和 $(1,1)$，并在原点和拐点处有水平切线.

4. 讨论由参数方程给出的函数$\begin{cases} x=3\cos^3 t, \\ y=3\sin^3 t \end{cases}$ $(0\leqslant t\leqslant \pi)$的凸性.

5. 证明下列不等式.

(1) $a>0, x_1, x_2\in\mathbb{R}$,有 $a^{\frac{x_1+x_2}{2}}\leqslant \frac{1}{2}(a^{x_1}+a^{x_2})$;

(2) $x_1, x_2, \cdots, x_n\geqslant 0, p\geqslant 1$,有 $\left(\frac{x_1+x_2+\cdots+x_n}{n}\right)^p\leqslant \frac{x_1^p+x_2^p+\cdots+x_n^p}{n}$;

(3) $x_1^{a_1}x_2^{a_2}\cdots x_n^{a_n}\leqslant a_1x_1+a_2x_2+\cdots+a_nx_n$,

其中 $x_1, x_2, \cdots, x_n\geqslant 0, a_1, a_2, \cdots, a_n\geqslant 0, \sum_{i=1}^{n} a_i=1$.

6. 设 g 是$[a,b]$上的下凸函数,且 $g([a,b])\subseteq[c,d]$,f 是$[c,d]$上单调增加的下凸函数.证明:复合函数 $f\circ g$ 是$[a,b]$上的下凸函数.

7. 设 f 是$[a,b]$上的下凸函数,证明:$\max\limits_{a\leqslant x\leqslant b} f(x)=\max\{f(a), f(b)\}$.

8. 设 f 在$[a,b]$上是可微的下凸函数,$f'(x_0)=0, x_0\in(a,b)$.证明:x_0 是 f 的最小值点.

9. 设 f 在(a,b)上可微,则 f 在$[a,b]$上下凸的充要条件是:$\forall x_0, x\in(a,b)$,有

$$f(x)\geqslant f(x_0)+f'(x_0)(x-x_0),$$

即曲线 $y=f(x)$上的每一点的切线在曲线下方.

4.6 函数作图

这一节所讨论的函数作图,是指手工绘出函数较为精细的草图.这对于从总体上把握函数的动态性质是很有帮助的.

4.6.1 渐近线

在讨论作图问题之前,首先引入渐近线的概念.

定义 4.6.1 ……………………………………………………………………

(1) 如果 $\lim\limits_{x\to x_0^+} f(x)=\infty$ 或 $\lim\limits_{x\to x_0^-} f(x)=\infty$,则称直线 $x=x_0$ 为 $y=f(x)$的一条**竖直渐近线**;

(2) 如果 $\lim\limits_{x\to+\infty} f(x)=a$ 或 $\lim\limits_{x\to-\infty} f(x)=a$,则称直线 $y=a$ 为 $y=f(x)$的一条水平渐近线;

(3) 如果存在 $a\neq 0$ 与 b 使得 $\lim\limits_{x\to+\infty}[f(x)-(ax+b)]=0$ 或 $\lim\limits_{x\to-\infty}[f(x)-(ax+b)]=0$,则称直线 $y=ax+b$ 为 $y=f(x)$的一条斜渐近线.

不难看出，

$$\lim_{x\to+\infty}[f(x)-(ax+b)]=0$$

的充分必要条件是

$$\lim_{x\to+\infty}\frac{f(x)}{x}=a \quad 且 \quad \lim_{x\to+\infty}[f(x)-ax]=b. \tag{1}$$

这为我们提供了求一个函数斜渐近线的基本方法：利用(1)式先求出 a，然后求出 b. 对于 $x\to-\infty$ 的情形可类似处理.

▶ **例 4.6.1** ……………………………………………………………………

求函数 $f(x)=\dfrac{(x-1)^3}{(x+1)^2}$ 的渐近线.

解 显然，当 $x\to-1$ 时，$f(x)\to\infty$，所以直线 $x=-1$ 是 $y=f(x)$ 的一条竖直渐近线. 另一方面，

$$\lim_{x\to\infty}\frac{f(x)}{x}=1, \quad \lim_{x\to\infty}[f(x)-x]=-5,$$

所以直线 $y=x-5$ 为 $y=f(x)$ 的一条斜渐近线.

4.6.2 函数作图

在函数作图之前，首先要考察对于函数的图形具有重要意义或影响的因素. 作图的一般步骤大致如下：

(1) 确定函数的定义域；

(2) 判定函数是否有奇偶性、周期性或其他对称性；

(3) 确定函数的增减区间与极值点；

(4) 确定函数的下凸与上凸区间以及拐点；

(5) 确定函数的渐近线；

(6) 求出函数在一些特殊点的值；

(7) 综合上述信息，绘出函数的图形.

▶ **例 4.6.2** ……………………………………………………………………

作函数 $f(x)=x^3+x^2-x-1$ 的图形.

解 $f(x)=(x+1)^2(x-1)$ 在 $\mathbb{R}$ 上定义且有零点 $x=\pm1$，

$$f'(x)=3x^2+2x-1=(3x-1)(x+1),$$
$$f''(x)=6x+2.$$

故 f 有驻点 $x=-1$ 与 $x=\dfrac{1}{3}$. 由于 $f''(-1)<0$，$f''\left(\dfrac{1}{3}\right)>0$，因此 $x=-1$ 是 f 的极大值点，$x=\dfrac{1}{3}$ 是 f 的极小值点.

在 $\left(-\infty,-\dfrac{1}{3}\right)$ 内，$f''(x)<0$，故 $f(x)$ 上凸，在 $\left(-\dfrac{1}{3},+\infty\right)$ 内，$f''(x)>0$，

故 $f(x)$ 下凸.

在 $(-\infty,-1)$ 与 $\left(\frac{1}{3},+\infty\right)$ 内，$f'(x)>0$，因此 f 在 $(-\infty,-1)$ 与 $\left(\frac{1}{3},+\infty\right)$ 内严格单调递增；在 $\left(-1,\frac{1}{3}\right)$ 内，$f'(x)<0$，因此 f 在 $\left(-1,\frac{1}{3}\right)$ 内严格单调递减.

此外，$f(x)$ 无渐近线.

x	$(-\infty,-1)$	-1	$\left(-1,-\frac{1}{3}\right)$	$-\frac{1}{3}$	$\left(-\frac{1}{3},-\frac{1}{3}\right)$	$\frac{1}{3}$	$\left(\frac{1}{3},+\infty\right)$
$f''(x)$	$-$	$-$	$-$	**0**	$+$	$+$	$+$
$f'(x)$	$+$	0	$-$	$-$	$-$	0	$+$
$f(x)$	上凸↗	零点，极大值	上凸↘	零点	下凸↘	极小值	下凸↗

$f(x)$ 的简图如下(图 4.6.1)：

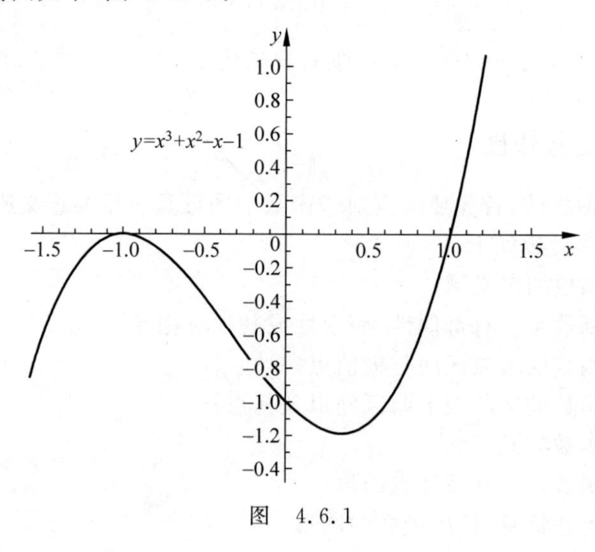

图 4.6.1

例 4.6.3 ……………………………………………………………

作函数 $f(x)=\dfrac{(x+1)^2}{x}$ 的图形.

解 f 的定义域是 $(-\infty,0)\cup(0,+\infty)$，$f(-1)=0$，

$$f'(x)=\frac{(x-1)(x+1)}{x^2},\quad f''(x)=\frac{2}{x^3}.$$

f 有驻点 $x=-1$ 与 $x=1$. 由于 $f''(-1)<0$，$f''(1)>0$，因此 $x=-1$ 是 f 的极大值点，$x=1$ 是 f 的极小值点.

在 $(-\infty,0)$ 内，$f''(x)<0$，故 $f(x)$ 上凸，在 $(0,+\infty)$ 内，$f''(x)>0$，故 $f(x)$

下凸.

在$(-\infty,-1)$与$(1,+\infty)$内，$f'(x)>0$，因此f在$(-\infty,-1)$与$(1,+\infty)$内严格单调递增；在$(-1,0)$与$(0,1)$内，$f'(x)<0$，因此f在$(-1,0)$与$(0,1)$内严格单调递减．此外，

$$\lim_{x\to 0} f(x)=\infty,\lim_{x\to\infty}\frac{f(x)}{x}=1,\quad \lim_{x\to\infty}[f(x)-x]=2,$$

所以直线$x=0$是$f(x)$的竖直渐近线，直线$y=x+2$为$f(x)$的斜渐近线．

x	$(-\infty,-1)$	-1	$(-1,0)$	0	$(0,1)$	1	$(1,+\infty)$
$f''(x)$	$-$	$-$	$-$		$+$	$+$	$+$
$f'(x)$	$+$	0	$-$		$-$	0	$+$
$f(x)$	上凸↗	零点，极大值	上凸↘	无定义	下凸↘	极小值	下凸↗

$f(x)$的简图如下(图 4.6.2)：

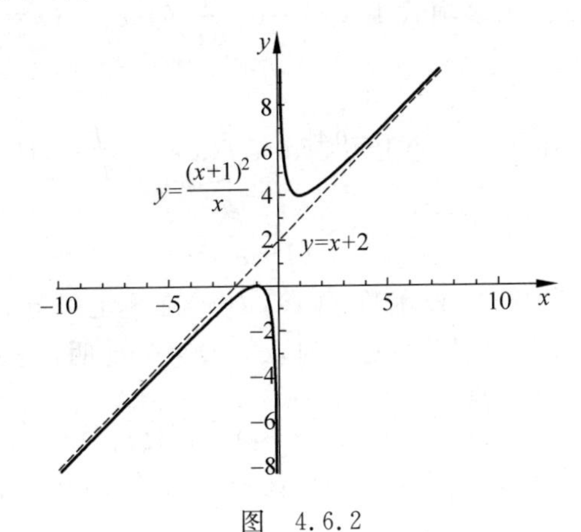

图　4.6.2

习题 4.6

1. 求下列函数的渐近线.

(1) $y=\sqrt{\dfrac{x^3}{x-1}}$；　(2) $y=\sqrt{x^2+1}-x-1$；　(3) $\begin{cases}x=\dfrac{3t}{1+t^3},\\ y=\dfrac{3t^2}{1+t^3}.\end{cases}$

2. 作出下列函数的图形.

(1) $y=x^3+6x^2-15x-20$；　(2) $y=\dfrac{3x}{1+x^2}$；

(3) $y=\ln\frac{1+x}{1-x}$；　(4) $y=x+\arctan x$；

(5) $y=\sqrt{x^4-3x^2+4}$；　(6) $y=x^2\mathrm{e}^{-x}$；

(7) $y=\frac{(x-1)^3}{2(x+1)^2}$；　(8) $y=\sin^4 x+\cos^4 x$.

第 4 章总复习题

1. 设函数 $f(x)$在$(a,+\infty)$内可导,证明:

(1) 若 $\lim\limits_{x\to+\infty} f'(x)=0$,则 $\lim\limits_{x\to+\infty}\frac{f(x)}{x}=0$;

(2) 若 $\lim\limits_{x\to+\infty}\frac{f(x)}{x}=0$,则 $\exists\{x_n\}$, $\lim\limits_{n\to\infty}x_n=+\infty$,使得$\lim\limits_{n\to\infty}f'(x_n)=0$.

2. 设函数 $f(x)$在$[0,+\infty)$上有二阶连续导数,且 $f''(x)\geqslant a>0$, $f(0)=0$, $f'(0)<0$,问: $f(x)$在$(0,+\infty)$内有多少个零点?

3. 证明: n 阶拉盖尔多项式 $\mathrm{L}_n(x)=\mathrm{e}^x\frac{\mathrm{d}^n}{\mathrm{d}x^n}(x^n\mathrm{e}^{-x})(n=1,2,\cdots)$在$\mathbb{R}$内恰有 n 个不同的实根.

4. 设函数 $f(x)$在$[0,+\infty)$上可导, $0\leqslant f(x)\leqslant\frac{x}{1+x^2}$,证明: $\exists\xi>0$,使得

$$f'(\xi)=\frac{1-\xi^2}{(1+\xi^2)^2}.$$

5. (广义柯西中值定理)设函数 $f(x)$, $g(x)$在$\mathbb{R}$上可导,它们在$-\infty$, $+\infty$处分别存在有限的极限. 又设当 $x\in\mathbb{R}$ 时, $g'(x)\neq0$. 证明: $\exists\xi\in\mathbb{R}$,使得

$$\frac{f(+\infty)-f(-\infty)}{g(+\infty)-g(-\infty)}=\frac{f'(\xi)}{g'(\xi)}.$$

6. 设 $f(x)$, $g(x)$在$[a,b]$上可导,且 $g(x)\neq0$, $g'(x)\neq0$,证明: $\exists\xi\in(a,b)$,使得

$$g'(\xi)\begin{vmatrix} f(a) & f(b)\\ g(a) & g(b)\end{vmatrix}=(g(b)-g(a))\begin{vmatrix} f(\xi) & g(\xi)\\ f'(\xi) & g'(\xi)\end{vmatrix}.$$

7. 设 $0<a<b$, $f(x)$在$[a,b]$上连续,(a,b)内可导,证明$\exists\xi\in(a,b)$,使得

$$\frac{1}{b-a}\begin{vmatrix} a & b\\ f(a) & f(b)\end{vmatrix}=\xi f'(\xi)-f(\xi).$$

8. 已知 $f(x)$在$[a,b]$上可导, $a^2\neq b^2$,求证: 存在 $\xi,\eta\in(a,b)$,使得 $f'(\xi)=\frac{a+b}{2\eta}f'(\eta)$.

9. 设函数 $y=f(x)$在$[0,1]$上二阶可导, $f(0)=f(1)$,且$|f''(x)|\leqslant M$, $\forall x\in[0,1]$. 求证: $|f'(x)|\leqslant\frac{M}{2}$.

10. 设函数 $y=f(x)$ 在 $(-1,1)$ 内二阶可导，$f''(0)\neq 0$. $\forall x\in(-1,1)$，$x\neq 0$，$\exists\,\theta(x)$ 满足 $f(x)-f(0)=xf'(\theta(x)x)$，证明：$\lim\limits_{x\to 0}\theta(x)=\dfrac{1}{2}$.

11. 设函数 $y=f(x)$ 在 $[0,1]$ 上二阶可导，且 $f(0)=f(1)=0$，$\min\limits_{x\in[0,1]}f(x)=-1$，求证：$\exists\,\xi\in(0,1)$，使得 $f''(\xi)\geqslant 8$.

12. 设 $y=f(x)$ 在 $[a,b]$ 上二阶连续可微，且 $f(a)=f(b)=0$.

证明：(1) $\max\limits_{a\leqslant x\leqslant b}|f(x)|\leqslant\dfrac{1}{8}(b-a)^2\max\limits_{a\leqslant x\leqslant b}|f''(x)|$；

(2) $\max\limits_{a\leqslant x\leqslant b}|f'(x)|\leqslant\dfrac{1}{2}(b-a)\max\limits_{a\leqslant x\leqslant b}|f''(x)|$.

13. 设 $f(x)\in C[a,b]$，且 f 在 (a,b) 内只有一个极值点 x_0，证明：x_0 是 f 在 $[a,b]$ 上的最值点.

14. 设 $f(x)\in C[a,b]$，证明：在 (a,b) 内任意两个极大值点之间，必有极小值点.

15. 证明下列不等式：

$$(x^\alpha+y^\alpha)^{\frac{1}{\alpha}}>(x^\beta+y^\beta)^{\frac{1}{\beta}}\text{，其中 } x,y>0,\beta>\alpha>0.$$

16. 求下列极限.

(1) $\lim\limits_{x\to 1}\dfrac{x^{x+1}(\ln x+1)-x}{1-x}$； (2) $\lim\limits_{x\to 0}\dfrac{\cos x-\mathrm{e}^{-\frac{x^2}{2}}}{x^4}$.

17. 设在点 $x=0$ 的某个邻域内，$f(x)$ 存在二阶导数，已知 $\lim\limits_{x\to 0}\left(1+x+\dfrac{f(x)}{x}\right)^{\frac{1}{x}}=\mathrm{e}^2$，求 $f(0)$，$f'(0)$，$f''(0)$，并计算 $\lim\limits_{x\to 0}\left(1+\dfrac{f(x)}{x}\right)^{\frac{1}{x}}$.

18. 设函数 $y=f(x)$ 在点 x_0 处 k 阶可导($k\geqslant 2$)，若

$$f'(x_0)=f''(x_0)=\cdots=f^{(k-1)}(x_0)=0,\quad f^{(k)}(x_0)\neq 0,$$

证明：当 k 为偶数时，x_0 为 $f(x)$ 的极值点；当 k 为奇数时，x_0 为 $f(x)$ 的拐点.

19. 设 $f(x)$ 在 $[a,b]$ 上是下凸函数，证明：

(1) $f(x)$ 在 (a,b) 上处处存在单侧导数，且 $f'_-(x)$，$f'_+(x)$ 在 (a,b) 上单调增加；

(2) $\forall x\in(a,b)$，有 $f'_-(x)\leqslant f'_+(x)$；

(3) $f(x)\in C(a,b)$；

(4) 若 $f'_+(a)$，$f'_-(b)$ 存在，那么 $f(x)\in C[a,b]$.

20. 作出函数 $x^2+y^2=x^4+y^4$ 的图像.

第5章　黎曼积分

积分问题是微积分学的两大基本问题之一.早在古希腊时代,古希腊人为了较精确地丈量不规则形状的土地面积,就将大块土地分割成能够计算面积的小块规则图形,将它们的面积相加并忽略边角处不规则的微小地块,就得到土地面积的一个较好的近似值.这可以看作是原始积分思想的萌芽.到了17世纪,积分方法已得到相当大的发展,人们已经可以利用积分作为工具解决许多问题.但在这之前,导数与积分是作为相互独立的对象被加以研究的.牛顿和莱布尼茨在前人工作的基础上,通过对变上限积分的研究,大约在同一历史时期各自独立地指出求导数与求变上限积分互为逆运算,揭示了导数与积分之间的内在联系,使得微积分学形成一个较为完整的体系.因此,牛顿和莱布尼茨也被公认为是微积分的创始人.

然而在牛顿-莱布尼茨时代,极限理论与实数理论还没有创立,积分的概念表述与理论推导有许多含混不清的地方,缺少严密的逻辑基础.因而其正确性常常受到质疑.又经过一个多世纪许多数学家的共同努力,尤其是法国数学家柯西、达布与德国数学家黎曼、魏尔斯特拉斯等人的工作,在19世纪中叶前后建立了积分的近代理论体系并沿用至今.黎曼是当时世界上极负盛名的数学家,在他仅仅40年的生命历程中,在数学的许多领域都作出过具有深远影响的贡献.后人为纪念这位伟大的数学家,将积分命名为黎曼积分.

5.1　黎曼积分的概念

5.1.1　积分概念的引入

在建立积分概念之前,首先讨论两个例子,以说明积分概念产生的背景.

1. 曲边梯形的面积

设 f 是闭区间 $[a,b]$ 上的非负连续函数,D 是平面上由直线 $x=a$,$x=b$,x 轴及曲线 $y=f(x)$ 围成的曲边梯形(图5.1.1),下面讨论如何计算 D 的面积 S.

在闭区间$[a,b]$中插入$n-1$个(有限个)分点:

$$T: a = x_0 < x_1 < \cdots < x_n = b,$$

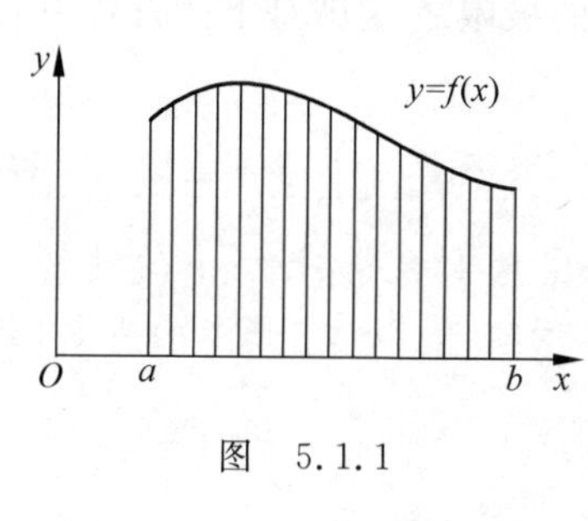

图 5.1.1

将$[a,b]$划分为n个子区间$[x_0,x_1],[x_1,x_2],\cdots,[x_{n-1},x_n]$(称$T$为$[a,b]$的一个**分割**,$|T|=\max\limits_{1\leqslant i\leqslant n}\{x_i-x_{i-1}\}$称为分割$T$的长度).从而将曲边梯形$D$分割为$n$个小的曲边梯形$\Delta D_1,\Delta D_2,\cdots,\Delta D_n$.在每个子区间$[x_{i-1},x_i]$任取一点$\xi_i$,并且用$f(\xi_i)(x_i-x_{i-1})$来近似地表示$\Delta D_i$的面积,因而可以用和式

$$\sum_{i=1}^{n} f(\xi_i)(x_i - x_{i-1})$$

来替代D的面积S.容易看出,当分点组$x_1,\cdots,x_{n-1}$在$[a,b]$中越来越细密,即分割的长度$\max\limits_{1\leqslant i\leqslant n}\{x_i-x_{i-1}\}$越来越小时,和$\sum\limits_{i=1}^{n} f(\xi_i)(x_i-x_{i-1})$对$S$的近似程度也随之越来越高.如果当$\max\limits_{1\leqslant i\leqslant n}\{x_i-x_{i-1}\}\to 0$时,和式$\sum\limits_{i=1}^{n} f(\xi_i)(x_i-x_{i-1})$的极限存在,那么很自然地,这个极限就定义为曲边梯形D的面积.

2. 变力做功问题

我们知道,一个方向、大小都不变的常力F使得一质点沿力的方向移动距离d时,力F所做的功是Fd.然而,如果力的方向不变,但力的大小会随着点的位置而变化,那么应如何计算力所做的功?

取一数轴,使其正方向与力的方向一致.质点在力的作用下由点a移动到b,力的大小是x的函数$F(x)$,$x\in[a,b]$.作$[a,b]$的分割

$$T: a = x_0 < x_1 < \cdots < x_n = b.$$

在子区间$[x_{i-1},x_i]$较短的情况下,可以将$F(x)$近似地看作$[x_{i-1},x_i]$上的常力,并且用$F(x)$在$[x_{i-1},x_i]$中任一点ξ_i处的值$F(\xi_i)$代替$F(x)$,从而力$F(x)$在路段$[x_{i-1},x_i]$所做的功近似等于$F(\xi_i)(x_i-x_{i-1})$.由此知力$F(x)$使得质点由点a沿直线移动到点b所做的功W近似地等于和式

$$\sum_{i=1}^{n} F(\xi_i)(x_i - x_{i-1}).$$

类似地,当分割的长度$\max\limits_{1\leqslant i\leqslant n}\{x_i-x_{i-1}\}$越来越小时,和$\sum\limits_{i=1}^{n} F(\xi_i)(x_i-x_{i-1})$对$W$的近似程度也随之越来越高.如果当$\max\limits_{1\leqslant i\leqslant n}\{x_i-x_{i-1}\}\to 0$时,和$\sum\limits_{i=1}^{n} F(\xi_i)(x_i-x_{i-1})$的极限存在,那么这个极限就等于变力$F(x)$所做的功$W$.

上面两个来自不同领域的问题，最后都归结为："当分割的长度 $\max\limits_{1\leqslant i\leqslant n}\{x_i - x_{i-1}\}\to 0$ 时，和式 $\sum\limits_{i=1}^{n} f(\xi_i)(x_i - x_{i-1})$ 的极限."这就是下面将要引入的黎曼积分的概念.

定义 5.1.1 ……………………………………………………

设 f 是闭区间 $[a,b]$ 上的有界函数，如果存在实数 I，使得对于 $[a,b]$ 的任何分割 T：$a=x_0<x_1<\cdots<x_n=b$，以及在每个子区间 $[x_{i-1},x_i]$ 中任取的点 ξ_i，当分割的长度 $|T|=\max\limits_{1\leqslant i\leqslant n}\{x_i-x_{i-1}\}\to 0$ 时，就有

$$\lim_{|T|\to 0}\sum_{i=1}^{n} f(\xi_i)(x_i - x_{i-1}) = I.$$

即 $\forall\varepsilon>0$，$\exists\delta>0$，只要分割 T 的长度 $|T|<\delta$，无论 $\xi_i\in[x_{i-1},x_i]$ 如何取，都有

$$\left|\sum_{i=1}^{n} f(\xi_i)(x_i - x_{i-1}) - I\right| < \varepsilon,$$

则称 f 在闭区间 $[a,b]$ 上(黎曼)可积，称 I 是 f 在 $[a,b]$ 上(黎曼)**积分**，记为

$$I = \int_a^b f(x)\mathrm{d}x.$$

a 与 b 分别称为积分的下限与上限，f 称为被积函数，x 称为积分变量.

依照积分定义，问题 1 中的曲边梯形 D 的面积为

$$S = \int_a^b f(x)\mathrm{d}x.$$

问题 2 中变力 F 使得质点由 a 移动到 b 所做的功为

$$W = \int_a^b F(x)\mathrm{d}x.$$

在上述积分定义中，总假定 $a<b$. 但以后也常遇到 $a\geqslant b$ 的情形，此时由定义不难看到

$$\int_a^b f(x)\mathrm{d}x = -\int_b^a f(x)\mathrm{d}x, \int_a^a f(x)\mathrm{d}x = 0.$$

当 f 在 $[a,b]$ 上黎曼可积时，记作 $f\in R[a,b]$.

5.1.2 积分存在的条件

设 f 在 $[a,b]$ 上有界，且分别以 M、m 为上、下确界，T 为 $[a,b]$ 的任一分割：

$$T: a = x_0 < x_1 < \cdots < x_n = b.$$

任取 $\xi_i\in[x_{i-1},x_i]$，又分别记 M_i 与 m_i 为 f 在 $[x_{i-1},x_i]$ 上的上、下确界，$i=1,2,\cdots,n$(本节后文中总设分割 T 及相应的 M_i 与 m_i 如上). 令

$$U(f,T) = \sum_{i=1}^{n} M_i(x_i - x_{i-1});$$

$$L(f,T)=\sum_{i=1}^{n}m_i(x_i-x_{i-1});$$

$$\sigma(f,T)=\sum_{i=1}^{n}f(\xi_i)(x_i-x_{i-1}).$$

分别称$U(f,T)$、$L(f,T)$与$\sigma(f,T)$为函数f(在$[a,b]$上)关于分割T的**大和**、**小和**与**黎曼和**.显然,

$$m(b-a)\leqslant L(f,T)\leqslant\sigma(f,T)\leqslant U(f,T)\leqslant M(b-a).\tag{1}$$

命题 5.1.1 ……

设f在$[a,b]$上有界,且分别以M、m为上、下确界,T为$[a,b]$的任一分割,T_k是在T的分点组中再加入k个新分点所得到的$[a,b]$的分割,则有

$$0\leqslant U(f,T)-U(f,T_k)\leqslant k\mid T\mid(M-m);\tag{2}$$

$$0\leqslant L(f,T_k)-L(f,T)\leqslant k\mid T\mid(M-m).\tag{3}$$

证明 对于$k=1$,即T_1的分点组是在T的分点组$\{x_0,x_1,\cdots,x_n\}$中加入一个新分点t: $x_{i-1}<t<x_i$,于是

$$\begin{aligned}0\leqslant U(f,T)-U(f,T_1)&=M_i(x_i-x_{i-1})-\sup_{x_{i-1}\leqslant x\leqslant t}f(x)(t-x_{i-1})\\&\quad-\sup_{t\leqslant x\leqslant x_i}f(x)(x_i-t)\leqslant M_i(x_i-x_{i-1})-m_i(x_i-x_{i-1})\\&=(x_i-x_{i-1})(M_i-m_i)\leqslant\mid T\mid(M-m).\end{aligned}\tag{4}$$

对于$k>1$的情形,将T加入一个新分点记为T_1,T_1加入一个新分点记为T_2,…,T_{k-1}加入一个新分点记为T_k.注意到$|T_i|\leqslant|T|(1\leqslant i\leqslant k-1)$,再由(4)式即得

$$\begin{aligned}0\leqslant U(f,T)-U(f,T_k)&=[U(f,T)-U(f,T_1)]+[U(f,T_1)-U(f,T_2)]\\&\quad+\cdots+[U(f,T_{k-1})-U(f,T_k)]\leqslant k\mid T\mid(M-m).\end{aligned}$$

即(2)式成立.同理可证(3)式.

命题 5.1.2 ……

设f在$[a,b]$上有界,T_1,T_2为$[a,b]$的任意两个分割,则有

$$L(f,T_1)\leqslant U(f,T_2).$$

证明 将T_1与T_2的分点合并得到一个新分割T,则由命题5.1.1,

$$L(f,T_1)\leqslant L(f,T)\leqslant U(f,T)\leqslant U(f,T_2).$$

定义 5.1.2 ……

设f是$[a,b]$上的有界函数,分别称

$$\overline{\int_a^b}f(x)\mathrm{d}x=\inf\{U(f,T)\mid T\text{为}[a,b]\text{的分割}\},$$

$$\underline{\int_a^b}f(x)\mathrm{d}x=\sup\{L(f,T)\mid T\text{为}[a,b]\text{的分割}\}$$

为f在$[a,b]$上的**上积分**与**下积分**.

由命题 5.1.2 不难证得(证明留给读者来完成)：对于$[a,b]$的任一分割 T，

$$L(f,T)\leqslant \underline{\int_a^b} f(x)\mathrm{d}x\leqslant \overline{\int_a^b} f(x)\mathrm{d}x\leqslant U(f,T).$$

有了以上准备，现在我们可以给出有界函数积分存在的条件.

定理 5.1.1 ……………………………………………………

设 f 是$[a,b]$上的有界函数则下列命题等价：

(1) $f\in R[a,b]$；

(2) $\forall \varepsilon>0$，存在$[a,b]$的分割 T，使得

$$U(f,T)-L(f,T)<\varepsilon; \tag{5}$$

(3) $\underline{\int_a^b} f(x)\mathrm{d}x=\overline{\int_a^b} f(x)\mathrm{d}x.$

证明 (1)⇒(2) 设 $f\in R[a,b]$，记 $I=\int_a^b f(x)\mathrm{d}x$，根据积分定义，$\forall \varepsilon>0$，存在$[a,b]$ 的分割 T，使得无论 $\xi_i\in[x_{i-1},x_i]$ 如何取，都有

$$\left|\sum_{i=1}^n f(\xi_i)(x_i-x_{i-1})-I\right|<\frac{\varepsilon}{3}. \tag{6}$$

在(6)式的两端依次对 $\xi_i\in[x_{i-1},x_i]$取上确界，$i=1,2,\cdots,n$，便得到

$$|U(f,T)-I|\leqslant\frac{\varepsilon}{3}.$$

同理，

$$|L(f,T)-I|\leqslant\frac{\varepsilon}{3}.$$

从而(5)式成立.

(2) ⇒(3) 由(2)，$\forall \varepsilon>0$，

$$0\leqslant\overline{\int_a^b} f(x)\mathrm{d}x-\underline{\int_a^b} f(x)\mathrm{d}x\leqslant U(f,T)-L(f,T)<\varepsilon.$$

所以(3)成立.

(3) ⇒(1) 记 $I=\underline{\int_a^b} f(x)\mathrm{d}x=\overline{\int_a^b} f(x)\mathrm{d}x$. 由上积分定义，$\forall \varepsilon>0$，存在$[a,b]$ 的分割 T_0：$a=t_0<t_1<\cdots<t_k=b$，使得

$$0\leqslant U(f,T_0)-I<\varepsilon/2. \tag{7}$$

取 $\delta_1=\dfrac{\varepsilon}{2k(M-m)}$，其中 M 与 m 分别为 f 在$[a,b]$上的上确界与下确界. 对于$[a,b]$的任一满足$|T|<\delta_1$ 的分割 T，将 T 与 T_0 的分点合并而得到的$[a,b]$的分割记为 T'，由命题 5.1.1 ((2)式)及(7)式可得

$$\begin{aligned}0&\leqslant U(f,T)-I\leqslant U(f,T')+k\,|T|\,(M-m)-I\\&\leqslant U(f,T_0)-I+k\,|T|\,(M-m)<\varepsilon.\end{aligned} \tag{8}$$

同理，$\exists \delta_2>0$，对于$[a,b]$的任一满足$|T|<\delta_2$ 的分割 T，

$$0 \leqslant I - L(f,T) < \varepsilon. \tag{9}$$

另一方面，对于$[a,b]$的任一分割 T，

$$L(f,T) \leqslant \sigma(f,T) \leqslant U(f,T). \tag{10}$$

结合(8)式，(9)式与(10)式即得，对于$[a,b]$的任一满足$|T|<\delta=\min\{\delta_1,\delta_2\}$的分割 T，

$$|\sigma(f,T) - I| < \varepsilon.$$

所以 $f \in R[a,b]$ 并且$\int_a^b f(x)\mathrm{d}x = I$.

▶ **例 5.1.1** ……………………………………………………………………

求证：狄利克雷函数 $D(x)$在$[0,1]$上不可积.

证明 对于$[0,1]$的任一分割 T：$0=x_0<x_1<\cdots<x_n=1$，f 在每个子区间$[x_{i-1},x_i]$中的上、下确界分别是 1 与 0，从而

$$U(D,T) - L(D,T) = \sum_{i=1}^{n}(1-0)(x_i - x_{i-1}) = 1.$$

因此 $D(x)$在$[0,1]$上不可积.

5.1.3 函数的一致连续性

利用定理 5.1.1，可以得到几个常用的可积函数类，其中主要的一个函数类就是连续函数类. 为此目的，需要建立一致连续函数的概念.

定义 5.1.3 ……………………………………………………………………

设函数 f 在区间 I 上定义. 如果$\forall \varepsilon>0$，$\exists \delta>0$，使得$\forall x,y\in I$，只要$|x-y|<\delta$，就有

$$|f(x) - f(y)| < \varepsilon,$$

则称 f 在区间 I 上**一致连续**.

函数 f 在区间 I 上一致连续反映的是 f 在区间 I 上的一个整体性质.

▶ **例 5.1.2** ……………………………………………………………………

证明 $f(x)=\cos x$ 在$\mathbb{R}$ 上一致连续.

证明 $\forall x,y\in\mathbb{R}$，

$$|\cos x - \cos y| = \left|2\sin\frac{x+y}{2}\sin\frac{x-y}{2}\right| \leqslant |x-y|.$$

于是，$\forall \varepsilon>0$，取$\delta=\varepsilon$，则$\forall x,y\in\mathbb{R}$，只要$|x-y|<\delta$便有

$$|\cos x - \cos y| < \varepsilon.$$

所以 $f(x)=\cos x$ 在$\mathbb{R}$ 上一致连续.

例 5.1.3

证明 $f(x)=\sin\frac{1}{x}$在$(0,1)$上不一致连续.

证明 $\forall n\in\mathbb{N}^*$,取 $x_n=\dfrac{1}{2n\pi+\frac{\pi}{2}}$,$y_n=\dfrac{1}{2n\pi}$,则 $x_n,y_n\in(0,1)$,并且

$$y_n-x_n=\frac{1}{2n\pi}-\frac{1}{2n\pi+\frac{\pi}{2}}<\frac{1}{n^2},$$

$$f(x_n)-f(y_n)=\sin\frac{1}{x_n}-\sin\frac{1}{y_n}=\sin\left(2n\pi+\frac{\pi}{2}\right)=1.$$

所以,若取 $0<\varepsilon<1$,则 $\forall\delta>0$,只要 $1/n^2<\delta$,便有 $|x_n-y_n|<\delta$,并且

$$f(x_n)-f(y_n)=1>\varepsilon.$$

所以 $f(x)=\sin\frac{1}{x}$在$(0,1)$上不一致连续.

定理 5.1.2

设 f 在闭区间$[a,b]$上连续,则 f 在$[a,b]$上一致连续.

证明 假定 f 在$[a,b]$上不是一致连续的,即存在 $\varepsilon_0>0$,使得 $\forall\delta>0$,都可以找到 $x_\delta,y_\delta\in[a,b]$满足 $|x_\delta-y_\delta|<\delta$,并且

$$|f(x_\delta)-f(y_\delta)|\geqslant\varepsilon_0.$$

分别取 $\delta=1,\frac{1}{2},\cdots,\frac{1}{n},\cdots$,则得$[a,b]$中两个点列 $x_1,x_2,\cdots,x_n,\cdots$与 $y_1,y_2,\cdots,y_n,\cdots$,满足 $|x_n-y_n|<\frac{1}{n}$并且

$$|f(x_n)-f(y_n)|\geqslant\varepsilon_0(n=1,2,\cdots). \tag{11}$$

由于$\{x_n\}$有界,故存在收敛子列(定理 1.5.1)$\{x_{n_k}\}$: $x_{n_k}\to x_0\in[a,b]$. 再由 $|x_n-y_n|<\frac{1}{n}$知 $y_{n_k}\to x_0$. 而 f 在点 x_0 连续,于是

$$\lim_{k\to\infty}(f(x_{n_k})-f(y_{n_k}))\to f(x_0)-f(x_0)=0.$$

这与(11)式相矛盾. 所以 f 在$[a,b]$上一致连续.

例 5.1.4

设 $f\in C[a,+\infty)$,且 $\lim\limits_{x\to+\infty}f(x)=A$. 试证明 $f(x)$在$[a,+\infty)$上一致连续.

证明 $\forall\varepsilon>0$,由于 $\lim\limits_{x\to+\infty}f(x)=A$,$\exists M\geqslant a$,使得当 $x\geqslant M$ 时,有

$$|f(x)-A|<\frac{\varepsilon}{4},$$

于是$\forall x,y\in[M,+\infty)$，有

$$|f(x)-f(y)|<\frac{\varepsilon}{2}. \tag{12}$$

另一方面，$f\in C[a,M]$，由定理 5.1.2，f 在区间$[a,M]$上一致连续. 故$\exists\delta>0$，使得$\forall x,y\in[a,M]$，只要$|x-y|<\delta$，就有不等式(12)成立. 由此知$\forall x,y\in[a,+\infty)$，且$|x-y|<\delta$，

(1) 若$x,y\in[a,M]$或$x,y\in[M,+\infty)$，则不等式(12)成立；

(2) 若$x\in[a,M]$，$y\in[M,+\infty)$，则$|x-M|<\delta$，$|M-y|<\delta$，于是

$$|f(x)-f(y)|\leqslant|f(x)-f(M)|+|f(M)-f(y)|<\varepsilon,$$

所以$f(x)$在$[a,+\infty)$上一致连续.

5.1.4 可积函数类

定理 5.1.3 ……

若$f\in C[a,b]$，则$f\in R[a,b]$.

证明 由定理 5.1.2 有限闭区间上的连续函数一定是一致连续的，所以$\forall\varepsilon>0$，$\exists\delta>0$，使得$\forall x,y\in[a,b]$，只要$|x-y|<\delta$，就有

$$|f(x)-f(y)|<\frac{\varepsilon}{b-a}. \tag{13}$$

令 T 为将$[a,b]$ n 等分的分割，则$|T|=\frac{b-a}{n}<\delta$，且由(13)式，

$$0\leqslant M_i-m_i<\frac{\varepsilon}{b-a}(i=1,2,\cdots,n),$$

于是

$$U(f,T)-L(f,T)=\sum_{i=1}^{n}(M_i-m_i)(x_i-x_{i-1})<\frac{\varepsilon}{b-a}\cdot(b-a)=\varepsilon.$$

应用定理 5.1.1 即得$f\in R[a,b]$.

定理 5.1.3 有下面推广.

定理 5.1.4 ……

设 f 在$[a,b]$上有界，且只有有限多个不连续点，则$f\in R[a,b]$.

证明 为叙述方便，不妨假定 f 在$[a,b]$上只有一个间断点 $x=b$. 由题设，f 在$[a,b]$上有界：$|f(x)|\leqslant M(a\leqslant x\leqslant b)$. $\forall\varepsilon>0$，取 $c\in(a,b)$使得 $b-c<\frac{\varepsilon}{4M}$. 而 f 在$[a,c]$上连续，根据定理 5.1.3，f 在$[a,c]$上可积，因此存在$[a,c]$的一个分割 T_1：$a=x_0<x_1<\cdots<x_n=c$，使得

$$U(f,T_1)-L(f,T_1)<\varepsilon/2.$$

现在考虑区间$[a,b]$的分割 T_2：$a=x_0,x_1,\cdots,x_{n-1},c,b$,由于

$$\sup\{f(x)\mid c\leqslant x\leqslant b\}-\inf\{f(x)\mid c\leqslant x\leqslant b\}\leqslant 2M,$$

于是

$$\begin{aligned}0&\leqslant U(f,T_2)-L(f,T_2)\\&\leqslant [U(f,T_1)-L(f,T_1)]+2M\cdot\frac{\varepsilon}{4M}<\frac{\varepsilon}{2}+\frac{\varepsilon}{2}\\&=\varepsilon.\end{aligned}$$

由定理 5.1.1 即得 $f\in R[a,b]$.

▶ **例 5.1.5** ……

设 $f\in C[0,1]$,且 $m\leqslant f(x)\leqslant M,x\in[0,1]$. 又设 g 为$[m,M]$上连续的下凸函数,求证:

$$g\left(\int_0^1 f(x)\mathrm{d}x\right)\leqslant\int_0^1 g(f(x))\mathrm{d}x. \tag{14}$$

证明 f 与 g 连续,故 $g\circ f$ 连续. 根据定理 5.1.3,f 与 $g\circ f$ 在$[0,1]$上可积. 又因为 g 是$[m,M]$上的下凸函数,所以 $\forall n\in\mathbb{N}^*$,

$$g\left(\sum_{i=1}^{n}\frac{1}{n}f\left(\frac{i}{n}\right)\right)\leqslant\sum_{i=1}^{n}\frac{1}{n}g\left(f\left(\frac{i}{n}\right)\right).$$

令 $n\to\infty$ 即得(14)式.

定理 5.1.5 ……

若 f 在$[a,b]$上单调,则 $f\in R[a,b]$.

证明 只考虑 f 为单调递增的情形,对单调递减的情形可类似证得.

如果 $f(a)=f(b)$,则 f 为$[a,b]$上的常值函数,此时显然有 $f\in R[a,b]$. 下面设 $f(a)<f(b)$. $\forall\varepsilon>0$,取$[a,b]$的分割 T,使得

$$|T|=\max_{1\leqslant i\leqslant n}(x_i-x_{i-1})<\frac{\varepsilon}{f(b)-f(a)}.$$

于是

$$\begin{aligned}0&\leqslant U(f,T)-L(f,T)=\sum_{i=1}^{n}(f(x_i)-f(x_{i-1}))(x_i-x_{i-1})\\&\leqslant|T|\sum_{i=1}^{n}[f(x_i)-f(x_{i-1})]=|T|(f(b)-f(a))\\&<\frac{\varepsilon}{f(b)-f(a)}\cdot[f(b)-f(a)]=\varepsilon.\end{aligned}$$

由定理 5.1.1 即得 $f\in R[a,b]$.

从以上讨论可以看到,$[a,b]$上可积函数 f 在$[a,b]$上只允许有“不太多”的

间断点. 为了较精确描述这里的“不太多”，我们引入零测度集的概念.

定义 5.1.4

设数集 $E\subseteq\mathbb{R}$，若 $\forall\delta>0$，存在一列开区间 $(\alpha_k,\beta_k)(k=1,2,\cdots)$ 使得 $E\subseteq\bigcup\limits_{k=1}^{\infty}(\alpha_k,\beta_k)$ 并且 $\forall n\in\mathbb{N}^*$，有 $\sum\limits_{k=1}^{n}(\beta_k-\alpha_k)<\delta$，则称数集 E 为**零测度集**.

例 5.1.6

若数集 E 中点可以排成一个点列：$E=\{x_n: n=1,2,\cdots\}$，则 E 为零测度集.

证明 $\forall\delta>0$，取 $\alpha_k=x_k-\dfrac{\delta}{2^{k+1}}$，$\beta_k=x_k+\dfrac{\delta}{2^{k+1}}$，则 $x_k\in(\alpha_k,\beta_k)$，$k=1,2,\cdots$. 于是 $E\subseteq\bigcup\limits_{k=1}^{\infty}(\alpha_k,\beta_k)$，并且 $\forall n\in\mathbb{N}^*$，有 $\sum\limits_{k=1}^{n}(\beta_k-\alpha_k)=\sum\limits_{k=1}^{n}\dfrac{\delta}{2^k}<\delta$，所以 E 为零测度集.

更深入的研究可以证明(它的证明已经超出本课程的要求)：

定理 5.1.6

有界函数 f 在 $[a,b]$ 上黎曼可积的充分必要条件是：f 在 $[a,b]$ 上的间断点所构成的点集 E 是零测度集.

习题 5.1

1. 利用定积分的几何意义求积分值.

(1) $\int_{-1}^{1}\sqrt{1-x^2}\,\mathrm{d}x$；　　(2) $\int_{-\frac{1}{2}}^{1}\sqrt{1-x^2}\,\mathrm{d}x$；

(3) $\int_{-1}^{1}(3+4x)\,\mathrm{d}x$；　　(4) $\int_{0}^{1}\left(\sqrt{2x-x^2}-x\right)\mathrm{d}x$.

2. 设 $f,g\in R[a,b]$，且 $\forall x\in[a,b]$，$f(x)\leqslant g(x)$，证明：$\int_a^b f(x)\,\mathrm{d}x\leqslant\int_a^b g(x)\,\mathrm{d}x$. 又问：若 $\int_a^b f(x)\,\mathrm{d}x\leqslant\int_a^b g(x)\,\mathrm{d}x$，是否有 $f(x)\leqslant g(x)$ 恒成立？

3. 利用命题 5.1.2 证明：对于 $[a,b]$ 的任一分割 T，

$$L(f,T)\leqslant\underline{\int_a^b}f(x)\,\mathrm{d}x\leqslant\overline{\int_a^b}f(x)\,\mathrm{d}x\leqslant U(f,T).$$

4. 设 $f\in R[a,b]$，且 $f(x)\geqslant d>0$，$x\in[a,b]$. 求证：$\dfrac{1}{f(x)}\in R[a,b]$.

5. 已知：$f(x)\in R[a,b]$，证明：$\cos(f(x))\in R[a,b]$.

6. 设 $f(x)\in R[a,b]$，$F(x)=\sup\limits_{t\in[a,x]}f(t)$，问：$F(x)\in R[a,b]$ 吗？

7. 设 $f(x)\in R[a,b]$，求证：$\forall\varepsilon>0$，存在分段常值函数 $g(x)$，使得

$$\int_a^b |f(x)-g(x)|\,\mathrm{d}x<\varepsilon.$$

8. 设函数 $f(x)$ 满足 $\forall x,y\in I$，$|f(x)-f(y)|\leqslant L|x-y|$，证明：$f(x)$ 在 I 上一致连续.

9. 证明下列函数在给定区间上一致连续.

(1) $f(x)=x^2,x\in[a,b]$；　　(2) $f(x)=\ln x,x\in(2,+\infty)$；

(3) $f(x)=\sin x,x\in\mathbb{R}$；　　(4) $f(x)=\sqrt{x},x\in[0,+\infty)$.

10. 若 $f(x)$ 在 $[a,b]$ 上一致连续，且在 $[b,c]$ 上一致连续，则 $f(x)$ 在 $[a,c]$ 上一致连续.

11. 若 $f(x)$ 在 $[0,1]$ 上一致连续，且在 $[1,+\infty)$ 上一致连续，则 $f(x)$ 在 $[0,+\infty)$ 上一致连续.

12. 设函数 $f(x),g(x)$ 在 I 上一致连续，证明：$k_1f(x)+k_2g(x)$ 在 I 上也一致连续.

13. 设 a,b 为实数，且 $f(x)$ 在 (a,b) 上一致连续，证明：$f(x)$ 在 (a,b) 上有界.

14. 已知 $f(x),g(x)$ 在有界区间 I 上一致连续，证明：$f(x)g(x)$ 在 I 上一致连续. 又问：对于无界区间 I，结论是否仍然成立？若成立，请证明结论；若不成立，举出反例.

15. 证明下列函数在给定区间上不一致连续.

(1) $f(x)=x^2,x\in[0,+\infty)$；　　(2) $f(x)=\ln x,x\in(0,+\infty)$；

(3) $f(x)=\sin x^2,x\in\mathbb{R}$；　　(4) $f(x)=x\sin x,x\in\mathbb{R}$.

16. 若 $f(x)\in C(a,b)$，证明：$f(x)$ 在 (a,b) 内一致连续的充要条件为 $\lim\limits_{x\to a^+}f(x)$，$\lim\limits_{x\to b^-}f(x)$ 都存在. 并说明：$y=\dfrac{\sin x}{x}$ 在 $(0,1)$ 内一致连续.

5.2 黎曼积分的性质

性质 1(积分的线性性质)

设 $f,g\in R[a,b]$，则对任意的常数 α 与 β，函数 $\alpha f+\beta g\in R[a,b]$，并且

$$\int_a^b(\alpha f(x)+\beta g(x))\,\mathrm{d}x=\alpha\int_a^b f(x)\,\mathrm{d}x+\beta\int_a^b g(x)\,\mathrm{d}x. \tag{1}$$

证明 由于 $f,g\in R[a,b]$，故

$$\begin{aligned}\lim_{|T|\to 0}\sigma(\alpha f+\beta g,T)&=\alpha\lim_{|T|\to 0}\sigma(f,T)+\beta\lim_{|T|\to 0}\sigma(g,T)\\&=\alpha\int_a^b f(x)\,\mathrm{d}x+\beta\int_a^b g(x)\,\mathrm{d}x,\end{aligned}$$

从而 $\alpha f+\beta g\in R[a,b]$，并且(1)式成立.

性质 2(积分区间的可加性)

设 $a<c<b$,则 $f\in R[a,b]$当且仅当 $f\in R[a,c]$和 $f\in R[c,d]$同时成立. 此时有

$$\int_a^b f(x)\mathrm{d}x=\int_a^c f(x)\mathrm{d}x+\int_c^b f(x)\mathrm{d}x.$$

证明 若 $f\in R[a,c]$且 $f\in R[c,b]$,根据定理 5.1.1,$\forall\varepsilon>0$,存在$[a,c]$的分割 T_1 与$[c,b]$的分割 T_2 使得

$$U(f,T_1)-L(f,T_1)<\frac{\varepsilon}{2}\quad 且\quad U(f,T_2)-L(f,T_2)<\frac{\varepsilon}{2},$$

将 T_1 与 T_2 的分点合并即得$[a,b]$的分割 T,此时

$U(f,T)-L(f,T)=[U(f,T_1)-L(f,T_1)]+[U(f,T_2)-L(f,T_2)]<\varepsilon.$

再由定理 5.1.1 便知 $f\in R[a,b]$.

反之,若 $f\in R[a,b]$,则由定理 5.1.1,$\forall\varepsilon>0$,存在$[a,b]$的分割 T 使得

$$U(f,T)-L(f,T)<\varepsilon.$$

记 T 在$[a,c]$部分的限制为 T_1,记 T 在$[c,b]$部分的限制为 T_2,则

$$U(f,T_1)-L(f,T_1)<\varepsilon\quad 且\quad U(f,T_2)-L(f,T_2)<\varepsilon,$$

从而 $f\in R[a,c]$且 $f\in R[c,b]$. 此时,$|T|\to0$ 当且仅当$|T_1|\to0$ 且$|T_2|\to0$,故有

$$\begin{aligned}\int_a^b f(x)\mathrm{d}x&=\lim_{|T|\to0}\sigma(f,T)\\&=\lim_{|T_1|\to0}\sigma(f,T_1)+\lim_{|T_2|\to0}\sigma(g,T_2)\\&=\int_a^c f(x)\mathrm{d}x+\int_c^b f(x)\mathrm{d}x.\end{aligned}$$

性质 3(单调性)

设 $f,g\in R[a,b]$. 如果在$[a,b]$上 $f(x)\leqslant g(x)$,则有

$$\int_a^b f(x)\mathrm{d}x\leqslant\int_a^b g(x)\mathrm{d}x.$$

特别地,如果存在常数 m,M,使得 $m\leqslant f(x)\leqslant M(a\leqslant x\leqslant b)$,则有

$$m(b-a)\leqslant\int_a^b f(x)\mathrm{d}x\leqslant M(b-a).$$

证明 在$[a,b]$上 $g(x)-f(x)\geqslant0$,于是由性质 1,

$$\int_a^b g(x)\mathrm{d}x-\int_a^b f(x)\mathrm{d}x=\int_a^b(g(x)-f(x))\mathrm{d}x=\lim_{|T|\to0}\sigma(g-f,T)\geqslant0.$$

性质 4

设 $f\in R[a,b]$,则 $|f|\in R[a,b]$,并且 $\left|\int_a^b f(x)\mathrm{d}x\right|\leqslant\int_a^b|f(x)|\mathrm{d}x$.

证明 根据性质 3,只需证$|f|\in R[a,b]$即可. 注意到对于$[a,b]$的任何分割 T: $a=x_0<x_1<\cdots<x_n=b$,

$$\sup\{|f(x)|\mid x_{i-1}\leqslant x\leqslant x_i\}-\inf\{|f(x)|\mid x_{i-1}\leqslant x\leqslant x_i\}$$
$$\leqslant\sup\{f(x)\mid x_{i-1}\leqslant x\leqslant x_i\}-\inf\{f(x)\mid x_{i-1}\leqslant x\leqslant x_i\}(1\leqslant i\leqslant n),$$

于是

$$U(|f|,T)-L(|f|,T)\leqslant U(f,T)-L(f,T).$$

由此知,若 $f\in R[a,b]$,则 $|f|\in R[a,b]$.

性质 5 ……………………………………………………………………

设 $f,g\in R[a,b]$,则 $fg\in R[a,b]$.

证明 (1) 先设 f 与 g 在 $[a,b]$ 上非负.对于 $[a,b]$ 的任何分割 T: $a=x_0<x_1<\cdots<x_n=b$,记 M_i,N_i 与 m_i,n_i 分别为 f,g 在 $[x_{i-1},x_i]$ 中的上确界与下确界 $(i=1,2,\cdots,n)$,M,N 分别为 f,g 在 $[a,b]$ 中的上确界,则

$$\begin{aligned}U(fg,T)-L(fg,T)&\leqslant\sum_{i=1}^{n}(M_iN_i-m_in_i)(x_i-x_{i-1})\\&=\sum_{i=1}^{n}M_i(N_i-n_i)(x_i-x_{i-1})\\&\quad+\sum_{i=1}^{n}n_i(M_i-m_i)(x_i-x_{i-1})\\&\leqslant M[U(g,T)-L(g,T)]+N[U(f,T)-L(f,T)].\end{aligned}$$

由此不等式,再利用定理 5.1.1 可得,当 $f,g\in R[a,b]$ 时,$fg\in R[a,b]$.

(2) 在一般情况下,记

$$f^{\pm}(x)=\frac{1}{2}[|f(x)|\pm f(x)],$$

称 f^+ 与 f^- 分别为 f 的正部与负部.显然 $f^{\pm}(x)\geqslant 0$,且

$$f=f^+-f^-,\quad |f|=f^++f^-.$$

根据性质 1 与性质 4,f^+ 与 f^-,g^+ 与 g^- 都是 $[a,b]$ 上的非负可积函数,从而

$$fg=f^+g^+-f^+g^--f^-g^++f^-g^-\in R[a,b].$$

定理 5.2.1(柯西不等式) ……………………………………………………

设 $f,g\in R[a,b]$,则

$$\left(\int_a^b f(x)g(x)\mathrm{d}x\right)^2\leqslant\int_a^b f(x)^2\mathrm{d}x\cdot\int_a^b g(x)^2\mathrm{d}x.\tag{2}$$

证明 记

$$A=\int_a^b f(x)^2\mathrm{d}x,\quad B=\int_a^b f(x)g(x)\mathrm{d}x,\quad C=\int_a^b g(x)^2\mathrm{d}x.$$

注意到 $\forall t\in\mathbb{R}$,函数 $[tf(x)+g(x)]^2$ 在 $[a,b]$ 上非负可积,即

$$At^2+2Bt+C=\int_a^b[tf(x)+g(x)]^2\mathrm{d}x\geqslant 0,\quad\forall t\in\mathbb{R},$$

根据二次多项式根与系数的关系可得 $B^2\leqslant AC$. 即不等式(2)成立.

例 5.2.1

求证：

$$\frac{2}{\mathrm{e}}\leqslant\int_{-1}^{1}\mathrm{e}^{-x^2}\,\mathrm{d}x\leqslant 2. \tag{3}$$

证明 易见,e^{-x^2} 在$[-1,1]$上的最小值是 $1/\mathrm{e}$；最大值是 $\mathrm{e}^0=1$. 再应用性质 3 即得(3)式.

例 5.2.2

设 $f\in C[a-1,b+1]$,求证：

$$\lim_{t\to 0}\int_a^b|f(x+t)-f(x)|\,\mathrm{d}x=0 \tag{4}$$

证明 $f\in C[a-1,b+1]$,由定理 5.1.2 知 f 在$[a-1,b+1]$上一致连续. 因此,$\forall\varepsilon>0$,$\exists\delta\in(0,1)$,使得当 $x,y\in[a-1,b+1]$且$|x-y|<\delta$时有

$$|f(x)-f(y)|<\varepsilon/(b-a).$$

从而当 $x\in[a,b]$且$|t|<\delta$时

$$\int_a^b|f(x+t)-f(x)|\,\mathrm{d}x<\int_a^b\frac{\varepsilon}{(b-a)}\mathrm{d}x=\varepsilon.$$

即(4)式成立.

例 5.2.3

设 $f\in C[a,b]$,求证：

$$\left(\int_a^b f(x)\cos x\mathrm{d}x\right)^2+\left(\int_a^b f(x)\sin x\mathrm{d}x\right)^2\leqslant\left(\int_a^b|f(x)|\,\mathrm{d}x\right)^2. \tag{5}$$

证明 应用柯西不等式,

$$\begin{aligned}\left(\int_a^b f(x)\cos x\mathrm{d}x\right)^2&\leqslant\left[\int_a^b\sqrt{|f(x)|}\cdot\left(\sqrt{|f(x)|}\,|\cos x|\right)\mathrm{d}x\right]^2\\&\leqslant\int_a^b|f(x)|\,\mathrm{d}x\cdot\int_a^b|f(x)|\cos^2x\mathrm{d}x.\end{aligned}$$

同理,

$$\left(\int_a^b f(x)\sin x\mathrm{d}x\right)^2\leqslant\int_a^b|f(x)|\,\mathrm{d}x\cdot\int_a^b|f(x)|\sin^2x\mathrm{d}x.$$

二式相加,即得不等式(5).

定理 5.2.2(积分第一中值定理)

设 $f\in C[a,b]$,$g\in R[a,b]$且 $g(x)$在$[a,b]$上不变号,则存在 $\xi\in[a,b]$使

$$\int_a^b f(x)g(x)\mathrm{d}x=f(\xi)\int_a^b g(x)\mathrm{d}x. \tag{6}$$

特别地，当 $g(x)\equiv 1$ 时，(6)式成为

$$\int_a^b f(x)\mathrm{d}x = f(\xi)(b-a).$$

证明 不妨设 $g(x)\geqslant 0$(否则，用 $-g$ 代替 g 即可). 记 M 与 m 为 f 在 $[a,b]$ 上的最大与最小值，则由性质 3，

$$m\int_a^b g(x)\mathrm{d}x \leqslant \int_a^b f(x)g(x)\mathrm{d}x \leqslant M\int_a^b g(x)\mathrm{d}x. \tag{7}$$

若 $\int_a^b g(x)\mathrm{d}x = 0$，则由(7)式知 $\int_a^b f(x)g(x)\mathrm{d}x = 0$，此时(6)式对任何 $\xi\in[a,b]$ 成立. 若 $\int_a^b g(x)\mathrm{d}x > 0$，则

$$m \leqslant \frac{\int_a^b f(x)g(x)\mathrm{d}x}{\int_a^b g(x)\mathrm{d}x} \leqslant M.$$

根据连续函数的介值定理，存在 $\xi\in[a,b]$，使得

$$f(\xi) = \frac{\int_a^b f(x)g(x)\mathrm{d}x}{\int_a^b g(x)\mathrm{d}x}.$$

由此即得(6)式.

▶ **例 5.2.4** ……

求证 $\lim\limits_{n\to+\infty}\int_n^{n+\pi}\frac{\sin x}{x}\mathrm{d}x = 0$

证明 由定理 5.2.2 可知，存在 $\xi_n\in[n,n+\pi]$，使

$$\left|\int_n^{n+\pi}\frac{\sin x}{x}\mathrm{d}x\right| = \left|\pi\left(\frac{\sin\xi_n}{\xi_n}\right)\right| \leqslant \frac{\pi}{n}\to 0(n\to\infty).$$

习题 5.2

1. 若 $|f(x)|\in R[a,b]$，是否有 $f(x)\in R[a,b]$？

2. 已知 $f(x)$，$g(x)$分别是$[-a,a]$上可积的奇函数与偶函数，用积分的定义证明：

$$\int_{-a}^a f(x)\mathrm{d}x = 0,\quad \int_{-a}^a g(x)\mathrm{d}x = 2\int_0^a g(x)\mathrm{d}x.$$

3. 如果 $f(x)$ 在$[a,b]$上连续、非负，但不恒等于零，证明：$\int_a^b f(x)\mathrm{d}x>0$(也就是说，若 $f(x)$ 在$[a,b]$上连续、非负，且 $\int_a^b f(x)\mathrm{d}x = 0$，则 $f(x)$ 恒为零).

4. 设 $f(x) \in C[a,b]$，若 $\forall g(x) \in C[a,b]$，均有 $\int_a^b f(x)g(x)\mathrm{d}x = 0$，则 $f(x)$ 恒为零.

5. 比较下列积分的大小.

(1) $\int_0^1 \mathrm{e}^{-x}\mathrm{d}x$ 和 $\int_0^1 \mathrm{e}^{-x^2}\mathrm{d}x$ ；　　(2) $\int_0^1 \frac{\sin x}{2+x}\mathrm{d}x$ 和 $\int_0^1 \frac{\sin x}{2+x^2}\mathrm{d}x$；

(3) $\int_0^1 x\mathrm{d}x$ 和 $\int_0^1 x^2\mathrm{d}x$ ；　　(4) $\int_0^{\frac{\pi}{2}} x\mathrm{d}x$ 和 $\int_0^{\frac{\pi}{2}} \sin x\mathrm{d}x$.

6. 证明下列不等式.

(1) $\frac{1}{2} \leqslant \int_{\frac{\pi}{4}}^{\frac{\pi}{2}} \frac{\sin x}{x}\mathrm{d}x \leqslant \frac{\pi}{4}$ ；　　(2) $\frac{2}{5} \leqslant \int_1^2 \frac{x}{1+x^2}\mathrm{d}x \leqslant \frac{1}{2}$ ；

(3) $\int_0^{2\pi} |a\cos x + b\sin x| \mathrm{d}x \leqslant 2\pi\sqrt{a^2+b^2}$.

7. 证明下列极限.

(1) $\lim\limits_{n\to\infty}\int_0^1 \frac{x^n}{1+x}\mathrm{d}x = 0$；　(2) $\lim\limits_{n\to\infty}\int_0^1 \frac{\mathrm{d}x}{1+x^n} = 1$；　(3) $\lim\limits_{n\to\infty}\int_0^{\frac{\pi}{2}} \sin^n x\mathrm{d}x = 0$.

(提示：不可以直接对被积函数利用积分中值定理，请思考其中的原因.)

8. 证明：若 $f(x),g(x)\in R[a,b]$，则 $\min\{f(x),g(x)\},\max\{f(x),g(x)\}\in R[a,b]$.

9. 如果 $f(x)$ 在 $[a,b]$ 上连续且 $f(x)>0$，证明：$\left(\int_a^b f(x)\mathrm{d}x\right)\left(\int_a^b \frac{1}{f(x)}\mathrm{d}x\right) \geqslant (b-a)^2$.

10. 设 $f(x)$ 在 $[a,b]$ 上严格单增，且 $f''(x)>0$，证明：

$$(b-a)f(a) < \int_a^b f(x)\mathrm{d}x < (b-a)\frac{f(a)+f(b)}{2}.$$

5.3 微积分基本定理

在微积分发展的早期，导数与积分是作为相互独立的对象被加以研究的. 牛顿和莱布尼茨通过对于变上限积分的研究发现了这两者之间可以通过"牛顿-莱布尼茨公式"作为桥梁建立起紧密的联系. 同时，牛顿-莱布尼茨公式还给出了定积分的计算方法. 鉴于这个公式在微积分学中的重要地位，通常被称为微积分基本定理. 下面首先引入原函数的概念.

定义 5.3.1 ……………………………………

设函数 f 在区间 I 上定义，称函数 F 是 f 在区间 I 上的一个**原函数**，如果 $\forall x\in I$，有

$$F'(x)=f(x).$$

例如，$f(x)=x$ 在$\mathbb{R}$上的一个原函数是 $F(x)=x^2/2$，$\cos x$ 在$\mathbb{R}$上的一个原函数是 $\sin x$，$\frac{1}{x}$在$(0,+\infty)$与$(-\infty,0)$上一个原函数是 $\ln|x|$. 显然，求原函数是求导数的逆运算.

定理 5.3.1(微积分基本定理) ……………………………………………

设 $f\in R[a,b]$，令

$$F(x)=\int_a^x f(t)\mathrm{d}t(a\leqslant x\leqslant b),$$

则(1) $F\in C[a,b]$；

(2) 若 f 在点 $x_0\in[a,b]$处连续，则 F 在点 x_0 处可导，并且 $F'(x_0)=f(x_0)$；

(3) 若 $f\in C[a,b]$，则 F 是 f 在$[a,b]$上的一个原函数. 如果 G 是 f 的任一个原函数，则有

$$\int_a^b f(x)\mathrm{d}x=G(b)-G(a). \tag{1}$$

公式(1)通常被称为**牛顿-莱布尼茨公式**. 它给出了利用被积函数的原函数来计算定积分的基本方法.

证明 (1) $f\in R[a,b]$，故 f 在$[a,b]$上有界：$|f(x)|\leqslant M(a\leqslant x\leqslant b)$. 任取 $x_0\in[a,b]$，当 $x\in[a,b]$时，

$$\begin{aligned}|F(x)-F(x_0)|&=\left|\int_a^x f(t)\mathrm{d}t-\int_a^{x_0}f(t)\mathrm{d}t\right|\\&=\left|\int_{x_0}^x f(t)\mathrm{d}t\right|\leqslant M\left|\int_{x_0}^x \mathrm{d}x\right|\\&=M|x-x_0|.\end{aligned}$$

由此不难看到 F 在点 x_0 处连续，由 x_0 的任意性便知 $F\in C[a,b]$.

(2) 现设 x_0 是 f 的连续点，则 $\forall\varepsilon>0$，$\exists\delta>0$，只要 $t\in[a,b]$且$|t-x_0|<\delta$，就有

$$|f(t)-f(x_0)|<\varepsilon.$$

于是，当 $x\in[a,b]$且$|x-x_0|<\delta$时，

$$\begin{aligned}\left|\frac{F(x)-F(x_0)}{x-x_0}-f(x_0)\right|&=\left|\frac{1}{x-x_0}\int_{x_0}^x[f(t)-f(x_0)]\mathrm{d}t\right|\\&<\left|\frac{1}{x-x_0}\int_{x_0}^x\varepsilon\mathrm{d}t\right|=\varepsilon,\end{aligned}$$

即
$$F'(x_0)=\lim_{x\to x_0}\frac{F(x)-F(x_0)}{x-x_0}=f(x_0).$$

(3) 设 $f\in C[a,b]$,则由(2)知,$F(x)$是 f 在$[a,b]$上的一个原函数. 现设 G 是 f 在$[a,b]$上的任一原函数,则

$$[G(x)-F(x)]'=G'(x)-F'(x)=f(x)-f(x)\equiv 0, x\in[a,b],$$

从而存在常数 C,使得 $G(x)=F(x)+C$. 由此可得 $\forall\, x\in[a,b]$,有

$$\int_a^x f(t)\mathrm{d}t=F(x)=F(x)-F(a)=G(x)-G(a).$$

特别地,有

$$\int_a^b f(t)\mathrm{d}t=G(b)-G(a).$$

习惯上,将 $G(b)-G(a)$写作 $G(x)\Big|_a^b$,所以公式(1)又可以改写为

$$\int_a^b f(x)\mathrm{d}x=G(x)\Big|_a^b. \tag{2}$$

注 从定理 5.3.1 (2)的证明中不难看到,若 $f\in R[a,b]$且在点 $x_0\in[a,b]$处右(左)连续,则 $F(x)=\int_a^x f(t)\mathrm{d}t$ 在点 x_0 处存在右(左)导数.

▶ **例 5.3.1** ……………………………………………………

设 $f\in C[a,b]$,$u(x)$与 $v(x)$在$[a,b]$上可导,且 $u(x)$与 $v(x)$的值域包含于$[a,b]$. 求下列函数的导数:

$$G(x)=\int_{v(x)}^{u(x)} f(t)\mathrm{d}t.$$

解 令 $F(u)=\int_a^u f(t)\mathrm{d}t$,则由定理 5.3.1,$F'(u)=f(u), u\in[a,b]$. 而

$$\begin{aligned}G(x)&=\int_a^{u(x)} f(t)\mathrm{d}t-\int_a^{v(x)} f(t)\mathrm{d}t\\&=F(u(x))-F(v(x)),\end{aligned}$$

于是由复合函数微分法得到

$$\begin{aligned}G'(x)&=F'(u(x))u'(x)-F'(v(x))v'(x)\\&=f(u(x))u'(x)-f(v(x))v'(x).\end{aligned}$$

▶ **例 5.3.2** ……………………………………………………

$f\in C[a,b]$,$F(x)=\int_a^x (x-t)f(t)\mathrm{d}t$,求 $F''(x)$.

解

$$F(x)=x\int_a^x f(t)\mathrm{d}t-\int_a^x tf(t)\mathrm{d}t.$$

故

$$F'(x)=\int_a^x f(t)\mathrm{d}t+xf(x)-xf(x)=\int_a^x f(t)\mathrm{d}t,$$

于是 $F''(x)=f(x)$.

例 5.3.3

求极限 $\lim\limits_{x\to+\infty}\dfrac{\left(\int_0^x e^{t^2}\,dt\right)^2}{\int_0^x e^{2t^2}\,dt}$.

解　应用洛必达法则，

$$原极限=\lim_{x\to+\infty}\frac{2e^{x^2}\int_0^x e^{t^2}\,dt}{e^{2x^2}}=\lim_{x\to+\infty}\frac{2\int_0^x e^{t^2}\,dt}{e^{x^2}}=\lim_{x\to+\infty}\frac{2e^{x^2}}{2xe^{x^2}}=0.$$

例 5.3.4

求证：$\forall k,n\in\mathbb{N}^*$ 与 $a\in\mathbb{R}$，

(1) $\int_a^{a+2\pi}\sin kx\,dx=0$；

(2) $\int_a^{a+2\pi}\cos kx\,dx=0$；

(3) $\int_a^{a+2\pi}\sin kx\cdot\cos nx\,dx=0$；

(4) $\int_a^{a+2\pi}\sin kx\cdot\sin nx\,dx=\begin{cases}0, & n\neq k,\\ \pi, & n=k;\end{cases}$

(5) $\int_a^{a+2\pi}\cos kx\cdot\cos nx\,dx=\begin{cases}0, & n\neq k,\\ \pi, & n=k.\end{cases}$

证明　$\sin kx$ 与 $\cos kx$ 分别有原函数 $\dfrac{-1}{k}\cos kx$ 与 $\dfrac{1}{k}\sin kx$，根据牛顿-莱布尼茨公式，有

$$\int_a^{a+2\pi}\sin kx\,dx=\frac{-1}{k}\cos kx\Big|_a^{a+2\pi}=0,$$

$$\int_a^{a+2\pi}\cos kx\,dx=\frac{1}{k}\sin kx\Big|_a^{a+2\pi}=0,$$

$$\int_a^{a+2\pi}\sin kx\cdot\cos kx\,dx=\frac{1}{2k}(\sin kx)^2\Big|_a^{a+2\pi}=0,$$

$$\int_a^{a+2\pi}\sin^2 kx\,dx=\int_a^{a+2\pi}\frac{1}{2}[1-\cos 2kx]\,dx=\left[\frac{x}{2}-\frac{1}{4k}\sin 2kx\right]\Big|_a^{a+2\pi}=\pi.$$

当 $n\neq k$ 时，

$$\begin{aligned}\int_a^{a+2\pi}\sin kx\cdot\cos nx\,dx&=\int_a^{a+2\pi}\frac{1}{2}[\sin(k+n)x+\sin(k-n)x]\,dx\\&=\frac{-1}{2(k+n)}\cos(k+n)x\Big|_a^{a+2\pi}+\frac{1}{2(k-n)}\cos(k-n)x\Big|_a^{a+2\pi}\\&=0,\end{aligned}$$

$$\int_a^{a+2\pi} \sin kx \cdot \sin nx \mathrm{d}x = \int_a^{a+2\pi} \frac{1}{2}[\cos(k-n)x - \cos(k+n)x]\mathrm{d}x$$

$$= \frac{1}{2(k-n)}\sin(k-n)x \Big|_a^{a+2\pi} - \frac{1}{2(k+n)}\sin(k-n)x \Big|_a^{a+2\pi}$$

$$= 0.$$

同理可得(5)成立.

例 5.3.5

令 $\sigma_n = \frac{1}{n+1} + \frac{1}{n+2} + \cdots + \frac{1}{n+n}$，求极限 $\lim\limits_{n\to\infty}\sigma_n$.

解 $\sigma_n = \frac{1}{n}\left(\frac{1}{1+\frac{1}{n}} + \frac{1}{1+\frac{2}{n}} + \cdots + \frac{1}{1+\frac{n}{n}}\right)$,

σ_n 可看作函数 $\frac{1}{1+x}$ 在区间[0,1]上关于 n 等分分割的一个黎曼和. 而积分 $\int_0^1 \frac{\mathrm{d}x}{1+x}$ 存在，且 $\ln(1+x)$ 是 $\frac{1}{1+x}$ 的一个原函数，所以

$$\lim_{n\to\infty}\sigma_n = \int_0^1 \frac{\mathrm{d}x}{1+x} = \ln(1+x)\,|_0^1 = \ln 2.$$

习题 5.3

1. 求下列函数的导函数.

(1) $F(x) = \int_0^x \sqrt{1-t}\,\mathrm{d}t\,(x \leqslant 1)$；

(2) $F(x) = \int_x^1 \sqrt{1+t^2}\,\mathrm{d}t$；

(3) $F(x) = \int_0^{x^2} \ln(2+t)\mathrm{d}t$；

(4) $F(x) = \int_{\sqrt{x}}^{x^2} \mathrm{e}^{-t^2}\mathrm{d}t$；

(5) $F(x) = \int_0^{\arctan x} \tan t\mathrm{d}t$；

(6) $F(x) = \int_0^x f(t)\mathrm{d}t\,(0 \leqslant x \leqslant 2)$，其中 $f(x) = \begin{cases} 2x, & x \in [0,1), \\ 1, & x \in [1,2]. \end{cases}$

2. 函数 $y = y(x)$ 由方程 $\int_0^y \mathrm{e}^{-t^2}\mathrm{d}t + \int_0^x \cos t^2 \mathrm{d}t = 0$ 确定，求 $y'(x)$.

3. 曲线 $y = y(x)$ 由方程 $x = \int_1^t \frac{\cos u}{u}\mathrm{d}u, y = \int_1^t \frac{\sin u}{u}\mathrm{d}u$ 确定，求该曲线当 $t = \frac{\pi}{4}$ 时的斜率.

4. 设 $f(x) \in C[0, +\infty)$，已知 $\int_0^{\sqrt{x}} f(t)\mathrm{d}t = x + \sin x$，求 $f(x)$.

5. 求函数 $F(x)=\int_0^x te^{-t^2}\,dt$ 的极值点与拐点的横坐标.

6. 已知 $F(x)=3+\int_0^x \frac{1+\sin t}{2+t^2}dt$,求二次多项式 $p(x)$,使得

$$p(0)=F(0);\ p'(0)=F'(0);\ p''(0)=F''(0).$$

7. 已知 $f(x)=\begin{cases}x+1, & x\in[-1,0),\\ x, & x\in[0,1],\end{cases}$ 讨论函数 $F(x)=\int_{-1}^x f(t)dt(-1\leqslant x\leqslant 1)$ 的连续性与可导性.

8. 求下列极限.

(1) $\lim\limits_{x\to 0}\frac{\int_0^x \cos t^2\,dt}{x}$;　　(2) $\lim\limits_{x\to 0}\frac{\int_0^{2x}\ln(1+t^2)\,dt}{x^2}$;

(3) $\lim\limits_{x\to+\infty}\frac{\int_0^x \arctan t^2\,dt}{\sqrt{1+x^2}}$;　　(4) $\lim\limits_{x\to 0}\frac{\int_{\sin x}^x \sqrt{1-t^2}\,dt}{x^3}$.

9. 设 $f(x)$连续,解答下列问题.

(1) 若 $f(x)=x+\int_0^2 f(x)dx$,求 $f(x)$;

(2) 证明$\int_0^a t^3 f(t^2)\,dt=\frac{1}{2}\int_0^{a^2} tf(t)\,dt$;

(3) 若 $f(x)$ 在$[a,b]$无零点,证明 $F(x)=\int_a^x f(x)dx+\int_b^x \frac{1}{f(x)}dx$ 在$[a,b]$上仅有一个零点.

10. 设 $f(x)\in C[a,b]$且单调递增,令 $F(x)=\int_a^x f(t)dt$. $\forall x_1,x_2\in[a,b]$, $x_1<x_2$,证明:$F(x)$ 是$[a,b]$上的下凸函数

11. 已知 $f(x)\in C^2[a,b]$,证明:$\exists\xi\in[a,b]$,使得

$$\int_a^b f(x)dx=f\left(\frac{a+b}{2}\right)(b-a)+\left(\frac{(b-a)^3}{24}\right)f''(\xi).$$

12. 用牛顿-莱布尼茨公式求下列积分.

(1) $\int_0^2 |1-x|\,dx$;　　(2) $\int_{-2}^3 |x^2-2x-3|\,dx$;

(3) $\int_0^{\frac{3\pi}{4}} \sqrt{1+\cos 2x}\,dx$;　　(4) $\int_{-\frac{\pi}{4}}^{\frac{\pi}{2}} \sqrt{1-\cos^2 x}\,dx$;

(5) $\int_0^{\pi} \sqrt{\sin x-\sin^3 x}\,dx$;　　(6) $\int_1^8 \frac{\ln x}{x}dx$.

13. 求下列极限.

(1) $\lim\limits_{n\to\infty}\frac{1}{n}\left(\sin\frac{\pi}{n}+\sin\frac{2\pi}{n}+\cdots+\sin\frac{n\pi}{n}\right)$;

(2) $\lim\limits_{n\to\infty}\left(\dfrac{n}{n^2+1^2}+\dfrac{n}{n^2+2^2}+\cdots+\dfrac{n}{n^2+n^2}\right)$;

(3) $\lim\limits_{n\to\infty}n^{-3/2}\left(\sqrt{n+1}+\sqrt{n+2}+\cdots+\sqrt{n+n}\right)$.

14. 求 $f(x)=(x+1)\ln(x+1)-x$ 的导数，并计算 $\lim\limits_{n\to\infty}\dfrac{\sqrt[n]{(n+1)(n+2)\cdots(n+n)}}{n}$.

15. 证明：$\displaystyle\int_0^{\frac{\pi}{2}}\mathrm{e}^{-R\sin x}\mathrm{d}x\begin{cases}<\dfrac{\pi}{2R}(1-\mathrm{e}^{-R}), & R>0,\\ >\dfrac{\pi}{2R}(1-\mathrm{e}^{-R}), & R<0.\end{cases}$

5.4 不定积分的概念与积分法

5.4.1 不定积分的概念与基本性质

根据微积分基本定理，一个区间上的连续函数 f 必有原函数，而且只要找到了 f 的一个原函数，就可以计算出 f 在相应闭区间上定积分的值.

设 $F(x)$是 $f(x)$在区间 I 上的一个原函数，则对于任意的常数 C，$F(x)+C$ 也是 $f(x)$在区间 I 上的原函数. 另一方面，如果 $G(x)$也是 $f(x)$在区间 I 上的任一个原函数，则

$$(G(x)-F(x))'=G'(x)-F'(x)\equiv 0,$$

从而存在常数 C，使得 $G(x)\equiv F(x)+C$. 这就是说，如果 $f(x)$在区间 I 上有一个原函数 $F(x)$，则 $f(x)$在区间 I 上的所有原函数可以表示为

$$F(x)+C,C\in\mathbb{R}. \tag{1}$$

定义 5.4.1 ……………………………………………………………

设 $f(x)$ 在区间 I 上有原函数，称 $f(x)$ 在区间 I 上的原函数全体为 $f(x)$ 在区间 I 上的**不定积分**，记为 $\int f(x)\mathrm{d}x$.

根据(1)式，若 $F(x)$是 $f(x)$在区间 I 上的一个原函数，则

$$\int f(x)\mathrm{d}x=F(x)+C,$$

其中 C 表示任意常数.

根据导数的性质容易得到不定积分具有下列性质：

(1) $\int[\alpha f(x)]\mathrm{d}x=\alpha\int f(x)\mathrm{d}x$;

(2) $\int[f(x)+g(x)]\mathrm{d}x=\int f(x)\mathrm{d}x+\int g(x)\mathrm{d}x$.

显然,求不定积分与求导数互为逆运算:

$$\frac{\mathrm{d}}{\mathrm{d}x}\left(\int f(x)\mathrm{d}x\right)=f(x),\quad \int f'(x)\mathrm{d}x=f(x)+C.$$

所以由常用函数的导数表可得常用函数的不定积分表:

(1) $\int \cos x\mathrm{d}x=\sin x+C$;

(2) $\int \sin x\mathrm{d}x=-\cos x+C$;

(3) $\int \sec^2 x\mathrm{d}x=\tan x+C$;

(4) $\int \csc^2 x\mathrm{d}x=-\cot x+C$;

(5) $\int \sec x\tan x\mathrm{d}x=\sec x+C$;

(6) $\int \csc x\cot x\mathrm{d}x=-\csc x+C$;

(7) $\int x^\alpha \mathrm{d}x=\frac{x^{\alpha+1}}{\alpha+1}+C(\alpha\neq -1)$;

(8) $\int \frac{\mathrm{d}x}{x}=\ln|x|+C$;

(9) $\int a^x \mathrm{d}x=\frac{a^x}{\ln a}+C(a>0,a\neq 1)$;

(10) $\int \frac{\mathrm{d}x}{\sqrt{1-x^2}}=\arcsin x+C=-\arccos x+C$;

(11) $\int \frac{\mathrm{d}x}{1+x^2}=\arctan x+C=-\operatorname{arccot} x+C$;

(12) $\int \frac{\mathrm{d}x}{\sqrt{x^2\pm a^2}}=\ln\left|x+\sqrt{x^2\pm a^2}\right|+C$.

上面每个公式都是在某个区间上成立,例如$\int \frac{\mathrm{d}x}{x}=\ln|x|+C$在$(-\infty,0)$和$(0,+\infty)$分别成立;$\int \csc^2 x\mathrm{d}x=-\cot x+C$在每个区间$(n\pi,(n+1)\pi)(n\in\mathbb{Z})$上成立.

▶ **例 5.4.1** ……………………………………………………………

计算不定积分$\int \frac{2x^2}{1+x^2}\mathrm{d}x$.

解
$$\begin{aligned}\int \frac{2x^2}{1+x^2}\mathrm{d}x&=2\int\left(1-\frac{1}{1+x^2}\right)\mathrm{d}x=2\int \mathrm{d}x-2\int\frac{\mathrm{d}x}{1+x^2}\\&=2x-2\arctan x+C.\end{aligned}$$

▶ **例 5.4.2** ……

计算$\int \frac{\mathrm{d}x}{\cos^2 x \cdot \sin^2 x}$.

解 $$\int \frac{\mathrm{d}x}{\cos^2 x \sin^2 x} = \int \frac{\sin^2 x + \cos^2 x}{\cos^2 x \sin^2 x}\mathrm{d}x = \int \left(\frac{1}{\cos^2 x} + \frac{1}{\sin^2 x}\right)\mathrm{d}x$$
$$= \tan x - \cot x + C.$$

▶ **例 5.4.3** ……

计算$\int \frac{\mathrm{d}x}{a^2 - x^2}(a > 0)$.

解 $$\int \frac{\mathrm{d}x}{a^2 - x^2} = \int \frac{1}{2a}\left(\frac{1}{a+x} + \frac{1}{a-x}\right)\mathrm{d}x$$
$$= \frac{1}{2a}(\ln|a+x| - \ln|a-x|) + C = \frac{1}{2a}\ln\left|\frac{a+x}{a-x}\right| + C.$$

▶ **例 5.4.4** ……

计算$\int \mathrm{e}^{|x|}\mathrm{d}x$.

解 首先找到 $\mathrm{e}^{|x|}$ 在$\mathbb{R}$上的一个原函数 $F(x)$. 当 $x \geqslant 0$ 时，取 $F(x) = \mathrm{e}^x$. 为保证 $F(x)$ 在连接点 $x=0$ 处连续，当 $x<0$ 时，应取 $F(x) = -\mathrm{e}^{-x} + 2$. 从而
$$\int \mathrm{e}^{|x|}\mathrm{d}x = F(x) + C.$$

5.4.2 换元积分法

设 $u=\varphi(x)$ 在 I 区间上可导，且 $\varphi(x)$ 的值域包含于区间 J 内. 又设 $f(u)$ 在区间 J 上可导，则根据复合函数的求导法则，
$$\frac{\mathrm{d}}{\mathrm{d}x}[f(\varphi(x))] = f'(\varphi(x))\varphi'(x),$$
于是
$$\int f'(\varphi(x))\varphi'(x)\mathrm{d}x = f(\varphi(x)) + C.$$

另一方面，
$$\int f'(u)\mathrm{d}u = f(u) + C.$$

比较上面两等式不难发现，欲求$\int f'(\varphi(x))\varphi'(x)\mathrm{d}x$，可以作变换 $u = \varphi(x)$，将$\int f'(\varphi(x))\varphi'(x)\mathrm{d}x$ 变换为$\int f'(u)\mathrm{d}u$，求出结果 $f(u) + C$ 后再把 $u = \varphi(x)$ 代入：

$$\int f'(\varphi(x))\varphi'(x)\mathrm{d}x = \int f'(u)\mathrm{d}u = f(u) + C = f(\varphi(x)) + C.$$

这种方法称为第一换元法,或“凑微分法”.

反之,欲求$\int f'(u)\mathrm{d}u$,也可以作变换 $u=\varphi(x)$,将$\int f'(u)\mathrm{d}u$ 变换为$\int f'(\varphi(x))\varphi'(x)\mathrm{d}x$,求出结果后再把 $x=\varphi^{-1}(u)$ 代入(这里要求 $\varphi(x)$ 严格单调且有连续导数):

$$\int f'(u)\mathrm{d}u = \int f'(\varphi(x))\varphi'(x)\mathrm{d}x = g(x) + C = g(\varphi^{-1}(u)) + C.$$

这种方法称为第二换元法.

换元积分法的关键是选取适当的变换 $u=\varphi(x)$. 下面分别举例说明这两种换元法.

▶ **例 5.4.5** ……………………………………………………

计算$\int 2x\mathrm{e}^{x^2}\mathrm{d}x$.

解 令 $u=x^2$,则 $\mathrm{d}u=2x\mathrm{d}x$,于是

$$\int 2x\mathrm{e}^{x^2}\mathrm{d}x = \int \mathrm{e}^u\mathrm{d}u = \mathrm{e}^u + c = \mathrm{e}^{x^2} + C.$$

▶ **例 5.4.6** ……………………………………………………

计算$\int \cot x\mathrm{d}x$.

解 令 $u=\sin x$,$\mathrm{d}u=\cos x\mathrm{d}x$,应用凑微分法,

$$\int \cot x\mathrm{d}x = \int \frac{\cos x}{\sin x}\mathrm{d}x = \int \frac{\mathrm{d}u}{u} = \ln|u| + C = \ln|\sin x| + C.$$

同理可得

$$\int \tan x\mathrm{d}x = -\ln|\cos x| + C.$$

▶ **例 5.4.7** ……………………………………………………

计算$\int \frac{\mathrm{d}x}{\sqrt{a^2-x^2}}$.

解 $$\int \frac{\mathrm{d}x}{\sqrt{a^2-x^2}} = \int \frac{\mathrm{d}\left(\frac{x}{a}\right)}{\sqrt{1-\left(\frac{x}{a}\right)^2}} = \arcsin\frac{x}{a} + C.$$

▶ **例 5.4.8** ……………………………………………………

计算$\int \sec x\mathrm{d}x$.

解 应用凑微分法结合例 5.4.3 的结果可以得到

$$\int \sec x \mathrm{d}x = \int \frac{\cos x}{\cos^2 x}\mathrm{d}x = \int \frac{\mathrm{d}(\sin x)}{1-\sin^2 x} = \frac{1}{2}\ln\left|\frac{1+\sin x}{1-\sin x}\right| + C.$$

注意到

$$\frac{1+\sin x}{1-\sin x} = \frac{(1+\sin x)^2}{1-\sin^2 x} = \left(\frac{1+\sin x}{\cos x}\right)^2 = (\sec x+\tan x)^2,$$

所以又有

$$\int \sec x \mathrm{d}x = \ln|\sec x+\tan x| + C.$$

同理可得

$$\int \csc x \mathrm{d}x = \frac{1}{2}\ln\left|\frac{1-\cos x}{1+\cos x}\right| + C = \ln|\csc x-\cot x| + C.$$

例 5.4.9

计算$\int \frac{\mathrm{d}x}{x(1+x^5)}$.

解法一 $\int \frac{\mathrm{d}x}{x(1+x^5)} = \int\left[\frac{1}{x} - \frac{x^4}{1+x^5}\right]\mathrm{d}x = \ln|x| - \frac{1}{5}\ln|1+x^5| + C.$

解法二

$$\begin{aligned}\int \frac{\mathrm{d}x}{x(1+x^5)} &= \int \frac{\mathrm{d}x}{x^6(x^{-5}+1)} = -\frac{1}{5}\int \frac{(x^{-5}+1)'}{(x^{-5}+1)}\mathrm{d}x \\ &= -\frac{1}{5}\ln|x^{-5}+1| + C.\end{aligned}$$

例 5.4.10

计算$\int \sqrt{a^2-x^2}\,\mathrm{d}x\ (a>0)$.

解 设法做变换将被积函数中的根号去掉. 为此采用第二换元法，令 $x=a\sin t$，则 $|t|\leqslant\frac{\pi}{2}$ 对应 $|x|\leqslant a$，并且 $\mathrm{d}x=a\cos t\mathrm{d}t$，$\sqrt{a^2-x^2}=a\sqrt{1-\sin^2 t}=a\cos t$.

于是

$$\begin{aligned}\int \sqrt{a^2-x^2}\,\mathrm{d}x &= a^2\int \cos^2 t\mathrm{d}t = \frac{1}{2}a^2\int(1+\cos 2t)\mathrm{d}t \\ &= \frac{1}{2}a^2\left(t+\frac{1}{2}\sin 2t\right) + C.\end{aligned}$$

注意到 $t\in[-\pi/2,\pi/2]$ 时，$t=\arcsin\frac{x}{a}$，且

$$\frac{1}{2}\sin 2t = \sin t\cos t = \sin t\sqrt{1-\sin^2 t} = \frac{x}{a}\sqrt{1-\frac{x^2}{a^2}} = \frac{x}{a^2}\sqrt{a^2-x^2},$$

所以

$$\int \sqrt{a^2-x^2}\,\mathrm{d}x=\frac{a^2}{2}(t+\frac{1}{2}\sin 2t)+C=\frac{a^2}{2}\arcsin\frac{x}{a}+\frac{x}{2}\sqrt{a^2-x^2}+C.$$

例 5.4.11

计算$\int\frac{\mathrm{d}x}{1+\sqrt[3]{1+x}}$.

解 令 $u=\sqrt[3]{1+x}$，则 $x=u^3-1,\mathrm{d}x=3u^2\mathrm{d}u$，于是

$$\begin{aligned}\int\frac{\mathrm{d}x}{1+\sqrt[3]{1+x}}&=\int\frac{3u^2\mathrm{d}u}{1+u}=3\int\left(u-1+\frac{1}{1+u}\right)\mathrm{d}u\\&=3[\frac{1}{2}u^2-u+\ln(u+1)]+C\\&=3\left[\frac{1}{2}(1+x)^{\frac{2}{3}}-\sqrt[3]{1+x}+\ln\left(1+\sqrt[3]{1+x}\right)\right]+C.\end{aligned}$$

例 5.4.12

计算$\int\frac{\mathrm{d}x}{x^2\sqrt{1+x^2}}$.

解法一 令 $x=\tan t(|t|<\pi/2)$，则 $\mathrm{d}x=\frac{\mathrm{d}t}{\cos^2 t}$，因此

$$\int\frac{\mathrm{d}x}{x^2\sqrt{1+x^2}}=\int\frac{\cos t}{\tan^2 t}\cdot\frac{\mathrm{d}t}{\cos^2 t}=\int\frac{\cos t}{\sin^2 t}\mathrm{d}t=\frac{-1}{\sin t}+C.$$

由于

$$\frac{1}{\sin^2 t}=\frac{\sin^2 t+\cos^2 t}{\sin^2 t}=1+\frac{1}{\tan^2 t}=1+\frac{1}{x^2}=\frac{1+x^2}{x^2},$$

注意到 $t>0$ 对应 $x>0$，$t<0$ 对应 $x<0$，于是

$$\int\frac{\mathrm{d}x}{x^2\sqrt{1+x^2}}=\frac{-1}{\sin t}+C=-\frac{\sqrt{x^2+1}}{x}+C.$$

解法二 令 $x=\frac{1}{t}$，$\mathrm{d}x=-\frac{\mathrm{d}t}{t^2}$，于是当 $t>0$，亦即 $x>0$ 时，

$$\int\frac{\mathrm{d}x}{x^2\sqrt{1+x^2}}=\int\frac{-|t|}{\sqrt{1+t^2}}\mathrm{d}t=-\sqrt{1+t^2}+C=-\frac{\sqrt{x^2+1}}{x}+C.$$

当 $t<0$，亦即 $x<0$ 时，

$$\int\frac{\mathrm{d}x}{x^2\sqrt{1+x^2}}=\int\frac{-|t|}{\sqrt{1+t^2}}\mathrm{d}t=\sqrt{1+t^2}+C=-\frac{\sqrt{x^2+1}}{x}+C,$$

所以

$$\int\frac{\mathrm{d}x}{x^2\sqrt{1+x^2}}=-\frac{\sqrt{x^2+1}}{x}+C.$$

▶ **例 5.4.13** ……………………………………………………………………

计算$\int \frac{\mathrm{d}x}{\mathrm{e}^x+1}$.

解 $u=\mathrm{e}^x+1$,则 $x=\ln(u-1)$,$\mathrm{d}x=\frac{\mathrm{d}u}{u-1}$. 于是

$$\int \frac{\mathrm{d}x}{\mathrm{e}^x+1}=\int \frac{\mathrm{d}u}{u(u-1)}=\int\left(\frac{1}{u-1}-\frac{1}{u}\right)\mathrm{d}u$$
$$=\ln|u-1|-\ln|u|+C=x-\ln(\mathrm{e}^x+1)+C.$$

注 本题也可以用凑微分法:

$$\int \frac{\mathrm{d}x}{\mathrm{e}^x+1}=\int \frac{\mathrm{e}^{-x}\mathrm{d}x}{1+\mathrm{e}^{-x}}=-\int \frac{(1+\mathrm{e}^{-x})'\mathrm{d}x}{1+\mathrm{e}^{-x}}=-\ln(1+\mathrm{e}^{-x})+C.$$

5.4.3 分部积分法

设 $u(x)$与 $v(x)$在区间 I 上有连续的导数,则根据函数乘积求导公式,有

$$[u(x)v(x)]'=u(x)v'(x)+v(x)u'(x),$$

于是

$$\int u(x)v'(x)\mathrm{d}x+\int v(x)u'(x)\mathrm{d}x=\int [u(x)v(x)]'\mathrm{d}x,$$

也就是

$$\int u(x)v'(x)\mathrm{d}x=u(x)v(x)-\int v(x)u'(x)\mathrm{d}x.$$

这种方法称为分部积分法,是一种简便且很有用的积分方法,在很多积分问题中都需要应用这种方法.

▶ **例 5.4.14** ……………………………………………………………………

计算$\int x\cos x\mathrm{d}x$.

解 令 $u(x)=x$,$v(x)=\sin x$,则 $v'(x)=\cos x$. 应用分部积分法可得

$$\int x\cos x\mathrm{d}x=x\sin x-\int \sin x\mathrm{d}x=x\sin x+\cos x+C.$$

▶ **例 5.4.15** ……………………………………………………………………

计算$\int \ln x\mathrm{d}x$.

解 令 $u(x)=\ln x$,$v(x)=x$,则 $v'(x)=1$. 于是

$$\int \ln x\mathrm{d}x=x\ln x-\int x\cdot\frac{1}{x}\mathrm{d}x=x\ln x-x+C.$$

例 5.4.16 ……………………………………………………………………

计算$\int \arcsin x\mathrm{d}x$.

解 令$u(x)=\arctan x, v(x)=x$. 我们有

$$\int \arcsin x\mathrm{d}x = x\arcsin x - \int \frac{x\mathrm{d}x}{\sqrt{1-x^2}} = x\arcsin x + \sqrt{1-x^2} + C.$$

例 5.4.17 ……………………………………………………………………

计算$\int 3x^2\arctan x\mathrm{d}x$.

解 令$u(x)=\arctan x, v(x)=x^3$ 则有

$$\begin{aligned}\int 3x^2\arctan x\mathrm{d}x &= x^3\arctan x - \int \frac{x^3}{1+x^2}\mathrm{d}x \\ &= x^3\arctan x - \int \left(x - \frac{x}{1+x^2}\right)\mathrm{d}x \\ &= x^3\arctan x - \frac{1}{2}x^2 + \frac{1}{2}\ln(1+x^2) + C.\end{aligned}$$

例 5.4.18 ……………………………………………………………………

计算$\int \sqrt{a^2+x^2}\,\mathrm{d}x$.

解 应用分部积分法,

$$\begin{aligned}\int \sqrt{x^2+a^2}\,\mathrm{d}x &= x\sqrt{x^2+a^2} - \int \frac{x^2\mathrm{d}x}{\sqrt{x^2+a^2}} \\ &= x\sqrt{x^2+a^2} - \int \sqrt{x^2+a^2}\,\mathrm{d}x + \int \frac{a^2\mathrm{d}x}{\sqrt{x^2+a^2}}.\end{aligned}$$

移项得

$$\int \sqrt{x^2+a^2}\,\mathrm{d}x = \frac{x}{2}\sqrt{x^2+a^2} + \frac{a^2}{2}\int \frac{\mathrm{d}x}{\sqrt{x^2+a^2}},$$

从常用不定积分表知道

$$\int \frac{\mathrm{d}x}{\sqrt{x^2+a^2}} = \ln\left|x+\sqrt{x^2+a^2}\right| + C,$$

所以

$$\int \sqrt{x^2+a^2}\,\mathrm{d}x = \frac{x}{2}\sqrt{x^2+a^2} + \frac{a^2}{2}\ln\left|x+\sqrt{x^2+a^2}\right| + C.$$

同理可得

$$\int \sqrt{x^2-a^2}\,\mathrm{d}x = \frac{x}{2}\sqrt{x^2-a^2} - \frac{a^2}{2}\ln\left|x+\sqrt{x^2-a^2}\right| + C.$$

▶ **例 5.4.19** ……………………………………………………………………

计算 $I=\int e^{ax}\cos bx\,dx$ 与 $J=\int e^{ax}\sin bx\,dx$ $(ab\neq 0)$.

解 应用分部积分法得到

$$\int e^{ax}\cos bx\,dx=\int e^{ax}\,d\left(\frac{1}{b}\sin bx\right)=\frac{1}{b}e^{ax}\sin bx-\frac{a}{b}\int e^{ax}\sin bx\,dx;$$

$$\int e^{ax}\sin bx\,dx=\int e^{ax}\,d\left(-\frac{1}{b}\cos bx\right)=-\frac{1}{b}e^{ax}\cos bx+\frac{a}{b}\int e^{ax}\cos bx\,dx.$$

将 $\int e^{ax}\sin bx\,dx$ 和 $\int e^{ax}\cos bx\,dx$ 作为未知量，解上面的方程组，便得到

$$\int e^{ax}\cos bx\,dx=\frac{1}{a^2+b^2}e^{ax}(b\sin bx+a\cos bx)+C;$$

$$\int e^{ax}\sin bx\,dx=\frac{1}{a^2+b^2}e^{ax}(a\sin bx-b\cos bx)+C.$$

▶ **例 5.4.20** ……………………………………………………………………

计算积分 $I_n=\int(x^2+b^2)^{-n}dx$ $(n\geqslant 1)$.

解 应用分部积分法，对任何自然数 $k\geqslant 1$，有

$$\begin{aligned}I_k&=\int\frac{dx}{(x^2+b^2)^k}=\frac{x}{(x^2+b^2)^k}+2k\int\frac{x^2}{(x^2+b^2)^{k+1}}dx\\&=\frac{x}{(x^2+b^2)^k}+2k\int\left(\frac{1}{(x^2+b^2)^k}-\frac{b^2}{(x^2+b^2)^{k+1}}\right)dx\\&=x(x^2+b^2)^{-k}+2kI_k-2kb^2I_{k+1}.\end{aligned}$$

从而得到关于 I_k 的递推公式：

$$I_{k+1}=\frac{1}{2kb^2}\left[x(x^2+b^2)^{-k}+(2k-1)I_k\right]. \tag{2}$$

当 $k=1$ 时，直接计算可得

$$I_1=\int\frac{dx}{x^2+b^2}=\frac{1}{b}\int\frac{d\left(\frac{x}{b}\right)}{1+\left(\frac{x}{b}\right)^2}=\frac{1}{b}\arctan\left(\frac{x}{b}\right)+C.$$

再由递推公式(1)便可逐次得到 $I_2,I_3\cdots,I_n$ 的表达式.

习题 5.4

1. 思考下列问题，如果答案是肯定的，请简要证明；如果答案是否定的，请举出反例.

(1) 若 $f(x)$在区间 I 上可积,则 $f(x)$在区间 I 上是否存在原函数?

(2) 若 $f(x)$在区间 I 上仅有第一类间断点,那么 $f(x)$在区间 I 上是否存在原函数?

(3) 若 $f(x)$在区间 I 有原函数,则 $f(x)$在区间 I 上是否可积?

2. 考察下列函数在$(-\infty,+\infty)$是否有原函数,若有,请求出原函数;若没有,请说明理由.

(1) $f(x)=\begin{cases}x^2+1, & x\leqslant 0,\\ \cos x, & x>0;\end{cases}$　　(2) $f(x)=\begin{cases}x^2+1, & x\leqslant 0,\\ \cos x+\dfrac{\pi}{4}, & x>0;\end{cases}$

(3) $f(x)=\begin{cases}-\sin x, & x\leqslant 0,\\ \dfrac{1}{\sqrt{x}}, & x>0;\end{cases}$　　(4) $f(x)=\begin{cases}1, & x\leqslant 0,\\ x, & x>0.\end{cases}$

3. 求下列不定积分.

(1) $\int(x-x^{-2})\sqrt{x\sqrt{x}}\,\mathrm{d}x$;　　(2) $\int\dfrac{1-x^2}{1+x^2}\mathrm{d}x$;

(3) $\int a^x\mathrm{e}^x\mathrm{d}x$;　　(4) $\int(x-1)(3x-2)\mathrm{d}x$;

(5) $\int(2\cosh x-3\sinh x)\mathrm{d}x$;　　(6) $\int(1-2\cot^2 x)\mathrm{d}x$;

(7) $\int\left(\dfrac{4}{\sqrt{1-x^2}}+\sin x\right)\mathrm{d}x$;　　(8) $\int\tan x\mathrm{d}x$;

(9) $\int|(x-1)(3x-2)|\,\mathrm{d}x$.

4. 求下列不定积分.

(1) $\int\dfrac{2x+1}{x^2+x+1}\mathrm{d}x$;　　(2) $\int\dfrac{x}{\sqrt{4-x^2}}\mathrm{d}x$;

(3) $\int\dfrac{1}{(1+x^2)\arctan x}\mathrm{d}x$;　　(4) $\int\dfrac{1}{x^2}\sinh\dfrac{1}{x}\mathrm{d}x$;

(5) $\int\tanh x\mathrm{d}x$;　　(6) $\int x\sec^2(1-x^2)\mathrm{d}x$;

(7) $\int\dfrac{x^2}{1+x^6}\mathrm{d}x$;　　(8) $\int\dfrac{\sec^2 x}{\sqrt{1+\tan x}}\mathrm{d}x$;

(9) $\int\dfrac{x}{\sqrt{1+x^2}}\sin\sqrt{1+x^2}\,\mathrm{d}x$;　　(10) $\int\dfrac{\mathrm{e}^x}{1+\mathrm{e}^{2x}}\mathrm{d}x$;

(11) $\int\dfrac{1}{\mathrm{e}^x+\mathrm{e}^{-x}}\mathrm{d}x$;　　(12) $\int\dfrac{1}{(x\ln x)\ln(\ln x)}\mathrm{d}x$;

(13) $\int \frac{\sqrt{1-\ln x}}{x}\mathrm{d}x$；　　(14) $\int \frac{2^x}{\sqrt{4-4^{x+1}}}\mathrm{d}x$；

(15) $\int \sqrt{\frac{\arcsin x}{1-x^2}}\mathrm{d}x$.

5. 求下列不定积分.

(1) $\int \frac{1}{(3-x^2)}\mathrm{d}x$；　　(2) $\int \frac{x}{3-x^2}\mathrm{d}x$；

(3) $\int \frac{x}{x^2+x-6}\mathrm{d}x$；　　(4) $\int \frac{x-1}{x^2-4x+8}\mathrm{d}x$；

(5) $\int \frac{2x+1}{\sqrt{4x-x^2}}\mathrm{d}x$；　　(6) $\int \frac{x+1}{\sqrt{-x^2+2x+3}}\mathrm{d}x$；

(7) $\int \cos^2(1-2x)\mathrm{d}x$；　　(8) $\int \cos^3 x\mathrm{d}x$；

(9) $\int \sin\alpha x\cos\beta x\mathrm{d}x$；　　(10) $\int \tan^4 x\mathrm{d}x$；

(11) $\int \sqrt{1+\cos x}\mathrm{d}x$；　　(12) $\int \frac{\sin 2x}{1+\sin^4 x}\mathrm{d}x$.

6. 求下列不定积分.

(1) $\int \frac{x^2}{\sqrt{a^2+x^2}}\mathrm{d}x$；　　(2) $\int \frac{\sqrt{x^2-4}}{x}\mathrm{d}x$；

(3) $\int \frac{1}{x\sqrt{a^2-x^2}}\mathrm{d}x$；　　(4) $\int \frac{1}{x^2\sqrt{x^2-1}}\mathrm{d}x$；

(5) $\int \frac{2x-1}{\sqrt{4x^2+4x+5}}\mathrm{d}x$；　　(6) $\int \frac{x^2}{\sqrt{3+2x-x^2}}\mathrm{d}x$.

7. 求下列不定积分.

(1) $\int x\cos 2x\mathrm{d}x$；　　(2) $\int x\mathrm{e}^{-3x}\mathrm{d}x$；

(3) $\int x^2\sin 2x\mathrm{d}x$；　　(4) $\int x\arctan x\mathrm{d}x$；

(5) $\int x\ln(x-1)\mathrm{d}x$；　　(6) $\int \ln\left(x+\sqrt{1+x^2}\right)\mathrm{d}x$；

(7) $\int (\arccos x)^2\mathrm{d}x$；　　(8) $\int x\tan^2 x\mathrm{d}x$；

(9) $\int \frac{x}{\sin^2 x}\mathrm{d}x$；　　(10) $\int \mathrm{e}^x\sin^2 x\mathrm{d}x$；

(11) $\int \frac{\arcsin\mathrm{e}^x}{\mathrm{e}^x}\mathrm{d}x$；　　(12) $\int \sin(\ln x)\mathrm{d}x$.

5.5 有理函数与三角有理函数的不定积分

5.5.1 有理函数的不定积分

设 $p(x)$与 $q(x)$是两个多项式,形如 $R(x)=\dfrac{p(x)}{q(x)}$的函数称为有理函数.当 $p(x)$的次数小于 $q(x)$的次数时,称 $R(x)$为真分式,否则称 $R(x)$为假分式.我们知道,通过多项式除法可以将任一个有理函数表示为一个多项式与一个真分式之和.所以求一个有理函数的不定积分可以归结为求一个真分式的不定积分问题.

又由代数理论知道,任一个真分式都可以分解为下列四种基本分式之和:

$$\frac{A}{x-a},\frac{A}{(x-a)^k},\frac{Ax+B}{(x+a)^2+b^2},\frac{Ax+B}{((x+a)^2+b^2)^k}(k\geqslant 2). \tag{1}$$

具体地讲,设 $R(x)=\dfrac{p(x)}{q(x)}$是一个真分式,其中 $p(x)$与 $q(x)$没有共同的零点,且分母 $q(x)$可以分解为

$$q(x)=\prod_{i=1}^{m}(x-\alpha_i)^{l_i}\cdot\prod_{j=1}^{n}[(x+a_j)^2+b_j^2]^{k_j}, \tag{2}$$

则 $R(x)$可以分解为

$$\begin{aligned}R(x)=&\sum_{i=1}^{m}\left[\frac{\lambda_{i1}}{x-\alpha_i}+\frac{\lambda_{i2}}{(x-\alpha_i)^2}+\cdots+\frac{\lambda_{il_i}}{(x-\alpha_i)^{l_i}}\right]\\&+\sum_{j=1}^{n}\left[\frac{A_{j1}x+B_{j1}}{(x+a_j)^2+b_j^2}+\frac{A_{j2}x+B_{j2}}{((x+a_j)^2+b_j^2)^2}+\cdots\right.\\&\left.+\frac{A_{jk_j}x+B_{jk_j}}{((x+a_j)^2+b_j^2)^{k_j}}\right].\end{aligned} \tag{3}$$

在实际计算中,通常先假设 $R(x)$具有形如(3)式的分解式,其中每个 λ_{ij}与 A_{ij},B_{ij}都是待定常数.将(3)式的右端通分,其分母即为 $q(x)$,从而两端的分子相等.再比较系数便可求出这些待定常数.

根据(3)式,欲求真分式 $R(x)=\dfrac{p(x)}{q(x)}$的不定积分,只需求(1)式中的四种基本分式的不定积分即可.它们可以分别计算如下:

$$\int\frac{\mathrm{d}x}{x-a}=\ln|x-a|+C;$$

$$\int\frac{\mathrm{d}x}{(x-a)^k}=-\frac{1}{k-1}\frac{1}{(x-a)^{k-1}}+C(k\geqslant 2);$$

$$\int\frac{x+a}{[(x+a)^2+b^2]^k}\mathrm{d}x=\frac{-1}{2(k-1)[(x+a)^2+b^2]^{k-1}}+C\ (k\geqslant 1).$$

最后,记 $J_k=\int[(x+a)^2+b^2]^{-k}dx$,在5.4节(2)式中用 $x+a$ 代替 x 可得,

$$J_1=\int\frac{dx}{(x+a)^2+b^2}=\frac{1}{b}\arctan\left(\frac{x+a}{b}\right)+C;$$

$$J_{k+1}=\frac{1}{2kb^2}[(x+a)((x+a)^2+b^2)^{-k}+(2k-1)J_k]\quad(k\geqslant 2).$$

例 5.5.1

计算 $I=\int\frac{2x^2+2x+13}{(x-2)(x^2+1)^2}dx$.

解 设被积函数有分解式

$$\frac{2x^2+2x+13}{(x-2)(x^2+1)^2}=\frac{A}{x-2}+\frac{Bx+C}{x^2+1}+\frac{dx+E}{(x^2+1)^2},$$

其中 A,B,C,D,E 是待定常数.将上式右端通分合并,等式两端分子应相等:

$$\begin{aligned}2x^2+2x+13=&(A+B)x^4+(C-2B)x^3+(2A+B-2C+D)x^2\\&+(C-2B+E-2D)x+(A-2C-2E),\end{aligned}$$

比较两端同幂次的系数,得

$$\begin{cases}A+B=0,\\C-2B=0,\\2A+B-2C+D=2,\\C-2B+E-2D=2,\\A-2C-2E=13,\end{cases}$$

解此方程组,得到

$$A=1,B=-1,C=-2,D=-3,E=-4.$$

于是

$$\frac{2x^2+2x+13}{(x-2)(x^2+1)^2}=\frac{1}{x-2}-\frac{x+2}{x^2+1}-\frac{3x+4}{(x^2+1)^2}.$$

所以

$$\begin{aligned}I&=\int\frac{dx}{x-2}-\int\frac{x+2}{x^2+1}dx-\int\frac{3x+4}{(x^2+1)^2}dx\\&=\frac{1}{2}\frac{3-4x}{x^2+1}+\frac{1}{2}\ln\frac{(x-2)^2}{x^2+1}-4\arctan x+C.\end{aligned}$$

例 5.5.2

计算 $I=\int\frac{x^3+1}{x^4-3x^3+3x^2-x}dx$.

解 将被积函数的分母作因式分解:

$$x^4-3x^3+3x^2-x=x(x-1)^3,$$

所以被积函数应有分解式：

$$\frac{x^3+1}{x^4-3x^3+3x^2-x}=\frac{A}{x}+\frac{B}{x-1}+\frac{C}{(x-1)^2}+\frac{D}{(x-1)^3},$$

右端通分相加，可得

$$x^3+1=(A+B)x^3+(-3A-2B+C)x^2+(3A+B-C+D)x-A.$$

再比较等式两端同幂次的系数，有

$$A=-1,B=2,C=1,D=2,$$

于是

$$\begin{aligned}I&=-\int\frac{\mathrm{d}x}{x}+2\int\frac{\mathrm{d}x}{x-1}+\int\frac{\mathrm{d}x}{(x-1)^2}+2\int\frac{\mathrm{d}x}{(x-1)^3}\\&=-\ln|x|+2\ln|x-1|-\frac{1}{x-1}-\frac{1}{(x-1)^2}+C.\end{aligned}$$

5.5.2 三角有理式的不定积分

由 $\sin x,\cos x$ 与常数经过有限次四则运算所得到的表达式称为三角有理式，记作 $R(\sin x,\cos x)$. 对它的不定积分 $\int R(\sin x,\cos x)\mathrm{d}x$，作半角代换：$t=\tan\frac{x}{2}$，则有

$$x=2\arctan t,\quad \mathrm{d}x=\frac{2\mathrm{d}t}{1+t^2},$$

$$\sin x=\frac{2\sin\frac{x}{2}\cos\frac{x}{2}}{\cos^2\frac{x}{2}+\sin^2\frac{x}{2}}=\frac{2\tan\frac{x}{2}}{1+\tan^2\frac{x}{2}}=\frac{2t}{1+t^2},$$

$$\cos x=\frac{\cos^2\frac{x}{2}-\sin^2\frac{x}{2}}{\cos^2\frac{x}{2}+\sin^2\frac{x}{2}}=\frac{1-\tan^2\frac{x}{2}}{1+\tan^2\frac{x}{2}}=\frac{1-t^2}{1+t^2}.$$

于是

$$\int R(\sin x,\cos x)\mathrm{d}x=\int R\left(\frac{2t}{1+t^2},\frac{1-t^2}{1+t^2}\right)\frac{2}{1+t^2}\mathrm{d}t.$$

这个等式的右端是一个有理函数的积分. 由 5.4.4 小节中的讨论知，有理函数有初等的原函数. 于是任何三角有理函数都可以通过代换 $t=\tan\frac{x}{2}$ 找到初等的原函数. 因此，半角代换 $t=\tan\frac{x}{2}$ 也常称为“万能代换”.

▶ **例 5.5.3** ……………………………………………………………

求 $\int\frac{1+\sin x}{1+\cos x}\mathrm{d}x$.

解 令 $t=\tan\dfrac{x}{2}$，则有

$$1+\sin x=1+\frac{2t}{1+t^2}=\frac{(1+t)^2}{1+t^2},$$

$$1+\cos x=1+\frac{1-t^2}{1+t^2}=\frac{2}{1+t^2}.$$

于是

$$\begin{aligned}\int\frac{1+\sin x}{1+\cos x}\mathrm{d}x&=\int\frac{1}{2}(1+t)^2\frac{2}{1+t^2}\mathrm{d}t=\int\left(1+\frac{2t}{1+t^2}\right)\mathrm{d}t\\&=t+\ln(1+t^2)+C=\tan\frac{x}{2}-2\ln\left|\cos\frac{x}{2}\right|+C.\end{aligned}$$

但是，在很多情况下，采用万能变换将积分化为有理式的方法计算过程比较烦琐，因此，常需要寻求其他更简便的积分方法. 例如，例 5.5.3 也可如下求解：

$$\begin{aligned}\int\frac{1+\sin x}{1+\cos x}\mathrm{d}x&=\int\frac{1}{2\cos^2\dfrac{x}{2}}\mathrm{d}x+\int\frac{\sin x}{1+\cos x}\mathrm{d}x\\&=\tan\frac{x}{2}-\ln(1+\cos x)+C.\end{aligned}$$

例 5.5.4

计算 $I=\displaystyle\int\frac{\tan x}{a^2\cos^2x+b^2\sin^2x}\mathrm{d}x$.

解 令 $t=\tan x$，则

$$I=\int\frac{\tan x}{a^2+b^2\tan^2x}\cdot\frac{1}{\cos^2x}\mathrm{d}x=\frac{1}{2b^2}\ln(a^2+b^2\tan^2x)+C.$$

例 5.5.5

计算 $I=\displaystyle\int\frac{\sin 2x}{\cos^2x+2\sin x}\mathrm{d}x$.

解 令 $t=\sin x$，则 $\cos^2x+2\sin x=1+2t-t^2$，$\mathrm{d}t=\cos x\mathrm{d}x$，于是

$$\begin{aligned}I&=\int\frac{\sin 2x}{\cos^2x+2\sin x}\mathrm{d}x=\int\frac{2t\mathrm{d}t}{1+2t-t^2}\\&=\int\frac{2t-2}{1+2t-t^2}\mathrm{d}t+\int\frac{2\mathrm{d}t}{2-(t-1)^2}\\&=-\ln|1+2t-t^2|+\frac{1}{\sqrt{2}}\ln\left|\frac{\sqrt{2}-1+t}{\sqrt{2}+1-t}\right|+C\\&=-\ln|\cos^2x+2\sin x|+\frac{1}{\sqrt{2}}\ln\left|\frac{\sqrt{2}-1+\sin x}{\sqrt{2}+1-\sin x}\right|+C.\end{aligned}$$

5.5.3 一些简单无理式的不定积分

对于无理函数积分的基本方法就是通过适当的变量代换将其化为有理函数的积分.

(1) 形如$\int R\left(x,\sqrt[n]{\dfrac{ax+b}{cx+d}}\right)\mathrm{d}x$ 的积分,其中 $ad-bc\neq 0$,$R(u,v)$ 是由 u,v 与常数经过有限次四则运算所得到的有理式.

作变量代换 $t^n=\dfrac{ax+b}{cx+d}$,则 $x=\dfrac{dt^n-b}{a-ct^n}$,$\mathrm{d}x=\dfrac{ad-bc}{(a-ct^n)^2}nt^{n-1}\mathrm{d}t$,从而把原积分变换为一个有理函数的积分:

$$\int R\left(x,\sqrt[n]{\frac{ax+b}{cx+d}}\right)\mathrm{d}x=\int R\left(\frac{dt^n-b}{a-et^n},t\right)\cdot\frac{ad-bc}{(a-ct^n)^2}nt^{n-1}\mathrm{d}t.$$

▶ **例 5.5.6**

计算 $I=\displaystyle\int\frac{\mathrm{d}x}{\sqrt[3]{(x-1)(x+1)^2}}$.

解 令 $t=\sqrt[3]{\dfrac{x+1}{x-1}}$,则 $x=\dfrac{t^3+1}{t^3-1}$,$\mathrm{d}x=\dfrac{-6t^2}{(t^3-1)^2}\mathrm{d}t$,于是

$$\begin{aligned}I&=\int\sqrt[3]{\frac{x+1}{x-1}}\,\frac{\mathrm{d}x}{x+1}=\int\frac{-3}{t^3-1}\mathrm{d}t=\int\left(\frac{-1}{t-1}+\frac{t+2}{t^2+t+1}\right)\mathrm{d}t\\&=-\ln|t-1|+\frac{1}{2}\ln|t^2+t+1|+\sqrt{3}\arctan\frac{2t+1}{\sqrt{3}}+C\\&=\frac{1}{2}\ln\frac{t^3-1}{(t-1)^3}+\sqrt{3}\arctan\frac{2t+1}{\sqrt{3}}+C\\&=\frac{1}{2}\ln|x-1|-\frac{3}{2}\ln\left|\sqrt[3]{\frac{x+1}{x-1}}-1\right|\\&\quad+\sqrt{3}\arctan\left[\frac{2}{\sqrt{3}}\left(\sqrt[3]{\frac{x+1}{x-1}}-\frac{1}{2}\right)\right]+C.\end{aligned}$$

(2) 形如$\int R\left(x,\sqrt{ax^2+bx+c}\right)\mathrm{d}x$ 的积分($a\neq 0$)

这里主要考虑无理式积分,故可设 ax^2+bx+c 没有重零点. 从而这个积分总可以化为下列三种情形之一:

① $\int R\left(x,\sqrt{(x+p)^2+q^2}\right)\mathrm{d}x$;

② $\int R\left(x,\sqrt{(x+p)^2-q^2}\right)\mathrm{d}x$;

③ $\int R\left(x,\sqrt{q^2-(x+p)^2}\right)\mathrm{d}x$.

对这三种情形,可以分别作下列变换将它们化为三角有理式的积分:

$$x+p=q\tan t, x+p=q\sec t, x+p=q\sin t.$$

例 5.5.7

计算 $I=\int \frac{\sqrt{x^2-2x+2}}{x-1}\mathrm{d}x.$

解 令 $x-1=\tan t\left(|t|<\frac{\pi}{2}\right)$,则 $\sqrt{x^2-2x+2}=\sqrt{\tan^2 t+1}=\frac{1}{\cos t}$, $\mathrm{d}x=\frac{\mathrm{d}t}{\cos^2 t}$,所以

$$\begin{aligned} I&=\int \frac{1}{\sin t}\cdot\frac{\mathrm{d}t}{\cos^2 t}=\int \frac{-\sin t\mathrm{d}t}{(\cos^2 t-1)\cos^2 t}\\ &=\int\left(\frac{1}{\cos^2 t-1}-\frac{1}{\cos^2 t}\right)(-\sin t)\mathrm{d}t=\frac{1}{\cos t}+\frac{1}{2}\ln\left|\frac{\cos t-1}{\cos t+1}\right|+C\\ &=\sqrt{x^2-2x+2}+\ln\left|\frac{\sqrt{x^2-2x+2}-1}{x-1}\right|+C. \end{aligned}$$

注 本题也可采用下面更为简便的解法:

令 $u=\sqrt{x^2-2x+2}$,则 $u^2-1=(x-1)^2$, $u\mathrm{d}u=(x-1)\mathrm{d}x$. 因此

$$\begin{aligned} I&=\int \frac{u^2}{u^2-1}\mathrm{d}u=u+\frac{1}{2}\ln\left|\frac{u-1}{u+1}\right|+C\\ &=\sqrt{x^2-2x+2}+\ln\left|\frac{\sqrt{x^2-2x+2}-1}{x-1}\right|+C. \end{aligned}$$

在本节与上节中我们介绍了求一个函数的不定积分的一些基本方法. 由于求一个给定函数的不定积分,常常没有固定的法则和步骤可循,这就需要读者多加练习,逐步做到熟能生巧. 此外,查阅积分表与使用功能强大的数学软件如 MATLAB,Mathematica 等,也是求不定积分的有效途径.

最后还需要指出,虽然区间上的每个连续函数必有原函数,但是有许多连续的初等函数,它们的原函数却不再是初等函数. 因而不能用本节所介绍的方法来求其原函数. 例如下列初等函数:

$$\mathrm{e}^{-x^2}, \sin x^2, \cos x^2, \frac{\sin x}{x}, \frac{\cos x}{x}, \frac{1}{\ln x}, \sqrt{1-k^2\sin^2 x} \quad (0<k<1),$$

它们的原函数就不再是初等函数.

习题 5.5

1. 求下列不定积分.

(1) $\int \frac{1}{(x+1)(x+2)^2}\mathrm{d}x$;　　(2) $\int \frac{1}{x(1+x^2)}\mathrm{d}x$;

(3) $\int \frac{x^3+1}{x^3-5x^2+6x}\mathrm{d}x$.

(4) $\int \frac{1}{x^4-1}\mathrm{d}x$;

(5) $\int \frac{x^4}{x^4+5x^2+4}\mathrm{d}x$;

(6) $\int \frac{1}{1+x^3}\mathrm{d}x$;

(7) $\int \frac{x^7}{(1-x^2)^5}\mathrm{d}x$;

(8) $\int \frac{1}{x^4(2x^2-1)}\mathrm{d}x$.

2. 求下列不定积分.

(1) $\int \frac{\sin^4 x}{\cos^3 x}\mathrm{d}x$;

(2) $\int \frac{1}{\sin x\cos^4 x}\mathrm{d}x$;

(3) $\int \frac{\sin^2 x}{1+\sin^2 x}\mathrm{d}x$.

(4) $\int \frac{1+\tan x}{\sin 2x}\mathrm{d}x$;

(5) $\int \frac{1-\tan x}{1+\tan x}\mathrm{d}x$;

(6) $\int \frac{1}{(2+\cos x)\sin x}\mathrm{d}x$;

(7) $\int \frac{\sin x}{\sin x+\cos x}\mathrm{d}x$;

(8) $\int \frac{1}{5+4\sin x}\mathrm{d}x$;

(9) $\int \frac{\cos x}{\sin x+\cos x}\mathrm{d}x$;

(10) $\int \frac{\sin x\cos^3 x}{1+\cos^2 x}\mathrm{d}x$.

3. 求下列不定积分.

(1) $\int \frac{1}{\sqrt{x}(\sqrt{x}+\sqrt[3]{x})}\mathrm{d}x$;

(2) $\int \frac{\sqrt{x+1}-\sqrt{x-1}}{\sqrt{x+1}+\sqrt{x-1}}\mathrm{d}x$;

(3) $\int x\sqrt{x+2}\,\mathrm{d}x$;

(4) $\int x^2\sqrt{1-x^2}\,\mathrm{d}x$;

(5) $\int x\sqrt{x^4+2x^2-1}\,\mathrm{d}x$;

(6) $\int x\sqrt{\frac{1+x}{1-x}}\,\mathrm{d}x$;

(7) $\int \sqrt{\frac{a-x}{x-b}}\,\mathrm{d}x$;

(8) $\int \frac{1-x+x^2}{\sqrt{1+x-x^2}}\mathrm{d}x$;

(9) $\int \frac{1}{\sqrt{(a^2-x^2)^3}}\mathrm{d}x$.

4. 求下列不定积分.

(1) $\int \frac{\sqrt{1+\cos x}}{\sin x}\mathrm{d}x,\quad x\in(0,\pi)$;

(2) $\int \sqrt{1+\csc x}\,\mathrm{d}x$;

(3) $\int \frac{x}{1-\cos x}\mathrm{d}x$;

(4) $\int \frac{\arctan\sqrt{x}}{\sqrt{x}(1+x)}\mathrm{d}x$;

(5) $\int \frac{1-\ln x}{\ln^2 x}\mathrm{d}x$;

(6) $\int \frac{1+\sin x}{1+\cos x}\mathrm{e}^x\,\mathrm{d}x$;

(7) $\int \frac{x^2-1}{x^4+1}\mathrm{d}x$;

(8) $\int \frac{x\ln x}{(x^2+1)^2}\mathrm{d}x$;

(9) $\int \frac{\arctan x}{x^2(1+x^2)} \mathrm{d}x$.

5.6 定积分的计算

掌握了牛顿-莱布尼茨公式与原函数的求法，就可以进一步讨论定积分的计算问题.

例 5.6.1

计算$\int_{-1}^{1} x\sqrt{x+1}\,\mathrm{d}x$.

解

$$\begin{aligned}\int_{-1}^{1} x\sqrt{x+1}\,\mathrm{d}x &= \int_{-1}^{1}(x+1)\sqrt{x+1}\,\mathrm{d}x - \int_{-1}^{1}\sqrt{x+1}\,\mathrm{d}x \\ &= \frac{2}{5}(x+1)^{2/5}\Big|_{-1}^{1} - \frac{2}{3}(x+1)^{2/3}\Big|_{-1}^{1} \\ &= \frac{2}{5}\times 2^{2/5} - \frac{2}{3}\times 2^{2/3} = \frac{4}{15}\sqrt{2}.\end{aligned}$$

例 5.6.2

计算半径为 a 的圆 $x^2+y^2 \leqslant a^2$ 的面积 S.

解 根据圆的对称性与积分的几何意义，

$$S = 4\int_0^a \sqrt{a^2-x^2}\,\mathrm{d}x.$$

由例 5.4.10，被积函数$\sqrt{a^2-x^2}$有原函数$\frac{a^2}{2}\arcsin\frac{x}{a}+\frac{x}{2}\sqrt{a^2-x^2}$，于是

$$S = 4\int_0^a \sqrt{a^2-x^2}\,\mathrm{d}x = 4\left(\frac{a^2}{2}\arcsin\frac{x}{a}+\frac{x}{2}\sqrt{a^2-x^2}\right)\Big|_0^a = \pi a^2.$$

这就是我们熟知的圆的面积公式.

类似于不定积分的情形，对于定积分，也有如下换元法：

定理 5.6.1（定积分换元法）

设函数 $f\in C[a,b]$，φ 在$[\alpha,\beta]$上有连续导数. 又设函数 $x=\varphi(t)$ 在$[\alpha,\beta]$上的值域包含于$[a,b]$中，且 $\varphi(\alpha)=a$，$\varphi(\beta)=b$，则有

$$\int_a^b f(x)\mathrm{d}x = \int_\alpha^\beta f(\varphi(t))\varphi'(t)\mathrm{d}t.$$

证明 $f\in C[a,b]$，故 f 在$[a,b]$上有原函数 $F(x)$，此时 $F(\varphi(t))$是$f(\varphi(t))\varphi'(t)$的一个原函数，因此

$$\int_\alpha^\beta f(\varphi(t))\varphi'(t)\mathrm{d}t = F(\varphi(t))\,\big|_\alpha^\beta = F(b)-F(a) = \int_a^b f(x)\mathrm{d}x.$$

利用定理 5.6.1,例 5.6.2 中的定积分$\int_0^a \sqrt{a^2-x^2}\,\mathrm{d}x$也可以如下计算:

令 $x=a\sin t$,则 $t\in[0,\pi/2]$对应 $x\in[0,a]$,$t=0$ 对应 $x=0$,$t=\pi/2$ 对应 $x=a$,$\sqrt{a^2-x^2}\,\mathrm{d}x=a^2\cos^2 t\mathrm{d}t$. 所以由定理 5.6.1,

$$\int_0^a \sqrt{a^2-x^2}\,\mathrm{d}x=\int_0^{\pi/2} a^2\cos^2 t\mathrm{d}t=\frac{a^2}{2}\left(t-\frac{\sin 2t}{2}\right)\Big|_0^{\pi/2}=\frac{\pi}{4}a^2.$$

比较上述对于定积分$\int_0^a \sqrt{a^2-x^2}\,\mathrm{d}x$ 的两种计算方法可以看到,二者对于变换函数($x=a\sin t$) 的选取是同样的. 定积分的换元法需要把新旧变量 t 与 x 的变化区间以及区间端点之间的对应关系弄清楚,直接把原定积分变换为关于 t 的定积分,因而不再需要将关于变量 t 的原函数还原为 x 的函数. 这在很多情况下会使计算变得简单.

▶ **例 5.6.3** ……………………………………

设 $f\in C[-a,a](a>0)$,求证:

$$\int_{-a}^a f(x)\mathrm{d}x=\begin{cases}2\int_0^a f(x)\mathrm{d}x, & f\text{ 为偶函数},\\ 0, & f\text{ 为奇函数}.\end{cases}$$

证明 对于积分$\int_{-a}^0 f(x)\mathrm{d}x$,令 $x=-t$,则有

$$\int_{-a}^0 f(x)\mathrm{d}x=-\int_a^0 f(-t)\mathrm{d}t=\int_0^a f(-t)\mathrm{d}t=\int_0^a f(-x)\mathrm{d}x,$$

所以

$$\begin{aligned}\int_{-a}^a f(x)\mathrm{d}x&=\int_0^a f(x)\mathrm{d}t+\int_{-a}^0 f(x)\mathrm{d}x\\&=\int_0^a f(x)\mathrm{d}x+\int_0^a f(-x)\mathrm{d}x\\&=\int_0^a [f(x)+f(-x)]\mathrm{d}x\\&=\begin{cases}2\int_0^a f(x)\mathrm{d}x, & f\text{ 为偶函数},\\ 0, & f\text{ 为奇函数}.\end{cases}\end{aligned}$$

▶ **例 5.6.4** ……………………………………

设 f 是以 T 为周期的连续函数,则 $\forall a\in\mathbb{R}$,有

$$\int_a^{a+T} f(x)\mathrm{d}x=\int_0^T f(x)\mathrm{d}x. \tag{1}$$

证明

$$\int_a^{a+T} f(x)\mathrm{d}x=\int_a^0 f(x)\mathrm{d}x+\int_0^T f(x)\mathrm{d}x+\int_T^{a+T} f(x)\mathrm{d}x. \tag{2}$$

对于积分$\int_T^{a+T} f(x)\mathrm{d}x$，令 $x=t+T$，注意到 f 的周期性，可得

$$\int_T^{a+T} f(x)\mathrm{d}x=\int_0^a f(t+T)\mathrm{d}t=\int_0^a f(t)\mathrm{d}t$$

$$=-\int_a^0 f(x)\mathrm{d}x. \tag{3}$$

结合(2)式与(3)式便得到(1)式.

例 5.6.5

计算 $I=\int_0^{\pi}\frac{x\sin x}{1+\cos^2 x}\mathrm{d}x$.

解 令 $x=\pi-t$，则

$$I=\int_{\pi}^{0}\frac{(\pi-t)\sin(\pi-t)}{1+\cos^2(\pi-t)}(-\mathrm{d}t)=\int_0^{\pi}\frac{(\pi-t)\sin t}{1+\cos^2 t}\mathrm{d}t=\int_0^{\pi}\frac{\pi\sin t}{1+\cos^2 t}\mathrm{d}t-I,$$

于是

$$I=\frac{\pi}{2}\int_0^{\pi}\frac{\sin t}{1+\cos^2 t}\mathrm{d}t=-\frac{\pi}{2}\arctan(\cos t)\Big|_0^{\pi}=\frac{\pi^2}{4}.$$

定积分计算的另一重要方法是分部积分法. 设 $u(x)$ 与 $v(x)$ 在区间 I 上有连续的导数，则

$$[u(x)v(x)]'=u(x)v'(x)+v(x)u'(x).$$

于是由牛顿-莱布尼茨公式可得

$$\int_a^b u(x)v'(x)\mathrm{d}x=u(x)v(x)\Big|_a^b-\int_a^b u'(x)v(x)\mathrm{d}x.$$

这就是定积分的分部积分公式. 在很多积分问题中都需要应用这种积分方法.

例 5.6.6

计算$\int_0^1 x\ln^2 x\mathrm{d}x$.

解
$$\int_0^1 x\ln^2 x\mathrm{d}x=\frac{1}{2}x^2\ln^2 x\Big|_0^1-\int_0^1 x\ln x\mathrm{d}x$$
$$=\frac{-1}{2}x^2\ln x\Big|_0^1+\frac{1}{2}\int_0^1 x\mathrm{d}x=\frac{1}{4}.$$

例 5.6.7

计算$\int_0^1 \mathrm{e}^{\sqrt{x}}\mathrm{d}x$.

解 令 $t=\sqrt{x}$，则 $\mathrm{d}x=2t\mathrm{d}t$，$t\in[0,1]$对应 $x\in[0,1]$，$t=0,1$ 分别对应 $x=0,1$，所以

$$\int_0^1 \mathrm{e}^{\sqrt{x}}\mathrm{d}x=\int_0^1 \mathrm{e}^t 2t\mathrm{d}t=\mathrm{e}^t 2t\Big|_0^1-2\int_0^1\mathrm{e}^t\mathrm{d}t=2\mathrm{e}-2\mathrm{e}^t\Big|_0^1=2.$$

例 5.6.8

计算 $I=\int_{\frac{1}{e}}^{e}|\ln x|\,dx$.

解 令 $t=\ln x$，则 $x=e^t$ 且 $t\in[-1,1]$ 对应 $x\in[1/e,e]$. 因此

$$I=\int_{\frac{1}{e}}^{e}|\ln x|\,dx=\int_{-1}^{1}|t|e^t dt=\int_0^1 te^t dt-\int_{-1}^{0}te^t dt.$$

而

$$\int_0^1 te^t dt=te^t\Big|_0^1-\int_0^1 e^t dt=te^t\Big|_0^1-e^t\Big|_0^1=1\ ;$$

$$\int_{-1}^{0}te^t dt=te^t\,|_{-1}^{0}-\int_{-1}^{0}te^t dt=te^t\,|_{-1}^{0}-e^t\,|_{-1}^{0}=-1+\frac{e}{2}.$$

所以 $I=2-\dfrac{2}{e}$.

例 5.6.9

计算 $I=\int_0^{\frac{1}{2}}\arcsin x\,dx$.

解法一 用分部积分法，

$$\begin{aligned}I&=x\arcsin x\Big|_0^{\frac{1}{2}}-\int_0^{\frac{1}{2}}\frac{x\,dx}{\sqrt{1-x^2}}\\&=\frac{\pi}{12}+\sqrt{1-x^2}\Big|_0^{1/2}\\&=\frac{\pi}{12}+\frac{\sqrt{3}}{2}-1.\end{aligned}$$

解法二 令 $t=\arcsin x$，则 $dx=\cos t\,dt$，$t\in\left[0,\dfrac{\pi}{6}\right]$对应 $x\in\left[0,\dfrac{1}{2}\right]$. 所以

$$I=\int_0^{\pi/6}t\cos t\,dt=t\sin t\,|_0^{\pi/6}-\int_0^{\pi/6}\sin t\,dt=\frac{\pi}{12}+\frac{\sqrt{3}}{2}-1.$$

例 5.6.10

求证：

$$\int_0^{\frac{\pi}{2}}\sin^n x\,dx=\int_0^{\frac{\pi}{2}}\cos^n x\,dx\quad(n\in\mathbb{N});$$

并求其值 I_n.

证明 令 $x=\dfrac{\pi}{2}-t$，则有

$$\int_0^{\frac{\pi}{2}}\sin^n x\,dx=-\int_{\frac{\pi}{2}}^{0}\sin^n\left(\frac{\pi}{2}-t\right)dt=-\int_{\frac{\pi}{2}}^{0}\cos^n t\,dt=\int_0^{\frac{\pi}{2}}\cos^n t\,dt.$$

为计算 $I_n=\int_0^{\frac{\pi}{2}}\sin^n x\,dx$ 的值，使用分部积分法，

$$\begin{aligned}I_n&=-\int_0^{\frac{\pi}{2}}\sin^{n-1}x\cdot(\cos x)'\mathrm{d}x\\&=-\cos x\sin^{n-1}x\Big|_0^{\frac{\pi}{2}}+(n-1)\int_0^{\frac{\pi}{2}}\sin^{n-2}x\cdot\cos^2x\mathrm{d}x\\&=(n-1)\int_0^{\frac{\pi}{2}}\sin^{n-2}x(1-\sin^2x)\mathrm{d}x=(n-1)I_{n-2}-(n-1)I_n.\end{aligned}$$

由此得到

$$I_n=\frac{n-1}{n}I_{n-2}.$$

这是一个关于 I_n 的递推公式.反复利用这个递推公式,并注意到

$$I_0=\int_0^{\frac{\pi}{2}}\mathrm{d}x=\frac{\pi}{2},\quad I_1=\int_0^{\frac{\pi}{2}}\sin x\mathrm{d}x=1,$$

可得

$$I_{2n}=\frac{2n-1}{2n}\cdot\frac{2n-3}{2n-2}\cdot\cdots\cdot\frac{1}{2}\cdot\frac{\pi}{2}.$$

$$I_{2n-1}=\frac{2n-2}{2n-1}\cdot\frac{2n-4}{2n-3}\cdot\cdots\cdot\frac{2}{3}.$$

记

$$(2n)!!=2n\cdot(2n-2)\cdots2,$$

$$(2n-1)!!=(2n-1)\cdot(2n-3)\cdots3\cdot1$$

(称为双阶乘),则有

$$I_{2n}=\frac{(2n-1)!!}{(2n)!!}\cdot\frac{\pi}{2},\quad I_{2n-1}=\frac{(2n-2)!!}{(2n-1)!!}.$$

作为本节结束,我们给出 f 在点 x_0 的 n 阶泰勒公式的**积分余项形式**.

定理 5.6.2

设 f 在$[a,b]$上有 $n+1$ 阶连续导数,$x_0\in[a,b]$,则 $\forall x\in[a,b]$,有

$$f(x)=\sum_{k=0}^{n}\frac{f^{(k)}(x_0)}{k!}(x-x_0)^k+R_n(x),\tag{4}$$

其中

$$R_n(x)=\frac{1}{n!}\int_{x_0}^{x}(x-u)^nf^{(n+1)}(u)\mathrm{d}u.\tag{5}$$

证明 当 $n=0$ 时,根据牛顿-莱布尼茨公式,

$$f(x)=f(x_0)+\int_{x_0}^{x}f'(u)\mathrm{d}u.$$

定理结论成立.假定当 $n=m-1$ 时,定理结论成立,即

$$f(x)=\sum_{k=0}^{m-1}\frac{f^{(k)}(x_0)}{k!}(x-x_0)^k+\frac{1}{(m-1)!}\int_{x_0}^{x}(x-u)^{m-1}f^{(m)}(u)\mathrm{d}u.\quad(6)$$

应用分部积分法,

$$\begin{aligned}&\frac{1}{(m-1)!}\int_{x_0}^{x}(x-u)^{m-1}f^{(m)}(u)\mathrm{d}u\\&=\frac{-1}{m!}(x-u)^m f^{(m)}(u)\Big|_{x_0}^{x}+\frac{1}{m!}\int_{x_0}^{x}(x-u)^m f^{(m+1)}(u)\mathrm{d}u\\&=\frac{1}{m!}(x-x_0)^m f^{(m)}(x_0)+\frac{1}{m!}\int_{x_0}^{x}(x-u)^m f^{(m+1)}(u)\mathrm{d}u.\end{aligned}$$

代入(6)式即得

$$f(x)=\sum_{k=0}^{m}\frac{f^{(k)}(x_0)}{k!}(x-x_0)^k+\frac{1}{m!}\int_{x_0}^{x}(x-u)^m f^{(m+1)}(u)\mathrm{d}u.$$

所以当 $n=m$ 时,定理结论成立. 根据数学归纳法,定理结论对任何自然数 n 成立.

若令 $u=x_0+t(x-x_0)$,则 $x-u=(x-x_0)(1-t)$,因而积分余项形式(5)也可以写为

$$R_n(x)=\frac{(x-x_0)^{n+1}}{n!}\int_0^1(1-t)^n f^{(n+1)}(x_0+t(x-x_0))\mathrm{d}t.\quad(7)$$

由于函数 $(1-t)^n$ 与 $f^{(n+1)}(x_0+t(x-x_0))$ 都在 $t\in[0,1]$ 上连续,应用积分第一中值定理便得到 f 在点 x_0 的 n 阶泰勒公式的**柯西余项形式**:

$$R_n(x)=\frac{(x-x_0)^{n+1}}{n!}(1-\theta)^n f^{(n+1)}(x_0+\theta(x-x_0))\quad(0\leqslant\theta\leqslant 1).$$

习题 5.6

1. 求下列定积分.

(1) $\displaystyle\int_0^{2\pi}|\sin x|\mathrm{d}x$;　　(2) $\displaystyle\int_0^{\pi}\sqrt{1-\sin 2x}\,\mathrm{d}x$;

(3) $\displaystyle\int_0^{2}|(x-1)(x-2)|\mathrm{d}x$;　　(4) $\displaystyle\int_1^{\sqrt{3}}\frac{1}{x+x^3}\mathrm{d}x$;

(5) $\displaystyle\int_1^{2}\frac{1}{x^2-2x-3}\mathrm{d}x$;　　(6) $\displaystyle\int_0^{1}\frac{1}{(x^2-2)^2}\mathrm{d}x$;

(7) $\displaystyle\int_0^{1}\frac{\sqrt{x}}{4-\sqrt{x}}\mathrm{d}x$;　　(8) $\displaystyle\int_0^{\frac{\pi}{4}}\tan^3 x\mathrm{d}x$;

(9) $\displaystyle\int_0^{1}\frac{x^2}{(1+x)^{\frac{3}{2}}}\mathrm{d}x$;　　(10) $\displaystyle\int_{\frac{1}{\sqrt{2}}}^{1}\frac{\sqrt{1-x^2}}{x^2}\mathrm{d}x$;

(11) $\displaystyle\int_0^{1}\frac{1}{(x+1)\sqrt{1+x^2}}\mathrm{d}x$;　　(12) $\displaystyle\int_{-2}^{-\sqrt{2}}\frac{1}{x^2\sqrt{x^2-1}}\mathrm{d}x$;

(13) $\int_0^{\frac{\pi}{4}} \frac{1}{1+\cos^2 x}\mathrm{d}x$； (14) $\int_0^{\ln 2} \sqrt{1+\mathrm{e}^x}\,\mathrm{d}x$；

(15) $\int_0^1 \sqrt{2x+x^2}\,\mathrm{d}x$.

2. 求下列定积分.

(1) $\int_0^{\pi}(1-2x)\sin x\mathrm{d}x$； (2) $\int_0^1 x^2\mathrm{e}^{-2x}\mathrm{d}x$；

(3) $\int_0^{\frac{\pi}{2}} x\cos^2 x\mathrm{d}x$； (4) $\int_0^{\sqrt{3}} x\arctan x\mathrm{d}x$；

(5) $\int_0^{\frac{\pi}{4}} \mathrm{e}^{-x}\sin 2x\mathrm{d}x$； (6) $\int_{\mathrm{e}^{-1}}^{\mathrm{e}} |\ln x|\,\mathrm{d}x$；

(7) $\int_0^1 x\tan^2 x\mathrm{d}x$； (8) $\int_0^{\frac{\pi}{2}} \mathrm{e}^{2x}\sin^2 x\mathrm{d}x$.

3. 求下列定积分.

(1) $\int_0^{\frac{\pi}{2}} \sin^4 x\mathrm{d}x$； (2) $\int_0^{\pi} \sin^5 x\mathrm{d}x$；

(3) $\int_0^{\pi} \cos^6 x\mathrm{d}x$； (4) $\int_0^{\pi} \cos^7 x\mathrm{d}x$；

(5) $\int_0^{\pi} \sin^2 x\cos^4 x\mathrm{d}x$； (6) $\int_{-\frac{\pi}{4}}^{\frac{\pi}{4}} \sin^4 2x\mathrm{d}x$；

(7) $\int_{-a}^{a} (1-x)^2\sqrt{a^2-x^2}\,\mathrm{d}x$； (8) $\int_{-a}^{a}(1-x)\sqrt{a^2-x^2}\,\mathrm{d}x$；

(9) $\int_0^{2a} x\sqrt{a^2-(x-a)^2}\,\mathrm{d}x$.

4. 设 $f(x)$为连续函数,证明:

(1) 若 $f(x)$ 为奇函数,则$\int_0^x f(x)\mathrm{d}x$ 为偶函数；

(2) 若 $f(x)$ 为偶函数,则$\int_0^x f(x)\mathrm{d}x$ 为奇函数；

(3) 奇函数所有的原函数均为偶函数；偶函数的原函数中只有一个是奇函数.

5. 设 $f(x)$ 为连续函数,证明：$\int_0^{\pi} xf(\sin x)\mathrm{d}x = \frac{\pi}{2}\int_0^{\pi} f(\sin x)\mathrm{d}x$.

6. 设 $f(x)$为连续函数,且关于直线 $x=l(a<l<b)$对称,证明：

$$\int_a^b f(x)\mathrm{d}x = 2\int_l^b f(x)\mathrm{d}x + \int_a^{2l-b} f(x)\mathrm{d}x.$$

7. 设 $f(x)$ 为连续函数,证明：$\int_0^x (x-t)f(t)\mathrm{d}t = \int_0^x\left[\int_0^t f(s)\mathrm{d}s\right]\mathrm{d}t$.

8. 计算积分：$\int_0^1 xf(x)\mathrm{d}x$,其中 $f(x) = \int_1^{x^2} \mathrm{e}^{-t^2}\mathrm{d}t$.

9. 设 $I_n(x)=\int_0^x \frac{t^n}{\sqrt{t^2+a^2}}\mathrm{d}t(a>0)$.

(1) 证明：$nI_n(x)=x^{n-1}\sqrt{x^2+a^2}-(n-1)a^2I_{n-2}(x)$；

(2) 求：$I_5(2)$.

10. 设 $I_n=\int_0^{\frac{\pi}{4}}\tan^n x\,\mathrm{d}x$. 证明：

(1) $I_{n+1}<I_n$；(2) 当 $n\geqslant 2$ 时，$I_n+I_{n-2}=\frac{1}{n-1}$；(3) 当 $n\geqslant 2$ 时，$\frac{1}{n+1}<2I_n<\frac{1}{n-1}$.

11. 证明：$\int_{-a}^a f(x)\mathrm{d}x=\frac{1}{2}\int_{-a}^a[f(x)+f(-x)]\mathrm{d}x$，并计算：$\int_{-\frac{\pi}{2}}^{\frac{\pi}{2}}\frac{\sin^2 x}{1+\mathrm{e}^{-x}}\mathrm{d}x$.

12. 设 $f(x)$ 在$[0,1]$上连续，单调不增，证明：$\forall a\in[0,1]$ 有 $\int_0^a f(x)\mathrm{d}x\geqslant a\int_0^1 f(x)\mathrm{d}x$.

13. 设 $f(x)$ 在$[0,1]$上连续，$(0,1)$ 可导，且 $\int_0^1 f(x)\mathrm{d}x=0$，证明：

(1) 在$(0,1)$至少存在一点 ξ，使得 $\int_0^\xi f(x)\mathrm{d}x=-\xi f(\xi)$；

(2) 在$(0,1)$至少存在一点 η，使得 $2f(\eta)+\eta f'(\eta)=0$.

14. 设 $f(x)$ 在$[0,1]$可导，且 $2\int_0^{\frac{1}{2}}xf(x)\mathrm{d}x=f(1)$，证明：存在一点 $\xi\in(0,1)$，使得

$$f(\xi)+\xi f'(\xi)=0.$$

5.7 积分的应用

积分在许多科学领域有非常广泛的应用. 本节中，我们主要考虑积分在几何与物理学中的一些基本应用. 对于本节内容，重要的是弄清楚处理这些问题的思路和技巧，从中逐步领会如何应用积分工具去分析解决实际问题.

5.7.1 平面区域的面积

促使定积分产生的因素之一就是平面图形的面积问题. 在 5.1 节中我们已经看到，如果平面区域 D 是由直线 $x=a$，$x=b$，x 轴及连续曲线 $y=f(x)$（$f(x)\geqslant 0$）围成的曲边梯形，那么 D 的面积 S 为

$$S=\int_a^b f(x)\mathrm{d}x.$$

例 5.7.1

设平面区域 D 由曲线 $y=x^2$ 及 $x=y^2$ 围成，试求 D 的面积 S.

解 两曲线的交点为原点(0,0)与点(1,1)，所以

$$S=\int_0^1\sqrt{x}\,\mathrm{d}x-\int_0^1 x^2\,\mathrm{d}x=\int_0^1\left(\sqrt{x}-x^2\right)\mathrm{d}x=\frac{1}{3}.$$

如果平面区域 D 是由极坐标形式给出(见图 5.7.1)：

$$D=\{(\rho,\theta)\mid 0\leqslant\rho\leqslant\rho(\theta),\alpha\leqslant\theta\leqslant\beta\},$$

其中 $\rho(\theta)\in C[\alpha,\beta]$. $\forall\theta\in[\alpha,\beta]$，记 $S(\theta)$ 为 D 中极角介于 α 与 θ 之间部分的面积，我们来计算 $S(\theta)$ 的微分 $\mathrm{d}s$.

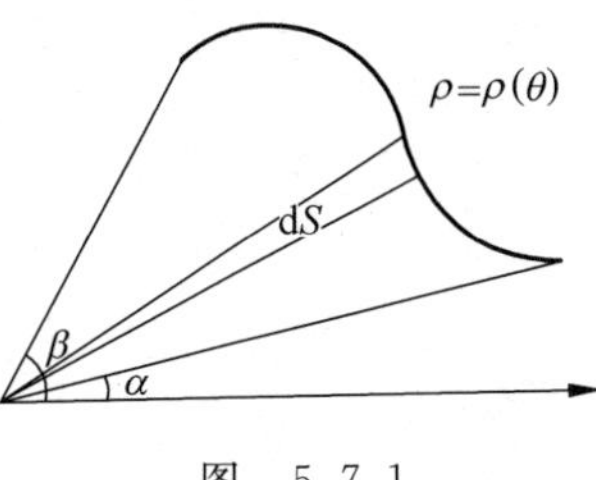

图 5.7.1

任取 θ 的增量 $\Delta\theta$ 充分小，$\rho(\theta)$ 在区间$[\theta,\theta+\Delta\theta]$上的上、下确界分别记为$\widetilde{M}$与$\tilde{m}$，则 $\Delta S=S(\theta+\Delta\theta)-S(\theta)$ 应介于分别以$\widetilde{M}$与$\tilde{m}$为半径、以 $\Delta\theta$ 为圆心角的两个扇形的面积之间. 由于 $\rho(\theta)\in C[\alpha,\beta]$，这两个扇形的面积之差为

$$\frac{1}{2}(\widetilde{M}^2-\tilde{m}^2)\Delta\theta=o(\Delta\theta)(\Delta\theta\to 0).$$

从而 $\mathrm{d}S$ 可以表示为(将 $\Delta\theta$ 记为 $\mathrm{d}\theta$)：

$$\mathrm{d}S=S'(\theta)\mathrm{d}\theta=\frac{1}{2}\rho(\theta)^2\mathrm{d}\theta. \tag{1}$$

由(1)式便可得到 D 的面积：

$$S=S(\beta)-S(\alpha)=\int_\alpha^\beta S'(\theta)\mathrm{d}\theta=\int_\alpha^\beta\frac{1}{2}\rho(\theta)^2\mathrm{d}\theta.$$

这种方法通常称为“微元法”.

例 5.7.2

求双纽线 $\rho^2=2a^2\cos2\theta$ 所围成的区域 D(见图 5.7.2)的面积 S.

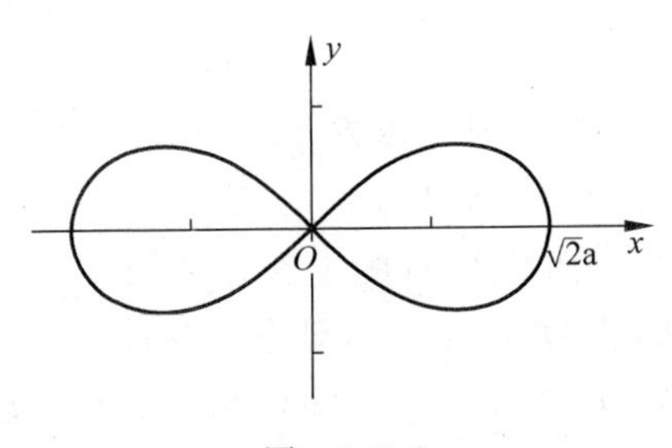

图 5.7.2

解　显然 D 关于 x 轴与 y 轴都是对称的，并且 D 在第一象限中的部分为

$$D_1=\left\{(\rho,\theta)\mid 0\leqslant\rho\leqslant\sqrt{2}a\sqrt{\cos 2\theta},0\leqslant\theta\leqslant\frac{\pi}{2}\right\}.$$

所以所求面积为

$$S=4\int_0^{\frac{\pi}{4}}a^2\cos 2\theta\mathrm{d}\theta=2a^2.$$

▶　**例 5.7.3** ……………………………………………………………………

求心脏线 $\rho=a(1+\cos\theta)$ 所围成的区域 D(见图 5.7.3)的面积 S.

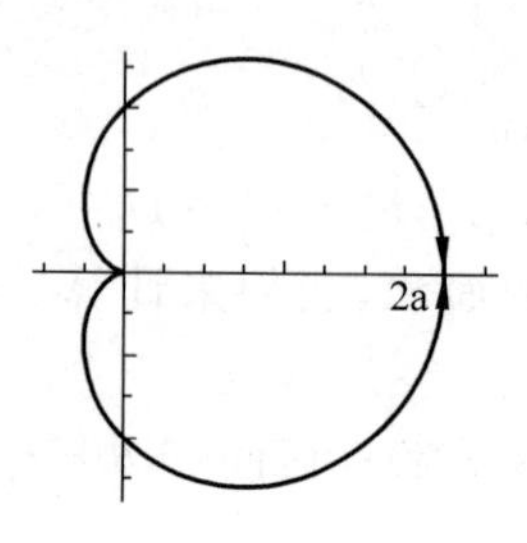

图　5.7.3

解　显然 D 关于 x 轴对称，因此

$$S=2\int_0^{\pi}\frac{1}{2}a^2(1+\cos\theta)^2\mathrm{d}\theta=a^2\int_0^{\pi}(1+2\cos\theta+\cos^2\theta)\mathrm{d}\theta$$

$$=\frac{1}{2}a^2\int_0^{\pi}(3+4\cos\theta+\cos 2\theta)\mathrm{d}\theta=\frac{3}{2}\pi a^2.$$

5.7.2　曲线的弧长问题

设 C 是由参数方程

$$x=x(t),\quad y=y(t)(a\leqslant t\leqslant b)\tag{2}$$

所确定的一条平面曲线(见图 5.7.4). 如果 $x(t)$，$y(t)$都是$[a,b]$上的连续函数，则称 C 是一条连续曲线.

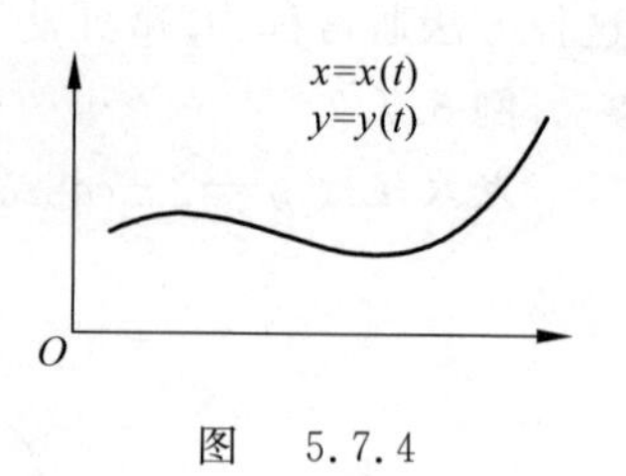

图　5.7.4

如果 $x(t),y(t)\in C^1[a,b]$，并且 $x'(t)^2+y'(t)^2\neq 0(t\in[a,b])$，则称 C 是一条正则曲线或光滑曲线. 在此条件下，我们应用"微元法"来计算 C 的弧长 L.

$\forall t\in[a,b]$，令 $l(t)$ 为曲线 C 对应于参数区间$[a,t]$部分的弧长. 任取 t 的增量 $\Delta t>0$，对应于参数区间$[a,b]$中点 t 与 $t+\Delta t$，在曲线 C 上有对应点 $M(x(t),y(t))$与 $M_1(x(t+\Delta t),y(t+\Delta t))$. 不难看出，当

$\Delta t \to 0$ 时,弧段$\widehat{MM_1}$的弧长可以用弦长$|\overline{MM_1}|$代替,并且

$$\begin{aligned}|\overline{MM_1}| &= \sqrt{(x(t+\Delta t)-x(t))^2+(y(t+\Delta t)-y(t))^2} \\ &= \sqrt{(x'(t))^2+(y'(t))^2}\,\Delta t + o(\Delta t).\end{aligned}$$

由此知当 $\Delta t \to 0$ 时,

$$l(t+\Delta t)-l(t) = \sqrt{(x'(t))^2+(y'(t))^2}\,\Delta t + o(\Delta t).$$

于是 $l(t)$的微分为

$$\mathrm{d}l = \sqrt{(x'(t))^2+(y'(t))^2}\,\mathrm{d}t. \tag{3}$$

通常称它为曲线 C 的弧微分.进而知曲线 C 的弧长为

$$L = \int_a^b \mathrm{d}l = \int_a^b \sqrt{(x'(t))^2+(y'(t))^2}\,\mathrm{d}t. \tag{4}$$

微元法是把一个应用问题转化为积分问题的基本方法.从上面讨论可以看到,微元法的要点在于:对于参数区间中任取的点 t 及其增量 Δt,如何把我们所考虑的对象(5.7.1 小节中的面积与本小节中的弧长)对应于参数区间$[t,t+\Delta t]$的量表示为 Δt 的线性主要部分与 Δt 的高阶无穷小之和.一旦得到了 Δt 的线性主要部分,只需对其在参数区间上积分(将 Δt 写为 $\mathrm{d}t$)即可.

例 5.7.4

求圆 $x=R\cos\theta, y=R\sin\theta, 0\leqslant\theta\leqslant 2\pi$ 的弧长 L.

解 由弧长公式(4),

$$L = \int_0^{2\pi} \sqrt{x'(\theta)^2+y'(\theta)^2}\,\mathrm{d}\theta = \int_0^{2\pi} R\,\mathrm{d}\theta = 2\pi R.$$

例 5.7.5

求旋轮线的一拱 $x=a(t-\sin t), y=a(1-\cos t), 0\leqslant t\leqslant 2\pi$ (如图 5.7.5 所示)的弧长 L.

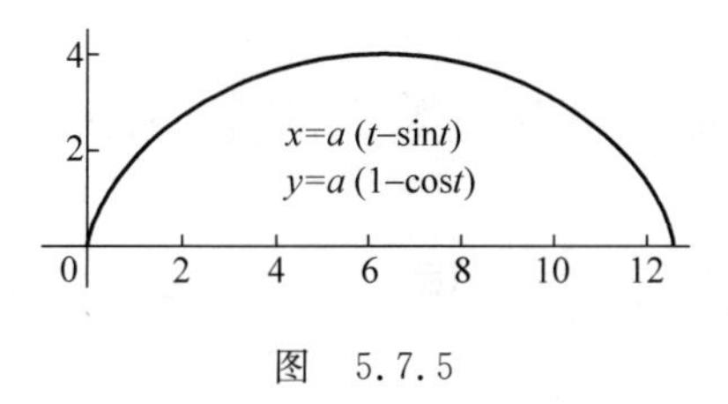

图 5.7.5

解 由弧长公式(4),

$$\begin{aligned}L &= \int_0^{2\pi} \sqrt{x'(t)^2+y'(t)^2}\,\mathrm{d}t = \sqrt{2}a\int_0^{2\pi} \sqrt{1-\cos t}\,\mathrm{d}t \\ &= 2a\int_0^{2\pi} \sin\frac{t}{2}\,\mathrm{d}t = 8a.\end{aligned}$$

如果曲线 C 由方程

$$y=f(x)(a\leqslant x\leqslant b)$$

给出，其中 $f\in C^1[a,b]$，可取 x 作为参数，C 的方程变为

$$x=x,\quad y=f(x)(a\leqslant x\leqslant b).$$

根据公式(4)，曲线 C 的弧长为

$$L=\int_a^b\sqrt{1+f'(x)^2}\,\mathrm{d}x.$$

如果曲线 C 由极坐标形给出：

$$\rho=\rho(\theta)(\alpha\leqslant\theta\leqslant\beta),$$

其中 $\rho(\theta)\in C^1[\alpha,\beta]$，此时 C 的方程可写作

$$x=\rho(\theta)\cos\theta,\quad y=\rho(\theta)\sin\theta(\alpha\leqslant\theta\leqslant\beta),$$

因此曲线 C 的弧微分为

$$\mathrm{d}l=\sqrt{(\rho(\theta))^2+(\rho'(\theta))^2}\,\mathrm{d}\theta. \tag{5}$$

进而知曲线 C 的弧长为

$$L=\int_\alpha^\beta\sqrt{\rho^2(\theta)+\rho'(\theta)^2}\,\mathrm{d}\theta. \tag{6}$$

例 5.7.6

求心脏线 $\rho=a(1+\cos\theta)$，$-\pi\leqslant\theta\leqslant\pi$，$(a>0)$ 的弧长 L.

解 由公式(6)，

$$L=\int_0^{2\pi}\sqrt{\rho(\theta)^2+\rho'(\theta)^2}\,\mathrm{d}\theta=2a\int_{-\pi}^{\pi}\cos\frac{\theta}{2}\mathrm{d}\theta=8a.$$

如果 C 是一条光滑的空间曲线：

$$x=x(t),\quad y=y(t),\quad z=z(t)(a\leqslant t\leqslant b),$$

其中 $x(t),y(t),z(t)\in C^1[a,b]$ 且 $x'(t)^2+y'(t)^2+z'(t)^2\neq0(t\in[a,b])$. 与平面曲线的情形类似地可得，$C$ 的弧微分为

$$\mathrm{d}l=\sqrt{x'(t)^2+y'(t)^2+z'(t)^2}\,\mathrm{d}t, \tag{7}$$

C 的弧长为

$$L=\int_a^b\sqrt{x'(t)^2+y'(t)^2+z'(t)^2}\,\mathrm{d}t. \tag{8}$$

例 5.7.7

求空间螺线 $x=a\cos t,y=a\sin t,z=ct(a>0,c>0)$ 第一圈 $(0\leqslant t\leqslant 2\pi)$ 的弧长.

解 由公式(8)

$$S=\int_0^{2\pi}\sqrt{x'(t)^2+y'(t)^2+z'(t)^2}\,\mathrm{d}t=2\pi\sqrt{a^2+c^2}.$$

5.7.3 平面曲线的曲率

为了描述曲线的弯曲程度,我们引入曲率的概念. 设 C 是一条光滑的平面曲线(见图 5.7.6),点 M 与 M_1 为 C 上任取的两点,记 σ 为弧段 $\overset{\frown}{MM_1}$ 的弧长,曲线 C 在点 M 与 M_1 处的切线之间的夹角记为 θ,称 θ 为 C 在弧段 $\overset{\frown}{MM_1}$ 的切线转角. 我们称比值 $\frac{|\theta|}{\sigma}$ 为 C 在弧段 $\overset{\frown}{MM_1}$ 的平均曲率. 如果当 M_1 沿曲线 C 趋向于 M 时,极限

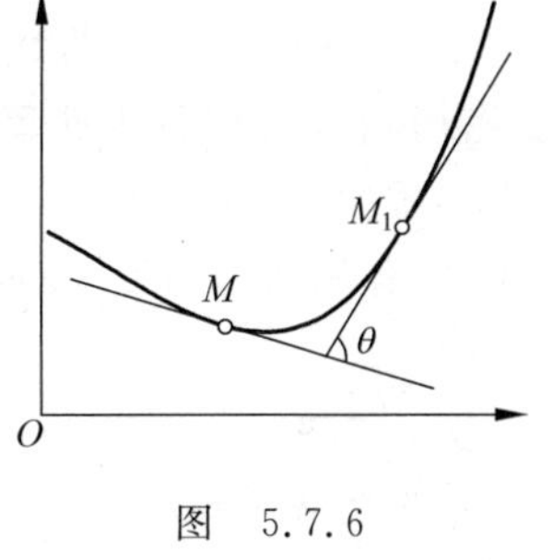

图 5.7.6

$$k=\lim_{M_1\to M}\left|\frac{\theta}{\sigma}\right|$$

存在,则称此极限为曲线 C 在点 M 处的**曲率**.

现设 C 由参数方程 $x=x(t)$,$y=y(t)$($a\leqslant t\leqslant b$)确定,$M=M(x(t),y(t))$,$M_1=M_1(x(t+\Delta t),y(t+\Delta t))$,则

$$\sigma=\int_t^{t+\Delta t}\sqrt{x'(u)^2+y'(u)^2}\,\mathrm{d}u,$$

$$\theta=\arctan\frac{y'(t+\Delta t)}{x'(t+\Delta t)}-\arctan\frac{y'(t)}{x'(t)},$$

于是

$$k=\lim_{M_1\to M}\left|\frac{\theta}{\sigma}\right|=\lim_{\Delta t\to 0}\left|\frac{\theta}{\Delta t}\Big/\frac{\sigma}{\Delta t}\right|=\frac{\left|\frac{\mathrm{d}}{\mathrm{d}t}\left(\arctan\frac{y'(t)}{x'(t)}\right)\right|}{\sqrt{(x'(t))^2+(y'(t))^2}},$$

即

$$k=\frac{|x'(t)y''(t)-x''(t)y'(t)|}{((x'(t))^2+(y'(t))^2)^{\frac{3}{2}}}.\tag{9}$$

这就是曲线 C 在点 $M(x(t),y(t))$ 处的曲率计算公式. 当 C 的方程为 $y=f(x)$ 时,(9)式简化为

$$k=\frac{|f''(x)|}{(1+(f'(x))^2)^{\frac{3}{2}}}.\tag{10}$$

例 5.7.8

求圆 $x=R\cos t$,$y=R\sin t$,$0\leqslant t\leqslant 2\pi$ 的曲率.

解 由曲率公式(9),

$$k=\frac{|x'(t)y''(t)-x''(t)y'(t)|}{((x'(t))^2+(y'(t))^2)^{\frac{3}{2}}}=\frac{1}{R}.$$

如果光滑曲线 C 在点 M 处的曲率为 k，则称 $R=\frac{1}{k}$ 为 C 在点 M 处的**曲率半径**. 过点 M 作 C 的法线 l，并在 l 上 C 凹的一侧取点 O 使得 $|OM|=R$(见图 5.7.7). 以点 O 为圆心，以 R 为半径的圆称为曲线 C 在点 M 处的**曲率圆**(或密切圆)，点 O 称为**曲率中心**.

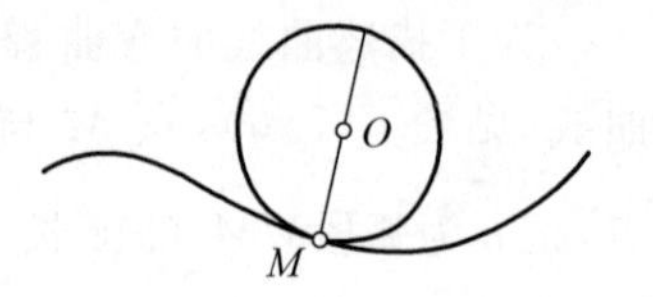

图 5.7.7

不难验证，曲线 C 在点 M 处的曲率圆与 C 在点 M 处有相同的切线、相同的曲率，以及相同的二阶导数.

例 5.7.9

求抛物线 $y=x^2$ 上任一点处的曲率、曲率半径与曲率中心.

解 抛物线上任一点 $M(x,x^2)$ 处的曲率为

$$k=\frac{|y''(x)|}{(1+(y'(x))^2)^{3/2}}=\frac{2}{(1+4x^2)^{3/2}},$$

曲率半径为

$$R=\frac{1}{k}=\frac{1}{2}(1+4x^2)^{3/2}.$$

抛物线在点 $M(x,x^2)$ 处的法线方程为

$$Y-x^2=-\frac{1}{2x}(X-x).$$

曲率中心 $O(X,Y)$ 应满足等式

$$(X-x)^2+(Y-x^2)^2=R^2,$$

还在点 $M(x,x^2)$ 处的法线上，且当 $x>0$ 时 $X<x$；当 $x<0$ 时 $X>x$，所以

$$(X-x)^2+\frac{1}{4x^2}(X-x)^2=\frac{1}{4}(1+4x^2)^3,$$

$$X=-4x^3,\quad Y=\frac{1}{2}+3x^2.$$

即抛物线在点 $M(x,x^2)$ 处的曲率中心是 $O\left(-4x^3,\frac{1}{2}+3x^2\right)$.

5.7.4 旋转体体积

设平面区域 D 是由直线 $x=a,x=b,x$ 轴及连续曲线 $y=f(x)$ 围成. 将 D 绕 x 轴旋转一周，得到一个旋转体 Ω(图 5.7.8). 我们来计算 Ω 的体积.

任取 $x\in[a,b]$，令 $V(x)$ 为 Ω 中横坐标介于 a 与 x 之间部分的体积. 任给 x 的增量 $\Delta x>0$，$\Delta V=V(x+\Delta x)-V(x)$ 为一个厚度为 Δx 的“曲边”薄圆片的体积. 记 $f(x)$ 在区间 $[x,x+\Delta x]$ 上的上、下确界分别为 $\widetilde{M}$ 与 $\widetilde{m}$，则 ΔV 应介于

$\pi\tilde{m}^2\Delta x$ 与 $\pi\tilde{m}^2\Delta x$ 之间. 注意到 $f(x)$ 在 $[a,b]$ 上连续, 于是当 $\Delta x\to 0$ 时,

$$\pi\tilde{m}^2\Delta x=\pi f(x)^2\Delta x+o(\Delta x),$$

$$\pi\widetilde{M}^2\Delta x=\pi f(x)^2\Delta x+o(\Delta x),$$

于是 $V(x)$ 的微分

$$\mathrm{d}V(x)=\pi f(x)^2\mathrm{d}x.$$

由此知 Ω 的体积为

$$V=V(b)-V(a)=\pi\int_a^b f(x)^2\mathrm{d}x.\quad(11)$$

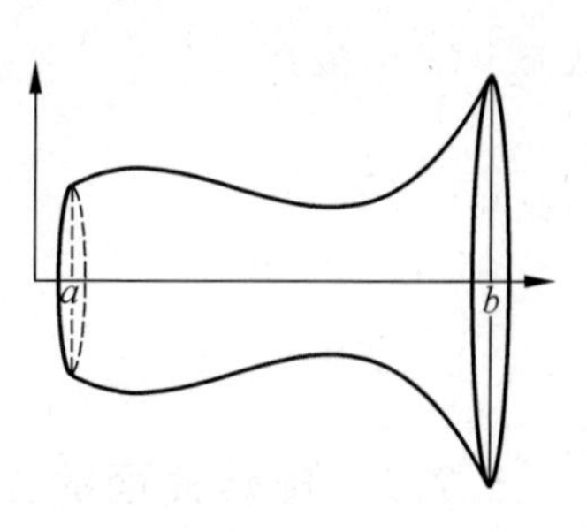

图 5.7.8

例 5.7.10

求曲线 $y=\sin x(0\leqslant x\leqslant\pi)$ 绕 x 轴旋转所得到的旋转体的体积 V.

解 根据公式(11),

$$V=\pi\int_0^\pi\sin^2 x\mathrm{d}x=\frac{\pi^2}{2}.$$

例 5.7.11

求旋轮线

$$x=a(t-\sin t),\quad y=a(1-\cos t)\quad(0\leqslant t\leqslant 2\pi)$$

绕 x 轴旋转所得到的旋转体体积.

解 $t\in[0,2\pi]$ 对应于 $x\in[0,2a\pi]$, 且 $x'(t)=a(1-\cos t)\geqslant 0$. 再由公式(11)可得

$$\begin{aligned}V&=\pi\int_0^{2a\pi}y^2\mathrm{d}x=\pi\int_0^{2\pi}y(t)^2x'(t)\mathrm{d}t\\&=\pi\int_0^{2\pi}a^3(1-\cos t)^3\mathrm{d}t=5\pi^2a^3.\end{aligned}$$

例 5.7.12

设 $f(x)$ 在 $[0,a]$ 上连续, 单调递减, 且 $f(a)=0$. 求由区域 $D=\{(x,y)\mid 0\leqslant x\leqslant a,0\leqslant y\leqslant f(x)\}$ 绕 y 轴旋转一周所得到的旋转体体积 V.

解 $\forall t\in[0,a]$, 令 $V(t)$ 为区域 $D_t=\{(x,y)\mid 0\leqslant x\leqslant t,0\leqslant y\leqslant f(x)\}$ 绕 y 轴旋转一周所得到的旋转体体积. 任给 t 的增量 $\Delta t>0$, $\Delta V=V(t+\Delta t)-V(t)$ 为一个壁厚为 Δt 的圆筒. 记 $f(x)$ 在区间 $[t,t+\Delta t]$ 上的上、下确界分别为 $\widetilde{M}$ 与 $\tilde{m}$, 则 ΔV 应介于 $2\pi t\tilde{m}\Delta t$ 与 $2\pi(t+\Delta t)\widetilde{M}\Delta t$. 注意到 $f(x)$ 在 $[0,a]$ 上连续, 于是当 $\Delta t\to 0$ 时,

$$2\pi t\tilde{m}\Delta t=2\pi tf(t)\Delta t+o(\Delta t);$$

$$2\pi(t+\Delta t)\widetilde{M}\Delta t=2\pi tf(t)\Delta t+o(\Delta t).$$

从而 $V(t)$ 的微分

$$\mathrm{d}V(t) = 2\pi t f(t)\mathrm{d}t.$$

由此知

$$V = V(a) - V(0) = \int_0^a 2\pi x f(x)\mathrm{d}x$$

5.7.5 旋转曲面的面积

设 C：$x=x(t)$，$y=y(t)$，$a\leqslant t\leqslant b$ 是一条光滑的参数曲线，将曲线 C 绕 x 轴旋转一周得到一个旋转曲面 Σ（参见图 5.7.8），下面计算 Σ 的面积.

任取 $t\in[a,b]$，令 $S(t)$ 为曲线 C 上对应于参数区间 $[a,t]$ 的部分绕 x 轴旋转一周所得到的旋转面面积. 任给 t 的增量 $\Delta t>0$，记曲线 C 上对应于参数区间 $[t,t+\Delta t]$ 的小弧段为 σ，则 $\Delta S=S(t+\Delta t)-S(t)$ 是 σ 绕 x 轴旋转一周所得到的曲面面积. 根据弧长公式(4)，σ 的弧长为

$$\begin{aligned}|\sigma| &= \int_t^{t+\Delta t} \sqrt{x'(u)^2 + y'(u)^2}\,\mathrm{d}u \\ &= \Delta t\sqrt{x'(t)^2 + y'(t)^2} + o(\Delta t)\ (\Delta t \to 0).\end{aligned} \tag{12}$$

若记 $|y(t)|$ 在区间 $[t,t+\Delta t]$ 上的上、下确界分别为 $\widetilde{M}$ 与 $\tilde{m}$，则 ΔS 应介于 $2\pi\tilde{m}|\sigma|$ 与 $2\pi\widetilde{M}|\sigma|$ 之间. 由(12)式以及 $x(t),y(t)\in C^1[a,b]$ 可得当 $\Delta t\to 0$ 时，

$$2\pi\widetilde{M}|\sigma| = 2\pi|y(t)|\sqrt{x'(t)^2 + y'(t)^2}\Delta t + o(\Delta t),$$

$$2\pi\tilde{m}|\sigma| = 2\pi|y(t)|\sqrt{x'(t)^2 + y'(t)^2}\Delta t + o(\Delta t).$$

从而 $S(t)$ 的微分

$$\mathrm{d}s(t) = 2\pi|y(t)|\sqrt{x'(t)^2 + y'(t)^2}\,\mathrm{d}t.$$

由此知 Σ 的面积为

$$S = 2\pi\int_a^b |y(t)|\,\mathrm{d}l = 2\pi\int_a^b |y(t)|\sqrt{x'(t)^2 + y'(t)^2}\,\mathrm{d}t. \tag{13}$$

▶ **例 5.7.13** ……………………………………………………………

求心脏线 $r=a(1+\cos\theta)$ $(a>0,0\leqslant\theta\leqslant 2\pi)$ 绕 x 轴旋转一周所得到旋转面面积.

解 由心脏线的对称性，只需考虑 $0\leqslant\theta\leqslant\pi$.

$$y = r\sin\theta = a(1+\cos\theta)\sin\theta.$$

再由公式(5)，弧微分为

$$\mathrm{d}l = \sqrt{r(\theta)^2 + r'(\theta)^2}\,\mathrm{d}\theta = 2a\cos\frac{\theta}{2}\mathrm{d}\theta.$$

于是由公式(13)即得所求旋转面面积为

$$S = 2\pi\int_0^{\pi} y\mathrm{d}l = 4a^2\pi\int_0^{\pi}(1+\cos\theta)\sin\theta\cos\frac{\theta}{2}\mathrm{d}\theta$$

$$= 16a^2\pi\int_0^{\pi}\cos^4\frac{\theta}{2}\sin\frac{\theta}{2}\mathrm{d}\theta = \frac{32}{5}\pi a^2.$$

▶ **例 5.7.14** ……………………………………………………………

求曲线 $y=\frac{1}{3}x^3(0\leqslant x\leqslant 1)$绕 x 轴旋转一周所得到旋转面面积 S.

解 把 x 看作参变量，应用公式(13)可得

$$S = 2\pi\int_0^1 y\mathrm{d}l = 2\pi\int_0^1\frac{1}{3}x^3\sqrt{1+(x^2)^2}\,\mathrm{d}x$$

$$= \frac{\pi}{6}\int_0^1\sqrt{1+x^4}\,\mathrm{d}(1+x^4) = \frac{\pi}{9}(2^{3/2}-1).$$

5.7.6 积分在物理中的应用

积分在物理学中有非常广泛的应用. 在 5.1 节中我们我们已经看到. 如果一质点在变力 F 的作用下由点 a 沿直线移动到点 b，力的方向不变，大小是 x 的函数 $F(x)$，$x\in[a,b]$，则力 F 所做的功为

$$W = \int_a^b F(x)\mathrm{d}x.$$

下面将通过几个例子来说明积分在一些物理问题上的具体应用. 着重说明如何把一个具体的物理问题化为定积分.

▶ **例 5.7.15** ……………………………………………………………

设 C：$x=x(t)$，$y=y(t)$，$a\leqslant t\leqslant b$ 是一条光滑的平面曲线，C 上点 $M(x(t),y(t))$处的线密度为 $\rho(t)$，其中 $\rho(t)\in C[a,b]$. 求 C 的质量 m 与重心坐标 $(\bar{x},\bar{y})$.

解 由物理学中知道，若平面质点系 (x_1,y_1)，(x_2,y_2)，…，(x_n,y_n)的质量分别为 m_1，m_2，…，m_n，则此质点系的重心坐标$(\bar{x},\bar{y})$是

$$\bar{x} = \frac{\sum_{i=1}^{n}x_i m_i}{\sum_{i=1}^{n}m_i},\quad \bar{y} = \frac{\sum_{i=1}^{n}y_i m_i}{\sum_{i=1}^{n}m_i}.$$

任给参数区间$[a,b]$的分割 T：$a=t_0<t_1<\cdots<t_n=b$，相应地可得曲线 C 的分割

$$\widetilde{T}: A = M_0(x(a),y(a)), M_1(x(t_1),y(t_1)),\cdots,M_n(x(t_n),y(t_n)) = B.$$

当分割 T 的长度$|T|$充分小时，可以把小弧段$\widehat{M_{i-1}M_i}$看作质量集中在点 $M_i(x(t_i),y(t_i))$处的一个质点，$\widehat{M_{i-1}M_i}$的线密度可以近似地看作常密度 $\rho(t_i)$，

$$\overset{\frown}{M_{i-1}M_i}\text{ 的弧长} \approx \sqrt{x'(t_i)^2+y'(t_i)^2}(t_i-t_{i-1}).$$

从而$\overset{\frown}{M_{i-1}M_i}$可近似地看作点$M_i(x(t_i),y(t_i))$处质量为

$$m_i=\rho(t_i)\sqrt{x'(t_i)^2+y'(t_i)^2}(t_i-t_{i-1})$$

的一个质点.所以质点系$M_1(x(t_1),y(t_1)),\cdots,M_n(x(t_n),y(t_n))$的质量与重心坐标的横坐标分别为

$$\sum_{i=1}^{n}\rho(t_i)\sqrt{x'(t_i)^2+y'(t_i)^2}(t_i-t_{i-1})$$

与

$$\frac{\sum_{i=1}^{n}x(t_i)\rho(t_i)\sqrt{x'(t_i)^2+y'(t_i)^2}(t_i-t_{i-1})}{\sum_{i=1}^{n}\rho(t_i)\sqrt{x'(t_i)^2+y'(t_i)^2}(t_i-t_{i-1})}.$$

注意到上面两个和式分别为函数

$$\rho(t)\sqrt{x'(t)^2+y'(t)^2}\text{ 与 }x(t)\rho(t)\sqrt{x'(t)^2+y'(t)^2}$$

关于分割T的一个黎曼和,令$|T|\to 0$即得

$$m=\int_a^b\rho(t)\sqrt{x'(t)^2+y'(t)^2}\,\mathrm{d}t,$$

$$\bar{x}=\frac{1}{m}\int_a^b x(t)\rho(t)\sqrt{x'(t)^2+y'(t)^2}\,\mathrm{d}t.$$

同理,

$$\bar{y}=\frac{1}{m}\int_a^b y(t)\rho(t)\sqrt{x'(t)^2+y'(t)^2}\,\mathrm{d}t.$$

上述问题也可以用下面逻辑上虽不够严密,然而却更加简明快捷、更切中问题实质的方法来求解.

任取$t\in[a,b]$及其t的增量Δt,参数区间$[t,t+\Delta t]$在C上对应的微小弧段σ的弧长为$\sqrt{x'(t)^2+y'(t)^2}\Delta t$,其线密度可以近似地看作常密度$\rho(t)$,且$\sigma$可以近似地看作质量集中在点$M(x(t),y(t))$处的一个质点,其质量为

$$\Delta m\approx\rho(t)\sqrt{x'(t)^2+y'(t)^2}\Delta t.$$

将这些质量微元"相加"(即在$[a,b]$上积分),便得到C的质量为

$$m=\int_a^b\rho(t)\sqrt{x'(t)^2+y'(t)^2}\,\mathrm{d}t.$$

同时,C可以看作由这样的微小弧段σ所组成的"质点"系,从而C的重心坐标应为

$$\bar{x}=\frac{1}{m}\int_a^b x(t)\rho(t)\sqrt{x'(t)^2+y'(t)^2}\,\mathrm{d}t,$$

$$\bar{y}=\frac{1}{m}\int_a^b y(t)\rho(t)\ \sqrt{x'(t)^2+y'(t)^2}\,\mathrm{d}t.$$

这种方法也常称为“微元法”.

例 5.7.16 ……

设 f 是$[-a,a]$上非负连续的偶函数,$D=\{(x,y)\mid |x|\leqslant a,0\leqslant y\leqslant f(x)\}$. 求 D 的形心坐标(即面密度 $\rho\equiv1$ 时的重心坐标)$(\bar{x},\bar{y})$.

解 由 D 的对称性知道,$\bar{x}=0$. D 的面积为 $\sigma=\int_{-a}^a f(x)\mathrm{d}x$. 为求$\bar{y}$,任取 $x\in[-a,a]$,及“很小的”增量 Δx,D 中对应的细长形区域$\{(t,y)\mid x\leqslant t\leqslant x+\Delta x,0\leqslant y\leqslant f(x)\}$可看作质量集中在$\left(x,\frac{1}{2}f(x)\right)$点,质量为 $f(x)\cdot\Delta x$ 的质点(见图 5.7.9). 于是

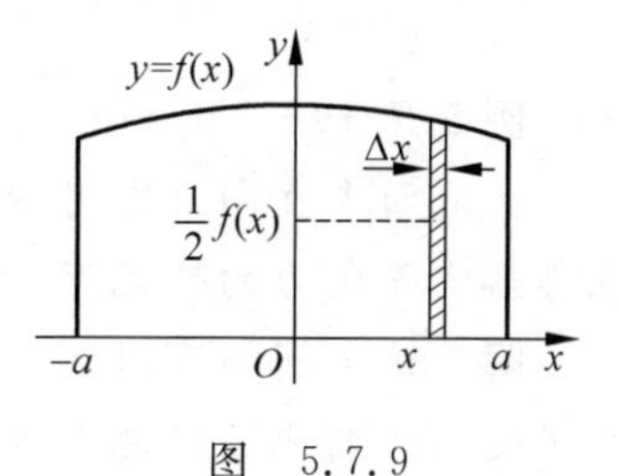

图 5.7.9

$$\bar{y}=\frac{1}{\sigma}\int_{-a}^a\frac{1}{2}f(x)\cdot f(x)\mathrm{d}x=\frac{1}{2\sigma}\int_{-a}^a f\,(x)^2\mathrm{d}x$$

所以,D 的形心坐标$(\bar{x},\bar{y})=\left(0,\frac{1}{2\sigma}\int_{-a}^a f\,(x)^2\mathrm{d}x\right)$,其中

$$\sigma=\int_{-a}^a f(x)\mathrm{d}x.$$

例 5.7.17 ……

设有长度为 l 的细杆一端有转轴垂直于细杆. 细杆的线密度为 ρ. 求细杆绕转轴转动的转动惯量(不计转轴直径).

解 由物理学中知道,质量为 m 的质点绕一转轴转动的转动惯量为 $J=mr^2$,其中 r 为质点到转轴的距离.

取细杆与转轴的交点为原点,细杆所在直线为 x 轴,则细杆所在的区间为$[0,l]$. 细杆的线密度可表示为 $\rho(x)$(可以是变密度). 任取 $x\in[0,l]$及 x 的增量 Δx,位于$[x,x+\Delta x]$上的一小段细杆可以看作一个质点,其质量为 $\rho(x)\Delta x$,且与转轴的距离为 x. 于是这一小段细杆绕转轴的转动惯量为

$$\Delta J\approx x^2\rho(x)\Delta x,$$

从而细杆绕转轴的转动惯量为

$$J=\int_0^l\mathrm{d}J=\int_0^l x^2\rho(x)\mathrm{d}x.$$

例 5.7.18 ……

设有质量均匀分布的细杆,长度为 l,质量为 M. 在细杆的延长线上,与细杆距离为 a 处有一质量为 m 的质点 P. 求细杆对质点 P 的引力.

解 将坐标原点取在质点 P 处,细杆所在直线为 x 轴,则细杆所在区间为

$[a,a+l]$. 任取 $x\in[a,a+l]$ 及 x 的增量 Δx,位于 $[x,x+\Delta x]$ 上的一小段细杆可以看作一个质点,其质量为 $\frac{l}{M}\Delta x$,于是这一小段细杆对质点 P 的引力为

$$\Delta F \approx k\frac{m\left(\frac{M}{l}\Delta x\right)}{x^2}(k\text{ 为引力常数}).$$

于是整条细杆对质点 P 的引力为

$$F=\int_a^{a+l}\mathrm{d}F=\int_a^{a+l}\frac{kMm}{l}\cdot\frac{\mathrm{d}x}{x^2}=\frac{kMm}{a(l+a)}.$$

▶ **例 5.7.19** ……

从地面垂直向上发射质量为 m 的物体,欲使物体达到距地面为 H 的高度,在忽略空气阻力的情况下,物体的初速度 v_0 至少应为多少?

解 这个问题可以换一种提法,即如果将物体放到 H 高度,使其自由下落.为了使物体到地面时具有速度 v_0,H 应为多少?

取地心为坐标原点,地心与物体连线为 x 轴. 当物体位于高度 x 时,地球对物体的引力为

$$F(x)=-k\frac{Mm}{x^2},$$

其中 M 是地球质量,k 为比例常数. 记地球半径为 R. 当物体位于地面时,地球引力为

$$-k\frac{Mm}{R^2}=-mg,$$

于是 $k=\frac{R^2g}{M}$,所以

$$F(x)=-mgR^2x^{-2}.$$

由此知物体从高度 H 落至地面,地球引力所做的功为

$$\int_{R+H}^{R}F(x)\mathrm{d}x=\int_{R+H}^{R}-mg\frac{R^2}{x^2}\mathrm{d}x=mg^2\left(\frac{1}{R}-\frac{1}{R+H}\right).$$

这个功应等于物体所获得的动能,即

$$\frac{1}{2}mv_0^2=mgR^2\left(\frac{1}{R}-\frac{1}{R+H}\right),$$

于是

$$v_0=\sqrt{2gR^2\left(\frac{1}{R}-\frac{1}{R+H}\right)}. \tag{14}$$

所以将物体自地面垂直发射到高度 H,初速度 v_0 至少要等于上述值.

若要使物体克服地球引力,升高至无穷远处,那么至少需要多大的初速度?

在(14)式中令 $H\to+\infty$,可得 $v_0=\sqrt{2gR}$.这就是使得物体脱离地球引力的最低速度,称为第二宇宙速度.

习题 5.7

1. 求下列函数在$[-a,a]$上的平均值.

(1) $f(x)=\sqrt{a^2-x^2}$; (2) $f(x)=x^3$; (3) $f(x)=\cos x$.

2. 求下列曲线围成的面积.

(1) 抛物线 $x=y^2-2y$ 与 $x=2y^2-8y+6$ 围成的图形的面积;

(2) $y=\sin x, y=\cos x$ 在$\left[\frac{\pi}{4},\frac{9\pi}{4}\right]$内所围图形的面积;

(3) 抛物线 $y=x^2-5x+4$ 与其在点 $x=0, x=5$ 处两条切线所围成图形的面积;

(4) 星形线 $x=a\cos^3 t, y=a\sin^3 t(a>0)$所围图形的面积;

(5) 三叶线 $\rho=a\sin 3\theta(a>0)$所围图形的面积;

(6) 圆 $\rho=1$ 与心脏线 $\rho=1+\sin\theta$ 所围图形的公共部分的面积;

(7) 确定 k 的值,使 $y=x-x^2$ 与 $y=kx$ 所围图形的面积为$\frac{9}{2}$.

3. 求下列弧长.

(1) 曲线 $y=\int_{-\frac{\pi}{2}}^{x}\sqrt{\cos t}\,\mathrm{d}t\left(-\frac{\pi}{2}\leqslant x\leqslant\frac{\pi}{2}\right)$的弧长;

(2) 曲线 $x=\arctan t, y=\ln\sqrt{1+t^2}\,(0\leqslant t\leqslant 1)$的弧长;

(3) 星形线 $x=a\cos^3 t, y=a\sin^3 t$ 的弧长;

(4) 求旋轮线 $x=a(t-\sin t), y=a(1-\cos t)$第一拱的弧长;

(5) 阿基米德螺线 $\rho=a\theta(0\leqslant\theta\leqslant 2\pi)$的弧长;

(6) 悬链线 $y=a\cosh\frac{x}{a}$,$x\in[0,l], a>0$.

4. 求下列曲线的曲率:

(1) $y=x^3$; (2) $x=a(t-\sin t), y=a(1-\cos t)$;

(3) $y=\mathrm{e}^x$; (4) $x=a(\cos t-t\sin t), y=a(\sin t-t\cos t)$.

5. 求下列用极坐标表示的曲线的曲率:

(1) $\rho=a(1+\cos\theta)(a>0)$; (2) $\rho^2=2a^2\cos 2\theta(a>0)$.

6. 求曲线 $y=\ln x$ 曲率最大的点以及在点(1,0)处的曲率圆方程.

7. 求下列旋转体的体积.

(1) 由 $y=x^2, y=x^3$ 围成的图形绕 x 轴旋转生成的旋转体;

(2) 由 $y=\sqrt{x}$与 x 轴以及直线 $x=4$ 围成的图形绕 $x=4$ 以及 y 轴旋转生成

的两个旋转体；

(3) 由$\frac{x^2}{9}+\frac{y^2}{4}=1$绕 x 轴以及 y 轴旋转生成的两个旋转体；

(4) 圆 $x^2+(y-b)^2=a^2(b\geqslant a>0)$绕 x 轴旋转生成的旋转体；

(5) 星形线 $x=a\cos^3 t, y=a\sin^3 t$ 绕 x 轴旋转生成的旋转体.

8. 求下列旋转体的表面积.

(1) 抛物线 $y=\sqrt{x}(0\leqslant x\leqslant 2)$绕 x 轴旋转生成的旋转面；

(2) 旋轮线 $x=a(t-\sin t), y=a(1-\cos t)$在 $0\leqslant t\leqslant 2\pi$ 的部分，绕直线 $x=a\pi$ 旋转生成的旋转面；

(3) 圆 $x^2+(y-b)^2=a^2(b\geqslant a>0)$绕 x 轴旋转生成的旋转面；

(4) 星形线 $x=a\cos^3 t, y=a\sin^3 t$ 绕 x 轴旋转生成的旋转面.

9. 求下列图形的质心.

(1) 半径为 1 的半圆弧 $x^2+y^2=1(y\geqslant 0)$(线密度 ρ 为常数)；

(2) 星形线 $x=a\cos^3 t, y=a\sin^3 t$ 第一象限的部分(线密度 ρ 为常数)；

(3) 圆板 $\rho\leqslant 2R\cos\theta$ 去掉 $\rho\leqslant R\cos\theta$ 的部分(面密度 σ 为常数)；

(4) 半径为 1 的半圆薄板 $x^2+y^2\leqslant 1(y\geqslant 0)$(面密度 $\sigma(x,y)=1+y^2$).

10. 宽 10m、高 6m 的矩形水闸门，其上边与水面相齐，求闸门受水压力的大小.

11. 一个长 50m、宽 30m 的长方形游泳池，在长边的两端，一端水深 10m，另一端水深 2 米，池底是一个斜面，计算池壁侧面承受的水压力.

12. 一个半径为 6m 平放的圆水管，里面的水半满，求水作用于水管两端闸门的压力.

13. 设有一长为 l 的均匀带正电的细杆 AB(总的电荷量为 Q)，在过点 A 垂直于 AB 的垂线上距 A 为 l 处有一个单位负电荷，求带点细杆对该电荷的引力.

14. 设有一长为 l 的均匀带正电的细杆(总的电荷量为 Q)，在其延长线上有一个单位正电荷自距杆端 a 处移动至距杆端 b 处($b>a>0$)，求电场力所做的功.

15. 把长、宽、高分别为 10m、6m、5m 的储水池内盛满的水全部吸出，需要做多少功？

16. 相对密度为 1、半径为 R 的球沉入水中并与水面相切，从水中捞出球需要多少功？

17. 边长为 1m 的正方形薄板(面密度为 1)，绕一边和绕对角线旋转的转动惯量各为多少？

18. 已知一个薄圆板和一薄圆环板(外径是内径的 3 倍)的面积均为 4π，面密度 σ 为常数.

(1) 试问它们绕中心轴(过圆心与圆板垂直的轴)旋转的转动惯量各为

多少？

(2) 如果旋转的角速度为常数 ω，问它们旋转时的动能各为多少？

19. 设轮胎形体由 $(x-b)^2+y^2=a^2(b>a>0)$ 绕 y 轴旋转而成. 求该旋转体以等角速度 ω 绕 y 轴旋转时，其旋转的动能和转动惯量各为多少(体密度 ρ 为常数)？

第 5 章总复习题

1. 若 $f(x)\in R[a,b]$，则存在连续函数序列 $\{\varphi_n(x)\}$，使得 $\lim\limits_{n\to\infty}\int_a^b\varphi_n(x)\mathrm{d}x=\int_a^b f(x)\mathrm{d}x$.

2. 证明：$|f(x)|\in R[a,b]\Leftrightarrow f^2(x)\in R[a,b]$.

3. 证明：黎曼函数 $R(x)=\begin{cases}\dfrac{1}{n}, & x=\dfrac{m}{n}, m,n \text{ 互质}, n>0,\\ 0, & x\in\mathbb{R}\setminus\mathbb{Q}\end{cases}$ 在 $[0,1]$ 上可积.

4. 设函数 $f(x)$ 在区间 $[a,b]$ 上可积，$f([a,b])\subseteq[A,B]$，$g(u)$ 在区间 $[A,B]$ 上可积. 能否断定函数 $g(f(x))$ 在区间 $[a,b]$ 上可积？试研究函数

$$f(x)=\begin{cases}0, & x \text{ 是无理数},\\ \dfrac{1}{n}, & x=\dfrac{m}{n}(m,n \text{ 为互素的整数}, n>0),\end{cases}\qquad g(u)=\begin{cases}0, & u=0,\\ 1, & u\neq 0.\end{cases}$$

5. 证明：对于正整数 n，$f(x)=x^{\frac{1}{n}}$ 在 $[0,+\infty)$ 一致连续.

6. 设 $f(x)$ 在区间 I 上一致连续，且 $\forall x\in I$，有 $f(x)\in(a,b)$. 又 $g(u)$ 在 (a,b) 上一致连续，证明：$F(x)=g(f(x))$ 在区间 I 上一致连续.

7. (1) 已知 $f(x)\in C[0,+\infty)$，$\lim\limits_{x\to+\infty}(f(x)-x)=0$，证明：$f(x)$ 在 $[0,+\infty)$ 一致连续；

(2) 已知 $f(x)\in C[0,+\infty)$，$\lim\limits_{x\to+\infty}(f(x)-x^2)=0$，证明：$f(x)$ 在 $[0,+\infty)$ 不一致连续.

8. 设非负函数 $f(x)\in C[a,b]$，记 $M=\max\limits_{x\in[a,b]}f(x)$. 证明：

$$\lim_{n\to\infty}\left(\int_a^b f^n(x)\mathrm{d}x\right)^{\frac{1}{n}}=M.$$

9. 已知 $f(x)\in C^1(-1,1)$，求极限 $\lim\limits_{x\to0+}\dfrac{1}{4x^2}\int_{-x}^{x}[f(t+x)-f(t-x)]\mathrm{d}t$.

10. 设 $f(x)$ 非负、连续，常数 $a>0$，已知 $y=f(x)$ 的曲线与 $x=0$，$x=a$ 围成的面积为

$S(a)=\frac{a^2}{2}+\frac{a}{2}\sin a+\frac{\pi}{2}\cos a$，求 $f\left(\frac{\pi}{2}\right)$.

11. 设 $f(x)\in C(\mathbb{R})$，定义 $F(x)=\frac{1}{2}\int_{x-1}^{x+1}f(t)\mathrm{d}t$.

(1) 证明：$F(x)$ 在$\mathbb{R}$ 上可导，并求导函数；

(2) 当 $f(x)=|x|$时，求 $F(x)$，并画出图形；

(3) 证明：若 $\lim\limits_{x\to+\infty}f(x)=a$，则 $\lim\limits_{x\to+\infty}F(x)=a$.

12. 已知 $f(x)$ 连续且$\lim\limits_{x\to0}\frac{f(x)}{x}=a$，定义 $\varphi(x)=\int_0^1 f(xt)\mathrm{d}t$，求 $\varphi'(x)$ 并讨论 $\varphi'(x)$ 在 $x=0$ 的连续性.

13. 求 $I_n=\int\frac{x^n}{\sqrt{1-x^2}}\mathrm{d}x$ 的递推计算公式.

14. 设常数 $a\neq0$，计算不定积分$\int\frac{1}{x(x^n+a)}\mathrm{d}x$.

15. 证明：$\int_0^{\frac{\pi}{2}}\sin^n x\cos^n x\mathrm{d}x=\frac{1}{2^n}\int_0^{\frac{\pi}{2}}\sin^n x\mathrm{d}x$.

16. 证明：$\forall x\geqslant0,\int_0^x\frac{\sin x}{1+x}\mathrm{d}x\geqslant0$$\left(\text{提示：只需证 }\forall k,\int_{2k\pi}^{(2k+1)\pi}\frac{\sin x}{1+x}\mathrm{d}x\geqslant\int_{(2k+1)\pi}^{(2k+2)\pi}\frac{|\sin x|}{1+x}\mathrm{d}x\right)$.

17. 已知 $f(x)$ 在$[a,b]$上连续且单调递增，证明：$\int_a^b xf(x)\mathrm{d}x\geqslant\frac{a+b}{2}\int_a^b f(x)\mathrm{d}x$.

18. 设 $f(x)\in C[0,\pi]$满足：

$$\int_0^\pi f(x)\cos x\mathrm{d}x=\int_0^\pi f(x)\sin x\mathrm{d}x=0,$$

证明：$f(x)$在$(0,\pi)$内至少有两个零点.

19. 设 $f(x)\in R[a,b]$，求证：$\forall\varepsilon>0$，存在 $g(x)\in C[a,b]$，使得

$$\int_a^b|f(x)-g(x)|\mathrm{d}x<\varepsilon.$$

20. 已知 $f(x)\in R[0,\pi]$，求证：$\lim\limits_{n\to\infty}\int_0^\pi f(x)|\sin nx|\mathrm{d}x=\frac{2}{\pi}\int_0^\pi f(x)\mathrm{d}x$.

21. 设 $f(x),g(x)$ 均为周期为 T 的连续函数，称函数 $(f*g)(x)=\frac{1}{T}\int_0^T f(t)g(x-t)\mathrm{d}t$ 是 $f(x)$ 与 $g(x)$ 的卷积，证明：

(1) $f*g$ 也是周期为 T 的周期函数；

(2) $(f*g)(x)=\frac{1}{T}\int_a^{a+T}f(t)g(x-t)\mathrm{d}t$；

(3) $f*g=g*f$.

第6章　广义黎曼积分

6.1　广义黎曼积分的概念

对于黎曼积分,积分区间是一个有限的闭区间,并且被积函数必须有界.但是,许多来自于各类学科的实际问题中,经常需要处理无穷区间和无界函数的积分问题,因此,有必要把黎曼积分的概念推广到无穷区间的情形以及无界函数的情形.这就产生了广义黎曼积分.

6.1.1　无穷限积分

定义 6.1.1 ……………………………………………………………………

设函数 f 在 $[a,+\infty)$ 上定义,并且对任意的 $A>a$, $f\in R[a,A]$. 如果当 $A\to+\infty$ 时,下列极限存在:

$$\lim_{A\to+\infty}\int_a^A f(x)\mathrm{d}x = I,$$

则称 f 在 $[a,+\infty)$ 上的**广义积分**收敛,称极限值 I 为 f 在 $[a,+\infty)$ 上的广义积分(值),记作

$$\int_a^{+\infty} f(x)\mathrm{d}x = \lim_{A\to+\infty}\int_a^A f(x)\mathrm{d}x.$$

若极限 $\lim\limits_{A\to+\infty}\int_a^A f(x)\mathrm{d}x$ 不存在,则称广义积分 $\int_a^{+\infty} f(x)\mathrm{d}x$ 发散.

类似地,可以定义 f 在 $(-\infty,a]$ 上的广义积分 $\int_{-\infty}^a f(x)\mathrm{d}x$ 的收敛与发散.

▶ **例 6.1.1** ……………………………………………………………………

计算广义积分 $\int_0^{+\infty}\dfrac{\mathrm{d}x}{1+x^2}$.

解 $\int_0^{+\infty}\dfrac{\mathrm{d}x}{1+x^2} = \lim\limits_{A\to+\infty}\int_0^A\dfrac{\mathrm{d}x}{1+x^2} = \lim\limits_{A\to+\infty}\arctan x\Big|_0^A = \dfrac{\pi}{2}$.

例 6.1.2

计算广义积分 $\int_1^{+\infty}\frac{\ln x}{x^2}\mathrm{d}x$.

解 $\int_1^{+\infty}\frac{\ln x}{x^2}\mathrm{d}x=\lim\limits_{A\to+\infty}\int_1^A\frac{\ln x}{x^2}\mathrm{d}x=\lim\limits_{A\to+\infty}\left[-\frac{\ln x}{x}\bigg|_1^A+\int_1^A\frac{\mathrm{d}x}{x^2}\right]$

$$=\lim_{A\to+\infty}\left[-\frac{\ln x}{x}\bigg|_1^A-\frac{1}{x}\bigg|_1^A\right]=1.$$

例 6.1.3

设 $p>0$,讨论广义积分 $\int_1^{+\infty}\frac{\mathrm{d}x}{x^p}$ 的收敛性.

解 $\int_1^A\frac{\mathrm{d}x}{x^p}=\begin{cases}\ln A, & p=1,\\ \dfrac{A^{1-p}-1}{1-p}, & p\neq 1.\end{cases}$

于是当 $p>1$ 时,$\lim\limits_{A\to+\infty}\int_1^A\frac{\mathrm{d}x}{x^p}=\frac{1}{p-1}$;当 $0<p\leqslant 1$ 时,$\int_1^A\frac{\mathrm{d}x}{x^p}\to+\infty(A\to+\infty)$. 所以,广义积分 $\int_1^{+\infty}\frac{\mathrm{d}x}{x^p}$ 当 $0<p\leqslant 1$ 时发散;当 $p>1$ 时收敛.

例 6.1.4

设 $p>0$. 讨论广义积分 $\int_{\mathrm{e}}^{+\infty}\frac{\mathrm{d}x}{x(\ln x)^p}$ 的收敛性.

解 $\int_{\mathrm{e}}^A\frac{\mathrm{d}x}{x(\ln x)^p}=\begin{cases}\ln(\ln A), & p=1,\\ \dfrac{(\ln A)^{1-p}-1}{1-p}, & p\neq 1.\end{cases}$

于是当 $p>1$ 时,$\lim\limits_{A\to+\infty}\int_{\mathrm{e}}^A\frac{\mathrm{d}x}{x(\ln x)^p}=\frac{1}{p-1}$;当 $0<p\leqslant 1$ 时,$\int_{\mathrm{e}}^A\frac{\mathrm{d}x}{x(\ln x)^p}\to+\infty(A\to+\infty)$. 所以,广义积分 $\int_{\mathrm{e}}^A\frac{\mathrm{d}x}{x(\ln x)^p}$ 当 $0<p\leqslant 1$ 时发散;当 $p>1$ 时收敛.

最后,对于形如 $\int_{-\infty}^{+\infty}f(x)\mathrm{d}x$ 的广义积分,如果存在实数 a,使得广义积分 $\int_a^{+\infty}f(x)\mathrm{d}x$ 与 $\int_{-\infty}^a f(x)\mathrm{d}x$ 都收敛,则称广义积分 $\int_{-\infty}^{+\infty}f(x)\mathrm{d}x$ 收敛,并且

$$\int_{-\infty}^{+\infty}f(x)\mathrm{d}x=\int_{-\infty}^a f(x)\mathrm{d}x+\int_a^{+\infty}f(x)\mathrm{d}x.$$

此时,对于任何实数 b,不难看到,广义积分 $\int_b^{+\infty}f(x)\mathrm{d}x$ 与 $\int_{-\infty}^b f(x)\mathrm{d}x$ 也都收敛,因而广义积分 $\int_{-\infty}^{+\infty}f(x)\mathrm{d}x$ 的收敛性与 a 的选取无关.

▶ **例 6.1.5** ……………………………………………………………………

计算广义积分 $\int_{-\infty}^{+\infty}\frac{\mathrm{d}x}{\mathrm{e}^x+\mathrm{e}^{2-x}}$.

解 $\int_1^{+\infty}\frac{\mathrm{d}x}{\mathrm{e}^x+\mathrm{e}^{2-x}}=\lim\limits_{A\to+\infty}\int_1^A\frac{\mathrm{d}x}{\mathrm{e}^{2-x}[\mathrm{e}^{2x-2}+1]}=\frac{1}{\mathrm{e}}\lim\limits_{A\to+\infty}\int_1^A\frac{\mathrm{e}^{x-1}\mathrm{d}x}{(\mathrm{e}^{x-1})^2+1}$

$$=\frac{1}{\mathrm{e}}\lim_{A\to+\infty}\arctan\mathrm{e}^{x-1}\Big|_1^A=\frac{\pi}{4\mathrm{e}},$$

$$\int_{-\infty}^1\frac{\mathrm{d}x}{\mathrm{e}^x+\mathrm{e}^{2-x}}=\frac{1}{\mathrm{e}}\lim_{A\to-\infty}\int_A^1\frac{\mathrm{e}^{x-1}\mathrm{d}x}{(\mathrm{e}^{x-1})^2+1}=\frac{1}{\mathrm{e}}\lim_{A\to-\infty}\arctan\mathrm{e}^{x-1}\Big|_A^1=\frac{\pi}{4\mathrm{e}},$$

所以

$$\int_{-\infty}^{+\infty}\frac{\mathrm{d}x}{\mathrm{e}^x+\mathrm{e}^{2-x}}=\frac{\pi}{2\mathrm{e}}.$$

6.1.2 瑕积分

无界函数在有界区间上的广义积分称为瑕积分.

定义 6.1.2 ……………………………………………………………………

设函数 f 在 $[a,b)$ 上定义，在 b 点附近无界(这时称 $x=b$ 是 f 的一个瑕点)，并且对任意的 $\delta\in(0,b-a)$，$f\in R[a,b-\delta]$. 如果当 $\delta\to0^+$ 时，下列极限存在：

$$\lim_{\delta\to0^+}\int_a^{b-\delta}f(x)\mathrm{d}x=I,$$

则称 f 在 $[a,b)$ 上的**瑕积分**收敛，称极限值 I 为 f 在 $[a,b)$ 上的瑕积分(值)，记作

$$\int_a^b f(x)\mathrm{d}x=\lim_{\delta\to0^+}\int_a^{b-\delta}f(x)\mathrm{d}x.$$

如果极限 $\lim\limits_{\delta\to0^+}\int_a^{b-\delta}f(x)\mathrm{d}x$ 不存在，则称瑕积分 $\int_a^b f(x)\mathrm{d}x$ 发散.

如果 f 在点 a 附近无界，并且 $\forall\delta\in(0,b-a)$ 有 $f\in R[a+\delta,b]$，则可以类似地定义 f 在 $(a,b]$ 上的瑕积分 $\int_a^b f(x)\mathrm{d}x$ 的收敛与发散. 此时 $x=a$ 为瑕点.

▶ **例 6.1.6** ……………………………………………………………………

计算 $\int_0^1\ln x\mathrm{d}x$.

解 $x=0$ 为瑕点，依定义，

$$\int_0^1\ln x\mathrm{d}x=\lim_{\delta\to0^+}\int_\delta^1\ln x\mathrm{d}x=\lim_{\delta\to0^+}(x\ln x-x)\Big|_\delta^1=-1.$$

例 6.1.7

设 $p>0$. 讨论瑕积分 $\int_0^1 \frac{\mathrm{d}x}{x^p}$ 的收敛性.

解 $x=0$ 为瑕点.

$$\int_\delta^1 \frac{\mathrm{d}x}{x^p}=\begin{cases}\ln\delta, & p=1,\\ \frac{1-\delta^{1-p}}{1-p}, & p\neq 1.\end{cases}$$

于是当 $0<p<1$ 时，$\lim\limits_{\delta\to 0^+}\int_\delta^1 \frac{\mathrm{d}x}{x^p}=\frac{1}{1-p}$；当 $p\geqslant 1$ 时，$\int_\delta^1 \frac{\mathrm{d}x}{x^p}\to+\infty(\delta\to 0^+)$. 所以，瑕积分 $\int_0^1 \frac{\mathrm{d}x}{x^p}$ 当 $0<p<1$ 时收敛；当 $p\geqslant 1$ 时发散.

设函数 f 在点 a 与点 b 附近都无界. 如果存在数 $c\in(a,b)$，使得瑕积分 $\int_a^c f(x)\mathrm{d}x$ 与 $\int_c^b f(x)\mathrm{d}x$ 都收敛，则称瑕积分 $\int_a^b f(x)\mathrm{d}x$ 收敛.

类似地，设函数 f 在点 a 附近无界. 如果存在 $c>a$，使得瑕积分 $\int_a^c f(x)\mathrm{d}x$ 与无穷限积分 $\int_c^{+\infty} f(x)\mathrm{d}x$ 都收敛，则称广义积分 $\int_a^{+\infty} f(x)\mathrm{d}x$ 收敛.

不难看到，上述瑕积分 $\int_a^b f(x)\mathrm{d}x$ 及广义积分 $\int_a^{+\infty} f(x)\mathrm{d}x$ 的收敛性与 c 的选取无关.

例 6.1.8

计算 $\int_{-1}^1 \frac{\mathrm{d}x}{\sqrt{1-x^2}}$.

解 $x=\pm 1$ 为瑕点，依定义，

$$\int_0^1 \frac{\mathrm{d}x}{\sqrt{1-x^2}}=\lim_{\delta\to 0^+}\int_0^{1-\delta}\frac{\mathrm{d}x}{\sqrt{1-x^2}}=\lim_{\delta\to 0^+}\arcsin(1-\delta)=\frac{\pi}{2}.$$

同理，

$$\int_{-1}^0 \frac{\mathrm{d}x}{\sqrt{1-x^2}}=\lim_{\delta\to 0^+}\int_{-1+\delta}^0\frac{\mathrm{d}x}{\sqrt{1-x^2}}=\frac{\pi}{2}.$$

所以 $\int_{-1}^1 \frac{\mathrm{d}x}{\sqrt{1-x^2}}=\pi$.

例 6.1.9

计算 $\int_0^{+\infty} \frac{\mathrm{d}x}{\sqrt{x}(1+x)}$.

解 $x=0$ 为瑕点，

$$\int_0^1 \frac{\mathrm{d}x}{\sqrt{x}(1+x)} = \lim_{\delta\to 0^+}\int_\delta^1 \frac{\mathrm{d}x}{\sqrt{x}(1+x)} = 2\lim_{\delta\to 0^+}\arctan\sqrt{x}\,\Big|_\delta^1 = \frac{\pi}{2}.$$

同时，

$$\int_1^{+\infty} \frac{\mathrm{d}x}{\sqrt{x}(1+x)} = \lim_{A\to+\infty}\int_1^A \frac{\mathrm{d}x}{\sqrt{x}(1+x)} = 2\lim_{A\to+\infty}\arctan\sqrt{x}\,\Big|_1^A = \frac{\pi}{2}.$$

即上面两积分皆收敛，从而原广义积分收敛，并且 $\int_0^{+\infty} \frac{\mathrm{d}x}{\sqrt{x}(1+x)} = \pi$.

习题 6.1

1. 广义积分与黎曼积分有什么不同？

2. 利用定义计算下列广义积分.

(1) $\int_1^{+\infty} \frac{1}{x(x+1)}\mathrm{d}x$；　(2) $\int_0^{+\infty} x\mathrm{e}^{-x}\mathrm{d}x$；

(3) $\int_0^{+\infty} \mathrm{e}^{-x}\sin x\mathrm{d}x$；　(4) $\int_{-\infty}^{+\infty} \frac{1}{x^2+2x+5}\mathrm{d}x$；

(5) $\int_1^{+\infty} \frac{1}{x(1+x^2)}\mathrm{d}x$；　(6) $\int_{-\infty}^0 x\mathrm{e}^x\sin x\mathrm{d}x$；

(7) $\int_0^1 \frac{\mathrm{e}^{\frac{-1}{x}}}{x^2}\mathrm{d}x$；　(8) $\int_1^{\mathrm{e}} \frac{\mathrm{d}x}{x\sqrt{1-(\ln x)^2}}$；

(9) $\int_{-1}^0 \frac{x}{\sqrt{1-x^2}}\mathrm{d}x$.

3. 计算下列广义积分.

(1) $\int_1^{+\infty} \frac{1}{x^2\sqrt{1+x^2}}\mathrm{d}x$；　(2) $\int_0^{+\infty} \frac{\arctan x}{(1+x^2)^{\frac{3}{2}}}\mathrm{d}x$；

(3) $\int_{-\infty}^{-2} \frac{1}{x\sqrt{x^2-1}}\mathrm{d}x$；　(4) $\int_0^1 (\ln x)^2\mathrm{d}x$；

(5) $\int_{-1}^1 \sqrt{\frac{1-x}{1+x}}\mathrm{d}x$；　(6) $\int_0^1 \frac{1}{(2+x)\sqrt{1-x}}\mathrm{d}x$.

4. 考察下列广义积分的类型(属于无穷限积分、瑕积分，还是两类积分的混合)，并利用定义考察其敛散性，收敛的求出值，发散的说明理由.

(1) $\int_{-2}^2 \frac{2x}{x^2-4}\mathrm{d}x$；　(2) $\int_0^{+\infty} \frac{x\ln x}{(1+x^2)^2}\mathrm{d}x$；

(3) $\int_1^{+\infty} \frac{1}{x\sqrt{x^2-1}}\mathrm{d}x$；　(4) $\int_2^{+\infty} \frac{\mathrm{d}x}{x^2-4x+3}$；

(5) $\int_0^{+\infty} \mathrm{e}^{-\sqrt{x}}\mathrm{d}x$；　(6) $\int_0^{+\infty} \frac{\ln x}{x^2}\mathrm{d}x$.

5. 设 $F(x)$ 是 $f(x)$ 在 $[a,+\infty)$ 的一个原函数，极限 $\lim\limits_{x\to+\infty}F(x)=F(+\infty)$ 存在，则积分 $\int_a^{+\infty}f(x)\mathrm{d}x$ 收敛，并且有 $\int_a^{+\infty}f(x)\mathrm{d}x=F(+\infty)-F(a)$ (N-L 公式)成立.

6. 设 $u(x),v(x)$ 在任何区间 $[a,A]\,(A>a)$ 可积，$\int_a^{+\infty}v(x)\mathrm{d}u(x)$ 收敛，$\lim\limits_{x\to+\infty}u(x)v(x)$ 存在，则 $\int_a^{+\infty}u(x)\mathrm{d}v(x)$ 也收敛，并且 $\int_a^{+\infty}v(x)\mathrm{d}u(x)=u(x)v(x)\Big|_a^{+\infty}-\int_a^{+\infty}u(x)\mathrm{d}v(x)$ (分部积分).

7. 求曲线 $y=\frac{1}{\sqrt{x}}(0<x\leqslant1)$，$y=\frac{1}{x^2}(x\geqslant1)$，$x$ 轴和 y 轴围成的图形面积.

6.2　广义积分收敛性的判定

在很多情况下，按定义通过计算广义积分的值来判定它的收敛性会很困难，因此寻找其他方法来判定一个广义积分的收敛性是一个重要问题.

6.2.1　无穷限广义积分收敛性的判定

定理 6.2.1(柯西收敛原理) ……………………………………………

设 f 在 $[a,+\infty)$ 上定义，并且对任意 $A>a$，$f\in R[a,A]$，则广义积分 $\int_a^{+\infty}f(x)\mathrm{d}x$ 收敛的充分必要条件是：$\forall\varepsilon>0$，存在实数 $M>a$，只要 $A_2>A_1>M$，就有

$$\left|\int_{A_1}^{A_2}f(x)\mathrm{d}x\right|<\varepsilon.$$

证明　令 $F(t)=\int_a^t f(x)\mathrm{d}x,t\geqslant a$，则广义积分 $\int_a^{+\infty}f(x)\mathrm{d}x$ 收敛即为极限 $\lim\limits_{t\to+\infty}F(t)$ 存在. 再由函数极限存在的柯西收敛原则(定理 2.3.4)可得，广义积分 $\int_a^{+\infty}f(x)\mathrm{d}x$ 收敛，即极限 $\lim\limits_{t\to+\infty}F(t)$ 存在的充分必要条件是：$\forall\varepsilon>0$，存在实数 $M>a$，只要 $A_2>A_1>M$，就有

$$\left|\int_{A_1}^{A_2}f(x)\mathrm{d}x\right|=|F(A_2)-F(A_1)|<\varepsilon.$$

应用定理 6.2.1 立即可得下列命题：

命题 6.2.1 ……

设 f 在 $[a,+\infty)$ 上定义，并且对任意 $A>a$，$f\in R[a,A]$. 如果广义积分 $\int_a^{+\infty}|f(x)|\mathrm{d}x$ 收敛，则广义积分 $\int_a^{+\infty}f(x)\mathrm{d}x$ 收敛.

证明 $\forall\varepsilon>0$，由于 $\int_a^{+\infty}|f(x)|\mathrm{d}x$ 收敛，根据定理 6.2.1，存在 $M>a$，只要 $A_2>A_1>M$，就有

$$\int_{A_1}^{A_2}|f(x)|\mathrm{d}x<\varepsilon.$$

由此得到

$$\left|\int_{A_1}^{A_2}f(x)\mathrm{d}x\right|\leqslant\int_{A_1}^{A_2}|f(x)|\mathrm{d}x<\varepsilon.$$

再次应用定理 6.2.1 便知广义积分 $\int_a^{+\infty}f(x)\mathrm{d}x$ 收敛.

定义 6.2.1 ……

设 f 在 $[a,+\infty)$ 上定义，对任意 $A>a$，$f\in R[a,A]$.

(1) 如果广义积分 $\int_a^{+\infty}|f(x)|\mathrm{d}x$ 收敛，则称广义积分 $\int_a^{+\infty}f(x)\mathrm{d}x$ **绝对收敛**.

(2) 如果 $\int_a^{+\infty}f(x)\mathrm{d}x$ 收敛，但是 $\int_a^{+\infty}|f(x)|\mathrm{d}x$ 发散，则称广义积分 $\int_a^{+\infty}f(x)\mathrm{d}x$ **条件收敛**.

根据命题 6.2.1，如果广义积分 $\int_a^{+\infty}f(x)\mathrm{d}x$ 绝对收敛，则必收敛.

例 6.2.1 ……

设 $\alpha>0$. 讨论广义积分 $\int_1^{+\infty}\frac{\sin x}{x^\alpha}\mathrm{d}x$ 与 $\int_1^{+\infty}\frac{\cos x}{x^\alpha}\mathrm{d}x$ 的收敛性与绝对收敛性.

解 任取 $A_2>A_1>1$，应用分部积分法，

$$\left|\int_{A_1}^{A_2}\frac{\sin x}{x^\alpha}\mathrm{d}x\right|=\left|-\frac{\cos x}{x^\alpha}\Big|_{A_1}^{A_2}-\alpha\int_{A_1}^{A_2}\frac{\cos x}{x^{\alpha+1}}\mathrm{d}x\right|$$

$$\leqslant\frac{1}{A_1^\alpha}+\frac{1}{A_2^\alpha}+\alpha\int_{A_1}^{A_2}\frac{\mathrm{d}x}{x^{\alpha+1}}=\frac{2}{A_1^\alpha}.$$

于是，$\forall\varepsilon>0$（不妨设 $\varepsilon<2$），若取 $M=\left(\frac{2}{\varepsilon}\right)^{1/\alpha}$，只要 $A_2>A_1>M$ 就有

$$\left|\int_{A_1}^{A_2}\frac{\sin x}{x^\alpha}\mathrm{d}x\right|\leqslant\frac{2}{A_1^\alpha}<\varepsilon.$$

根据定理 6.2.1 便知广义积分 $\int_1^{+\infty}\frac{\sin x}{x^\alpha}\mathrm{d}x$ 收敛.

同理可证广义积分 $\int_1^{+\infty}\frac{\cos x}{x^\alpha}\mathrm{d}x$ 收敛.

另一方面,当 $\alpha>1$ 时,

$$\int_{A_1}^{A_2}\frac{|\sin x|}{x^\alpha}\mathrm{d}x\leqslant\int_{A_1}^{A_2}\frac{\mathrm{d}x}{x^\alpha}\leqslant\frac{1}{\alpha-1}\cdot\frac{1}{A_1^{\alpha-1}}\to 0\ (A_1\to+\infty).$$

由此知广义积分 $\int_1^{+\infty}\frac{\sin x}{x^\alpha}\mathrm{d}x$ 绝对收敛. 同理,当 $\alpha>1$ 时,$\int_1^{+\infty}\frac{\cos x}{x^\alpha}\mathrm{d}x$ 亦绝对收敛.

当 $0<\alpha\leqslant 1$ 时,

$$\int_1^A\frac{|\sin x|}{x^\alpha}\mathrm{d}x\geqslant\int_1^A\frac{\sin^2 x}{x}\mathrm{d}x=\frac{1}{2}\left(\int_1^A\frac{1}{x}\mathrm{d}x-\int_1^A\frac{\cos 2x}{x}\mathrm{d}x\right).$$

由于

$$\int_1^A\frac{1}{x}\mathrm{d}x=\ln A\to+\infty\ (A\to+\infty),$$

再由上面讨论,$\int_2^{+\infty}\frac{\cos x}{x}\mathrm{d}x$ 收敛,于是当 $A\to+\infty$ 时,

$$\int_1^A\frac{\cos 2x}{x}\mathrm{d}x=\int_2^{2A}\frac{\cos x}{x}\mathrm{d}x\to\int_2^{+\infty}\frac{\cos x}{x}\mathrm{d}x.$$

从而当 $A\to+\infty$ 时,

$$\int_1^A\frac{|\sin x|}{x^\alpha}\mathrm{d}x\to+\infty,$$

即当 $0<\alpha\leqslant 1$ 时,广义积分 $\int_1^{+\infty}\frac{\sin x}{x^\alpha}\mathrm{d}x$ 条件收敛. 同理,$\int_1^{+\infty}\frac{\cos x}{x^\alpha}\mathrm{d}x$ 亦条件收敛.

定理 6.2.2(比较判别法)

设 f,g 在 $[a,+\infty)$ 上定义,并且 $\forall A>a$,$f,g\in R[a,A]$. 又设存在正数 K 与 C,使得当 $x>K$ 时有

$$|f(x)|\leqslant Cg(x). \tag{1}$$

(1) 若广义积分 $\int_a^{+\infty}g(x)\mathrm{d}x$ 收敛,则广义积分 $\int_a^{+\infty}f(x)\mathrm{d}x$ 绝对收敛.

(2) 若广义积分 $\int_a^{+\infty}|f(x)|\mathrm{d}x$ 发散,则广义积分 $\int_a^{+\infty}g(x)\mathrm{d}x$ 发散.

证明 (1) 设 $\int_a^{+\infty}g(x)\mathrm{d}x$ 收敛,则 $\forall\varepsilon>0$,$\exists M_1>0$,只要 $A_2>A_1>M_1$,就有

$$\int_{A_1}^{A_2}g(x)\mathrm{d}x<\frac{\varepsilon}{C}.$$

再由条件式(1)，只要 $A_2>A_1>M=\max\{K,M_1\}$，就有

$$\int_{A_1}^{A_2}|f(x)|\,\mathrm{d}x\leqslant\int_{A_1}^{A_2}Cg(x)\,\mathrm{d}x<\varepsilon.$$

根据定理 6.2.1 便知，$\int_a^{+\infty}|f(x)|\,\mathrm{d}x$ 收敛，即 $\int_a^{+\infty}f(x)\,\mathrm{d}x$ 绝对收敛.

(2) 假设 $\int_a^{+\infty}g(x)\,\mathrm{d}x$ 收敛，则由(1)，$\int_a^{+\infty}f(x)\,\mathrm{d}x$ 绝对收敛. 这与定理条件相矛盾. 所以 $\int_a^{+\infty}g(x)\,\mathrm{d}x$ 发散.

例 6.2.2

判别广义积分 $\int_0^{+\infty}\frac{\sin x}{1+x^2}\mathrm{d}x$ 的收敛性.

解 $\left|\frac{\sin x}{1+x^2}\right|\leqslant\frac{1}{x^2+1}\quad(x\geqslant 0)$.

而广义积分 $\int_0^{+\infty}\frac{\mathrm{d}x}{1+x^2}$ 收敛. 由比较判别法可得 $\int_0^{+\infty}\frac{|\sin x|}{1+x^2}\mathrm{d}x$ 收敛，即 $\int_0^{+\infty}\frac{\sin x}{1+x^2}\mathrm{d}x$ 绝对收敛从而也收敛.

比较判别法具有下列极限形式，在许多情况下这种形式在应用上更为便捷.

定理 6.2.3

设非负函数 f,g 在 $[a,+\infty)$ 上定义，$\forall A>a$，$f,g\in R[a,A]$，并且

$$\lim_{x\to+\infty}\frac{f(x)}{g(x)}=C.\tag{2}$$

(1) 如果 $C>0$，则广义积分 $\int_a^{+\infty}f(x)\,\mathrm{d}x$ 与 $\int_a^{+\infty}g(x)\,\mathrm{d}x$ 同收敛同发散；

(2) 如果 $C=0$，且广义积分 $\int_a^{+\infty}g(x)\,\mathrm{d}x$ 收敛，则广义积分 $\int_a^{+\infty}f(x)\,\mathrm{d}x$ 收敛.

证明 (1) 由式(2)，存在正数 $K\geqslant a$，使得当 $x\geqslant K$ 时，

$$\frac{C}{2}g(x)\leqslant f(x)\leqslant 2Cg(x).$$

应用定理 6.2.2(1)即知广义积分 $\int_a^{+\infty}f(x)\,\mathrm{d}x$ 与 $\int_a^{+\infty}g(x)\,\mathrm{d}x$ 同时敛散.

(2) 的证明留给读者来完成.

例 6.2.3

判别下列广义积分的收敛性.

(1) $\int_1^{+\infty}\frac{x^2\,\mathrm{d}x}{\mathrm{e}^x+x}$；(2) $\int_1^{+\infty}\frac{\ln x}{\sqrt{x^3+2x+1}}\mathrm{d}x$；(3) $\int_2^{+\infty}\frac{\mathrm{d}x}{x(\ln x+9)}$.

解 (1) 令 $f(x)=\dfrac{x^2}{e^x+x}$，$g(x)=\dfrac{1}{x^2}$，则

$$\lim_{x\to+\infty}\frac{f(x)}{g(x)}=\lim_{x\to+\infty}\frac{x^4}{e^x+x}=0.$$

由于 $\int_1^{+\infty}\frac{dx}{x^2}$ 收敛，再由定理 6.2.3 即知广义积分 $\int_1^{+\infty}\frac{x^2dx}{e^x+x}$ 收敛.

(2) 令 $f(x)=\dfrac{\ln x}{\sqrt{x^3+2x+1}}$，$g(x)=\dfrac{1}{\sqrt[4]{x^5}}$. 则应用洛必达法则可得

$$\lim_{x\to+\infty}\frac{f(x)}{g(x)}=\lim_{x\to+\infty}\frac{\sqrt[4]{x^5}\ln x}{\sqrt{x^3+2x+1}}\leqslant\lim_{x\to+\infty}\frac{\ln x}{\sqrt[4]{x}}=\lim_{x\to+\infty}\frac{4}{\sqrt[4]{x}}=0.$$

由于 $\int_1^{+\infty}\frac{dx}{\sqrt[4]{x^5}}$ 收敛，再由定理 6.2.3 即知广义积分 $\int_1^{+\infty}\frac{\ln x}{\sqrt{x^3+2x+1}}dx$ 收敛.

(3) 令 $f(x)=\dfrac{1}{x(\ln x+9)}$，$g(x)=\dfrac{1}{x\ln x}$，则

$$\lim_{x\to+\infty}\frac{f(x)}{g(x)}=\lim_{x\to+\infty}\frac{\ln x}{(\ln x+9)}=1.$$

由于 $\int_2^{+\infty}\frac{dx}{x\ln x}$ 发散（例 6.1.4），再由定理 6.2.3 即知广义积分 $\int_2^{+\infty}\frac{dx}{x(\ln x+9)}$ 发散.

从上面讨论不难看到，比较判别法只适用于判定一个广义积分是否绝对收敛，而对于条件收敛的情形则失效. 下面我们将建立两个适用于判定广义积分条件收敛性的判别法——狄利克雷判别法与阿贝尔判别法. 为此，我们首先需要下述定理：

定理 6.2.4（积分第二中值定理） ……

设 $f\in R[a,b]$，g 在 $[a,b]$ 上单调，则存在 $\xi\in[a,b]$ 使得

$$\int_a^b f(x)g(x)dx=g(a)\int_a^\xi f(x)dx+g(b)\int_\xi^b f(x)dx.$$

这个定理的严格证明已经超出了本课程的要求，这里只对 $f\in C[a,b]$，$g'\in C[a,b]$ 的特殊情形给予证明.

证明 令 $F(x)=\int_a^x f(t)dt$，应用分部积分法可得

$$\int_a^b f(x)g(x)dx=F(x)g(x)\big|_a^b-\int_a^b F(x)g'(x)dx.$$

由于 g 在 $[a,b]$ 上单调，故 $g'(x)$ 不变号. 根据积分第一中值定理，存在 $\xi\in[a,b]$，使得

$$\int_a^b F(x)g'(x)dx=F(\xi)\int_a^b g'(x)dx.$$

从而

$$\begin{aligned}\int_a^b f(x)g(x)\mathrm{d}x &= F(x)g(x)\big|_a^b - F(\xi)\int_a^b g'(x)\mathrm{d}x \\ &= F(b)g(b) - F(\xi)[g(b)-g(a)] \\ &= g(a)\int_a^{\xi} f(x)\mathrm{d}x + g(b)\int_{\xi}^b f(x)\mathrm{d}x.\end{aligned}$$

定理 6.2.5(狄利克雷判别法)

设 $F(t)=\int_a^t f(x)\mathrm{d}x$ 在$[a,+\infty)$上有界,$g(x)$在$[a,+\infty)$上单调且 $\lim\limits_{x\to+\infty} g(x)=0$,则广义积分 $\int_a^{+\infty} f(x)g(x)\mathrm{d}x$ 收敛.

证明 任取 $A_2>A_1\geqslant a$,对 $f(x)$ 与 $g(x)$ 在区间$[A_1,A_2]$上应用积分第二中值定理可得,$\exists\,\xi\in[A_1,A_2]$使得

$$\int_{A_1}^{A_2} f(x)g(x)\mathrm{d}x = g(A_1)\int_{A_1}^{\xi} f(x)\mathrm{d}x + g(A_2)\int_{\xi}^{A_2} f(x)\mathrm{d}x. \tag{3}$$

由于 $F(t)=\int_a^t f(x)\mathrm{d}x$ 在$[a,+\infty)$上有界:$|F(t)|\leqslant C,t\geqslant a$,因此,任取 $t_2>t_1\geqslant a$,

$$\left|\int_{t_1}^{t_2} f(x)\mathrm{d}x\right| = |F(t_2)-F(t_1)| \leqslant 2C. \tag{4}$$

另一方面,$\lim\limits_{x\to+\infty} g(x)=0$,从而 $\forall\,\varepsilon>0$,$\exists\,M$ 使得当 $x>M$ 时,有

$$|g(x)| < \frac{\varepsilon}{4C}. \tag{5}$$

结合(3),(4),(5)式即知当 $A_2>A_1>M$ 时,有

$$\left|\int_{A_1}^{A_2} f(x)g(x)\mathrm{d}x\right| < \varepsilon.$$

根据定理 6.2.1 便知广义积分 $\int_a^{+\infty} f(x)g(x)\mathrm{d}x$ 收敛.

定理 6.2.6(阿贝尔判别法)

设广义积分 $\int_a^{+\infty} f(x)\mathrm{d}x$ 收敛,$g(x)$在$[a,+\infty)$上单调有界,则广义积分 $\int_a^{+\infty} f(x)g(x)\mathrm{d}x$ 收敛.

证明 由于 $g(x)$ 在$[a,+\infty)$上单调有界,极限 $\lim\limits_{x\to+\infty} g(x)=b$ 存在,于是 $g_1(x)=g(x)-b$ 在$[a,+\infty)$上单调且 $\lim\limits_{x\to+\infty} g_1(x)=0$. 由此知 $f(x)$ 与 $g_1(x)$ 满足定理 6.2.5 的条件,从而 $\int_a^{+\infty} f(x)[g(x)-b]\mathrm{d}x$ 收敛. 又因为 $\int_a^{+\infty} f(x)\mathrm{d}x$ 收敛,所以

$$\int_a^{+\infty} f(x)g(x)\mathrm{d}x = \int_a^{+\infty} f(x)[g(x)-b]\mathrm{d}x + b\int_a^{+\infty} f(x)\mathrm{d}x$$

收敛.

例 6.2.4

判别下列广义积分的收敛性.

(1) $\int_1^{+\infty} \frac{(-1)^{[x]}}{x-\ln x}\mathrm{d}x$；(2) $\int_2^{+\infty} \frac{\sin x}{\ln x}\mathrm{d}x$；(3) $\int_2^{+\infty} \frac{\sin x}{\ln x}\arctan x\mathrm{d}x$.

解 (1) $x-\ln x$ 在 $[1,+\infty)$ 上单调且 $\lim\limits_{x\to+\infty} \frac{1}{x-\ln x}=0$. 另一方面,

$$\left|\int_1^A (-1)^{[x]}\mathrm{d}x\right| \leqslant \left|\sum_{k=1}^{[A]-1}(-1)^k\right| + |A-[A]| \leqslant 2.$$

应用狄利克雷判别法即得广义积分 $\int_1^{+\infty} \frac{(-1)^{[x]}}{x-\ln x}\mathrm{d}x$ 收敛.

(2) $\ln x$ 在 $[2,+\infty)$ 上单调且 $\lim\limits_{x\to+\infty} \frac{1}{\ln x}=0$. 另一方面,

$$\left|\int_2^A \sin x\mathrm{d}x\right| = |\cos 2-\cos A| \leqslant 2.$$

应用狄利克雷判别法, 广义积分 $\int_2^{+\infty} \frac{\sin x}{\ln x}\mathrm{d}x$ 收敛.

(3) 由(2), 广义积分 $\int_2^{+\infty} \frac{\sin x}{\ln x}\mathrm{d}x$ 收敛, 而 $\arctan x$ 在 $[2,+\infty)$ 单调有界, 应用阿贝尔判别法, 广义积分 $\int_2^{+\infty} \frac{\sin x}{\ln x}\arctan x\mathrm{d}x$ 收敛.

6.2.2 瑕积分收敛性的判定

对瑕积分的情形,其收敛性的判别与无穷限广义积分的情形有完全相应的结果,并且这些判别法的证明也是类似的. 因此下面只列出关于瑕积分收敛性的主要概念与判别法,读者可以完全仿照无穷限广义积分的情形给出证明. 此外,为叙述方便,我们只讨论右端点 b 为瑕点的情形,对于左端点 a 为瑕点的情形也是完全类似的.

定理 6.2.7(柯西收敛原理)

设 f 在 $[a,b)$ 上定义, 在 b 点附近无界, 并且 $\forall\delta\in(0,b-a)$, 有 $f\in R[a,b-\delta]$, 则瑕积分 $\int_a^b f(x)\mathrm{d}x$ 收敛的充分必要条件是: $\forall\varepsilon>0$, 存在 $\delta\in(0,b-a)$, 只要 $\delta>\delta_1>\delta_2>0$, 就有

$$\left|\int_{b-\delta_1}^{b-\delta_2} f(x)\mathrm{d}x\right| < \varepsilon.$$

定义 6.2.2 ……………………………………………………………

设 f 在 $[a,b)$ 上定义,在 b 点附近无界,并且 $\forall\delta\in(0,b-a)$,有 $f\in R[a,b-\delta]$.

(1) 如果瑕积分 $\int_a^b |f(x)|\mathrm{d}x$ 收敛,则称瑕积分 $\int_a^b f(x)\mathrm{d}x$ 绝对收敛.

(2) 如果 $\int_a^b f(x)\mathrm{d}x$ 收敛,但 $\int_a^b |f(x)|\mathrm{d}x$ 发散,则称瑕积分 $\int_a^b f(x)\mathrm{d}x$ 条件收敛.

命题 6.2.2 ……………………………………………………………

设 f 在 $[a,b)$ 上定义,在 b 点附近无界,并且 $\forall\delta\in(0,b-a)$,有 $f\in R[a,b-\delta]$. 如果瑕积分 $\int_a^b f(x)\mathrm{d}x$ 绝对收敛,则 $\int_a^b f(x)\mathrm{d}x$ 收敛.

定理 6.2.8(比较判别法) ……………………………………………………

设 f,g 在 $[a,b)$ 上定义,在 b 点附近无界,并且 $\forall\delta\in(0,b-a)$,有 $f,g\in R[a,b-\delta]$. 又设存在正数 C 与 $d\in(0,b-a)$,使得

$$|f(x)|\leqslant Cg(x),\quad x\in(b-d,b).$$

(1) 若 $\int_a^b g(x)\mathrm{d}x$ 收敛,则瑕积分 $\int_a^b f(x)\mathrm{d}x$ 绝对收敛.

(2) 若 $\int_a^b |f(x)|\mathrm{d}x$ 发散,则瑕积分 $\int_a^b g(x)\mathrm{d}x$ 发散.

定理 6.2.9(比较判别法的极限形式) ……………………………………

设非负函数 f,g 在 $[a,b)$ 上定义,在 b 点附近无界,并且 $\forall\delta\in(0,b-a)$,有 $f,g\in R[a,b-\delta]$. 又设

$$\lim_{x\to b^-}\frac{f(x)}{g(x)}=C.$$

(1) 如果 $C>0$,则瑕积分 $\int_a^b f(x)\mathrm{d}x$ 与 $\int_a^b g(x)\mathrm{d}x$ 同收敛同发散;

(2) 如果 $C=0$,且瑕积分 $\int_a^b g(x)\mathrm{d}x$ 收敛,则瑕积分 $\int_a^b f(x)\mathrm{d}x$ 收敛.

定理 6.2.10(狄利克雷判别法) ……………………………………………

设 f 在 $[a,b)$ 上定义,在 b 点附近无界. 如果 $F(t)=\int_a^t f(x)\mathrm{d}x$ 在 $[a,b)$ 上有界,$g(x)$ 在 $[a,b)$ 上单调且 $\lim\limits_{x\to b^-}g(x)=0$,则瑕积分 $\int_a^b f(x)g(x)\mathrm{d}x$ 收敛.

定理 6.2.11（阿贝尔判别法）

设 f 在$[a,b)$上定义，在 b 点附近无界，并且 $\forall\delta\in(0,b-a)$，有 $f\in R[a,b-\delta]$. 如果瑕积分 $\int_a^b f(x)\mathrm{d}x$ 收敛，$g(x)$在$[a,b)$上单调有界，则瑕积分 $\int_a^b f(x)g(x)\mathrm{d}x$ 收敛.

例 6.2.5

讨论瑕积分 $\int_0^1 \frac{1}{x}\sin\frac{1}{x}\mathrm{d}x$ 的收敛性与绝对收敛性.

解 $x=0$ 为瑕点. 作变换 $t=\frac{1}{x}$，$\forall\delta\in(0,1)$，可得

$$\int_\delta^1 \frac{1}{x}\sin\frac{1}{x}\mathrm{d}x=\int_1^{\delta^{-1}}\frac{\sin t}{t}\mathrm{d}t,$$

$$\int_\delta^1 \left|\frac{1}{x}\sin\frac{1}{x}\right|\mathrm{d}x=\int_1^{\delta^{-1}}\left|\frac{\sin t}{t}\right|\mathrm{d}t.$$

由于 $\int_1^{+\infty}\frac{\sin t}{t}\mathrm{d}t$ 条件收敛，根据上面两等式便知积分 $\int_0^1\frac{1}{x}\sin\frac{1}{x}\mathrm{d}x$ 条件收敛.

例 6.2.6

判别下列瑕积分的收敛性.

(1) $\int_0^1\sqrt{\cot x}\,\mathrm{d}x$；(2) $\int_0^1\frac{\ln x}{x^p}\mathrm{d}x$；(3) $\int_0^1\frac{\cos x}{x}\cdot\sin\frac{1}{x}\mathrm{d}x$.

解 (1) $x=0$ 为瑕点. 由于

$$\lim_{x\to0^+}\frac{\sqrt{\cot x}}{\frac{1}{\sqrt{x}}}=\lim_{x\to0^+}\sqrt{\cos x}\cdot\sqrt{\frac{x}{\sin x}}=1,$$

且瑕积分 $\int_0^1\frac{\mathrm{d}x}{\sqrt{x}}$ 收敛，根据定理 6.2.9 可知瑕积分 $\int_0^1\sqrt{\cot x}\,\mathrm{d}x$ 收敛.

(2) 当 $p\geqslant1$ 时，

$$\frac{-x^{-p}\ln x}{x^{-p}}=-\ln x\geqslant1,\quad x\in\left(0,\frac{1}{\mathrm{e}}\right).$$

而瑕积分 $\int_0^1x^{-p}\mathrm{d}x$ 发散，根据定理 6.2.8 可知瑕积分 $\int_0^1-x^{-p}\ln x\mathrm{d}x$ 发散($-\ln x\geqslant0$)，从而瑕积分 $\int_0^1x^{-p}\ln x\mathrm{d}x$ 发散.

当 $p<1$ 时，取 $q\in(p,1)$，于是瑕积分 $\int_0^1x^{-q}\mathrm{d}x$ 收敛. 注意到

$$\lim_{x\to0^+}\frac{-x^{-p}\ln x}{x^{-q}}=-\lim_{x\to0^+}x^{q-p}\ln x=0,$$

根据定理 6.2.9 可知瑕积分 $\int_0^1 -x^{-p}\ln x\mathrm{d}x$ 收敛，从而原瑕积分收敛.

(3) 由例 6.2.5 中已知，瑕积分 $\int_0^1 \frac{1}{x}\sin\frac{1}{x}\mathrm{d}x$ 收敛. 而函数 $\cos x$ 在区间 $(0,1)$ 上单调有界，根据阿贝尔判别法（定理 6.2.11）即得原瑕积分收敛.

例 6.2.7

设 $p>0$. 讨论广义积分 $\int_0^{+\infty}\frac{\ln(1+x)}{x^p}\mathrm{d}x$ 的收敛性.

解 原积分收敛，当且仅当下面两个积分同时收敛：

$$\int_0^1 \frac{\ln(1+x)}{x^p}\mathrm{d}x,\quad \int_1^{+\infty}\frac{\ln(1+x)}{x^p}\mathrm{d}x.$$

对于前者，注意到

$$\lim_{x\to 0^+} x^{p-1}\frac{\ln(1+x)}{x^p}=1,$$

以及瑕积分 $\int_0^1\frac{\mathrm{d}x}{x^{p-1}}$ 当 $p-1<1$ 时收敛，$p-1\geqslant 1$ 时发散. 根据定理 6.2.9，瑕积分 $\int_0^1\frac{\ln(1+x)}{x^p}\mathrm{d}x$ 当 $p<2$ 时收敛，$p\geqslant 2$ 时发散.

对于无穷限积分 $\int_1^{+\infty}\frac{\ln(1+x)}{x^p}\mathrm{d}x$，显然当 $0<p\leqslant 1$ 时发散，而当 $p>1$ 时，取 $q\in(1,p)$. 注意到 $\int_1^{+\infty}\frac{\mathrm{d}x}{x^q}$ 收敛并且

$$\lim_{x\to+\infty} x^q\cdot\frac{\ln(1+x)}{x^p}=0,$$

根据定理 6.2.3 便知积分 $\int_1^{+\infty}\frac{\ln(1+x)}{x^p}\mathrm{d}x$ 当 $p>1$ 时收敛.

综上所述，当 $1<p<2$ 时，原广义积分收敛，否则发散.

例 6.2.8

考察积分 $\mathrm{B}(\alpha,\beta)=\int_0^1 x^{\alpha-1}(1-x)^{\beta-1}\mathrm{d}x$ 的收敛性.

解 由于瑕积分 $\int_0^1 x^{\alpha-1}\mathrm{d}x$ 当且仅当 $\alpha>0$ 时收敛，并且

$$\lim_{x\to 0^+}\frac{x^{\alpha-1}(1-x)^{\beta-1}}{x^{\alpha-1}}=1.$$

根据定理 6.2.9 便知，当 $\alpha>0$ 时，瑕积分 $\int_0^{\frac{1}{2}} x^{\alpha-1}(1-x)^{\beta-1}\mathrm{d}x$ 收敛，否则发散.

同理，当 $\beta>0$ 时，瑕积分 $\int_{\frac{1}{2}}^{1}x^{\alpha-1}(1-x)^{\beta-1}\mathrm{d}x$ 收敛，否则发散. 所以，当 $\alpha>0$ 且 $\beta>0$ 时瑕积分 $\int_{0}^{1}x^{\alpha-1}(1-x)^{\beta-1}\mathrm{d}x$ 收敛，否则发散.

由上述广义积分所定义的函数

$$\mathrm{B}(\alpha,\beta)=\int_{0}^{1}x^{\alpha-1}(1-x)^{\beta-1}\mathrm{d}x\quad(\alpha>0,\beta>0)$$

是以 α,β 为自变量的二元函数，称为 B 函数（读作 Beta 函数），或称为第一类欧拉积分.

▶ **例 6.2.9** ……

讨论广义积分 $\Gamma(\alpha)=\int_{0}^{+\infty}x^{\alpha-1}\mathrm{e}^{-x}\mathrm{d}x$ 的收敛性.

解 由于瑕积分 $\int_{0}^{1}x^{\alpha-1}\mathrm{d}x$ 当 $\alpha>0$ 时收敛，$\alpha\leqslant 0$ 时发散，并且

$$\lim_{x\to 0^{+}}\frac{x^{\alpha-1}\mathrm{e}^{-x}}{x^{\alpha-1}}=1,$$

根据定理 6.2.9 便知，当 $\alpha>0$ 时，瑕积分 $\int_{0}^{1}x^{\alpha-1}\mathrm{e}^{-x}\mathrm{d}x$ 收敛，否则发散.

另一方面，无穷限积分 $\int_{1}^{+\infty}x^{-2}\mathrm{d}x$ 收敛，并且

$$\lim_{x\to+\infty}\frac{x^{\alpha-1}\mathrm{e}^{-x}}{x^{-2}}=\lim_{x\to+\infty}\frac{x^{\alpha+1}}{\mathrm{e}^{x}}=0.$$

由定理 6.2.3 便知 $\int_{1}^{+\infty}x^{\alpha-1}\mathrm{e}^{-x}\mathrm{d}x$ 收敛. 所以当 $\alpha>0$ 时，广义积分 $\int_{0}^{+\infty}x^{\alpha-1}\mathrm{e}^{-x}\mathrm{d}x$ 收敛.

由上述广义积分定义的函数 $\Gamma(\alpha)$ 称为 Γ 函数（读作 Gamma 函数）或第二类欧拉积分.

以后我们还将进一步研究第一类与第二类欧拉积分的性质.

习题 6.2

1. 证明定理 6.2.3 的(2)式，并考虑 $C=+\infty$ 时会有什么结论.
2. 证明：定理 6.2.7，定理 6.2.8，定理 6.2.9.
3. 设 $\forall a,A\in\mathbb{R}$ 且 $a<A$，$f\in R[a,A]$. 下列命题是否成立？为什么？

(1) 若极限 $\lim\limits_{A\to+\infty}\int_{-A}^{A}f(x)\mathrm{d}x$ 存在，则广义积分 $\int_{-\infty}^{+\infty}f(x)\mathrm{d}x$ 收敛.

(2) 若极限 $\lim\limits_{A\to+\infty}\int_{-A}^{A}|f(x)|\mathrm{d}x$ 存在，则广义积分 $\int_{-\infty}^{+\infty}f(x)\mathrm{d}x$ 收敛.

4. 判断下列积分的敛散性.

(1) $\int_{1}^{+\infty}\frac{\arctan x}{x^2}\mathrm{d}x$；　　(2) $\int_{1}^{+\infty}\frac{\arctan\frac{1}{x}}{x^2}\mathrm{d}x$；

(3) $\int_{2}^{+\infty}\frac{\sin x}{x\sqrt{x^2+1}}\mathrm{d}x$；　　(4) $\int_{1}^{+\infty}\frac{\cos x^2}{x}\mathrm{d}x$；

(5) $\int_{1}^{+\infty}\frac{\sqrt{1+x^{-1}}-1}{x^p\ln(1+x^{-2})}\mathrm{d}x$；　　(6) $\int_{0}^{1}\frac{1}{\sqrt{x-x^3}}\mathrm{d}x$；

(7) $\int_{-2}^{0}\frac{1}{x-\sin x}\mathrm{d}x$；　　(8) $\int_{0}^{\frac{\pi}{2}}\ln\cos x\mathrm{d}x$；

(9) $\int_{0}^{\frac{\pi}{2}}\frac{1-\cos x}{x^n}\mathrm{d}x$；　　(10) $\int_{0}^{1}\frac{\sqrt{x}}{\mathrm{e}^{\sin x}-1}\mathrm{d}x$；

(11) $\int_{1}^{2}\frac{1}{\ln x}\mathrm{d}x$；　　(12) $\int_{0}^{1}\frac{\ln x}{1-x}\mathrm{d}x$.

5. 讨论下列积分的敛散性(其中 $p>0,q>0,r>0$).

(1) $\int_{0}^{+\infty}\frac{\ln x}{x^2}\mathrm{d}x$；　　(2) $\int_{0}^{+\infty}\frac{\ln(1+x^2)}{x^p}\mathrm{d}x$；

(3) $\int_{0}^{+\infty}\frac{1}{x^{p_0}(x-1)^{p_1}(x-2)^{p_2}}\mathrm{d}x$；　　(4) $\int_{0}^{+\infty}\frac{\sin x}{\sqrt{x^3}}\mathrm{d}x$；

(5) $\int_{0}^{+\infty}\frac{x^p\arctan x}{1+x^q}\mathrm{d}x$；　　(6) $\int_{\mathrm{e}^3}^{+\infty}\frac{1}{x^p(\ln x)^q(\ln\ln x)^r}\mathrm{d}x$；

(7) $\int_{0}^{\frac{\pi}{2}}|\ln\sin x|^p\mathrm{d}x$；　　(8) $\int_{1}^{+\infty}\frac{1}{x^p+(\ln x)^q}\mathrm{d}x$；

(9) $\int_{1}^{+\infty}\frac{1-\cos\sqrt{2x}-\sin x}{x^p}\mathrm{d}x$；　　(10) $\int_{1}^{+\infty}\frac{\mathrm{d}x}{x^p\sqrt{\ln x}}$；

(11) $\int_{0}^{\frac{\pi}{2}}\frac{1}{\sin^p x\cos^q x}\mathrm{d}x$；　　(12) $\int_{1}^{+\infty}\left[\ln\left(1+\frac{1}{x}\right)-\frac{1}{x+1}\right]\mathrm{d}x$；

(13) $\int_{0}^{+\infty}\frac{\mathrm{d}x}{x^p+x^q}$；　　(14) $\int_{1}^{+\infty}\ln\left(\sin\frac{1}{x}+\cos\frac{1}{x}\right)\mathrm{d}x$；

(15) $\int_{0}^{1}x^{p-1}(1-x)^{q-1}\ln x\mathrm{d}x$.

6. $f(x),g(x)$在任意$[a,A](A>a)$上可积，$\int_{a}^{+\infty}f^2(x)\mathrm{d}x$，$\int_{a}^{+\infty}g^2(x)\mathrm{d}x$ 都收敛，证明：

(1) $\int_{a}^{+\infty}f(x)g(x)\mathrm{d}x$ 绝对收敛；　　(2) $\int_{a}^{+\infty}(f(x)+g(x))^2\mathrm{d}x$ 收敛.

7. 设 $f(x)$在任意闭区间$[a,A](A>a)$上可积，且 $g(x)\leqslant f(x)\leqslant h(x)(x\geqslant a)$. 求证：若广义积分 $\int_{a}^{+\infty}g(x)\mathrm{d}x$ 与$\int_{a}^{+\infty}h(x)\mathrm{d}x$ 都收敛，则广义积分 $\int_{a}^{+\infty}f(x)\mathrm{d}x$

收敛.

8. 广义积分$\int_a^{+\infty} f(x)\mathrm{d}x$ 收敛，若 $\lim\limits_{x\to+\infty} f(x)$ 存在，证明：$\lim\limits_{x\to+\infty} f(x)=0$.

9. 考察下列积分的绝对收敛性与条件收敛性.

(1) $\int_0^{+\infty} \sin x^2 \mathrm{d}x$；　　(2) $\int_0^{+\infty} x\cos x^3 \mathrm{d}x$；

(3) $\int_1^{+\infty} x\left(\arctan\dfrac{2}{x}-\arctan\dfrac{1}{x}\right)\mathrm{d}x$；　　(4) $\int_0^{+\infty} \dfrac{\sqrt{x}\sin x}{x+1}\mathrm{d}x$；

(5) $\int_0^{+\infty} x^p \sin x^q \mathrm{d}x$.

第 6 章总复习题

1. $f(x)$在任何有界区间内可积，若极限 $\lim\limits_{A\to+\infty}\int_{-A}^{A} f(t)\mathrm{d}t$ 存在，则称广义积分$\int_{-\infty}^{+\infty} f(x)\mathrm{d}x$ 在柯西主值意义下收敛，记为 P. V.$\int_{-\infty}^{+\infty} f(x)\mathrm{d}x=\lim\limits_{A\to+\infty}\int_{-A}^{A} f(t)\mathrm{d}t$.

(1) 考察$\int_{-\infty}^{+\infty} f(x)\mathrm{d}x$ 收敛与 P. V.$\int_{-\infty}^{+\infty} f(x)\mathrm{d}x$ 收敛的关系；

(2) 计算 P. V.$\int_{-\infty}^{+\infty} \dfrac{2x+1}{x^2+1}\mathrm{d}x$.

(3) 设 f 仅有一个瑕点 $c\in(a,b)$，试写出积分$\int_a^b f(x)\mathrm{d}x$ 在柯西主值意义下收敛的定义.

2. 判断下列积分的敛散性.

(1) $\int_0^{+\infty} \dfrac{\sin^2 x}{x^p}\mathrm{d}x$；　　(2) $\int_0^{\frac{\pi}{2}} \cos x\ln(\tan x)\mathrm{d}x$.

3. 判断广义积分$\int_1^{+\infty} \sin x\sin\dfrac{1}{x}\mathrm{d}x$ 的绝对收敛性与条件收敛性.

4. 设广义积分$\int_a^{+\infty} f(x)\mathrm{d}x$ 与$\int_a^{+\infty} f'(x)\mathrm{d}x$ 均收敛，证明：$\lim\limits_{x\to+\infty} f(x)=0$.

5. 设 $f(x)$在$[a,+\infty)$一致连续，广义积分$\int_a^{+\infty} f(x)\mathrm{d}x$ 收敛，证明：$\lim\limits_{x\to+\infty} f(x)=0$.

6. 利用广义积分收敛的柯西收敛准则证明：$f(x)$单调，$\int_a^{+\infty} f(x)\mathrm{d}x$ 收敛，则

$$f(x)=o(1/x)(x\to+\infty).$$

7. 混合型广义积分$\int_0^{+\infty} \dfrac{x\ln x}{(1+x^2)^2}\mathrm{d}x$ 的计算过程中，能否利用分部积分公式？通过本题，可以得出计算混合型广义积分时，使用分部积分公式需要满足什

么条件?

8. 在广义积分$\int_a^{+\infty} f(x)\mathrm{d}x$中,作变量代换 $x=\varphi(u)$. 其中 $a=\varphi(a^*)$,φ 在 $[a^*,+\infty)$ 有连续导函数,且 $\varphi'(u)>0$. $\lim\limits_{u\to+\infty}\varphi(u)=+\infty$. 试证:若 $\int_{a^*}^{+\infty} f(\varphi(u))\varphi'(u)\mathrm{d}u$ 收敛,则 $\int_a^{+\infty} f(x)\mathrm{d}x$ 收敛,并且 $\int_a^{+\infty} f(x)\mathrm{d}x = \int_{a^*}^{+\infty} f(\varphi(u))\varphi'(u)\mathrm{d}u$.

9. 求广义积分$\int_0^{\frac{\pi}{2}} \ln(\cos x)\mathrm{d}x$ 的值.

10. 设 $f(x)$在$(0,1]$内单调,在 $x=0$ 的邻域内无界,证明:$\int_0^1 f(x)\mathrm{d}x$ 收敛时,有

$$\int_0^1 f(x)\mathrm{d}x=\lim_{n\to\infty}\frac{1}{n}\sum_{i=1}^n f\left(\frac{i}{n}\right).$$

对于一般的 $f(x)$,瑕积分$\int_a^b f(x)\mathrm{d}x$ 是否可以看成相应黎曼和 $\sum\limits_{i=1}^n f(\xi_i)\Delta x_i$ 的极限?

第7章　常微分方程

7.1　常微分方程的基本概念

7.1.1　引言

客观世界中量与量之间的依赖关系与变化规律在数学上可以用函数关系来描述.然而在许多实际问题中,这些函数往往不能直接得到,但可以建立起函数与其导数之间的某种关系式.这种含有未知函数与其一阶或高阶导数的方程称为微分方程.

微分方程是伴随着微积分的产生与发展几乎在同时代产生的.牛顿在建立微积分的同时,就利用微分方程作为工具来研究天体力学和机械力学,并使用高超的积分技巧解决了其中出现的常微分方程的求解问题.到了17世纪末期,微分方程理论开始发展起来,并很快地成为研究自然科学强有力的工具.力学、天文学、物理学,以及技术科学在这一时期都借助于微分方程理论而取得了巨大的成就.后来,法国天文学家Leverrier(勒维烈)和英国天文学家Adams(亚当斯)使用微分方程分别从理论上得到了行星运动规律,并各自计算出当时尚未发现的海王星的位置.

从20世纪到21世纪以来,随着大量新学科与边缘科学的产生和发展,常微分方程在更多的学科领域内得到重要应用.诸如电磁流体力学、半导体物理学、动力气象学、自动控制、各种电子学装置的设计、弹道计算、飞机和导弹飞行的稳定性研究等领域中,出现了很多新型的常微分方程.这门学科还在不断地发展与完善之中.这使得常微分方程成为最有生命力的数学分支之一.

下面将通过一些例子来说明对于一个具体的应用问题如何建立微分方程.

▶ **例7.1.1** ……………………………………………………………………

镭是一种放射性元素,它的质量不断衰变,半衰期是1600年,即经过1600年其质量变为原来的一半.已知镭的衰变速度与其质量成正比,若开始时镭的质量为1,问经过t年时间后剩下的镭的质量是多少?

解　设经过t年时间后剩下的镭的质量是$m=m(t)$,则其衰变速度应为$m'(t)$.

另一方面，镭的衰变速度与其质量$m(t)$成正比，记比例系数为k，于是$m=m(t)$应满足下列常微分方程：

$$m'=-km.$$

不难验证，此微分方程有解

$$m(t)=Ce^{-kt},$$

其中C为任意常数. 注意到当$t=0$时，镭的质量为$m(0)=1$，于是$C=1$. 所以经过t年时间后剩下的镭的质量是$m(t)=e^{-kt}$.

再由镭的半衰期是1600年可确定比例系数为k：

$$m(1600)=e^{-k1600}=\frac{1}{2},$$

$$k=\frac{\ln 2}{1600}\approx 0.000433.$$

▶ **例 7.1.2** ……………………………………………………………………

设有高为H、半径为R的圆柱形水塔装满水，塔底部有半径为r的圆形出水孔. 设水流出的速度为$v=\mu\sqrt{2gh}$，其中μ为小于1的正常数，g为重力加速度，h为水面高度. 若从某个时刻开启出水孔，问水从出水孔全部流出需要多长时间？

解 设出水孔开启后经过时间t，水塔水面高度为$h=h(t)$，则在t到$t+\Delta t$这段时间内，流出的水总量近似地为$\pi r^2\mu\sqrt{2gh(t)}\Delta t$. 另一方面，水塔水面高度由$h(t)$变到$h(t+\Delta t)$，从而在$t$到$t+\Delta t$这段时间流出的水总量应为$-\pi R^2[h(t+\Delta t)-h(t)]$. 由此可得

$$\pi r^2\mu\sqrt{2gh(t)}\Delta t\approx-\pi R^2[h(t+\Delta t)-h(t)].$$

于是$h=h(t)$应满足下列常微分方程：

$$h'=-\frac{r^2}{R^2}\mu\sqrt{2gh}.$$

不难验证，此微分方程有解

$$h(t)=\left(C-\frac{r^2\mu\sqrt{g}}{\sqrt{2}R^2}t\right)^2,$$

其中C为任意常数. 注意到当$t=0$时，水塔水面高度为$h(0)=H$，于是$C=\sqrt{H}$.

设经过时间T水从出水孔全部流出，则应有

$$h(T)=\left(\sqrt{H}-\frac{r^2\mu\sqrt{g}}{\sqrt{2}R^2}T\right)^2=0.$$

所以经过时间$T=\dfrac{\sqrt{2}R^2\sqrt{H}}{r^2\mu\sqrt{g}}$，水从出水孔全部流出.

▶ **例 7.1.3** ……………………………………………………………………

设函数 f 在$[0,+\infty)$内非负连续，$f(0)=0$，$f(1)=\frac{1}{2}$. 若由曲线 $y=f(x)$、直线 $x=t$ 与 x 轴所围成的平面图形绕 x 轴所成的旋转体体积为

$$V(t)=\frac{\pi}{3}t^2 f(t),$$

试求 $f(x)$.

解 由题设条件，旋转体体积为

$$\pi\int_0^t [f(x)]^2\mathrm{d}x=\frac{\pi}{3}t^2 f(t).$$

两端求导，即得

$$3[f(t)]^2=t^2 f'(t)+2tf(t).$$

将自变量换回 x，得

$$x^2 f'(x)+2xf(x)=3[f(x)]^2,$$

于是函数 $y=f(x)$满足下列常微分方程：

$$x^2 y'+2xy=3y^2.$$

不难验证，此微分方程有解

$$y=\frac{x}{1-Cx^3},$$

其中 C 为任意常数. 再由 $f(1)=\frac{1}{2}$，可得 $C=-1$. 所以

$$f(x)=\frac{x}{1+x^3}.$$

▶ **例 7.1.4** ……………………………………………………………………

设长度为 l 的细绳一端系于高处固定点，另一端系有质量为 m 的小球. 将小球看做一个质点，并忽略细绳的质量与空气阻力，小球在以 l 为半径的圆周上来回振动. 小球与细绳构成的系统称为单摆. 试求单摆的运动规律.

解 设细绳的固定点为原点，x 轴垂直向下方向为正方向，单摆在 xOy 平面内作圆周运动(如图 7.1.1 所示).

设在时刻 t，细绳与 x 轴正方向的夹角为 $\theta(t)$，则小球的线速度为 $v(t)=l\theta'(t)$，加速度为 $v'(t)=l\theta''(t)$. 此时小球受到重力作用. 重力在小球运动方向上的分力为 $mg\sin\theta$ (g 为重力加速度). 根据牛顿第二运动定律，可得小球的运动规律满足下列方程：

$$ml\theta''=-mg\sin\theta,$$

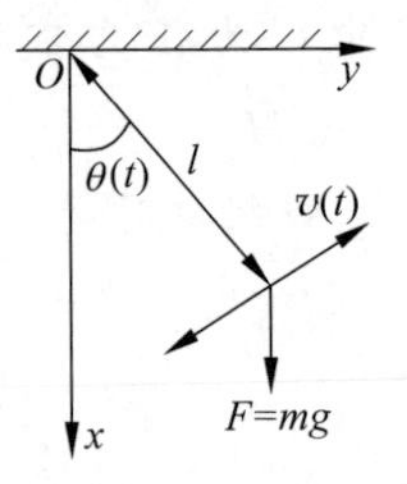

图 7.1.1

即

$$\theta'' + \frac{g}{l}\sin\theta = 0.$$

7.1.2 常微分方程的基本概念

定义 7.1.1 ……………………………………………………………

含有未知函数与未知函数导数（或微分）的方程称为微分方程. 其中未知函数是一元函数的微分方程称为**常微分方程**. 微分方程中出现的未知函数最高阶导数的阶数,称为微分方程的阶.

例如,下列方程分别为一阶、二阶和五阶常微分方程:

$$x^3y^2y' + 2y\sin x = xe^x; \tag{1}$$

$$x(y'')^2 + y'\sqrt{x^2+y^2} = \cos x; \tag{2}$$

$$y^{(5)} + 3x^2y''' + y'' - 2xy + e^x\cos x = 0. \tag{3}$$

n 阶常微分方程的一般形式为

$$F(x,y,y',y'',\cdots,y^{(n)}) = 0, \tag{4}$$

其中 $F=F(t_1,t_2,\cdots,t_{n+2})$ 是一个 $n+2$ 元函数. 如果方程(4)中的函数 F 关于未知函数 y 及其各阶导数 $y',y'',\cdots,y^{(n)}$ 都是一次整式,则称此方程为**线性常微分方程**,否则称为非线性常微分方程. n 阶线性常微分方程的规范形式可表示为

$$y^{(n)} + a_1(x)y^{(n-1)} + \cdots + a_{n-1}(x)y' + a_n(x)y = f(x). \tag{5}$$

上面的方程(3)是 5 阶线性常微分方程,方程(1)与(2)是非线性常微分方程.

定义 7.1.2 ……………………………………………………………

如果函数 $y=y(x)$ 在区间 I 上有 n 阶导数,并且将 $y=y(x)$ 代入方程(4)后使其成为恒等式,则称函数 $y=y(x)$ 为方程(4)在区间 I 上的一个解. 解 $y=y(x)$ 所表示的平面曲线也称为方程(4)的一条**积分曲线**.

不难验证,函数 $y(x)=C_1\cos x+C_2\sin x$ 是方程 $y''+y=0$ 的解,其中 C_1,C_2 是任意常数. 而方程 $(xy'+y)e^{xy}=2x+y'$ 则有隐函数解 $e^{xy}-x^2-y=C$,其中 C 是任意常数. 这种隐函数解也称为微分方程的隐式解.

从上例中可以看到,微分方程通常有无穷多个解,解的表达式中可以含有一个或多个任意常数,当这些常数任意变动时,就得到微分方程的单参数或多参数函数族,它们都是微分方程的解.

一般情况下,n 阶常微分方程(4)的解中含有 n 个任意常数,即方程(4)的解通常可以表达为

$$y = y(x,C_1,C_2,\cdots,C_n), \tag{6}$$

其中 $C_1,C_2,\cdots,C_n$ 是 n 个任意常数. 这样的解称为常微分方程(4)的**通解**. 通解(6)所表示的平面曲线族也称为方程(4)的积分曲线族.

如果根据微分方程所描述的具体问题的实际情况,方程的解还需要满足某些附加条件,这些条件就称为微分方程的**定解条件**,这种带有定解条件的微分方程的求解问题叫做定解问题. 微分方程的满足定解条件的解叫做方程的**特解**.

对于 n 阶常微分方程(4),为了从它的通解(6)中确定所需要的一个特解,需要 n 个附加条件. 如果这些附加条件具有下列形式:

$$\begin{cases} F(x,y,y',y'',\cdots,y^{(n)}) = 0, \\ y(x_0) = y_0, \\ \vdots \\ y^{(n-1)}(x_0) = y_{n-1}, \end{cases} \tag{7}$$

则称这种形式的定解条件为初值条件,(7)称为初值问题,或柯西问题. 本章中主要使用初值条件作为方程的定解条件.

习题 7.1

1. 指出下列常微分方程的阶,并指出哪些是线性方程.

(1) $x^2y''+xy'+2y=\sin x$;　　(2) $y'y'''+-3(y')^2=0$;

(3) $(1+y^2)y''+xy'=\mathrm{e}^x$;　　(4) $(x+y)\mathrm{d}x+x\mathrm{d}y=0$;

(5) $y^{(4)}-4y''+4y=\tan x$;　　(6) $\dfrac{\mathrm{d}y}{\mathrm{d}x}=\sin(x+y)$;

(7) $y'-\dfrac{x}{1-x^2}y=x$;　　(8) $2xy\mathrm{d}y-(x^2+y^2)\mathrm{d}x=0$.

2. 设 $y_1(x),y_2(x)$ 分别是线性微分方程

$$y''+a_1(x)y'+a_2(x)y=f(x),\quad y''+a_1(x)y'+a_2(x)y=g(x)$$

的解,证明: $k_1y_1(x)+k_2y_2(x)$ 为方程 $y''+a_1(x)y'+a_2y=k_1f(x)+k_2g(x)$ 的解.

3. 判断下列函数是否为所给微分方程的解

(1) $(x+y)\mathrm{d}x+x\mathrm{d}y=0$,　$y=\dfrac{C-x^2}{2x}$(C 为任意常数);

(2) $x^2y''-2xy'+2y=0$,　$y=x^2+x$;

(3) $y'-2xy=1$,　$y=\mathrm{e}^{x^2}\left(1+\int_0^x \mathrm{e}^{-t^2}\,\mathrm{d}t\right)$;

(4) $y''+\omega^2y=\mathrm{e}^{-x}$, $y=C_1\cos\omega x+C_2\sin\omega x+\dfrac{1}{1+\omega^2}\mathrm{e}^{-x}$($C_1,C_2$ 为任意常数);

(5) $\begin{cases} \dfrac{\mathrm{d}y}{\mathrm{d}x}=1-\dfrac{y}{x}, \\ y(2)=\dfrac{3}{2}, \\ y=\dfrac{1}{x}+\dfrac{x}{2}; \end{cases}$

(6) $(x-y+1)y'=1$, $y-x=C\mathrm{e}^{y}$(C 为任意常数);

(7) $y''=y(y')^2$, $\int_0^y \mathrm{e}^{-\frac{t^2}{2}}\mathrm{d}t+x=1$.

4. 确定常数 k 的值,使下列方程具有相应的特解.

(1) $y'+2y=0$, $y=\mathrm{e}^{kx}$;

(2) $y''-3y'-4y=0$, $y=\mathrm{e}^{kx}$;

(3) $x^2y''+4xy'-10y=0$, $y=x^k$;

(4) $x^2y''-4xy'+4y=0$, $y=x^k$.

5. 验证 $y=Cx^3$ 是微分方程 $3y-xy'=0$ 的一般解,并分别求过 $A(1,1)$ 与 $B\left(1,-\dfrac{1}{3}\right)$ 的两条积分曲线.

7.2 一阶常微分方程的初等解法

对于一些简单类型的一阶常微分方程,可以用不定积分的方法求其通解.这样的方法称为初等积分法.本节主要介绍几类常见的可以用初等积分法求解的一阶常微分方程.

7.2.1 变量分离型常微分方程

形如

$$\frac{\mathrm{d}y}{\mathrm{d}x}=f(x)g(y)$$

或

$$p(x)\mathrm{d}x=q(y)\mathrm{d}y \tag{1}$$

的常微分方程称为变量分离型方程.

如果 $y=y(x)$ 是方程(1)的解,则应有

$$p(x)\mathrm{d}x\equiv q(y(x))y'(x)\mathrm{d}x.$$

两端积分可得

$$\int p(x)\mathrm{d}x=\int q(y(x))y'(x)\mathrm{d}x=\int q(y)\mathrm{d}y.$$

从而得到方程(1)的隐式解.

例 7.2.1 ……………………………………………………………………

求方程 $y'=\mathrm{e}^{x-y}$ 的通解.

解　将方程改写为

$$e^y dy = e^x dx,$$

两端积分可得原方程的通解为 $e^y = e^x + C$ 或 $y = \ln(e^x + C)$.

▶ **例 7.2.2** ……………………………………………………………………

求解初值问题 $\begin{cases} y' = y^2\cos x, \\ y(0) = 1. \end{cases}$

解　将方程 $y' = y^2\cos x$ 改写为

$$y^{-2} dy = \cos x dx,$$

两端积分可得它的通解为

$$-1/y = \sin x + C.$$

代入初值条件 $y(0)=1$,得到 $C=-1$. 于是所求特解为

$$y = \frac{1}{1-\sin x}.$$

▶ **例 7.2.3** ……………………………………………………………………

求方程 $y' = \dfrac{-xy}{x+1}$ 的通解.

解　将方程改写为

$$\frac{dy}{y} = \frac{-x}{x+1} dx,$$

两端积分可得原方程的通解为

$$\ln|y| = \ln|x+1| - x + C_1,$$

两边去对数得到

$$|y| = e^{C_1}|x+1|e^{-x}.$$

两边再去绝对值,注意到 $y\equiv 0$ 也是原方程的解,即得原方程的通解为

$$y = C(x+1)e^{-x}.$$

7.2.2　可化为变量分离型的常微分方程

有些方程虽然本身不是变量分离型方程,但是可以通过适当的变量代换化为变量分离型方程. 下面将通过一些例子来说明这种方法.

▶ **例 7.2.4** ……………………………………………………………………

求解初值问题 $\begin{cases} y' = \dfrac{y}{x} + \tan\dfrac{y}{x}, \\ y(1) = \dfrac{\pi}{2}. \end{cases}$

解　作变量代换 $u = \dfrac{y}{x}$,则 $y = xu$, $y' = u + xu'$,代入方程 $y' = \dfrac{y}{x} + \tan\dfrac{y}{x}$,

可得新变量 u 应满足的方程：

$$u+xu'=u+\tan u,$$

即

$$\frac{\mathrm{d}u}{\tan u}=\frac{\mathrm{d}x}{x}.$$

两端积分可得

$$\ln|\sin u|=\ln|x|+C_1,$$

或

$$\sin u=\pm\mathrm{e}^{C_1}x.$$

注意到 $u\equiv 0$ 也是方程 $xu'=\tan u$ 的解，即得方程 $xu'=\tan u$ 的通解为 $\sin u=Cx$，所以方程 $y'=\frac{y}{x}+\tan\frac{y}{x}$ 的通解为

$$y=x\arcsin(Cx).$$

代入初值条件 $y(1)=\pi/2$，得到 $C=1$，于是所求初值问题的解为

$$y=x\arcsin x.$$

像上例中这样形如

$$\frac{\mathrm{d}y}{\mathrm{d}x}=f\left(\frac{y}{x}\right)$$

的一阶方程称为(零次)齐次方程. 从上例中看到，作变量代换 $u=\frac{y}{x}$，则这类方程可以化为关于新变量 u 的变量分离型方程：

$$\frac{\mathrm{d}u}{\mathrm{d}x}=\frac{f(u)-u}{x}.$$

求得它的解 $u(x)$ 后，便得到原方程的解 $y=xu(x)$.

▶ **例 7.2.5** ……………………………………………………………………

求解方程 $y'=-\frac{6x^3+3xy^2}{2y^3+3yx^2}$.

解 这是一个齐次方程. 令 $u=\frac{y}{x}$，则原方程可化为

$$xu'+u=-\frac{6+3u^2}{2u^3+3u}.$$

整理得

$$\frac{1}{2}\cdot\frac{2u^3+3u}{u^4+3u^2+3}\mathrm{d}u=-\frac{\mathrm{d}x}{x}.$$

两端积分得

$$\frac{1}{4}\ln(u^4+3u^2+3)=-\ln|x|+C_1,$$

即

$$x^4(u^4+3u^2+3)=\mathrm{e}^{4C_1}.$$

代入 $u=y/x$ 即得原方程的通解为

$$3x^4+3x^2y^2+y^4=C(C>0).$$

例 7.2.6

求解方程 $y'=(x+y+3)^2$.

解 作变量代换 $u=x+y+3$,则 $y'=u'-1$,代入原方程可得

$$u'=u^2+1.$$

解之得

$$u=\tan(x+C).$$

所以原方程的通解为

$$y=\tan(x+C)-x-3.$$

例 7.2.7

求解方程 $y'=\dfrac{x-y+1}{x+y-3}$.

解 $\begin{cases}x-y+1=(x-1)-(y-2),\\ x+y-3=(x-1)+(y-2).\end{cases}$

作变量代换 $u=\dfrac{y-2}{x-1}$,则 $y'=(x-1)u'+u$,代入原方程可得

$$(x-1)u'+u=\frac{1-u}{1+u},$$

即

$$\frac{(1+u)\mathrm{d}u}{1-2u-u^2}=\frac{\mathrm{d}x}{x-1}.$$

两端积分可得

$$\ln|x-1|=-\frac{1}{2}\ln|1-2u-u^2|+C_1.$$

化简得

$$(x-1)^2(1-2u-u^2)=\pm\mathrm{e}^{C_1}.$$

将 $u=\dfrac{y-2}{x-1}$ 代入,即得

$$(x-1)^2-2(x-1)(y-2)-(y-2)^2=\pm\mathrm{e}^{C_1},$$

或

$$x^2-2xy-y^2+2x+6y=7\pm\mathrm{e}^{C_1}.$$

容易验证 $x^2-2xy-y^2+2x+6y=7$ 也是原方程的解,从而原方程的通解为

$$x^2-2xy-y^2+2x+6y=C.$$

7.2.3 一阶线性常微分方程

一阶线性常微分方程的规范形式为

$$y' + p(x)y = q(x), \tag{2}$$

其中 $p(x)$与 $q(x)$为区间 I 上的连续函数. $q(x)$称为方程(2)的自由项或非齐次项. 当 $q(x)\equiv 0$ 时,方程(2)变为与其对应的齐次线性方程:

$$y' + p(x)y = 0. \tag{3}$$

方程(3)是一个变量分离型方程,将其改写为

$$\frac{\mathrm{d}y}{y} = -p(x)\mathrm{d}x,$$

两端积分可得

$$\ln|y| = -\int p(x)\mathrm{d}x + C_1.$$

去对数再去绝对值即得齐次方程(3)的通解为

$$y = C\mathrm{e}^{-\int p(x)\mathrm{d}x},$$

其中 C 为任意常数(由于 $y(x)\equiv 0$ 也是方程(3)的解,C 也可以取 0),$\int p(x)\mathrm{d}x$ 表示 $p(x)$的(任意)一个原函数.

为了求非齐次线性方程(2)的解,我们假设方程(2)有形如

$$y = C(x)\mathrm{e}^{-\int p(x)\mathrm{d}x} \tag{4}$$

的解,其中 $C(x)$为待定函数. 把解(4)代入方程(2),可得

$$C'(x)\mathrm{e}^{-\int p(x)\mathrm{d}x} - p(x)C(x)\mathrm{e}^{-\int p(x)\mathrm{d}x} + p(x)C(x)\mathrm{e}^{-\int p(x)\mathrm{d}x} = q(x),$$

即

$$C'(x) = q(x)\mathrm{e}^{\int p(x)\mathrm{d}x}.$$

于是

$$C(x) = \int q(x)\mathrm{e}^{\int p(x)\mathrm{d}x}\mathrm{d}x + C.$$

代入(4)式,便得到

$$y = \mathrm{e}^{-\int p(x)\mathrm{d}x}\left(\int q(x)\mathrm{e}^{\int p(x)\mathrm{d}x}\mathrm{d}x + C\right), \tag{5}$$

其中 $\int p(x)\mathrm{d}x$ 表示 $p(x)$的(任意)一个原函数,$\int q(x)\mathrm{e}^{\int p(x)\mathrm{d}x}\mathrm{d}x$ 表示 $q(x)\mathrm{e}^{\int p(x)\mathrm{d}x}$ 的(任意)一个原函数,C 为任意常数. 所以(5)式即为方程(2)的通解.

上述求解非齐次线性方程(2)的方法称为**常数变易法**.

▶ **例 7.2.8** ……………………………………………………

求方程 $y'-2xy=2x\mathrm{e}^{x^2}$ 满足 $y(0)=1$ 的特解.

解 原方程对应的齐次线性方程为 $y'-2xy=0$. 解之得：$y=Ce^{x^2}$.

设原方程有解 $y=C(x)e^{x^2}$，其中 $C(x)$ 为待定函数. 将其代入原方程，可得 $C'(x)=2x$，于是 $C(x)=x^2+C$. 所以原方程的通解为 $y=(x^2+C)e^{x^2}$.

例 7.2.9

求解方程 $\frac{dy}{dx}+\frac{1}{x}y=\frac{\sin x}{x}$.

解法一 原方程对应的线性齐次方程为 $y'+\frac{y}{x}=0$. 解之得：$y=\frac{C}{x}$.

设原方程有解 $y=\frac{C(x)}{x}$，其中 $C(x)$ 为待定函数. 将其代入原方程，可得

$C'(x)=\sin x$，于是 $C(x)=-\cos x+C$. 所以原方程的通解为 $y=\frac{1}{x}(C-\cos x)$.

解法二 应用公式(5)，原方程的通解为

$$y(x)=e^{-\int\frac{1}{x}dx}\left(C+\int\frac{\sin x}{x}e^{\int\frac{1}{x}dx}dx\right)$$

$$=\frac{1}{x}\left(C+\int\sin x dx\right)=\frac{1}{x}(C-\cos x).$$

解法三 原方程两边同乘 x，得

$$xy'+y=\sin x,$$

即

$$(xy)'=\sin x.$$

两边积分便得到

$$xy=\int\sin x dx+C=-\cos x+C.$$

所以原方程的通解为 $y=\frac{1}{x}(-\cos x+C)$.

例 7.2.10

求解方程 $y^2dx+(x-2xy-y^2)dy=0$.

解 原方程可化为

$$\frac{dx}{dy}+\frac{1-2y}{y^2}x=1. \tag{6}$$

将 y 看作自变量，x 看作因变量，此方程为线性方程. 它对应的齐次方程为

$$\frac{dx}{dy}=-\frac{1-2y}{y^2}x.$$

解之得，$x=Cy^2e^{\frac{1}{y}}$. 设方程(6)有形如 $x=C(y)y^2e^{\frac{1}{y}}$ 的解，代入方程(6)可得

$$C'(y)y^2e^{\frac{1}{y}}=1,$$

故 $C(y)=\mathrm{e}^{-1/y}+C$. 所以方程(6),从而原方程的通解为

$$x=y^2+Cy^2\mathrm{e}^{\frac{1}{y}}.$$

▶ **例 7.2.11** ……………………………………………………………………

设一房间中的空气容量为 $1000\mathrm{m}^3$,其中二氧化碳含量为 4.1%,现开动换气机,以每分钟 $100\mathrm{m}^3$ 的速度把室外二氧化碳含量为 0.1%的新鲜空气送入室内. 假设室内二氧化碳的分布总是均匀的,求 x 分钟后室内二氧化碳含量的百分数. 又问经过多少时间后室内二氧化碳含量才能下降到 1.1%.

解 设在时刻 x 分钟时室内二氧化碳含量为 $y(x)\%$,此时室内二氧化碳的总量为 $1000\times y(x)\%$,于是在时刻 $x+\Delta x$ 分钟时室内二氧化碳的总量为

$$1000\times y(x+\Delta x)\%=(1000-100\Delta x)\times y(x)\%+100\Delta x\times 0.1\%.$$

所以

$$\Delta y=y(x+\Delta x)-y(x)=\frac{1}{10}[0.1-y(x)]\Delta x.$$

由此知 $y(x)$ 应满足以下方程:

$$y'=\frac{1}{10}(0.1-y).$$

这是一个一阶线性常微分方程,它对应的齐次方程为 $y'=-\frac{y}{10}$. 解之得 $y=C\mathrm{e}^{\frac{-x}{10}}$.

设原方程有解 $y=C(x)\mathrm{e}^{\frac{-x}{10}}$,将其代入原方程,可得 $C'(x)=\frac{1}{100}\mathrm{e}^{\frac{x}{10}}$,于是

$$C(x)=\frac{1}{10}\mathrm{e}^{\frac{x}{10}}+C.$$

所以原方程的通解为 $y=C\mathrm{e}^{\frac{-x}{10}}+0.1$.

注意到 $y(0)=4.1$,可得 $C=4$,所以 x 分钟后室内二氧化碳含量的百分数为

$$y(x)=4\mathrm{e}^{\frac{-x}{10}}+0.1.$$

如果 $y(x)=4\mathrm{e}^{\frac{-x}{10}}+0.1=1.1$,则 $4\mathrm{e}^{\frac{-x}{10}}=1$. 由此可得 $x=20\times\ln 2$. 所以经过 $20\times\ln 2$ 分钟后室内二氧化碳含量才能下降到 1.1%.

形如

$$y'+p(x)y=q(x)y^{\alpha}(\alpha\neq 0,\alpha\neq 1) \tag{7}$$

的方程称为伯努利方程. 将方程两端同除以 y^{α},(7)式可改写为

$$y^{-\alpha}y'+p(x)y^{1-\alpha}=q(x).$$

作变量代换 $z=y^{1-\alpha}$,则 $\frac{\mathrm{d}z}{\mathrm{d}x}=(1-\alpha)y^{-\alpha}\frac{\mathrm{d}y}{\mathrm{d}x}$,即 $y^{-\alpha}\frac{\mathrm{d}y}{\mathrm{d}x}=\frac{1}{1-\alpha}\cdot\frac{\mathrm{d}z}{\mathrm{d}x}$. 于是方程(7)可化为

$$\frac{1}{1-\alpha}z' + p(x)z = q(x).$$

这是一个一阶线性常微分方程，求得此方程的解 $z=z(x)$ 之后，便得到方程(7)的解 $y(x)=z(x)^{\frac{1}{1-\alpha}}$.

▶ **例 7.2.12** ……………………………………………………………………

求解方程 $y'-y+2\dfrac{x}{y}=0$.

解 这是一个伯努利方程，$\alpha=-1$. 令 $z=y^2$，则 $z'=2yy'$. 于是原方程可化为

$$z' - 2z + 4x = 0. \tag{8}$$

它对应的齐次方程为 $z'=2z$. 解之得 $z=Ce^{2x}$.

设方程(8)有解 $z=C(x)e^{2x}$，将其代入方程(8)，可得 $C'(x)=-4xe^{-2x}$，于是 $C(x)=(2x+1)e^{-2x}+C$. 从而方程(8)的通解为 $z=Ce^{2x}+2x+1$.

所以原方程的通解为

$$y^2 = Ce^{2x} + 2x + 1.$$

习题 7.2

1. 求解下列微分方程.

(1) $(1-x)dy=(1+y)dx$；　　(2) $x(1-y)+(y+xy)y'=0$；

(3) $(x^2-x^2y)dy+(y^2+xy^2)dx=0$；

(4) $3xdy-y(2-x\cos x)dx=0$；

(5) $\cos x\cos y dy-\sin x\sin y dx=0$；　　(6) $(e^{x+y}-e^x)dx+(e^{x+y}+e^y)dy=0$；

(7) $\dfrac{dy}{dx}=\sqrt{xy}\quad(x>0)$；　　(8) $(x+1)\dfrac{dy}{dx}=x(y^2+1)$；

(9) $\dfrac{dy}{dx}=\sqrt{y}\cos^2\sqrt{y}$；　　(10) $(1+e^x)yy'=e^x, y(1)=1$；

(11) $2\cos y dx=(x^2-1)\sin y dy, y\left(\dfrac{1}{2}\right)=\dfrac{\pi}{3}$.

2. 求解下列微分方程.

(1) $\dfrac{dy}{dx}-2y=\cos x$；　　(2) $\dfrac{dy}{dx}+5y=e^x$；

(3) $xdy+ydx=\sin x dx$；　　(4) $y'+xy=x^3, y(0)=0$；

(5) $xy'+3y=\dfrac{1}{x^2}\sin x$；　　(6) $\sin\theta\dfrac{dr}{d\theta}+r\cos\theta=\tan\theta, -\dfrac{\pi}{2}<\theta<\dfrac{\pi}{2}$；

(7) $\begin{cases}(x+1)y'-2(x^2+x)y=\dfrac{e^{x^2}}{x+1},(x>-1),\\ y(0)=5.\end{cases}$

3. 求解下列微分方程.

(1) $y'=(2-x+y)^2$; (2) $y\mathrm{d}x-x\mathrm{d}y+\ln x\mathrm{d}x=0$;

(3) $(1+xy)(y\mathrm{d}x+x\mathrm{d}y)=0$; (4) $(x\mathrm{d}x+y\mathrm{d}y)\cos(x^2+y^2)=x\mathrm{d}x$;

(5) $xy'+y=y\ln(xy)$; (6) $\dfrac{x\mathrm{d}y-y\mathrm{d}x}{x^2}+\dfrac{x\mathrm{d}y-y\mathrm{d}x}{x^2+y^2}=0$;

(7) $y'=\dfrac{x^2+y^2}{2x^2}$; (8) $x\mathrm{d}y-y\mathrm{d}x=\sqrt{x^2+y^2}\,\mathrm{d}x$;

(9) $\left(2x\tan\dfrac{y}{x}+y\right)\mathrm{d}x=x\mathrm{d}y$; (10) $y'=\mathrm{e}^{\frac{y}{x}}+\dfrac{y}{x}$;

(11) $y'=\dfrac{y-x+2}{x+y+4}$; (12) $(x^2+y^2)\mathrm{d}x+2xy\mathrm{d}y=0$;

(13) $(2x-3)\mathrm{d}y=(x+2y+1)\mathrm{d}x$; (14) $y'+2xy=2x^3y^2$.

4. 曲线上任一点处的切线的斜率等于原点与该切点的连线斜率的 3 倍,且曲线过点$(-1,1)$,求该曲线方程.

5. 求微分方程 $x\mathrm{d}y+(x-2y)\mathrm{d}x=0$ 的一个解 $y=y(x)$,使得曲线 $y=y(x)$ 与直线 $x=1,x=2$ 以及 x 轴围成的平面图形绕 x 轴一周所生成的旋转体体积最小.

6. 由物理学的朗伯-布格定律,太阳光在水深为 h 时强度的减弱,正比于它在该处的强度 $I(h)$. 设湖面上太阳光的强度为 I_0,比例常数为 0.69,求水深 2.5m 处太阳光的强度.

7. 特技跳伞运动员在离开飞机的一段时间后才打开降落伞,设此时运动员下落的速度为 60m/s,打开伞后受到的空气阻力与下落速度的平方成正比,比例系数为 0.178. 运动员及所携设备的总质量为 80kg,求打开伞后运动员速度的变化规律($g=10\mathrm{m/s^2}$).

7.3 可降阶的高阶常微分方程

一般情况下,微分方程的阶数越高,求解相对也会越困难,因此设法降低微分方程的阶是求解高阶微分方程的一个常用方法. 经过降阶后的方程常常会更容易求解(虽然不能保证每次这种情况都会出现). 本节中我们主要介绍几类可以降阶的二阶方程.

7.3.1 不显含未知量 y 的方程

形如

$$y^{(n)}=F(x,y^{(k)},y^{(k+1)},\cdots,y^{(n-1)}) \tag{1}$$

的 n 阶常微分方程中不显含 $y,y',\cdots,y^{(k-1)}$. 可以令 $p(x)=y^{(k)}(x)$,则方程(1)可化为下列 $n-k$ 阶方程:

$$p^{(n-k)}=F(x,p,p',\cdots,p^{(n-k-1)}).\tag{2}$$

如果 $p(x)$ 为方程(2)的解,则对 $p(x)$ 积分 k 次便得到方程(1)的解.

例 7.3.1 ……

求解方程 $y'''=\mathrm{e}^x+x$.

解 对方程两端积分两次可得

$$y''=\int(\mathrm{e}^x+x)\mathrm{d}x=\mathrm{e}^x+\frac{1}{2}x^2+C_1,$$

$$y'=\int\left(\mathrm{e}^x+\frac{1}{2}x^2+C_1\right)\mathrm{d}x=\mathrm{e}^x+\frac{1}{3!}x^3+C_1x+C_2.$$

再积分一次即得原方程的通解:

$$y=\mathrm{e}^x+\frac{1}{4!}x^4+\frac{1}{2}C_1x^2+C_2x+C_3.$$

例 7.3.2 ……

求解方程 $xy'''-3y''=2x-3$.

解 $p(x)=y''(x)$,则原方程可化为

$$p'-3\frac{p}{x}=2-\frac{3}{x}.\tag{3}$$

这是一阶线性方程,它对应的齐次方程为 $p'-3\dfrac{p}{x}=0$. 解之得 $p=Cx^3$.

设方程(3)有解 $p=C(x)x^3$,将其代入方程(3),可得 $C'(x)=\dfrac{2}{x^3}-\dfrac{3}{x^4}$,于是

$$C(x)=x^{-3}-x^{-2}+C_1.$$

所以方程(3)的通解为 $p=1-x+C_1x^3$. 再由 $p(x)=y''(x)$ 可得

$$y'=x-\frac{1}{2}x^2+C_1x^4+C_2,$$

于是原方程的通解为

$$y=\frac{1}{2}x^2-\frac{1}{6}x^3+C_1x^5+C_2x+C_3.$$

例 7.3.3 ……

求解方程 $xy''-y'=x^2$.

解 $p(x)=y'(x)$,则原方程可化为

$$xp'-p=x^2,$$

从而

$$\frac{\mathrm{d}}{\mathrm{d}x}\left(\frac{p(x)}{x}-x\right)=\frac{xp'(x)-p(x)}{x^2}-1=0,$$

所以$\frac{p(x)}{x}-x=C$，即 $y'(x)=p(x)=x^2+Cx$. 进而知原方程的通解为

$$y=\frac{1}{3}x^3+C_1x^2+C_2.$$

7.3.2 不显含自变量 *x* 的方程

为简单起见，这里只讨论二阶方程的情形. 对于形如

$$y''=F(y,y') \tag{4}$$

的二阶常微分方程，可以令 $y'(x)=p(y(x))$，此时 p 是 y 的函数，从而

$$y''(x)=\frac{\mathrm{d}}{\mathrm{d}x}p(y)=\frac{\mathrm{d}p}{\mathrm{d}y}\cdot\frac{\mathrm{d}y}{\mathrm{d}x}=p\frac{\mathrm{d}p}{\mathrm{d}y}.$$

代入方程(4)可得 p 满足下列方程：

$$p\frac{\mathrm{d}p}{\mathrm{d}y}=F(y,p). \tag{5}$$

这是一个关于未知函数 p 与自变量 y 的一阶常微分方程. 如果 $p=p(y)$为方程(5)的解，则由 $y'(x)=p(y(x))$便可得到方程(4)的解.

▶ **例 7.3.4** ……

求解方程 $yy''=2(y')^2$.

解 令 $y'=p$，并将 p 看作 y 的函数：$p=p(y)$，则 $y''(x)=p\frac{\mathrm{d}p}{\mathrm{d}y}$，从而原方程化为

$$y\frac{\mathrm{d}p}{\mathrm{d}y}=2p.$$

解之得 $p=-C_1y^2$，因而 $y'=-C_1y^2$，即$-y^{-2}\mathrm{d}y=C_1\mathrm{d}x$. 积分之，得到$\frac{1}{y}=C_1x+C_2$. 所以原方程的通解为 $y=\frac{1}{C_1x+C_2}$.

习题 7.3

求解下列微分方程.

(1) $y''=2x-\cos x, y(0)=1, y'(0)=-1$;

(2) $xy''+(y')^2-y'=0, y(1)=1-\ln 2, y'(1)=\frac{1}{2}$;

(3) $y''=3\sqrt{y}, y(0)=1, y'(0)=2$;

(4) $(1+x^2)y''-2xy'=0$;

(5) $y''+\frac{2}{1-y}(y')^2=0$;

(6) $(y''')^2+(y'')^2=1$； (7) $xy''-y'\ln y'+y'=0$；

(8) $(1+x^2)y''+(y')^2=-1$； (9) $(y'')^2-y'=0$.

7.4 高阶线性常微分方程解的结构

7.4.1 高阶线性常微分方程

n 阶线性常微分方程的一般形式为

$$y^{(n)}+a_1(x)y^{(n-1)}+\cdots+a_{n-1}(x)y'+a_n(x)y=f(x), \tag{1}$$

其中 $a_1(x),\cdots,a_n(x)$ 与 $f(x)$ 为区间 I 上的连续函数. $f(x)$ 称为方程(1)的自由项或非齐次项. 当 $f(x)\equiv 0$ 时，方程(1)变为与其对应的 n 阶齐次线性方程：

$$y^{(n)}+a_1(x)y^{(n-1)}+\cdots+a_{n-1}(x)y'+a_n(x)y=0. \tag{2}$$

对于 n 阶线性常微分方程(1)，我们有下列解的存在唯一性定理：

定理 7.4.1

设函数 $a_1(x),\cdots,a_n(x)$ 与 $f(x)$ 在区间 I 上连续，$x_0\in I$，则对于任一组实数 $\xi_0,\xi_1,\cdots,\xi_{n-1}$，方程(1)在区间 I 上存在唯一解 $y=y(x)$ 满足定解条件

$$y^{(k)}(x_0)=\xi_k(k=0,1,\cdots,n-1).$$

这个定理可以由本章 7.6 节中关于一阶线性常微分方程组解的存在唯一性定理(定理 7.6.1)导出(参见第 244 页中的讨论)。

对于齐次线性方程(2)，我们有下面结论：

定理 7.4.2

设 y_1,y_2 是齐次方程(2)的任意两个解，c_1,c_2 是任意常数，则 $c_1y_1+c_2y_2$ 也是方程(2)的解，即方程(2)的解集合构成一个线性空间.

通过简单验证即可得到定理结论，请读者来完成这项工作.

为了进一步研究方程(2)的解的结构，需要引入线性相关与线性无关的概念.

定义 7.4.1

设 $y_1,y_2,\cdots,y_m$ 为区间 I 上定义的函数. 若存在一组不全为零的实数 $c_1,c_2,\cdots,c_m$，使得在区间 I 上

$$c_1y_1(x)+c_2y_2(x)+\cdots+c_my_m(x)\equiv 0,$$

则称函数 $y_1,y_2,\cdots,y_m$ 在区间 I 上线性相关. 否则称它们在区间 I 上线性无关.

▶ **例 7.4.1**

求证：$1,x,\cdots,x^m$ 在区间 I(I 的两端点不相等)上线性无关.

证明 对于任一组实数 $c_1,c_2,\cdots,c_m$，$c_1+c_2x+\cdots+c_mx^m$ 是一个 m 阶多项

式. 要使得此多项式在区间 I 上恒等于零, 只能有 $c_1, c_2, \cdots, c_m$ 全为零. 所以结论成立.

下面引入的朗斯基行列式的概念对于研究线性微分方程解的线性相关性具有重要作用.

定义 7.4.2 ……

设 $y_1, y_2, \cdots, y_m \in C^{m-1}(I)$. 定义 $y_1, y_2, \cdots, y_m$ 的**朗斯基行列式**为

$$W(x) = W[y_1, y_2, \cdots, y_m](x) = \begin{vmatrix} y_1(x) & y_2(x) & \cdots & y_m(x) \\ y_1'(x) & y_2'(x) & \cdots & y_m'(x) \\ \vdots & \vdots & & \vdots \\ y_1^{(m-1)}(x) & y_2^{(m-1)}(x) & \cdots & y_m^{(m-1)}(x) \end{vmatrix}.$$

定理 7.4.3 ……

设 $y_1, y_2, \cdots, y_n \in C^{n-1}(I)$.

(1) 若 $y_1, y_2, \cdots, y_n$ 在区间 I 上线性相关, 则

$$W[y_1, y_2, \cdots, y_n](x) \equiv 0, \quad x \in I.$$

(2) 若 $y_1, y_2, \cdots, y_n$ 为方程(2)的 n 个解, 且在区间 I 上线性无关, 则 $\forall x \in I$,

$$W[y_1, y_2, \cdots, y_n](x) \neq 0.$$

也就是说, 如果 $y_1, y_2, \cdots, y_n$ 为方程(2)的 n 个解, 则 $W[y_1, y_2, \cdots, y_n]$ 或恒为零, 或在每一点都不为零.

证明 (1) 设 $y_1, y_2, \cdots, y_n$ 在区间 I 上线性相关, 则存在一组不全为零的实数 $c_1, c_2, \cdots, c_n$, 使得 $\forall x \in I$, 有

$$c_1 y_1(x) + c_2 y_2(x) + \cdots + c_n y_n(x) = 0.$$

对此式逐次求导, 可得

$$c_1 y_1^{(k)}(x) + c_2 y_2^{(k)}(x) + \cdots + c_n y_n^{(k)}(x) = 0, \quad k = 0, 1, \cdots, n-1. \tag{3}$$

将(3)式看作关于未知数 $c_1, c_2, \cdots, c_n$ 的 n 阶线性代数方程组, 则此方程组有非零解 $c_1, c_2, \cdots, c_n$, 从而它的系数行列式 $W[y_1, y_2, \cdots, y_n](x) = 0$, $\forall x \in I$.

(2) 设 $y_1, y_2, \cdots, y_n$ 为方程(2)的解, 且在 I 上线性无关. 假设 $\exists x_0 \in I$, 使得

$$W[y_1, y_2, \cdots, y_n](x_0) = 0.$$

考虑关于未知数 $c_1, c_2, \cdots, c_n$ 的 n 阶线性代数方程组

$$c_1 y_1^{(k)}(x_0) + c_2 y_2^{(k)}(x_0) + \cdots + c_n y_n^{(k)}(x_0) = 0, \quad k = 0, 1, \cdots, n-1, \tag{4}$$

它的系数行列式 $W[y_1, y_2, \cdots, y_n](x_0) = 0$, 因此它有非零解, 仍记为 $c_1, c_2, \cdots, c_n$. 令

$$y(x) = c_1 y_1(x) + c_2 y_2(x) + \cdots + c_n y_n(x), \quad x \in I,$$

则根据定理 7.4.2，$y(x)$为方程(2)的解，且由(4)，

$$y(x_0)=y'(x_0)=\cdots=y^{(n-1)}(x_0)=0.$$

另一方面，$Y(x)\equiv 0$ 也是方程(2)的解，并且与 $y(x)$满足相同的一组定解条件，根据方程(2)的解的存在唯一性定理(定理 7.4.1)，$y(x)$应与 $Y(x)\equiv 0$ 为方程(2)的同一个解，即

$$y(x)=c_1y_1(x)+c_2y_2(x)+\cdots+c_ny_n(x)\equiv 0,\quad x\in I.$$

这与 $y_1,y_2,\cdots,y_n$ 在 I 上线性无关相矛盾. 所以 $\forall x\in I, W[y_1,y_2,\cdots,y_n](x)\neq 0$.

需要注意的是，在一般情况下，朗斯基行列式 $W[y_1,y_2,\cdots,y_n](x)\equiv 0, x\in I$ 并不能保证函数组 $y_1,y_2,\cdots,y_n$ 在 I 上线性相关. 例如：

例 7.4.2

函数

$$f(x)=\begin{cases}x^2, & x\geqslant 0,\\ 0, & x<0,\end{cases}\qquad g(x)=\begin{cases}0, & x\geqslant 0,\\ x^2, & x<0\end{cases}$$

在区间$(-a,a)$ $(a>0)$上线性无关，但是在$(-a,a)$上 $W[f,g](x)\equiv 0$.

定理 7.4.4

设函数 $a_1(x),\cdots,a_n(x)$在区间 I 上连续，则方程(2)的解空间为一个 n 维线性空间.

证明 为证明定理，只需要找到方程(2)的 n 个线性无关解，并证明方程(2)的每个解都可以用它们线性表出.

记 $\boldsymbol{e}_k(k=1,2,\cdots,n)$是第 k 个分量为 1、其他分量为 0 的 n 维列向量，$x_0\in I$. 根据定理 7.4.1，方程(2)存在唯一的解 $y_k(x)$满足定解条件

$$(y_k(x_0),y_k'(x_0),\cdots,y_k^{(n-1)}(x_0))^{\mathrm{T}}=\boldsymbol{e}_k\quad(k=1,2,\cdots,n).$$

由此知

$$W[y_1,y_2,\cdots,y_n](x_0)=\det(\boldsymbol{e}_1\quad\boldsymbol{e}_2\quad\cdots\quad\boldsymbol{e}_n)=1\neq 0.$$

再应用定理 7.4.3(2)便得到 $y_1,y_2,\cdots,y_n$ 在 I 上线性无关.

其次，任取方程(2)的解 $y(x)$，记 $c_k=y^{(k-1)}(x_0)$ $(k=1,2,\cdots,n)$，则函数

$$Y(x)=c_1y_1(x)+c_2y_2(x)+\cdots+c_ny_n(x)$$

为方程(2)的解，并且与 $y(x)$满足同一组定解条件：

$$\begin{aligned}Y^{(k)}(x_0)&=c_1y_1^{(k)}(x_0)+c_2y_2^{(k)}(x_0)+\cdots+c_ny_n^{(k)}(x_0)\\&=c_{k+1}=y^{(k)}(x_0),\quad k=0,1,\cdots,n-1.\end{aligned}$$

再次应用解的存在唯一性定理(定理 7.4.1)可得

$$y(x)\equiv Y(x)=c_1y_1(x)+c_2y_2(x)+\cdots+c_ny_n(x)\quad(x\in I),$$

即 $y(x)$可以用 $y_1,y_2,\cdots,y_n$ 线性表出.

根据定理 7.4.4,只要找到了方程(2)的 n 个线性无关解 $y_1,y_2,\cdots,y_n$,方程(2)的通解就可以表示为

$$y(x)=c_1y_1(x)+c_2y_2(x)+\cdots+c_ny_n(x),\tag{5}$$

其中 $c_1,c_2,\cdots,c_n$ 是 n 个任意常数.

下面考虑方程(2)所对应的非齐次方程(1)的解的结构问题.

定理 7.4.5 ……………………………………………………………………

(1) 非齐次方程式(1)的任意两个解 y_0,y_1 之差 y_0-y_1 是方程(2)的解.又设 y 是齐次方程(2)的解,则 y_0+y 是方程(1)的解.

(2) 设 Y 是方程(1)的解,$y_1,y_2,\cdots,y_n$ 是方程(2)的 n 个线性无关解,则方程(1)的通解可表达为

$$y(x)=Y(x)+c_1y_1(x)+c_2y_2(x)+\cdots+c_ny_n(x),\tag{6}$$

其中 $c_1,c_2,\cdots,c_n$ 是 n 个任意常数.

证明 (1) 通过简单验证即可得到(1)的结论,留给读者作为练习.

(2) 对于方程(1)的任一解 $y(x)$,由(1),$y(x)-Y(x)$ 为方程(2)的解,从而可以表示为 $y_1,y_2,\cdots,y_n$ 的线性组合:

$$y(x)-Y(x)=c_1y_1(x)+c_2y_2(x)+\cdots+c_ny_n(x).$$

即存在一组常数 $c_1,c_2,\cdots,c_n$,使得式(6)成立.

反之,对于任一组常数 $c_1,c_2,\cdots,c_n$,式(6)都是方程(1)的解.所以公式(6)就是非齐次方程(1)的通解表达式.

7.4.2 二阶线性常微分方程求特解的常数变易法

在 7.2 节中我们已经看到,对于一阶线性非齐次微分方程,若已知它所对应的线性齐次方程的通解,则可以用常数变易法求原方程的解.这种方法对于高阶线性常微分方程仍然有效.这里仅就二阶线性常微分方程的情形予以讨论.

情形 1

已知二阶齐次线性方程

$$y''+a(x)y'+b(x)y=0\tag{7}$$

的一个非零解 $Y(x)$,求相应的非齐次方程

$$y''+a(x)y'+b(x)y=f(x)\tag{8}$$

的一个特解.

使用常数变易法,设方程(8)有形如 $y(x)=c(x)Y(x)$ 的解,将其代入方程(8),并整理得

$$Yc''+(2Y'+aY)c'+(Y''+aY'+bY)c=f.$$

由于 Y 是方程(7)的解,从而得

$$Y(x)c'' + [2Y'(x) + a(x)Y(x)]c' = f(x). \tag{9}$$

这是一个不显含未知函数 c 的可降阶的二阶线性常微分方程. 求出 $c(x)$ 后便得到方程(8)的一个特解 $y(x)=c(x)Y(x)$.

由上面讨论可以看到,如果在方程(9)中取 $f(x)=0$,则可以从中解得齐次方程(7)的另一个线性无关特解,从而得到方程(7)的通解.

▶ **例 7.4.3** ……………………………………………………………………

已知齐次方程 $x^2y''-2y=0$ 有解 $y_1(x)=x^2$,求解下列非齐次方程:

$$x^2y'' - 2y = x^4. \tag{10}$$

解 为求解方程(10),设 $y(x)=x^2c(x)$ 为方程(10)的解,将其代入方程(10),可得

$$x^4c'' + 4x^3c' = x^4.$$

令 $p(x)=c'(x)$,则有

$$xp' + 4p = x. \tag{11}$$

此方程对应的齐次方程为 $xp'+4p=0$. 解之得,$p(x)=\alpha x^{-4}$. 所以可设方程(11)有解 $p(x)=\alpha(x)x^{-4}$,代入方程(11)可得 $\alpha'=x^4$,$\alpha(x)=\frac{1}{5}x^5+C$,因此方程(11)有解 $p(x)=\frac{x}{5}+Cx^{-4}$,进而知 $c(x)=\frac{x^2}{10}+C_1x^{-3}+C_2$. 所以 $y(x)=\frac{x^4}{10}+C_1\frac{1}{x}+C_2x^2$ 为方程(10)的解.

所以原方程的通解为

$$y(x) = \frac{x^4}{10} + C_1\frac{1}{x} + C_2x^2.$$

情形 2

已知齐次方程(7)的两个线性无关解 $y_1(x)$, $y_2(x)$,求相应的非齐次方程(8)的一个特解.

设方程(8)有形如 $Y(x)=c_1(x)y_1(x)+c_2(x)y_2(x)$ 的特解,其中 $c_1(x)$ 与 $c_2(x)$ 为待定函数. 为确定 $c_1(x)$ 与 $c_2(x)$,我们只有 $Y(x)$ 满足方程(8)这一个条件,还需要增加一个条件. 由于

$$Y' = c_1y_1' + c_2y_2' + c_1'y_1 + c_2'y_2,$$

可以增加条件

$$c_1'y_1 + c_2'y_2 = 0. \tag{12}$$

此时有

$$Y'' = c_1y_1'' + c_2y_2'' + c_1'y_1' + c_2'y_2'.$$

将 Y, Y', Y'' 代入方程(8),并注意到 $y_1(x)$, $y_2(x)$ 为方程(7)的解,整理后可得

$$c_1'y_1'+c_2'y_2'=f(x).\tag{13}$$

考虑方程(12)与方程(13)联立所成的代数方程组,其系数行列式恰为 $W[y_1,y_2](x)$.由定理 7.4.3(2)知 $W(x)=W[y_1,y_2](x)\neq 0$,从而可以解得

$$c_1'(x)=-\frac{y_2(x)f(x)}{W(x)},\quad c_2'(x)=\frac{y_1(x)f(x)}{W(x)}.$$

再积分即得方程(8)的特解:

$$\begin{aligned}Y(x)&=y_1(x)\int_{x_0}^{x}c_1'(t)\mathrm{d}t+y_2(x)\int_{x_0}^{x}c_2'(t)\mathrm{d}t\\&=\int_{x_0}^{x}\frac{y_2(x)y_1(t)-y_1(x)y_2(t)}{W(t)}f(t)\mathrm{d}t.\end{aligned}\tag{14}$$

上述方法也称为常数变易法.

例 7.4.4

已知齐次方程 $xy''-(x+1)y'+y=0$ 的两个线性无关解 $x+1$ 与 e^x,求非齐次方程 $xy''-(x+1)y'+y=x^2\mathrm{e}^x$ 的通解.

解 使用常数变易法,设此方程有形如 $Y(x)=(x+1)c_1(x)+\mathrm{e}^xc_2(x)$ 的特解,其中 $c_1(x)$ 与 $c_2(x)$ 为待定函数.为确定 $c_1(x)$ 与 $c_2(x)$,增加条件

$$(x+1)c_1'+\mathrm{e}^xc_2'=0,\tag{15}$$

于是

$$Y'=c_1+\mathrm{e}^xc_2,\quad Y''=\mathrm{e}^xc_2+c_1'+\mathrm{e}^xc_2'.$$

将 Y,Y',Y'' 代入原非齐次方程,并整理后得

$$c_1'+\mathrm{e}^xc_2'=x\mathrm{e}^x.\tag{16}$$

联立(15)式与(16)式所成的方程组,可以解得 $c_1'=-\mathrm{e}^x,c_2'=x+1$.于是可取 $c_1=-\mathrm{e}^x,c_2=\frac{1}{2}x^2+x$,因此 $Y(x)=\left(\frac{x^2}{2}-1\right)\mathrm{e}^x$.所以所求非齐次方程的通解为

$$y(x)=\left(\frac{x^2}{2}-1\right)\mathrm{e}^x+C_1(x+1)+C_2\mathrm{e}^x.$$

最后指出,情形 2 中所使用的方法对于 n 阶方程(1)与(2)同样适用.

设 $y_1(x),\cdots,y_n(x)$ 为 n 阶齐次方程(2)的 n 个线性无关解,求相应的非齐次方程(1)的一个特解.

设方程(1)有形如 $Y(x)=c_1(x)y_1(x)+\cdots+c_n(x)y_n(x)$ 的特解,其中 $c_1(x),\cdots,c_n(x)$ 为 n 个待定函数.为确定 $c_1(x),\cdots,c_n(x)$,我们只有 $Y(x)$ 满足方程(1)这一个条件,还需要增加 $n-1$ 个条件.类似于二阶的情形,可以增加条件

$$c_1'y_1^{(k)}+\cdots+c_n'y_n^{(k)}=0\quad(k=0,1,\cdots,n-2),\tag{17}$$

此时有

$$Y^{(k)} = c_1 y_1^{(k)} + \cdots + c_n y_n^{(k)} \quad (k = 0, 1, \cdots, n-1),$$
$$Y^{(n)} = c_1 y_1^{(n)} + \cdots + c_n y_n^{(n)} + c_1' y_1^{(n-1)} + \cdots + c_n' y_n^{(n-1)}.$$

将$Y, Y', \cdots, Y^{(n)}$代入方程(1),并注意到$y_1(x), \cdots, y_n(x)$为方程(2)的解,整理后可得

$$c_1' y_1^{(n-1)} + \cdots + c_n' y_n^{(n-1)} = f(x). \tag{18}$$

考虑方程(17)与方程(18)联立所成的方程组,其系数行列式恰为$W[y_1, y_2, \cdots, y_n]$. 由于$y_1(x), \cdots, y_n(x)$线性无关,故$W(x) = W[y_1, y_2, \cdots, y_n](x) \neq 0$,从而由上述方程组可以解出$c_1'(x) \cdots, c_n'(x)$. 再积分即得$c_1(x), \cdots, c_n(x)$,从而得到方程(1)的特解$Y(x)$.

习题 7.4

1. 设$y_1(x), y_2(x)$分别是线性微分方程

$$y^{(n)} + a_{n-1}(x) y^{(n-1)} + \cdots + a_1(x) y' + a_0(x) y = f(x),$$
$$y^{(n)} + a_{n-1}(x) y^{(n-1)} + \cdots + a_1(x) y' + a_0(x) y = g(x)$$

的解,证明:$k_1 y_1(x) + k_2 y_2(x)$为下列方程的解:

$$y^{(n)} + a_{n-1}(x) y^{(n-1)} + \cdots + a_1(x) y' + a_0(x) y = k_1 f(x) + k_2 g(x).$$

2. 设$f(x)$是以T为周期的连续函数,$y = \varphi(x)$是方程$\frac{\mathrm{d}y}{\mathrm{d}x} + y = f(x)$的解,且满足$\varphi(T) = \varphi(0)$,求证:$\varphi(x)$是以$T$为周期的周期函数.

3. 证明:非齐次微分方程

$$y^{(n)} + a_1(x) y^{(n-1)} + \cdots + a_{n-1}(x) y' + a_n(x) y = f(x)$$

存在且最多存在$(n+1)$个线性无关的解.

4. 设$y_1(x), y_2(x), y_3(x)$为线性非齐次微分方程$y'' + a_1(x) y' + a_2(x) y = f(x)$的三个特解,在什么条件下,由这三个特解可以写出非齐次微分方程的通解?通解的表达式又是什么?

5. 求解下列微分方程.(n阶线性齐次微分方程的n个线性无关的解也称为基本解.)

(1) 验证e^x为$\frac{\mathrm{d}^2 y}{\mathrm{d}x^2} - 2\frac{\mathrm{d}y}{\mathrm{d}x} + y = 0$的解,并求方程$\frac{\mathrm{d}^2 y}{\mathrm{d}x^2} - 2\frac{\mathrm{d}y}{\mathrm{d}x} + y = \frac{\mathrm{e}^x}{x}$的通解.

(2) 验证x为$\frac{1}{2}x^2 \frac{\mathrm{d}^2 y}{\mathrm{d}x^2} - x\frac{\mathrm{d}y}{\mathrm{d}x} + y = 0$的解,并求方程$\frac{1}{2}x^2 \frac{\mathrm{d}^2 y}{\mathrm{d}x^2} - x\frac{\mathrm{d}y}{\mathrm{d}x} + y = x^3$的通解.

(3) 验证$\mathrm{e}^x, \mathrm{e}^{-x}$为$\frac{\mathrm{d}^2 y}{\mathrm{d}x^2} - y = 0$的基本解,并求方程$\frac{\mathrm{d}^2 y}{\mathrm{d}x^2} - y = \cos x$的通解.

(4) 验证 $x^2,\frac{1}{x}$为 $x^2\frac{d^2y}{dx^2}-2y=0$ 的基本解,求方程 $x^2\frac{d^2y}{dx^2}-2y=4x^3$ 的通解.

(5) 验证 e^x,x 为$(1-x)\frac{d^2y}{dx^2}+x\frac{dy}{dx}-y=0$ 的基本解,求方程$(1-x)\frac{d^2y}{dx^2}+x\frac{dy}{dx}-y=1$ 的通解.

(6) 求方程$\frac{d^2y}{dx^2}+4y=x\sin 2x$ 的通解,已知 $\cos 2x,\sin 2x$ 为对应齐次方程的基本解.

6. e^x,e^{-x}为$\frac{d^2y}{dx^2}-y=0$ 的基本解,分别求方程满足初始条件 $y(0)=1$, $y'(0)=0$ 以及 $y(0)=0,y'(0)=1$ 的基本解组,由此求出满足条件 $y(0)=a$, $y'(0)=b$ 的基本解组.

7. 对下面的函数,求 y',y'',并求出以 y 为通解的微分方程.

(1) $y=(C_1+C_2x)e^{-x}$; (2) $y=C_1+C_2\cos x+C_3\sin x$.

8. 已知三阶非齐次微分方程有特解 x^2+x 与 x^2+x^3,对应的齐次微分方程有解 1 与 x,写出非齐次方程的通解.

7.5 常系数高阶线性常微分方程

n 阶常系数线性常微分方程的一般形式为

$$y^{(n)}+a_1y^{(n-1)}+\cdots+a_{n-1}y'+a_ny=f(x), \tag{1}$$

其中 $a_1,a_2,\cdots,a_n$ 为实数,$f(x)$为连续函数. 方程(1)对应的常系数齐次线性方程为

$$y^{(n)}+a_1y^{(n-1)}+\cdots+a_{n-1}y'+a_ny=0 \tag{2}$$

首先考虑方程(2)的求解问题.

7.5.1 常系数齐次线性方程

为了求解方程(1)与方程(2),常常需要考虑方程的复值解. 值为复数的函数称为复值函数,复值函数可以表示为

$$f(x)=u(x)+iv(x).$$

其中 $i=\sqrt{-1}$是虚数单位,$f(x)$的实部 $\mathrm{Re}f(x)=u(x)$与虚部 $\mathrm{Im}f(x)=v(x)$都是实值函数.

如果 u 与 v 都在 x_0 点可导(连续),则称 f 在 x_0 点可导(连续),且 f 的导数为

$$f'(x_0)=u'(x_0)+iv'(x_0).$$

如果 u 与 v 都在$[a,b]$上可积,则称 f 在$[a,b]$上可积,且 f 在$[a,b]$上的积

分为

$$\int_a^b f(x)\mathrm{d}x = \int_a^b u(x)\mathrm{d}x + \mathrm{i}\int_a^b v(x)\mathrm{d}x.$$

实际上,对于复值函数,只需要把虚数单位 i 看作常数,其他方面像实值函数一样处理即可. 读者不难验证下列结果:

定理 7.5.1 ……………………………………………………………………

(1) 如果 $y(x)=u(x)+\mathrm{i}v(x)$ 是方程(2)的复值解,则 $u(x)$ 与 $v(x)$ 都是方程(2)的实值解.

(2) 如果 $y(x)=u(x)+\mathrm{i}v(x)$ 是下列方程的复值解:

$$y^{(n)} + a_1 y^{(n-1)} + \cdots + a_{n-1}y' + a_n y = f_1(x) + \mathrm{i}f_2(x),$$

其中 $f_1(x)$ 与 $f_2(x)$ 为实值函数,则 $u(x)$ 是方程

$$y^{(n)} + a_1 y^{(n-1)} + \cdots + a_{n-1}y' + a_n y = f_1(x)$$

的实值解; $v(x)$ 是方程

$$y^{(n)} + a_1 y^{(n-1)} + \cdots + a_{n-1}y' + a_n y = f_2(x)$$

的实值解.

下列公式称为**欧拉公式**:

$$\mathrm{e}^{\mathrm{i}x} = \cos x + \mathrm{i}\sin x. \tag{3}$$

它可以看作是 $\mathrm{e}^{\mathrm{i}x}$ 的定义式,进而定义 $\mathrm{e}^{x+\mathrm{i}y}=\mathrm{e}^x\cdot\mathrm{e}^{\mathrm{i}y}$. 照此定义,不难验证下列等式:

$$\mathrm{e}^{\mathrm{i}(x+y)} = \mathrm{e}^{\mathrm{i}x}\cdot\mathrm{e}^{\mathrm{i}y},$$

$$(\mathrm{e}^{(\alpha+\mathrm{i}\beta)x})' = (\mathrm{e}^{\alpha x}\cos\beta x)' + \mathrm{i}(\mathrm{e}^{\alpha x}\sin\beta x)' = (\alpha+\mathrm{i}\beta)\mathrm{e}^{(\alpha+\mathrm{i}\beta)x}.$$

下面考虑方程(2)的求解问题. 设方程(2)有形如 $y(x)=\mathrm{e}^{\lambda x}$ 的解,其中 λ 待定. 将 $y(x)=\mathrm{e}^{\lambda x}$ 代入方程(2)可得

$$(\lambda^n + a_1\lambda^{n-1} + \cdots + a_{n-1}\lambda + a_n)\mathrm{e}^{\lambda x} = 0.$$

n 阶多项式 $F(\lambda)=\lambda^n+a_1\lambda^{n-1}+\cdots+a_{n-1}\lambda+a_n$ 称为方程(2)(与方程(1))的**特征多项式**, n 次代数方程

$$F(\lambda) = 0 \tag{4}$$

称为方程(2)(与方程(1))的特征方程,**特征方程**的根称为**特征根**.

情形 1

λ 是方程(2)的单特征根,显然 $y(x)=\mathrm{e}^{\lambda x}$ 为方程(2)的解. 因此,若方程(2)有 n 个单特征根,则可以得到方程(2)的 n 个解. 可以验证,这些解是线性无关的.

情形 2

λ 是方程(2)的 k 重特征根,此时 $\mathrm{e}^{\lambda x}, x\mathrm{e}^{\lambda x}, \cdots, x^{k-1}\mathrm{e}^{\lambda x}$ 为方程(2)的 k 个线性无关解.

这里对于一般情形的证明比较复杂,我们只对二阶方程的情形加以验证.

设$\lambda=r$为方程$y''+ay'+by=0$的二重特征根,此时$a=-2r,b=r^2$.由于

$$(xe^{rx})'=(rx+1)e^{rx},\quad (xe^{rx})''=(r^2x+2r)e^{rx},$$

于是,

$$(xe^{rx})''-2r(xe^{rx})'+r^2xe^{rx}=0.$$

即e^{rx}与xe^{rx}都是方程$y''+ay'+by=0$的解.

由于特征方程(4)有n个根(重根按重数计),根据上述结论,也可以得到方程(2)的n个线性无关解.

需要注意的是,方程(2)的特征根λ可能是复值的.当$\lambda=\alpha+i\beta$是方程(2)的复特征根时,相应的解$e^{\lambda x}$或$x^je^{\lambda x}$就是复值解.由于特征多项式是实系数的,因而$\bar{\lambda}=\alpha-i\beta$也是方程(2)的复特征根,并且根的重数也与$\lambda$相同.所以,对于方程(2)的$k(k\geqslant1)$重特征根$\lambda=\alpha+i\beta$与$\bar{\lambda}=\alpha-i\beta$,相应地有方程(2)的$2k$个复值解$e^{\lambda x},xe^{\lambda x},\cdots,x^{k-1}e^{\lambda x}$与$e^{\bar{\lambda}x},xe^{\bar{\lambda}x},\cdots,x^{k-1}e^{\bar{\lambda}x}$.根据命题7.5.1,将它们的实部与虚部分别取出,便可以得到方程(2)的$2k$个线性无关的实值解:

$$e^{\alpha x}\cos\beta x,xe^{\alpha x}\cos\beta x,\cdots,x^{k-1}e^{\alpha x}\cos\beta x,$$
$$e^{\alpha x}\sin\beta x,xe^{\alpha x}\sin\beta x,\cdots,x^{k-1}e^{\alpha x}\sin\beta x.$$

▶ **例 7.5.1** ……

求方程$y''+2y'+2y=0$的通解.

解 此方程的特征方程为$\lambda^2+2\lambda+2=0$,它的特征根为$\lambda=-1\pm i$,因而此方程有两个线性无关解$e^{-x}\cos x$与$e^{-x}\sin x$,所以它的通解为:$y(x)=e^{-x}(C_1\cos x+C_2\sin x)$.

▶ **例 7.5.2** ……

求解方程$y'''-5y''+8y'-4y=0$.

解 此方程的特征方程为$\lambda^3-5\lambda^2+8\lambda-4=0$,它的特征根为$\lambda_1=\lambda_2=2$,$\lambda_3=1$.因而此方程有三个线性无关解$e^{2x},xe^{2x}$与$e^x$.所以它的通解为

$$y(x)=C_1e^{2x}+C_2xe^{2x}+C_3e^x.$$

▶ **例 7.5.3** ……

求解方程$y^{(4)}+2y''+y=0$.

解 特征方程为$\lambda^4+2\lambda^2+1=0$,它有一对二重共轭复根$\pm i$,因而此方程有四个线性无关解$\cos x,\sin x,x\cos x,x\sin x$.所以它的通解为

$$y(x)=C_1\cos x+C_2\sin x+C_3x\cos x+C_4x\sin x.$$

7.5.2 常系数非齐次线性方程

在7.5.1节中,我们已经知道如何求解常系数齐次线性方程(2).根据线性

常微分方程解的结构,只需要再求得方程(2)所对应的非齐次方程(1)的一个特解,便可以得到方程(1)的通解.

一般情况下,可以应用常数变易法根据齐次方程(2)的通解求得方程(1)的一个特解.但是这种方法在计算上常常会较烦琐.这里我们介绍另一种方法:比较系数法.如果方程(1)的非齐次项具有下列形式:

$$f(x)=P_m(x)\mathrm{e}^{\lambda x}, \tag{5}$$

其中 λ 是(实或复)常数,$P_m(x)$是 m 阶多项式,则可以用比较系数的方法求得方程(1)的一个特解.下面就二阶方程的情形说明这种方法.

考虑右端为(5)式中函数的二阶常系数线性方程:

$$y''+ay'+by=P_m(x)\mathrm{e}^{\lambda x}, \tag{6}$$

注意到(5)式中函数为一个多项式与 $\mathrm{e}^{\lambda x}$ 的乘积,这样形状的函数经过求有限阶导数后仍然是一个多项式与 $\mathrm{e}^{\lambda x}$ 的乘积.因此我们猜想方程(6)应该有这样形状的解.假定

$$Y(x)=Q(x)\mathrm{e}^{\lambda x}$$

是方程(6)的解,其中 $Q(x)$是待定多项式.我们需要确定 $Q(x)$的阶数与系数.

$$Y'(x)=Q'(x)\mathrm{e}^{\lambda x}+\lambda Q(x)\mathrm{e}^{\lambda x},$$

$$Y''(x)=Q''(x)\mathrm{e}^{\lambda x}+2\lambda Q'(x)\mathrm{e}^{\lambda x}+\lambda^2Q(x)\mathrm{e}^{\lambda x}.$$

将 $Y(x)$,$Y'(x)$,$Y''(x)$代入方程(6)并整理得

$$Q''(x)+(2\lambda+a)Q'(x)+(\lambda^2+a\lambda+b)Q(x)=P_m(x). \tag{7}$$

显然,$Y(x)=Q(x)\mathrm{e}^{\lambda x}$ 是方程(6)的解当且仅当(7)式成立,因此,(7)式左端的多项式应为 m 阶.

情形 1

λ 不是特征方程 $\lambda^2+a\lambda+b=0$ 的根,此时 $\lambda^2+a\lambda+b\neq0$.如果取 $Q(x)=Q_m(x)$为 m 阶多项式,则(7)式左端亦是一个 m 阶多项式.

情形 2

λ 是特征方程 $\lambda^2+a\lambda+b=0$ 的单根,此时 $\lambda^2+a\lambda+b=0$,但是 $2\lambda+a\neq0$.为使(7)式左端是一个 m 阶多项式,只需取 $Q(x)=xQ_m(x)$为 $m+1$ 阶多项式(常数项为零).

情形 3

λ 是特征方程 $\lambda^2+a\lambda+b=0$ 的二重根,此时 $\lambda^2+a\lambda+b=0$,并且 $2\lambda+a=0$.为使(7)式左端是一个 m 阶多项式,只需取 $Q(x)=x^2Q_m(x)$为 $m+2$ 阶多项式.

在上述三种情形下,$Q_m(x)$都是一个具有 $m+1$ 个待定系数的 m 阶多项式.通过比较等式(7)两端多项式的系数,即可确定 $Q_m(x)$的 $m+1$ 个系数,从而得到方程(6)的一个特解 $Y(x)=Q(x)\mathrm{e}^{\lambda x}$.

对于右端为(5)式中函数 $f(x)=P_m(x)\mathrm{e}^{\lambda x}$ 的 n 阶常系数非齐次线性方程

(1),上述方法依然有效.我们不加证明地给出下面结论:

如果λ是特征方程$\lambda^n+a_1\lambda^{n-1}+\cdots+a_{n-1}\lambda+a_n=0$的$k(0\leqslant k\leqslant n)$重根,则方程(1)具有形如$Y(x)=x^kQ_m(x)e^{\lambda x}$的特解,其中$Q_m(x)$是一个(具有$m+1$个待定系数的)$m$阶多项式.

将$Y(x)=x^kQ_m(x)e^{\lambda x}$代入方程(1),整理并约去公因子$e^{\lambda x}$后,通过比较等式两端多项式的系数,即可确定$Q_m(x)$的$m+1$个系数.

▶ **例 7.5.4**

求方程$y''-2y'+y=6(x+1)e^x$的通解.

解 此方程的特征方程为$\lambda^2-2\lambda+1=0$,它有二重根$\lambda=1$,故可设原方程有形如$Y(x)=x^2(Ax+B)e^x$的特解,将它代入原方程得到:$(6Ax+2B)e^x=6(x+1)e^x$.比较两端系数可得$A=1,B=3$,于是原方程有特解$Y(x)=x^2(x+3)e^x$.所以原方程的通解为$y(x)=[C_1+C_2x+x^2(x+3)]e^x$.

▶ **例 7.5.5**

求解方程$y'''-y''-y'+y=4(x+1)\cos x$.

解 根据欧拉公式,$4(x+1)e^{ix}=4(x+1)\cos x+i4(x+1)\sin x$.考虑方程

$$y'''-y''-y'+y=4(x+1)e^{ix}. \tag{8}$$

方程(8)的特征根为$\lambda_1=\lambda_2=1,\lambda_3=-1$,由于i不是方程(8)的特征根,故可设方程(8)有形如$Y(x)=(Ax+B)e^{ix}$的特解.将它代入方程(8)得到

$$[2(1-i)(Ax+B)-2A(2+i)]e^{ix}=4(x+1)e^{ix}.$$

比较两端系数得$A=1+i,B=3i$.于是方程(8)有特解$Y(x)=[(1+i)x+3i]e^{ix}$.根据命题7.5.1,$Y(x)$的实部$\mathrm{Re}Y(x)=x\cos x-(x+3)\sin x$为原方程的解.所以原方程的通解为$y(x)=C_1e^x+C_2xe^x+C_3e^{-x}+x\cos x-(x+3)\sin x$.

▶ **例 7.5.6**

求解方程$y^{(4)}+y''=10e^x\sin x$.

解 考虑方程

$$y^{(4)}+y''=10e^{(1+i)x}. \tag{9}$$

它的特征根为$\lambda_1=\lambda_2=0,\lambda_3=i,\lambda_4=-i$.由于$1+i$不是方程(9)的特征根,故可设方程(9)有形如$Y(x)=Ae^{(1+i)x}$的解.将它代入方程(9)得到$[(1+i)^4+(1+i)^2]Ae^{(1+i)x}=10e^{(1+i)x}$.比较两端系数得$A=-2-i$.于是方程(9)有特解

$$Y(x)=-(2+i)e^{(1+i)x}=e^x[(\sin x-2\cos x)-i(\cos x+2\sin x)].$$

根据命题7.5.1,$Y(x)$的虚部$\mathrm{Im}Y(x)=-e^x(\cos x+2\sin x)$为原方程的解.所以原方程的通解为:$y(x)=C_1+C_2x+C_3\sin x+C_4\cos x-e^x(\cos x+2\sin x)$.

由以上讨论可以看到,上述方法允许方程右端$f(x)=P_m(x)e^{\lambda x}$中的$P_m(x)$

是复系数多项式.如果 $P_m(x)=S(x)-\mathrm{i}T(x)$,其中 $S(x)$ 与 $T(x)$ 是不超过 m 阶的实系数多项式,并且 $\lambda=\alpha+\mathrm{i}\beta$ 为方程(1)的 $k(0\leqslant k\leqslant n)$ 重特征根,那么方程(1)有形如 $Y(x)=x^kQ_m(x)\mathrm{e}^{\lambda x}$ 的特解,其中 $Q_m(x)=U(x)-\mathrm{i}V(x)$ 也是复系数多项式,$U(x)$ 与 $V(x)$ 是不超过 m 阶的实系数多项式.注意到

$$\mathrm{Re}f(x)=\mathrm{Re}[P_m(x)\mathrm{e}^{\lambda x}]=\mathrm{e}^{\alpha x}[S(x)\cos\beta x+T(x)\sin\beta x],$$

根据命题 7.5.1,$Y(x)$ 的实部

$$\tilde{y}(x)=\mathrm{Re}Y(x)=x^k\mathrm{e}^{\alpha x}[U(x)\cos\beta x+V(x)\sin\beta x] \tag{10}$$

就是下列方程的解:

$$y^{(n)}+a_1y^{(n-1)}+\cdots+a_{n-1}y'+a_ny=\mathrm{e}^{\alpha x}[S(x)\cos\beta x+T(x)\sin\beta x]. \tag{11}$$

也就是说,在上述条件下,方程(11)具有形如(10)式中函数的特解.

例 7.5.7

求解方程 $y''-y=2x\cos x-2(x-2)\sin x$.

解 原方程的特征根为 $\lambda=\pm1$.由于 i 不是方程的特征根,故可设原方程有形如 $Y(x)=(Ax+B)\cos x+(Cx+D)\sin x$ 的特解.将它代入原方程得到

$$-2(C-B-Ax)\cos x-2(A+D+Cx)\sin x=2x\cos x-2(x-2)\sin x.$$

比较两端系数得 $A=D=-1,B=C=1$,于是 $Y(x)=(1-x)\cos x+(x-1)\sin x$.所以原方程的通解为 $y(x)=C_1\mathrm{e}^x+C_2\mathrm{e}^{-x}+(1-x)\cos x+(x-1)\sin x$.

例 7.5.8

长 19.6m 的均匀链条悬挂在高处一个无摩擦的小滑轮上.运动开始时一端长 10.8m,另一端长 8.8m.问链条滑过滑轮需要多长时间?

解 设经过时刻 x,链条下滑了 y 米.记重力加速度为 g,链条的线密度为 ρ,则在 x 时刻链条受到的向下的力为

$$F=(10.8+y)\rho g-(8.8-y)\rho g=(2+2y)\rho g.$$

另一方面,$F=ma=19.6\rho y''$,所以 $y=y(x)$ 满足下列方程:

$$19.6\rho y''=(2+2y)\rho g,$$

即(设 $g=9.8\mathrm{m/s^2}$)

$$y''-y=1.$$

显然,$y(x)\equiv-1$ 是此方程的一个特解.方程的特征根是 $\lambda=\pm1$,从而方程的通解为 $y(x)=C_1\mathrm{e}^x+C_2\mathrm{e}^{-x}-1$.注意到 $y(0)=y'(0)=0$,即 $C_1+C_2=1,C_1-C_2=0$,于是 $C_1=C_2=1/2$,所以 $y(x)=\frac{1}{2}\mathrm{e}^x+\frac{1}{2}\mathrm{e}^{-x}-1$.

当链条滑过滑轮时,$y=8.8\mathrm{m}$,所用时间 x 满足

$$\frac{1}{2}\mathrm{e}^x+\frac{1}{2}\mathrm{e}^{-x}-1=8.8,$$

解之得 $x=\ln\left(9.8+\sqrt{(9.8)^2-1}\right)\approx2.97$.所以链条滑过滑轮所用时间为2.97s.

7.5.3 欧拉方程

形如

$$x^n y^{(n)} + a_1 x^{n-1} y^{(n-1)} + \cdots + a_{n-1} x y' + a_n y = f(x) \tag{12}$$

的线性常微分方程称为欧拉方程.

欧拉方程是变系数线性方程.一般情况下变系数高阶线性常微分方程的求解是比较困难的.然而,根据欧拉方程的特殊形状,可以通过适当的变量替换将其化为常系数线性常微分方程,从而使其求解变得相对简单易行.

当 $x>0$ 时,令 $t=\ln x$(当 $x<0$ 时,令 $t=\ln|x|$),即 $x=\mathrm{e}^t$,则有

$$\frac{\mathrm{d}y}{\mathrm{d}x} = \frac{\mathrm{d}y}{\mathrm{d}t} \cdot \frac{\mathrm{d}t}{\mathrm{d}x} = \frac{1}{x}\frac{\mathrm{d}y}{\mathrm{d}t},$$

$$\frac{\mathrm{d}^2 y}{\mathrm{d}x^2} = \frac{-1}{x^2}\frac{\mathrm{d}y}{\mathrm{d}t} + \frac{1}{x^2}\frac{\mathrm{d}^2 y}{\mathrm{d}t^2} = \frac{1}{x^2}\left(\frac{\mathrm{d}^2 y}{\mathrm{d}t^2} - \frac{\mathrm{d}y}{\mathrm{d}t}\right).$$

用数学归纳法不难证明,对于每个正整数 k,

$$x^k \frac{\mathrm{d}^k y}{\mathrm{d}x^k} = \alpha_1 \frac{\mathrm{d}^k y}{\mathrm{d}t^k} + \alpha_2 \frac{\mathrm{d}^{k-1} y}{\mathrm{d}t^{k-1}} + \cdots + \alpha_k \frac{\mathrm{d}y}{\mathrm{d}t},$$

其中 $\alpha_1, \alpha_2, \cdots, \alpha_k$ 为常数.把它们代入方程(12),整理后可得一个以 t 为自变量的常系数 n 阶线性常微分方程,若此方程有解 $y=\varphi(t)$,则 $y=\varphi(\ln x)$ 即为方程(12)的解.

例 7.5.9

求方程 $x^2 y'' + x y' + y = 2x$ 的通解.

解 令 $t=\ln|x|$,则有

$$\frac{\mathrm{d}y}{\mathrm{d}x} = \frac{1}{x}\frac{\mathrm{d}y}{\mathrm{d}t}, \quad \frac{\mathrm{d}^2 y}{\mathrm{d}x^2} = \frac{1}{x^2}\left(\frac{\mathrm{d}^2 y}{\mathrm{d}t^2} - \frac{\mathrm{d}y}{\mathrm{d}t}\right).$$

当 $x>0$ 时,原方程可化为

$$\frac{\mathrm{d}^2 y}{\mathrm{d}t^2} + y = 2\mathrm{e}^t.$$

它的特征根为 $\lambda=\pm\mathrm{i}$. 可设此方程有形如 $Y(x)=A\mathrm{e}^x$ 的特解. 代入方程得到 $A=1$. 于是方程 $\frac{\mathrm{d}^2 y}{\mathrm{d}t^2}+y=2\mathrm{e}^t$ 的通解为 $y=C_1\cos t+C_2\sin t+\mathrm{e}^t$.

当 $x<0$ 时,$x=-\mathrm{e}^t$,原方程可化为 $\frac{\mathrm{d}^2 y}{\mathrm{d}t^2}+y=-2\mathrm{e}^t$. 类似地,此方程的通解为 $y=C_1\cos t+C_2\sin t-\mathrm{e}^t$. 所以原欧拉方程通解为

$$y(x) = C_1 \cos\ln|x| + C_2 \sin\ln|x| + x.$$

习题 7.5

1. 证明命题 7.5.1.

2. 求解下列微分方程.

(1) $y''-y=0$，$y(0)=0, y'(0)=1$；

(2) $y''-6y'+9y=0$，$y(0)=1, y'(0)=1$；

(3) $y'''-3y''-4y'=0$，$y(0)=y'(0)=y''(0)=1$.

3. 求解下列微分方程.

(1) $y''-4y'-12y=x^2$；　　(2) $y''-4y'-12y=e^{-4x}$；

(3) $y''-4y'+4y=xe^{2x}$；　　(4) $y''+2y'+y=\sin x$；

(5) $y''+2y'+y=e^x\cos x$；　　(6) $y''+3y'+2y=\sin x+x^2$；

(7) $y''+4y'+5y=e^{-2x}\sin x$；　　(8) $y''-4y'+4y=1+\sin x+xe^{2x}$；

(9) $y''+4y=\cos 2x$，$y(0)=0, y'(0)=2$；

(10) $y''-2y'+y=xe^x+4$，$y(0)=1, y'(0)=1$；

(11) $y^{(4)}+2y''+y=3x+4$，$y(0)=y'(0)=0, y''(0)=y'''(0)=1$.

4. 求解下列微分方程.

(1) $x^2y''+2xy'-n(n+1)y=0$；　(2) $x^3y'''+3x^2y''+xy'-8y=7x+4$；

(3) $xy''+2y'=12\ln x$；　　(4) $(2x-1)^2y''+4(2x-1)y'+8y=8x$.

5. 设曲线 $y=y(x)$ 满足 $4x^2y''+4xy'-y=0$，过点$(1,4)$，且在点$(1,4)$处与 x 轴夹角为$\frac{\pi}{4}$，求 $y=y(x)$.

6. 设 $y=e^{2x}+(1+x)e^x$ 为微分方程 $y''+ay'+by=ce^x$ 的一个解，求常系数 a,b,c 及微分方程的通解.

7. 已知连续函数 $y=f(x)$满足

$$f(x)=\sin x+\int_0^x(t-x)f(t)\mathrm{d}t,$$

求 $y=f(x)$.

7.6 一阶线性常微分方程组

关于 n 个未知函数的一阶线性常微分方程组的规范形式为

$$\begin{cases} y_1'=a_{11}(x)y_1+a_{12}(x)y_2+\cdots+a_{1n}(x)y_n+f_1(x), \\ y_2'=a_{21}(x)y_1+a_{22}(x)y_2+\cdots+a_{2n}(x)y_n+f_2(x), \\ \vdots \\ y_n'=a_{n1}(x)y_1+a_{n2}(x)y_2+\cdots+a_{nn}(x)y_n+f_n(x), \end{cases}$$

其中函数 $f_i(x)$与 $a_{ij}(x)(i,j=1,2,\cdots,n)$在区间 I 上连续.

为叙述方便简洁,此方程组可以改写为向量与矩阵的形式:

$$\boldsymbol{Y}' = \boldsymbol{A}(x)\boldsymbol{Y} + \boldsymbol{F}(x), \tag{1}$$

其中 $\boldsymbol{Y}=(y_1,y_2,\cdots,y_n)^{\mathrm{T}}$ 与 $\boldsymbol{Y}'=(y_1',y_2',\cdots,y_n')^{\mathrm{T}}$ 是未知函数及其导数,$\boldsymbol{F}(x)=(f_1(x),f_2(x),\cdots,f_n(x))^{\mathrm{T}}$ 为方程组(1)的自由项或非齐次项. $\boldsymbol{A}(x)$ 为方程组(1)的系数矩阵:

$$\boldsymbol{A}(x) = \begin{pmatrix} a_{11}(x) & a_{12}(x) & \cdots & a_{1n}(x) \\ a_{21}(x) & a_{22}(x) & \cdots & a_{2n}(x) \\ \vdots & \vdots & & \vdots \\ a_{n1}(x) & a_{n2}(x) & \cdots & a_{nn}(x) \end{pmatrix}.$$

这样的矩阵称为函数矩阵. 常微分方程组的通解、特解等概念类似于常微分方程的情形.

7.6.1 一阶线性常微分方程组解的结构

对于一阶线性常微分方程组(1),我们有下列解的存在唯一性定理:

定理 7.6.1 ……

设函数 $f_i(x)$ 与 $a_{ij}(x)(i,j=1,2,\cdots,n)$ 在区间 I 上连续,$x_0\in I$,则对于任意的 n 维向量 $\boldsymbol{\xi}=(\xi_1,\xi_2,\cdots,\xi_n)^{\mathrm{T}}$,方程组(1)在区间 I 上存在唯一解 $\boldsymbol{Y}=\boldsymbol{Y}(x)=(y_1(x),y_2(x),\cdots,y_n(x))^{\mathrm{T}}$ 满足定解条件 $\boldsymbol{Y}(x_0)=\boldsymbol{\xi}$.

这个定理的证明类似于高阶线性常微分方程的情形,需要关于函数列一致收敛的相关知识,我们将在本教材的下册中(定理 6.2.4)给出.

如果方程组(1)中的非齐次项 $\boldsymbol{F}(x)\equiv\boldsymbol{0}$,则方程组(1)化为与其对应的一阶齐次线性常微分方程组:

$$\boldsymbol{Y}' = \boldsymbol{A}(x)\boldsymbol{Y}. \tag{2}$$

定理 7.6.2 ……

设 $\boldsymbol{Y}_1,\boldsymbol{Y}_2$ 是齐次方程组(2)的任意两个解,c_1,c_2 是任意常数,则 $c_1\boldsymbol{Y}_1+c_2\boldsymbol{Y}_2$ 也是方程组(2)的解,即方程组(2)的解集合构成一个线性空间.

它的证明完全类似于高阶线性常微分方程的情形.

定义 7.6.1 ……

设 $\boldsymbol{Y}_1,\boldsymbol{Y}_2,\cdots,\boldsymbol{Y}_m$ 为区间 I 上定义的 n 维向量值函数. 若存在一组不全为零的实数 $c_1,c_2,\cdots,c_m$,使得在区间 I 上

$$c_1\boldsymbol{Y}_1(x) + c_2\boldsymbol{Y}_2(x) + \cdots + c_m\boldsymbol{Y}_m(x) \equiv \boldsymbol{0},$$

则称向量值函数 $\boldsymbol{Y}_1,\boldsymbol{Y}_2,\cdots,\boldsymbol{Y}_m$ 在区间 I 上线性相关. 否则称它们在 I 上线性无关.

定义 7.6.2

设 $\boldsymbol{Y}_1,\boldsymbol{Y}_2,\cdots,\boldsymbol{Y}_n$ 为区间 I 上定义的 n 个 n 维向量值函数:

$$\boldsymbol{Y}_k(x)=(y_{1k}(x),y_{2k}(x),\cdots,y_{nk}(x))^{\mathrm{T}},\quad k=1,2,\cdots,n.$$

定义 $\boldsymbol{Y}_1,\boldsymbol{Y}_2,\cdots,\boldsymbol{Y}_n$ 的朗斯基行列式为

$$W(x)=W[\boldsymbol{Y}_1,\boldsymbol{Y}_2,\cdots,\boldsymbol{Y}_n](x)=\begin{vmatrix} y_{11}(x) & y_{12}(x) & \cdots & y_{1n}(x) \\ y_{21}(x) & y_{22}(x) & \cdots & y_{2n}(x) \\ \vdots & \vdots & & \vdots \\ y_{n1}(x) & y_{n2}(x) & \cdots & y_{nn}(x) \end{vmatrix}.$$

定理 7.6.3

(1) 如果 n 维向量值函数 $\boldsymbol{Y}_1,\boldsymbol{Y}_2,\cdots,\boldsymbol{Y}_n$ 在区间 I 上线性相关,则

$$W[\boldsymbol{Y}_1,\boldsymbol{Y}_2,\cdots,\boldsymbol{Y}_n](x)\equiv 0,\quad x\in I.$$

(2) 若 $\boldsymbol{Y}_1,\boldsymbol{Y}_2,\cdots,\boldsymbol{Y}_n$ 为方程组(2)的 n 个解,且在区间 I 上线性无关,则

$$W[\boldsymbol{Y}_1,\boldsymbol{Y}_2,\cdots,\boldsymbol{Y}_n](x)\neq 0,\quad \forall x\in I.$$

也就是说,如果 $\boldsymbol{Y}_1,\boldsymbol{Y}_2,\cdots,\boldsymbol{Y}_n$ 为方程组(2)的 n 个解,则 $W[\boldsymbol{Y}_1,\boldsymbol{Y}_2,\cdots,\boldsymbol{Y}_n]$ 在区间 I 上或恒为零,或每一点都不为零.

证明 (1) 设 $\boldsymbol{Y}_1,\boldsymbol{Y}_2,\cdots,\boldsymbol{Y}_n$ 在区间 I 上线性相关,则存在一组不全为零的实数 $c_1,c_2,\cdots,c_n$,使得 $\forall x\in I$,有

$$c_1\boldsymbol{Y}_1(x)+c_2\boldsymbol{Y}_2(x)+\cdots+c_n\boldsymbol{Y}_n(x)\equiv\boldsymbol{0}.\tag{3}$$

将(3)式看作关于未知数 $c_1,c_2,\cdots,c_n$ 的 n 阶线性代数方程组,则此方程组有非零解 $c_1,c_2,\cdots,c_n$,从而它的系数行列式 $W[\boldsymbol{Y}_1,\boldsymbol{Y}_2,\cdots,\boldsymbol{Y}_n](x)=0,\forall x\in I$.

(2) 设 $\boldsymbol{Y}_1,\boldsymbol{Y}_2,\cdots,\boldsymbol{Y}_n$ 为方程组(2)的解,且在 I 上线性无关.假设 $\exists x_0\in I$,使得

$$W[\boldsymbol{Y}_1,\boldsymbol{Y}_2,\cdots,\boldsymbol{Y}_n](x_0)=0,$$

考虑关于未知数 $c_1,c_2,\cdots,c_n$ 的 n 阶线性代数方程组

$$c_1\boldsymbol{Y}_1(x_0)+c_2\boldsymbol{Y}_2(x_0)+\cdots+c_n\boldsymbol{Y}_n(x_0)=\boldsymbol{0},\tag{4}$$

它的系数行列式 $W[\boldsymbol{Y}_1,\boldsymbol{Y}_2,\cdots,\boldsymbol{Y}_n](x_0)=0$,因此它有非零解,仍记为 $c_1,c_2,\cdots,c_n$.令

$$\boldsymbol{Y}(x)=c_1\boldsymbol{Y}_1(x)+c_2\boldsymbol{Y}_2(x)+\cdots+c_n\boldsymbol{Y}_n(x),\quad x\in I.$$

则根据定理 7.6.2,$\boldsymbol{Y}(x)$为方程组(2)的解,且由(4)式,$\boldsymbol{Y}(x_0)=\boldsymbol{0}$.

另一方面,$\widetilde{\boldsymbol{Y}}(x)\equiv\boldsymbol{0}$ 也是方程组(2)的解,并且与 $\boldsymbol{Y}(x)$满足相同的一组定解条件,根据方程组(2)的解的存在唯一性定理(定理 7.6.1),$\boldsymbol{Y}(x)$应与$\widetilde{\boldsymbol{Y}}(x)\equiv\boldsymbol{0}$ 为方程组(2)的同一个解,即

$$\boldsymbol{Y}(x)=c_1\boldsymbol{Y}_1(x)+c_2\boldsymbol{Y}_2(x)+\cdots+c_n\boldsymbol{Y}_n(x)\equiv\boldsymbol{0},\quad x\in I.$$

这与 $\boldsymbol{Y}_1,\boldsymbol{Y}_2,\cdots,\boldsymbol{Y}_n$ 在 I 上线性无关相矛盾. 所以 $\forall x\in I, W[\boldsymbol{Y}_1,\boldsymbol{Y}_2,\cdots,\boldsymbol{Y}_n](x)\neq 0$.

定理 7.6.4 ……

设函数 $a_{ij}(x)(i,j=1,2,\cdots,n)$ 在区间 I 上连续，则方程组(2)的解空间为一个 n 维线性空间.

证明 为证明定理，只需要找到方程组(2)的 n 个线性无关解，并证明方程组(2)的每个解都可以用它们线性表出.

记 $\boldsymbol{e}_k(k=1,2,\cdots,n)$ 是第 k 个分量为 1、其他分量为 0 的 n 维列向量，$x_0\in I$. 根据定理 7.6.1，方程组(2)存在唯一的解 $\boldsymbol{Y}_k(x)$ 满足定解条件

$$\boldsymbol{Y}_k(x_0)=\boldsymbol{e}_k(k=1,2,\cdots,n). \tag{5}$$

由此知

$$W[\boldsymbol{Y}_1,\boldsymbol{Y}_2,\cdots,\boldsymbol{Y}_n](x_0)=\det(\boldsymbol{e}_1\quad \boldsymbol{e}_2\quad \cdots\quad \boldsymbol{e}_n)=1\neq 0.$$

再应用定理 7.6.3(2)便得到 $\boldsymbol{Y}_1,\boldsymbol{Y}_2,\cdots,\boldsymbol{Y}_n$ 在 I 上线性无关.

其次，任取方程组(2)的解 $\boldsymbol{Y}(x)$，向量 $\boldsymbol{Y}(x_0)$ 可以由 $\boldsymbol{e}_1,\boldsymbol{e}_2,\cdots,\boldsymbol{e}_n$ 线性表出：

$$\boldsymbol{Y}(x_0)=c_1\boldsymbol{e}_1+c_2\boldsymbol{e}_2+\cdots+c_n\boldsymbol{e}_n.$$

使用这组表出系数 $c_1,c_2,\cdots,c_n$，构造方程组(2)的解：

$$\widetilde{\boldsymbol{Y}}(x)=c_1\boldsymbol{Y}_1(x)+c_2\boldsymbol{Y}_2(x)+\cdots+c_n\boldsymbol{Y}_n(x).$$

则根据(5)式，并且

$$\begin{aligned}\widetilde{\boldsymbol{Y}}(x_0)&=c_1\boldsymbol{Y}_1(x_0)+c_2\boldsymbol{Y}_2(x_0)+\cdots+c_n\boldsymbol{Y}_n(x_0)\\&=c_1\boldsymbol{e}_1+c_2\boldsymbol{e}_2+\cdots+c_n\boldsymbol{e}_n=\boldsymbol{Y}(x_0),\end{aligned}$$

再次应用解的存在唯一性定理(定理 7.6.1)可得

$$\boldsymbol{Y}(x)\equiv\widetilde{\boldsymbol{Y}}(x)=c_1\boldsymbol{Y}_1(x)+c_2\boldsymbol{Y}_2(x)+\cdots+c_n\boldsymbol{Y}_n(x)\quad(x\in I).$$

即 $\boldsymbol{Y}(x)$ 可以用 $\boldsymbol{Y}_1,\boldsymbol{Y}_2,\cdots,\boldsymbol{Y}_n$ 线性表出.

定义 7.6.3 ……

齐次方程组(2)的任意 n 个线性无关解 $\boldsymbol{Y}_1,\boldsymbol{Y}_2,\cdots,\boldsymbol{Y}_n$ 称为方程组(2)的一个**基本解组**. 记

$$\boldsymbol{Y}_k(x)=(y_{1k}(x),y_{2k}(x),\cdots,y_{nk}(x))^{\mathrm{T}},\quad k=1,2,\cdots,n.$$

以这 n 个线性无关解为列向量的矩阵

$$\boldsymbol{\Phi}(x)=(\boldsymbol{Y}_1\quad \boldsymbol{Y}_2\quad \cdots\quad \boldsymbol{Y}_n)=\begin{pmatrix}y_{11}(x)&y_{12}(x)&\cdots&y_{1n}(x)\\y_{21}(x)&y_{22}(x)&\cdots&y_{2n}(x)\\\vdots&\vdots&&\vdots\\y_{n1}(x)&y_{n2}(x)&\cdots&y_{nn}(x)\end{pmatrix}$$

称为方程组(2)的一个**基本解矩阵**. 此时，方程组(2)的通解就可以表示为

$$Y(x)=\boldsymbol{\Phi}(x)C=c_1Y_1(x)+c_2Y_2(x)+\cdots+c_nY_n(x)$$

$$=\begin{pmatrix}c_1y_{11}(x)+c_2y_{12}(x)+\cdots+c_ny_{1n}(x)\\ c_1y_{21}(x)+c_2y_{22}(x)+\cdots+c_ny_{2n}(x)\\ \vdots\\ c_1y_{n1}(x)+c_2y_{n2}(x)+\cdots+c_ny_{nn}(x)\end{pmatrix},\tag{6}$$

其中$C=(c_1,c_2,\cdots,c_n)^{\mathrm{T}}$为任意的$n$维列向量.

注意基本解矩阵$\boldsymbol{\Phi}(x)$的行列式$\det\boldsymbol{\Phi}(x)=W[Y_1,Y_2,\cdots,Y_n](x)$在每一点$x$处都不为零,从而$\boldsymbol{\Phi}(x)$为可逆矩阵,因此对于任意的$n$维向量$\boldsymbol{\xi}=(\xi_1\quad\xi_2\quad\cdots\quad\xi_n)^{\mathrm{T}}$,可以根据表达式(6)求得方程组(2)的满足定解条件$Y(x_0)=\xi$的特解$Y(x)$如下:

设$Y(x)=\boldsymbol{\Phi}(x)C$,于是$\boldsymbol{\Phi}(x_0)C=Y(x_0)=\boldsymbol{\xi}$,$C=\boldsymbol{\Phi}^{-1}(x_0)\boldsymbol{\xi}$,所以

$$Y(x)=\boldsymbol{\Phi}(x)\boldsymbol{\Phi}^{-1}(x_0)\boldsymbol{\xi}.\tag{7}$$

▶ **例 7.6.1**

验证$\boldsymbol{\Phi}(x)=\begin{pmatrix}\mathrm{e}^{2x} & \mathrm{e}^{-x}\\ 2\mathrm{e}^{2x} & -\mathrm{e}^{-x}\end{pmatrix}$为方程组$Y'=\begin{pmatrix}0&1\\2&1\end{pmatrix}Y$的基本解矩阵,并求此方程组满足定解条件$Y(0)=(1,5)^{\mathrm{T}}$的特解$Y(x)$.

解 记$Y_1=(\mathrm{e}^{2x},2\mathrm{e}^{2x})^{\mathrm{T}}$,$Y_2=(\mathrm{e}^{-x},-\mathrm{e}^{-x})^{\mathrm{T}}$,则

$$\begin{pmatrix}0&1\\2&1\end{pmatrix}Y_1=\begin{pmatrix}2\mathrm{e}^{2x}\\4\mathrm{e}^{2x}\end{pmatrix}=Y_1',\quad \begin{pmatrix}0&1\\2&1\end{pmatrix}Y_2=\begin{pmatrix}-\mathrm{e}^{-x}\\ \mathrm{e}^{-x}\end{pmatrix}=Y_2',$$

即Y_1,Y_2是原方程组的解,从而$\boldsymbol{\Phi}(x)=(Y_1Y_2)$是基本解矩阵.

设$Y(x)=\boldsymbol{\Phi}(x)C$,则$\boldsymbol{\Phi}(0)(c_1,c_2)^{\mathrm{T}}=(1,5)^{\mathrm{T}}$,即$2c_1-c_2=5$,$c_1+c_2=1$.解之得,$c_1=2$,$c_2=-1$.于是所求特解$Y(x)=\boldsymbol{\Phi}(x)(2,-1)^{\mathrm{T}}=\begin{pmatrix}2\mathrm{e}^{2x}-\mathrm{e}^{-x}\\4\mathrm{e}^{2x}+\mathrm{e}^{-x}\end{pmatrix}$.

下面考虑非齐次方程组(1)的解的结构问题.

定理 7.6.5

(1) 非齐次方程组(1)的任意两个解Y_0,Y_1之差Y_0-Y_1是方程组(2)的解.又设Y是齐次方程组(2)的解,则Y_0+Y是方程组(1)的解.

(2) 设$\widetilde{Y}$是方程组(1)的解,$Y_1,Y_2,\cdots,Y_n$是方程组(2)的n个线性无关解,则方程组(1)的通解可表达为

$$Y(x)=\widetilde{Y}+c_1Y_1(x)+c_2Y_2(x)+\cdots+c_nY_n(x),\tag{8}$$

其中$c_1,c_2,\cdots,c_n$是n个任意常数.

证明 (1) 通过简单验证即可得到(1)的结论,留给读者作为练习.

(2) 对于方程组(1)的任一解 $\boldsymbol{Y}(x)$,由定理 7.6.5(1),$\boldsymbol{Y}(x)-\widetilde{\boldsymbol{Y}}(x)$为方程组(2)的解,从而可以表示为 $Y_1,Y_2,\cdots,Y_n$ 的线性组合:

$$\boldsymbol{Y}(x)-\widetilde{\boldsymbol{Y}}(x)=c_1\boldsymbol{Y}_1(x)+c_2\boldsymbol{Y}_2(x)+\cdots+c_n\boldsymbol{Y}_n(x).$$

即存在一组常数 $c_1,c_2,\cdots,c_n$,使得(8)式成立.

反之,对于任一组常数 $c_1,c_2,\cdots,c_n$,(8)式都是方程组(1)的解.所以(8)式就是非齐次方程组(1)的通解表达式.

设已知$\boldsymbol{\Phi}(x)=(\boldsymbol{Y}_1(x)\quad \boldsymbol{Y}_2(x)\quad \cdots\quad \boldsymbol{Y}_n(x))$为齐次方程组(2)的一个基本解矩阵.为了求解非齐次方程组(1),由定理 7.6.5,我们还需要找到方程组(1)的一个特解.类似于高阶线性常微分方程的情形,可以使用常数变易法.

假定方程组(1)有形如$\widetilde{\boldsymbol{Y}}(x)=\boldsymbol{\Phi}(x)\boldsymbol{C}(x)$的解,其中

$$\boldsymbol{C}(x)=(c_1(x),c_2(x),\cdots,c_n(x))^{\mathrm{T}}$$

待定.将其代入方程组(1)得

$$[\boldsymbol{\Phi}(x)\boldsymbol{C}(x)]'=\boldsymbol{A}(x)\boldsymbol{\Phi}(x)\boldsymbol{C}(x)+\boldsymbol{F}(x). \tag{9}$$

注意到

$$\begin{aligned}\boldsymbol{\Phi}'(x)&=(\boldsymbol{Y}_1'(x)\quad \boldsymbol{Y}_2'(x)\quad \cdots\quad \boldsymbol{Y}_n'(x))\\&=(\boldsymbol{A}(x)\boldsymbol{Y}_1(x)\quad \boldsymbol{A}(x)\boldsymbol{Y}_2(x)\quad \cdots\quad \boldsymbol{A}(x)\boldsymbol{Y}_n(x))\\&=\boldsymbol{A}(x)\boldsymbol{\Phi}(x),\end{aligned}$$

从而得

$$\begin{aligned}[\boldsymbol{\Phi}(x)\boldsymbol{C}(x)]'&=\boldsymbol{\Phi}'(x)\boldsymbol{C}(x)+\boldsymbol{\Phi}(x)\boldsymbol{C}'(x)\\&=\boldsymbol{A}(x)\boldsymbol{\Phi}(x)\boldsymbol{C}(x)+\boldsymbol{\Phi}(x)\boldsymbol{C}'(x).\end{aligned} \tag{10}$$

比较(9),(10)两式便得到$\boldsymbol{\Phi}(x)\boldsymbol{C}'(x)=\boldsymbol{F}(x)$,即 $\boldsymbol{C}'(x)=\boldsymbol{\Phi}^{-1}(x)\boldsymbol{F}(x)$.两边积分得

$$\boldsymbol{C}(x)=\int_{x_0}^{x}\boldsymbol{\Phi}^{-1}(t)\boldsymbol{F}(t)\mathrm{d}t,$$

其中 x_0 是任取的一点,对向量值函数$\boldsymbol{\Phi}^{-1}(t)\boldsymbol{F}(t)$积分就是对它的各个分量函数分别积分.所以

$$\widetilde{\boldsymbol{Y}}(x)=\boldsymbol{\Phi}(x)\int_{x_0}^{x}\boldsymbol{\Phi}^{-1}(t)\boldsymbol{F}(t)\mathrm{d}t. \tag{11}$$

进而知方程组(1)的通解为

$$\boldsymbol{Y}(x)=\boldsymbol{\Phi}(x)\boldsymbol{C}+\boldsymbol{\Phi}(x)\int_{x_0}^{x}\boldsymbol{\Phi}^{-1}(t)\boldsymbol{F}(t)\mathrm{d}t, \tag{12}$$

满足定解条件$\widetilde{\boldsymbol{Y}}(x_0)=\boldsymbol{\xi}$($\boldsymbol{\xi}$为 n 维向量)的特解为

$$\widetilde{\boldsymbol{Y}}(x)=\boldsymbol{\Phi}(x)\boldsymbol{\Phi}^{-1}(x_0)\boldsymbol{\xi}+\boldsymbol{\Phi}(x)\int_{x_0}^{x}\boldsymbol{\Phi}^{-1}(t)\boldsymbol{F}(t)\mathrm{d}t. \tag{13}$$

例 7.6.2

求解方程组 $\boldsymbol{Y}'=\begin{pmatrix}0 & 1\\ 2 & 1\end{pmatrix}\boldsymbol{Y}+\begin{pmatrix}\mathrm{e}^{-x}\\ -\mathrm{e}^{-x}\end{pmatrix}$ 的满足定解条件 $\widetilde{\boldsymbol{Y}}(0)=(1,2)^{\mathrm{T}}$ 的特解 $\widetilde{\boldsymbol{Y}}(x)$.

解 在例 7.6.1 中已知，原方程组对应的齐次方程组 $\boldsymbol{Y}'=\begin{pmatrix}0 & 1\\ 2 & 1\end{pmatrix}\boldsymbol{Y}$ 有基本解矩阵 $\boldsymbol{\Phi}(x)=\begin{bmatrix}\mathrm{e}^{2x} & \mathrm{e}^{-x}\\ 2\mathrm{e}^{2x} & -\mathrm{e}^{-x}\end{bmatrix}$，它的逆矩阵为 $\boldsymbol{\Phi}^{-1}(x)=\dfrac{1}{3}\begin{bmatrix}\mathrm{e}^{-2x} & \mathrm{e}^{-2x}\\ 2\mathrm{e}^{x} & -\mathrm{e}^{x}\end{bmatrix}$. 由公式(13)即得所求特解为

$$\begin{aligned}\widetilde{\boldsymbol{Y}}(x)&=\boldsymbol{\Phi}(x)\boldsymbol{\Phi}^{-1}(0)\begin{pmatrix}1\\ 2\end{pmatrix}+\boldsymbol{\Phi}(x)\int_0^x\boldsymbol{\Phi}^{-1}(t)\begin{pmatrix}\mathrm{e}^{-t}\\ -\mathrm{e}^{-t}\end{pmatrix}\mathrm{d}t\\ &=\boldsymbol{\Phi}(x)\begin{pmatrix}1\\ 0\end{pmatrix}+\boldsymbol{\Phi}(x)\int_0^x\begin{pmatrix}0\\ 1\end{pmatrix}\mathrm{d}t=\begin{bmatrix}\mathrm{e}^{2x}+x\mathrm{e}^{-x}\\ 2\mathrm{e}^{2x}-x\mathrm{e}^{-x}\end{bmatrix}.\end{aligned}$$

最后我们指出，一阶线性常微分方程组与高阶线性常微分方程的解的存在唯一性（定理 7.6.1 与定理 7.4.1）对于求解这类方程（组）有着基本的重要性. 而关于高阶线性常微分方程的解的存在唯一性定理（定理 7.4.1）则可以利用关于一阶线性常微分方程组的存在唯一性定理（定理 7.6.1）证得. 证明如下：

设函数 $a_1(x),\cdots,a_n(x)$ 与 $f(x)$ 在区间 I 上连续，$x_0\in I$. 要证：对于任一组实数 $\xi_0,\xi_1,\cdots,\xi_{n-1}$，$n$ 阶线性常微分方程

$$y^{(n)}+a_1(x)y^{(n-1)}+\cdots+a_{n-1}(x)y'+a_n(x)y=f(x) \tag{14}$$

在区间 I 上存在唯一解 $y=y(x)$ 满足初值条件

$$y^{(k)}(x_0)=\xi_k\quad(k=0,1,\cdots,n-1). \tag{15}$$

令 $y_1=y,y_2=y',\cdots,y_n=y^{(n-1)}$. 考虑一阶线性常微分方程组

$$\begin{cases}y_1'=y_2,\\ \vdots\\ y_{n-1}'=y_n,\\ y_n'=-a_n(x)y_1-a_{n-1}(x)y_2-\cdots-a_1(x)y_n+f(x).\end{cases} \tag{16}$$

不难看到，若 $y=y(x)$ 是方程(14)的满足初值条件(15)的解，则 $(y_1(x),y_2(x),\cdots,y_n(x))=(y(x),y'(x),\cdots,y^{(n-1)}(x))$ 是方程组(16)的满足下列初值条件的解：

$$(y_1(x_0),y_2(x_0),\cdots,y_n(x_0))=(\xi_0,\xi_1,\cdots,\xi_{n-1}). \tag{17}$$

反之，若 $(y_1(x),y_2(x),\cdots,y_n(x))$ 是方程组(16)的满足初值条件(17)的解，则 $y(x)=y_1(x)$ 是方程(14)的满足初值条件(15)的解.

根据定理 7.6.1，方程组(16)的满足初值条件(17)的解唯一存在，从而方

程(14)的满足初值条件(15)的解唯一存在.

7.6.2 常系数一阶齐次线性常微分方程组的解法

关于 n 个未知函数的常系数一阶齐次线性常微分方程组的规范形式为

$$\boldsymbol{Y}'=\boldsymbol{A}\boldsymbol{Y}. \tag{18}$$

其中 $\boldsymbol{A}$ 为方程组(18)的(数值)系数矩阵:

$$\boldsymbol{A}=\begin{pmatrix} a_{11} & a_{12} & \cdots & a_{1n} \\ a_{21} & a_{22} & \cdots & a_{2n} \\ \vdots & \vdots & & \vdots \\ a_{n1} & a_{n2} & \cdots & a_{nn} \end{pmatrix}. \tag{19}$$

对于齐次线性方程组(18)的求解问题,可以用类似于求解常系数高阶线性常微分方程的方法.假设方程组(18)有形如 $\boldsymbol{Y}=\mathrm{e}^{\lambda x}\boldsymbol{U}$ 的解,其中 λ 是待定常数,$\boldsymbol{U}$ 是待定的非零 n 维向量.将其代入方程组(18)得

$$\lambda\mathrm{e}^{\lambda x}\boldsymbol{U}=\boldsymbol{A}\mathrm{e}^{\lambda x}\boldsymbol{U}=\mathrm{e}^{\lambda x}\boldsymbol{A}\boldsymbol{U}.$$

两端消去 $\mathrm{e}^{\lambda x}$ 得

$$(\boldsymbol{A}-\lambda\boldsymbol{I})\boldsymbol{U}=\boldsymbol{0}, \tag{20}$$

其中 $\boldsymbol{I}$ 是 n 阶单位矩阵.将(20)式看作以 $\boldsymbol{U}=(u_1,u_2,\cdots,u_n)^{\mathrm{T}}$ 为未知向量的 n 阶代数方程组,它有非零解的充分必要条件是它的系数行列式为零:

$$\det(\lambda\boldsymbol{I}-\boldsymbol{A})=0. \tag{21}$$

以 λ 为未知量的代数方程(21)称为方程组(18)的特征方程,它的根称为方程组的特征根.如果 λ 为方程(21)的一个特征根,$\boldsymbol{U}$ 为方程组(20)的对应于 λ 的非零解,则 $\boldsymbol{Y}=\mathrm{e}^{\lambda x}\boldsymbol{U}$ 就是方程组(18)的解.

根据矩阵理论,$\det(\lambda\boldsymbol{I}-\boldsymbol{A})$ 称为矩阵 $\boldsymbol{A}$ 的特征多项式,方程(21)的根 λ 也称为矩阵 $\boldsymbol{A}$ 的特征根,方程(20)的非零解 $\boldsymbol{U}$ 称为矩阵 $\boldsymbol{A}$ 的属于特征根 λ 的特征向量.

情形一 矩阵 $\boldsymbol{A}$ 有 n 个线性无关的特征向量 $\boldsymbol{U}_1,\boldsymbol{U}_2,\cdots,\boldsymbol{U}_n$,分别属于 $\boldsymbol{A}$ 的特征根 $\lambda_1,\lambda_2,\cdots,\lambda_n$.此时,$\boldsymbol{Y}_1=\mathrm{e}^{\lambda_1 x}\boldsymbol{U}_1,\boldsymbol{Y}_2=\mathrm{e}^{\lambda_2 x}\boldsymbol{U}_2,\cdots,\boldsymbol{Y}_n=\mathrm{e}^{\lambda_n x}\boldsymbol{U}_n$ 就是方程组(18)的 n 个解,并且

$$W[\boldsymbol{Y}_1,\boldsymbol{Y}_2,\cdots,\boldsymbol{Y}_n](0)=\det(\boldsymbol{U}_1,\boldsymbol{U}_2,\cdots,\boldsymbol{U}_n)\neq 0.$$

从而 $\boldsymbol{Y}_1,\boldsymbol{Y}_2,\cdots,\boldsymbol{Y}_n$ 是方程组(18)的 n 个线性无关解.

▶ **例 7.6.3** ……………………………………………………………

求解方程组 $\boldsymbol{Y}'=\boldsymbol{A}\boldsymbol{Y}$,其中 $\boldsymbol{A}=\begin{pmatrix} 1 & -2 \\ 1 & 4 \end{pmatrix}$.

解 $\det(\lambda\boldsymbol{I}-\boldsymbol{A})=(\lambda-1)(\lambda-4)+2=(\lambda-2)(\lambda-3)$.

所以 $\boldsymbol{A}$ 的特征根为 $\lambda_1=2,\lambda_2=3$.分别求解特征方程 $(2\boldsymbol{I}-\boldsymbol{A})\boldsymbol{U}=0$ 与 $(3\boldsymbol{I}-\boldsymbol{A})\boldsymbol{U}=0$

可解得 $\boldsymbol{A}$ 的属于 $\lambda_1=2$ 的特征向量 $\boldsymbol{U}_1=(2,-1)^{\mathrm{T}}$ 与属于 $\lambda_2=3$ 的特征向量 $\boldsymbol{U}_2=(-1,1)^{\mathrm{T}}$. 从而原方程组有基本解矩阵 $\boldsymbol{\Phi}(x)=(\mathrm{e}^{2x}\boldsymbol{U}_1,\mathrm{e}^{3x}\boldsymbol{U}_2)=\begin{pmatrix}2\mathrm{e}^{2x} & -\mathrm{e}^{3x}\\ -\mathrm{e}^{2x} & \mathrm{e}^{3x}\end{pmatrix}$，它的通解为

$$\boldsymbol{Y}(x)=\boldsymbol{\Phi}(x)\begin{pmatrix}c_1\\ c_2\end{pmatrix}=c_1\mathrm{e}^{2x}\begin{pmatrix}2\\ -1\end{pmatrix}+c_2\mathrm{e}^{3x}\begin{pmatrix}-1\\ 1\end{pmatrix}.$$

例 7.6.4

求方程组 $\boldsymbol{Y}'=\boldsymbol{AY}$ 的满足定解条件 $\widetilde{\boldsymbol{Y}}(0)=(-1,3,1)^{\mathrm{T}}$ 的特解. 其中

$$\boldsymbol{A}=\begin{pmatrix}1 & 2 & 2\\ 2 & 1 & 2\\ 2 & 2 & 1\end{pmatrix}.$$

解　$\det(\lambda\boldsymbol{I}-\boldsymbol{A})=(\lambda-5)(\lambda+1)^2$.

所以 $\boldsymbol{A}$ 的特征根为 $\lambda_1=5,\lambda_2=\lambda_3=-1$. 分别求解特征方程 $(5\boldsymbol{I}-\boldsymbol{A})\boldsymbol{U}=0$ 与 $(-\boldsymbol{I}-\boldsymbol{A})\boldsymbol{U}=0$ 可解得 $\boldsymbol{A}$ 的属于 $\lambda_1=5$ 的特征向量 $\boldsymbol{U}_1=(1,1,1)^{\mathrm{T}}$ 与属于 $\lambda_2=\lambda_3=-1$ 的线性无关的特征向量 $\boldsymbol{U}_2=(1,0,-1)^{\mathrm{T}}$ 与 $\boldsymbol{U}_3=(0,1,-1)^{\mathrm{T}}$. 从而原方程组有基本解矩阵 $\boldsymbol{\Phi}(x)=(\mathrm{e}^{5x}\boldsymbol{U}_1\quad \mathrm{e}^{-x}\boldsymbol{U}_2\quad \mathrm{e}^{-x}\boldsymbol{U}_3)$，它的通解为 $\boldsymbol{Y}(x)=\boldsymbol{\Phi}(x)(c_1,c_2,c_3)^{\mathrm{T}}$. 代入定解条件：

$$(\boldsymbol{U}_1\quad \boldsymbol{U}_2\quad \boldsymbol{U}_3)(c_1,c_2,c_3)^{\mathrm{T}}=\boldsymbol{\Phi}(0)(c_1,c_2,c_3)^{\mathrm{T}}=\widetilde{\boldsymbol{Y}}(0)=(-1,3,1)^{\mathrm{T}}.$$

可解得 $c_1=1,c_2=-2,c_3=2$. 于是所求特解为

$$\widetilde{\boldsymbol{Y}}(x)=\mathrm{e}^{5x}\boldsymbol{U}_1-2\mathrm{e}^{-x}\boldsymbol{U}_2+2\mathrm{e}^{-x}\boldsymbol{U}_3=\begin{pmatrix}\mathrm{e}^{5x}-2\mathrm{e}^{-x}\\ \mathrm{e}^{5x}+2\mathrm{e}^{-x}\\ \mathrm{e}^{5x}\end{pmatrix}.$$

情形二　矩阵 $\boldsymbol{A}$ 的线性无关的特征向量个数小于 n. 在这种情况下，为求得方程组(18)的 n 个线性无关解，我们不加证明地引用来自线性代数的下列命题：

命题 7.6.1

设 n 阶矩阵 $\boldsymbol{A}$ 有 m 个不同的特征根 $\lambda_1,\lambda_2,\cdots,\lambda_m$，其重数分别为 $k_1,k_2,\cdots,k_m(k_1+k_2+\cdots+k_m=n)$. 记 V_j 为代数方程组

$$(\lambda_j\boldsymbol{I}-\boldsymbol{A})^{k_j}\boldsymbol{U}=\boldsymbol{0}$$

的解空间 $(j=1,2,\cdots,m)$，则 V_j 是 k_j 维线性空间，并且 $\mathbb{R}^n=V_1\oplus V_2\oplus\cdots\oplus V_m$.

现在设 λ 为 $\boldsymbol{A}$ 的 k 重特征根，$\boldsymbol{U}$ 为方程组 $(\lambda\boldsymbol{I}-\boldsymbol{A})^k\boldsymbol{U}=\boldsymbol{0}$ 的一个非零解. 令

$$\boldsymbol{Y}(x)=\mathrm{e}^{\lambda x}\left[\boldsymbol{I}+x(\boldsymbol{A}-\lambda\boldsymbol{I})+\cdots+\frac{x^{k-1}}{(k-1)!}(\boldsymbol{A}-\lambda\boldsymbol{I})^{k-1}\right]\boldsymbol{U}.\tag{22}$$

直接计算可得

$$\boldsymbol{A}\boldsymbol{Y}(x)=\mathrm{e}^{\lambda x}\left[(\boldsymbol{A}-\lambda\boldsymbol{I})+x(\boldsymbol{A}-\lambda\boldsymbol{I})^2+\cdots+\frac{x^{k-2}}{(k-2)!}(\boldsymbol{A}-\lambda\boldsymbol{I})^{k-1}\right]\boldsymbol{U}$$
$$+\lambda\mathrm{e}^{\lambda x}\left[\boldsymbol{I}+x(\boldsymbol{A}-\lambda\boldsymbol{I})+\cdots+\frac{x^{k-1}}{(k-1)!}(\boldsymbol{A}-\lambda\boldsymbol{I})^{k-1}\right]\boldsymbol{U}=\boldsymbol{Y}'(x).$$

于是$\boldsymbol{Y}(x)$为微分方程组(18)的解.

根据命题 7.6.1,如果$\lambda_1,\lambda_2,\cdots,\lambda_m$分别是矩阵$\boldsymbol{A}$的$k_1,k_2,\cdots,k_m$重特征根,且$k_1+k_2+\cdots+k_m=n$,则代数方程组$(\lambda_j\boldsymbol{I}-\boldsymbol{A})^{k_j}\boldsymbol{U}=\boldsymbol{0}$有$k_j$个线性无关解.按照上述做法,相应于$\lambda_j$可得到微分方程组(18)的$k_j$个线性无关解$(j=1,2,\cdots,m)$,并且对于不同的特征根$\lambda_i$与$\lambda_j$,相应于$\lambda_i$的解与相应于$\lambda_j$的解线性无关.因此可以得到微分方程组(18)的$n$个线性无关解.

▶ 例 7.6.5 ……………………………………………………

求解方程组$\boldsymbol{Y}'=\boldsymbol{A}\boldsymbol{Y}$,其中$\boldsymbol{A}=\begin{pmatrix}3&1&-1\\2&2&-1\\2&2&0\end{pmatrix}$.

解 $\det(\lambda\boldsymbol{I}-\boldsymbol{A})=(\lambda-1)(\lambda-2)^2$.

所以$\boldsymbol{A}$的特征根为$\lambda_1=1,\lambda_2=\lambda_3=2$.求解特征方程$(\boldsymbol{I}-\boldsymbol{A})\boldsymbol{U}=0$可解得$\boldsymbol{A}$的属于$\lambda_1=1$的特征向量$\boldsymbol{U}_1=(1,0,2)^{\mathrm{T}}$.$\lambda=2$为$\boldsymbol{A}$的二重特征根,且不难验证$2\boldsymbol{I}-\boldsymbol{A}$的秩为2,从而不存在属于$\lambda=2$的两个线性无关的特征向量.由于

$$(2\boldsymbol{I}-\boldsymbol{A})^2=\begin{pmatrix}1&-1&0\\0&0&0\\2&-2&0\end{pmatrix},$$

容易解得代数方程组有$(2\boldsymbol{I}-\boldsymbol{A})^2\boldsymbol{U}=\boldsymbol{0}$有两个线性无关解$\boldsymbol{U}_2=(1,1,2)^{\mathrm{T}}$与$\boldsymbol{U}_3=(0,0,-1)^{\mathrm{T}}$.相应地可得原微分方程组的解

$$\begin{aligned}\boldsymbol{Y}_2(x)&=\mathrm{e}^{2x}[\boldsymbol{I}+x(\boldsymbol{A}-2\boldsymbol{I})]\boldsymbol{U}_2\\&=\mathrm{e}^{2x}\begin{pmatrix}1+x&x&-x\\2x&1&-x\\2x&2x&1-2x\end{pmatrix}\begin{pmatrix}1\\1\\2\end{pmatrix}=\mathrm{e}^{2x}\begin{pmatrix}1\\1\\2\end{pmatrix},\\\boldsymbol{Y}_3(x)&=\mathrm{e}^{2x}[\boldsymbol{I}+x(\boldsymbol{A}-2\boldsymbol{I})]\boldsymbol{U}_3\\&=\mathrm{e}^{2x}\begin{pmatrix}1+x&x&-x\\2x&1&-x\\2x&2x&1-2x\end{pmatrix}\begin{pmatrix}0\\0\\-1\end{pmatrix}=\mathrm{e}^{2x}\begin{pmatrix}x\\x\\2x-1\end{pmatrix},\end{aligned}$$

所以原方程组的通解为

$$\boldsymbol{Y}(x)=c_1\mathrm{e}^{x}\begin{pmatrix}1\\0\\2\end{pmatrix}+c_2\mathrm{e}^{2x}\begin{pmatrix}1\\1\\2\end{pmatrix}+c_3\mathrm{e}^{2x}\begin{pmatrix}x\\x\\2x-1\end{pmatrix}.$$

例 7.6.6

求方程组 $\boldsymbol{Y}'=\boldsymbol{AY}$ 的满足定解条件 $\widetilde{\boldsymbol{Y}}(0)=(0,3,-1)^{\mathrm{T}}$ 的特解,其中

$$\boldsymbol{A}=\begin{pmatrix}2 & 1 & 3\\ 0 & 2 & -1\\ 0 & 0 & 2\end{pmatrix}.$$

解 $\det(\lambda\boldsymbol{I}-\boldsymbol{A})=(\lambda-2)^3$,故 $\lambda=2$ 为 $\boldsymbol{A}$ 的三重特征根. 根据命题 7.6.1,代数方程组有 $(2\boldsymbol{I}-\boldsymbol{A})^3\boldsymbol{U}=\boldsymbol{0}$ 的解空间为 $\mathbb{R}^3$(即 $(2\boldsymbol{I}-\boldsymbol{A})^3=\boldsymbol{0}$). 所以可取 $\boldsymbol{U}_1=(1,0,0)^{\mathrm{T}}$, $\boldsymbol{U}_2=(0,1,0)^{\mathrm{T}}$, $\boldsymbol{U}_3=(0,0,1)^{\mathrm{T}}$. 于是原方程组有基本解矩阵

$$\begin{aligned}\boldsymbol{\Phi}(x)&=\mathrm{e}^{2x}\left[\boldsymbol{I}+x(\boldsymbol{A}-2\boldsymbol{I})+\frac{x^2}{2!}(\boldsymbol{A}-2\boldsymbol{I})^2\right](\boldsymbol{U}_1,\boldsymbol{U}_2,\boldsymbol{U}_3)\\&=\mathrm{e}^{2x}\begin{pmatrix}1 & x & 3x-\frac{1}{2}x^2\\ 0 & 1 & -x\\ 0 & 0 & 1\end{pmatrix}.\end{aligned}$$

所以它的通解为 $\boldsymbol{Y}(x)=\boldsymbol{\Phi}(x)(c_1,c_2,c_3)^{\mathrm{T}}$. 代入定解条件:

$$\boldsymbol{\Phi}(0)(c_1,c_2,c_3)^{\mathrm{T}}=\widetilde{\boldsymbol{Y}}(0)=(0,3,-1)^{\mathrm{T}},$$

可得 $(c_1,c_2,c_3)^{\mathrm{T}}=(0,3,-1)^{\mathrm{T}}$. 于是所求特解为

$$\widetilde{\boldsymbol{Y}}(x)=\mathrm{e}^{2x}\begin{pmatrix}1 & x & 3x-\frac{1}{2}x^2\\ 0 & 1 & -x\\ 0 & 0 & 1\end{pmatrix}\begin{pmatrix}0\\ 3\\ -1\end{pmatrix}=\mathrm{e}^{2x}\begin{pmatrix}\frac{1}{2}x^2\\ x+3\\ -1\end{pmatrix}.$$

还需要注意,如果 $\lambda=\alpha+\mathrm{i}\beta$ 是方程组(18)的系数矩阵 $\boldsymbol{A}$ 的复特征根,由于 $\det(\lambda\boldsymbol{I}-\boldsymbol{A})$ 是实系数多项式,因而 $\bar{\lambda}=\alpha-\mathrm{i}\beta$ 也是 $\boldsymbol{A}$ 的复特征根. 若 $\boldsymbol{U}=\boldsymbol{U}_1+\mathrm{i}\boldsymbol{U}_2$ 是 $\boldsymbol{A}$ 的属于 λ 的特征向量,容易验证 $\overline{\boldsymbol{U}}=\boldsymbol{U}_1-\mathrm{i}\boldsymbol{U}_2$ 就是 $\boldsymbol{A}$ 的属于 $\bar{\lambda}$ 的特征向量,于是 $\boldsymbol{Y}=\mathrm{e}^{\lambda x}\boldsymbol{U}$ 与 $\overline{\boldsymbol{Y}}=\mathrm{e}^{\bar{\lambda}x}\overline{\boldsymbol{U}}$ 是方程组(18)的一对互为共轭的复值解. 将这两个复值解的实部与虚部分别取出,便可得到方程组(18)的两个线性无关的实值解:

$$\begin{aligned}\boldsymbol{Y}_1&=\mathrm{e}^{\alpha x}(\boldsymbol{U}_1\cos\beta x-\boldsymbol{U}_2\sin\beta x),\\ \boldsymbol{Y}_2&=\mathrm{e}^{\alpha x}(\boldsymbol{U}_2\cos\beta x+\boldsymbol{U}_1\sin\beta x).\end{aligned}$$

当系数矩阵 $\boldsymbol{A}$ 有复值重特征根时可类似地得到,方程组(18)的复值解是互为共轭成对出现的,因而同样可以得到方程组(18)的 n 个线性无关的实值解.

例 7.6.7

求解方程组 $\boldsymbol{Y}'=\boldsymbol{AY}$,其中 $\boldsymbol{A}=\begin{pmatrix}1 & 2\\ -2 & 1\end{pmatrix}$.

解 $\det(\lambda\boldsymbol{I}-\boldsymbol{A})=(\lambda-1)^2+4=(\lambda-1-2\mathrm{i})(\lambda-1+2\mathrm{i})$,

所以 $\boldsymbol{A}$ 的特征根为 $\lambda=1\pm2\mathrm{i}$. $\boldsymbol{A}$ 的属于特征根 $1+2\mathrm{i}$ 与 $1-2\mathrm{i}$ 的特征向量分别为 $\boldsymbol{U}_1=(1,\mathrm{i})^{\mathrm{T}}$ 与 $\boldsymbol{U}_2=(1,-\mathrm{i})^{\mathrm{T}}$. 从而原方程组有复值解 $\boldsymbol{Y}=\mathrm{e}^{(1+2\mathrm{i})x}(1,\mathrm{i})^{\mathrm{T}}$ 与 $\overline{\boldsymbol{Y}}=\mathrm{e}^{(1-2\mathrm{i})x}(1,-\mathrm{i})^{\mathrm{T}}$. 进而得原方程组的两个无关实值解 $\boldsymbol{Y}_1=\mathrm{e}^x(\cos2x,-\sin2x)^{\mathrm{T}}$ 与 $\boldsymbol{Y}_2=\mathrm{e}^x(\sin2x,\cos2x)^{\mathrm{T}}$. 所以原方程组的通解为

$$\boldsymbol{Y}(x)=c_1\mathrm{e}^x\begin{pmatrix}\cos2x\\-\sin2x\end{pmatrix}+c_2\mathrm{e}^x\begin{pmatrix}\sin2x\\\cos2x\end{pmatrix}.$$

下面再介绍一种利用消元法求解线性常微分方程组的常用方法. 这种方法类似于求解线性代数方程组的消元法. 这里通过两个具体例子来说明这种方法.

例 7.6.8

求解方程组 $\begin{cases}y'=y+2z,\\z'=3y+2z.\end{cases}$

解 将第二个方程两边关于 x 求导得 $z''=3y'+2z'$, 再将 $y'=y+2z$ 与 $3y=z'-2z$ 分别代入得

$$z''=3(y+2z)+2z'=z'-2z+6z+2z'=3z'+4z,$$

即

$$z''-3z'-4z=0.$$

这是一个二阶常系数齐次线性方程, 解之得

$$z=c_1\mathrm{e}^{4x}+c_2\mathrm{e}^{-x}.$$

再由第二个方程得

$$y=\frac{1}{3}(z'-2z)=\frac{2}{3}c_1\mathrm{e}^{4x}-c_2\mathrm{e}^{-x}.$$

所以原方程组的通解为

$$\begin{cases}y=\dfrac{2}{3}c_1\mathrm{e}^{4x}-c_2\mathrm{e}^{-x},\\z=c_1\mathrm{e}^{4x}+c_2\mathrm{e}^{-x}.\end{cases}$$

例 7.6.9

求方程组 $\begin{cases}x'=y-z,\\y'=z+1,\\z'=y+2t\end{cases}$ 满足定解条件 $\begin{cases}x(0)=1,\\y(0)=0,\\z(0)=-1\end{cases}$ 的特解.

解 由后两个方程得 $z''=y'+2=z+3$, 即 $z''-z=3$, 解之得 $z=c_1\mathrm{e}^t+c_2\mathrm{e}^{-t}-3$, 于是又有 $y=z'-2t=c_1\mathrm{e}^t-c_2\mathrm{e}^{-t}-2t$. 代入定解条件 $y(0)=0, z(0)=-1$, 可得 $c_1=c_2=1$. 进而得 $x'=y-z=-2\mathrm{e}^{-t}-2t+3$, 从而 $x=2\mathrm{e}^{-t}-t^2+3t+c_3$. 代入 $x(0)=1$ 得 $c_3=-1$. 于是所求特解为

$$\begin{cases}x=2\mathrm{e}^{-t}-t^2+3t-1,\\y=\mathrm{e}^t-\mathrm{e}^{-t}-2t,\\z=\mathrm{e}^t+\mathrm{e}^{-t}-3.\end{cases}$$

习题 7.6

1. 求解下列微分方程组$\frac{\mathrm{d}\boldsymbol{Y}}{\mathrm{d}x}=\boldsymbol{AY}$.

(1) $\boldsymbol{A}=\begin{pmatrix}1 & 2\\ 8 & 1\end{pmatrix}$, $\boldsymbol{Y}(0)=\begin{pmatrix}1\\ 1\end{pmatrix}$;

(2) $\boldsymbol{A}=\begin{pmatrix}-1 & -2\\ 8 & -1\end{pmatrix}$, $\boldsymbol{Y}(0)=\begin{pmatrix}0\\ -1\end{pmatrix}$;

(3) $\boldsymbol{A}=\begin{pmatrix}1 & -1 & 1\\ -2 & 2 & -2\\ -1 & 1 & -1\end{pmatrix}$, $\boldsymbol{Y}(0)=\begin{pmatrix}1\\ -1\\ 0\end{pmatrix}$;

(4) $\boldsymbol{A}=\begin{pmatrix}0 & -2 & -2\\ 2 & -4 & -2\\ -2 & 2 & 0\end{pmatrix}$, $\boldsymbol{Y}(0)=\begin{pmatrix}1\\ 1\\ 1\end{pmatrix}$;

(5) $\boldsymbol{A}=\begin{pmatrix}2 & 0 & 0\\ 1 & 2 & 0\\ 0 & 1 & 2\end{pmatrix}$;

(6) $\boldsymbol{A}=\begin{pmatrix}3 & -5 & 0\\ 5 & -3 & 0\\ 0 & 0 & 1\end{pmatrix}$.

2. 求解下列非齐次微分方程组.

(1) $\begin{cases}\dfrac{\mathrm{d}y_1}{\mathrm{d}x}+2y_1-3y_2=\mathrm{e}^x,\\ \dfrac{\mathrm{d}y_2}{\mathrm{d}x}-2y_1-3y_2=\mathrm{e}^{2x};\end{cases}$

(2) $\begin{cases}\dfrac{\mathrm{d}y_1}{\mathrm{d}x}+\dfrac{\mathrm{d}y_2}{\mathrm{d}x}=-y_1+y_2+3,\\ \dfrac{\mathrm{d}y_1}{\mathrm{d}x}-\dfrac{\mathrm{d}y_2}{\mathrm{d}x}=y_1+y_2-3;\end{cases}$

(3) $\begin{cases}4\dfrac{\mathrm{d}y_1}{\mathrm{d}x}-\dfrac{\mathrm{d}y_2}{\mathrm{d}x}=-3y_1+\sin x,\\ \dfrac{\mathrm{d}y_1}{\mathrm{d}x}=-y_2+\cos x;\end{cases}$

(4) $\begin{cases}\dfrac{\mathrm{d}y_1}{\mathrm{d}x}=2y_1-y_2+y_3+2,\\ \dfrac{\mathrm{d}y_2}{\mathrm{d}x}=y_1+y_3+1,\\ \dfrac{\mathrm{d}y_3}{\mathrm{d}x}=-3y_1+y_2-2y_3-3,\\ y_1(0)=y_2(0)=y_3(0)=1.\end{cases}$

第 7 章总复习题

1. 解下列微分方程.

(1) $(x+x^3)y'=y$;

(2) $(x^2-2xy-y^2)y'+y^2=0$;

(3) $(1-x^2)y'\cos y+x\sin y=1$；　(4) $y^{-1}y'-\tan x\ln y=\sec x$；

(5) $y'-\dfrac{y}{1+x}=y^2$；　(6) $y'+\dfrac{xy}{1-x^2}=x\sqrt{y}$；

(7) $y'=\dfrac{4x^3y}{x^4+y^2}$；　(8) $x\mathrm{d}y=y(xy-1)\mathrm{d}x$；

(9) $(x-y)^2y'=4$；　(10) $x^2y(xy'+y)=8$；

(11) $(x-\sin y)\mathrm{d}y+\tan y\mathrm{d}x=0$，$y(0)=\dfrac{\pi}{2}$.

2. 求解下列微分方程.

(1) $(1+x^2)y''+2xy'=0$；　(2) $xyy''+x(y')^2-yy'=0$；

(3) 已知 $\varphi(x)$为可微函数，且$\dfrac{\mathrm{d}y}{\mathrm{d}x}+\dfrac{\mathrm{d}\varphi}{\mathrm{d}x}y=\varphi(x)\dfrac{\mathrm{d}\varphi}{\mathrm{d}x}$，求 $y=y(x)$.

3. 设 $y_i(x)(1\leqslant i\leqslant n)$为方程 $y^{(n)}+a_1(x)y^{(n-1)}+\cdots+a_{n-1}(x)y'+a_n(x)y=0$ 的任意 n 个解，它们构成的朗斯基行列式为 $W(x)$，证明：$W(x)$满足一阶线性方程

$$W'+a_1(x)W=0$$

(从而可以解得 $W(x)=W(x_0)\exp\left(-\int_{x_0}^{x}a_1(s)\mathrm{d}s\right)$.

4. 设 $y_1(x)\neq 0$ 为二阶齐次线性方程 $y''+a_1(x)y'+a_2(x)y=0$ 的解，其中 $a_1(x),a_2(x)\in C[a,b]$，证明：

(1) $y_2(x)$为方程的解的充要条件为$\dfrac{\mathrm{d}W[y_1,y_2]}{\mathrm{d}x}+a_1(x)W[y_1,y_2]=0$；

(2) 方程的通解可以表示为 $y=y_1\left[C_1\int\dfrac{1}{y_1^2}\exp\left(-\int_{x_0}^{x}a_1(s)\mathrm{d}s\right)\mathrm{d}x+C_2\right]$，其中 C_1,C_2 为任意常数，$x_0,x\in[a,b]$.

5. 设 $y=\varphi(x)$是方程 $y''+a_1(x)y'+a_2(x)y=0$ 的非零解，其中 $a_1(x)$，$a_2(x)\in C[a,b]$，求证：$\forall x_0\in(a,b)$，$\varphi(x_0)$，$\varphi'(x_0)$至多有一个为零.

6. 已知齐次方程$(1-x^2)y''+2xy'-2y=0$ 的一个解为 $y=x$，求解下列非齐次方程：

$$(1-x^2)y''+2xy'-2y=-(1-x^2)^2.$$

7. 已知二阶线性常系数齐次微分方程 $y''+py'+qy=0$，当 p,q 满足什么条件时，对方程的

任意解 $y=y(x)$，均有 $\lim\limits_{x\to+\infty}y(x)=0$.

8. 有一盛满了水的圆锥形漏斗，高为 10m，顶角 $\alpha=\dfrac{\pi}{3}$，漏斗顶端处有一面积为 0.5cm^2 的小孔，打开小孔阀门，让水流出漏斗，求漏斗内水面高度的变化

规律，并求水流完所需的时间(从水力学知道，水从深度为 h 的孔流出时的速度为 $v=0.6\sqrt{2gh}\,\text{cm/s}$).

9. 没有前进速度的潜水艇，在下沉力 P(包括重力)的作用下向水底下沉，水的阻力与下沉速度 v 成正比(比例系数为 $k>0$)，如果开始时 $v=0$，求 $v(t)$.

10. 已知曲线方程 $y=y(x)$ 满足 $yy''+(y')^2=1$，且该曲线与 $y=\mathrm{e}^{-x}$ 相切于点(0,1)，求该曲线方程.

11. 已知某曲线经过原点 O，其上任意一点 M 处的切线与 x 轴交于 T，由 M 向 x 轴作垂线，垂足为 P，且三角形 MTP 面积与曲边三角形 OMP 的面积成正比(比例系数为 $k>0.5$)，求该曲线方程.

12. 已知衰减的弹簧振动方程为 $\frac{\mathrm{d}^2x}{\mathrm{d}t^2}+2\frac{\mathrm{d}x}{\mathrm{d}t}+kx=0$，其中常数 $k>0$，x 表示质点离开平衡位置的距离，开始时，弹簧被压缩的长度为 1.

(1) 试问：k 为多少时，质点不产生振荡；

(2) 设 $k=1+a^2$，初速度为 v_0，求 $x(t)$；

(3) 取 $k=2$，$v_0=-1$，求弹簧的最大伸长；

(4) 取 $k=1+a^2(a\ll 1)$，$v_0=1$，试求弹簧最短时质点的大致位置.

13. 盐溶液在两个水箱之间循环流动. 水箱的体积都是 $2L$(如下图). 设任何时刻水箱内的溶液都是均匀的，溶液按箭头方向流动，流速标在箭头上. 已知从左端进入水箱Ⅰ的盐溶液浓度为 C. 记时刻 t 时，水箱Ⅰ、Ⅱ中盐的含量为 $x(t)$，$y(t)$.

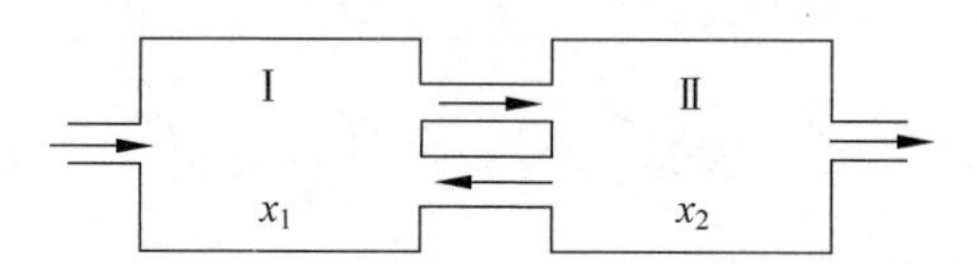

(1) 写出 $x(t)$，$y(t)$满足的微分方程组；

(2) 求方程组的通解；

(3) 讨论在任何初始条件下，解在 $t\to+\infty$时的趋势，说明其物理意义.

部分习题答案

习题 1.2

7. (1) 反之 $A=0$ 时成立； (2) 不成立.

习题 1.3

4. (1) $\frac{2}{3}$； (2) 4； (3) 0； (4) -1； (5) 1； (6) 1；

(7) 1； (8) $-\frac{1}{2}$； (9) 0； (10) $\frac{1}{2}$； (11) 2； (12) 1.

8. 1.

9. 0.

10. (3) e.

习题 1.4

3. e^{-1}.

5. (1) 2； (2) 2； (3) 0； (4) $\frac{1+\sqrt{5}}{2}$.

12. (1) $\frac{1}{2}$； (2) 2； (3) $\frac{2}{3}$； (4) 1.

13. $\frac{a}{2}$.

16. 提示：$\left(1+\frac{1}{n}\right)^n<e<\left(1+\frac{1}{n}\right)^{n+1}$.

习题 2.3

6. (1) -5； (2) $\frac{2}{\pi}$； (3) 2； (4) -1； (5) -2； (6) 1； (7) $3x^2$；

(8) 1； (9) $\frac{q}{p}$； (10) 1； (11) m； (12) $\frac{m}{n}$； (13) $\frac{n(n+1)}{2}$；

(14) $\frac{1}{m}$； (15) $\frac{mn(n-m)}{2}$； (16) $\frac{n^2-m^2}{mn}$； (17) 1； (18) $\frac{5}{8}$.

7. (1) $\frac{1}{216}$； (2) -1； (3) 3； (4) $\frac{1}{2}$； (5) π； (6) sin18；

(7) $-\frac{\sqrt{2}}{2}$； (8) $\frac{1}{2}$； (9) $\frac{2}{\pi}$； (10) $8\sqrt{2}$； (11) a^2-b^2；

(12) 3.

8. (1) e^k； (2) e^{2n}； (3) e^3； (4) $\frac{1}{e}$； (5) e^2； (6) e^2.

9. (1) $a=-1, b=\frac{1}{2}$； (2) $a=1, b=-1$.

15. $f(x)=xD(x)$.

习题 2.4

7. $1-\cos x^2, e^{x^3}-1, \sin x^2, \sin(\tan x), \ln(1+x^{\frac{2}{3}}), 2\sqrt{x}+x^3, \sqrt{x}-\sqrt[4]{x}$.

8. $n^n, n!, e^n, 2^n, n^2, \sqrt{n^3+\sqrt{n}}, \sqrt{n}, \ln(1+n^2)$.

9. (1) 1； (2) -2； (3) $\ln a$； (4) -1； (5) $\frac{k^2}{4}$； (6) $-\frac{1}{2}$；

(7) 1； (8) 1； (9) 1； (10) 0； (11) 1； (12) $\frac{1}{128}$；

(13) -2； (14) $\frac{4}{3}$.

11. $\alpha=\frac{3}{2}$. 12. $p\leqslant 2$.

习题 2.5

2. (1) 连续； (2) 间断； (3) 间断； (4) $\alpha>0$ 时连续，否则间断；
(5) $x=0$ 处连续，$x=2$ 处间断.

3. (1) $a=-2$，(2) $a=1$.

4. (1) $a=\frac{1}{2}, b=-\frac{1}{2}$； (2) $a=5, b=-2$.

5. (1) $x=0$ 为第二类间断点； (2) $x=k\pi+\frac{\pi}{2}, k\in\mathbb{Z}$ 为第一类间断点(可去)；
(3) $x=0$ 为第一类间断点(可去).

6. $x=1$ 为第一类间断点(可去)，$x=-1$ 为第一类间断点(跳跃)，$x=0$ 为第二类间断点.

第 2 章总复习题

3. $x=\frac{b-a}{2}$.

7. 0.

8. (1) 0； (2) 1； (3) $\begin{cases}\frac{\sin x}{x}, & x\neq 0,\\ 1, & x=0;\end{cases}$ (4) $\frac{n(n+1)(2n+1)}{12}$；

(5) 1；　(6) $\dfrac{m-n}{2}$；　(7) $\dfrac{n}{m}$；　(8) $\mathrm{e}^{\frac{x}{1-x}}$.

9. $f(x)=\begin{cases}\mathrm{e}, & x=1,\\ 0, & x<1.\end{cases}$

11. (1) $a=2,b=-3$；　(2) $c=\dfrac{1}{3}$，　$\dfrac{1}{3}$.

12. $x=0$ 为第一类间断点(跳跃)，$x=-2$ 为第一类间断点(可去)，$x=1$ 为第二类间断点，$x=k(k<0,k\in\mathbb{Z},k\neq-2)$ 为第二类间断点.

13. $f(g(x)),g(f(x)),(g(x))^2$ 有可能连续，有可能间断，$\dfrac{g(x)}{f(x)}$不连续.

23. 提示：$\forall\varepsilon>0$，在 $U(x_0,1)$ 内使得$\dfrac{1}{n}\geqslant\varepsilon$ 的有理数 $x=\dfrac{m}{n}$(m,n 互质)只有有限个.

习题 3.1

4. (2)，(4).

5. (1) $(\alpha+\beta)f'(x_0)$；　(2) $2f'(x_0)$；　(3) $-f'(x_0)$；　(4) $\mathrm{e}^{f'(x_0)}$.

8. $V'(r)=4\pi r^2$.

9. $a=\dfrac{1}{2\mathrm{e}}$，　$y-\dfrac{1}{2}=\dfrac{1}{\sqrt{\mathrm{e}}}(x-\sqrt{\mathrm{e}})$.

10. $(2,4)$，$\left(-\dfrac{3}{2},\dfrac{9}{4}\right)$，$\left(\dfrac{1}{4},\dfrac{1}{16}\right)$和$(-1,1)$.

13. 0.05.

14. (1) 0.48；　(2) -0.87；　(3) 1.01.

15. 2.23cm.

习题 3.2

9. (1) $x+2y-3=0$；　(2) $4\sqrt{3}x+5y-90=0$；　(3) $y=x+1$.

10.

(5) $y'(x)=\dfrac{\sin\theta+\theta\cos\theta}{\cos\theta-\theta\sin\theta}$；　(6) $y'(x)=\dfrac{m\sin\theta+\cos\theta}{m\cos\theta-\sin\theta}$.

习题 3.3

3. (3) $y^{(5)}=\dfrac{-120\ln x+274}{x^6}$；　(6) $y^{(20)}=\dfrac{20!}{3}\left(\dfrac{1}{(x+2)^{21}}-\dfrac{1}{(x-1)^{21}}\right)$；

(7) $y^{(n)}=(a^n-\mathrm{C}_n^2a^{n-2}b^2+\mathrm{C}_n^4a^{n-4}b^4+\cdots)\mathrm{e}^{ax}\cos bx$
$\quad-(\mathrm{C}_n^1a^{n-1}b^1-\mathrm{C}_n^3a^{n-3}b^3+\mathrm{C}_n^5a^{n-5}b^5+\cdots)\mathrm{e}^{ax}\sin bx$；

(8) $y^{(n)}=(a^n-\mathrm{C}_n^2a^{n-2}b^2+\mathrm{C}_n^4a^{n-4}b^4+\cdots)\mathrm{e}^{ax}\sin bx$
$\quad+(\mathrm{C}_n^1a^{n-1}b^1-\mathrm{C}_n^3a^{n-3}b^3+\mathrm{C}_n^5a^{n-5}b^5+\cdots)\mathrm{e}^{ax}\cos bx$；

(10) $y^{(n)}=\frac{(-1)^n(n-1)!}{2}\left(\frac{1}{(x-1)^n}-\frac{1}{(x+1)^n}\right)$.

4. (3) $y''(x)=\frac{1}{f''(t)}$, $y'''(x)=\frac{-f'''(t)}{(f''(t))^3}$.

第3章总复习题

1. (1) $k>0$; (2) $k>1$; (3) $k>2$.

4. $\frac{f'(a)}{f(a)}$.

5. $\sqrt{2}$. 6. 0. 7. arctan3. 12. 可导. 14. $g(0)=g'(0)=f'(0)=0$.

习题 4.2

2. (1) 2; (2) 1; (3) -1; (4) 0; (5) $\frac{\pi}{4}$; (6) $\frac{1}{6}$;

(7) $\frac{\beta^2-\alpha^2}{2}$; (8) $\frac{1}{2}$; (9) $-\frac{1}{2}$; (10) 0; (11) 0; (12) 0;

(13) $-\frac{2}{\pi}$; (14) 0; (15) 0; (16) 1; (17) $e^{\frac{4}{\pi}}$; (18) 1;

(19) $\frac{1}{\sqrt{e}}$; (20) $-\frac{e}{2}$.

3. $f''(a)$. 4. 1.

习题 4.3

4. (1) $1+2x+2x^2-2x^4$; (2) $-\frac{x^2}{2}-\frac{x^4}{12}-\frac{x^6}{16}$;

(3) $-2-\sum_{k=1}^{n}(-1)^k(x-2)^k$;

(4) $\sum_{k=1}^{27}\frac{(-1)^{k-1}}{k}(x-1)^{k+3}$;

(5) $x+\sum_{k=1}^{n}\frac{\frac{1}{2}\cdot\left(\frac{1}{2}-1\right)\cdot\cdots\cdot\left(\frac{1}{2}-k+1\right)}{k!(2k+1)}x^{2k+1}$;

(6) $-\sum_{k=0}^{n}\frac{(x-2)^k}{2^{k+1}}$; (7) $\sum_{k=1}^{n}(k+1)x^k$; (8) $\sum_{k=1}^{n}\frac{1}{2k-1}x^{2k-1}$;

(9) 0.

5. (1) $\frac{1}{2}$; (2) $-\frac{1}{12}$; (3) $\frac{1}{4}$; (4) 2.

6. $\alpha\neq-6$ 时,2 阶;$\alpha=-6$ 时,4 阶.

7. (1) 1.9961; (2) 0.0198.

习题 4.5

3. $f(x)=\frac{x^6}{6}-\frac{x^4}{2}+\frac{x^2}{2}$.

习题 4.6

1. (1) $y=x+\frac{1}{2}$；$y=-x-\frac{1}{2}$；$x=1$.　(2) $y=0$.　(3) $y=-x-1$.

第 4 章总复习题

16. (1) -3；　(2) $\frac{1}{8}$.　　17. $f(0)=f'(0)=0,f''(0)=2$,极限为 e.

习题 5.3

1. (6) $F'(x)=\begin{cases}2x, & 0<x<1,\\ 1, & 1<x<2.\end{cases}$ $F'_+(0)=0,F'_-(2)=1$.

8. (1) 1；　(2) 4；　(3) $\frac{\pi}{2}$；　(4) $\frac{1}{6}$.

12. (1) 1；　(2) 13；　(3) $2\sqrt{2}-1$；　(4) $2-\frac{\sqrt{2}}{2}$；　(5) $\frac{4}{3}$；

　(6) $\frac{1}{2}(\ln 8)^2$.

13. (1) $\frac{2}{\pi}$；　(2) $\frac{\pi}{4}$；　(3) $\frac{4\sqrt{2}}{3}-\frac{2}{3}$.

14. $\frac{4}{e}$.

习题 5.4

3. (1) $\frac{4}{11}x^{\frac{11}{4}}+4x^{-\frac{1}{4}}+C$；　(2) $2\arctan x-x+C$；

(3) $\begin{cases}x+C, & a=\frac{1}{e},\\ (ae)^x\frac{1}{\ln ae}+C, & a\neq\frac{1}{e};\end{cases}$　(4) $x^3-\frac{5}{2}x^2+2x+C$；

(5) $x^3-\frac{5}{2}x^2+2x+C$；　(6) $2\sinh x-3\cosh x+C$；

(7) $3x+2\cot x+C$；　(8) $-\ln|\cos x|+C$；

(9) $\begin{cases}x^3-\frac{5}{2}x^2+2x-1+C, & x\geqslant 1,\\ -x^3+\frac{5}{2}x^2-2x+C, & \frac{2}{3}<x<1,\\ x^3-\frac{5}{2}x^2+2x-\frac{28}{27}+C, & x\leqslant\frac{2}{3}.\end{cases}$

4. (1) $\ln(x^2+x+1)+C$;　(2) $-\sqrt{4-x^2}+C$;

(3) $\ln|\arctan x|+C$;　(4) $-\cosh\dfrac{1}{x}+C$;

(5) $\ln\cosh x+C$;　(6) $-\dfrac{1}{2}\tan(1-x^2)+C$;

(7) $\dfrac{1}{3}\arctan(x^3)+C$;　(8) $-\cos\sqrt{x^2+1}+C$;

(9) $2\sqrt{1+\tan x}+C$;　(10) $\arctan e^x+C$;

(11) $\arctan e^x+C$;　(12) $\ln|\ln(\ln x)|+C$;

(13) $-\dfrac{2}{3}(1-\ln x)^{\frac{3}{2}}+C$;　(14) $\dfrac{1}{2\ln 2}\arcsin 2^x+C$;

(15) $\dfrac{2}{3}(\arcsin x)^{\frac{3}{2}}+C$.

5. (1) $\dfrac{1}{2\sqrt{3}}\ln\left|\dfrac{x+\sqrt{3}}{x-\sqrt{3}}\right|+C$;　(2) $-\dfrac{1}{2}\ln|3-x^2|+C$;

(3) $\dfrac{3}{5}\ln|x+3|+\dfrac{2}{5}\ln|x-2|+C$;

(4) $\dfrac{1}{2}\ln(x^2-4x+8)+\dfrac{1}{2}\arctan\dfrac{x-2}{2}+C$;

(5) $-2\sqrt{4x-x^2}+5\arcsin\dfrac{x-2}{2}+C$;

(6) $-\sqrt{-x^2+2x+3}+2\arcsin\dfrac{x-1}{2}+C$;

(7) $\dfrac{x}{2}+\dfrac{1}{8}\sin 2(2x-1)+C$;

(8) $-\dfrac{1}{3}\sin^3 x+\sin x+C$;

(9) $-\dfrac{1}{2}\left(\dfrac{1}{\alpha-\beta}\cos(\alpha-\beta)x+\dfrac{1}{\alpha+\beta}\cos(\alpha+\beta)x\right)+C$;

(10) $\dfrac{1}{3}\tan^3 x-\tan x+x+C$;

(11) $\begin{cases} 2\sqrt{2}\sin\dfrac{x}{2}+C_1, & x\in(-\pi+4k\pi,\pi+4k\pi], \\ -2\sqrt{2}\sin\dfrac{x}{2}+C_2, & x\in(\pi+4k\pi,3\pi+4k\pi]; \end{cases}$

(12) $\arctan(\sin^2 x)+C$.

6. (1) $\dfrac{x}{2}\sqrt{a^2+x^2}-\dfrac{a^2}{2}\ln\left(x+\sqrt{a^2+x^2}\right)+C$;

(2) $\sqrt{x^2-4}-2\arccos\dfrac{2}{x}+C$;

(3) $\dfrac{1}{a}\ln\left|\dfrac{a-\sqrt{a^2-x^2}}{x}\right|+C$;　(4) $\dfrac{\sqrt{x^2-1}}{x}+C$;

(5) $\dfrac{1}{2}\sqrt{4x^2+4x+5}-\ln\left(\sqrt{4x^2+4x+5}+2x+1\right)+C$;

(6) $3\arcsin\dfrac{x-1}{2}-\dfrac{(x+3)\sqrt{3+2x-x^2}}{2}+C$.

7. (1) $\dfrac{1}{2}x\sin2x+\dfrac{1}{4}\cos2x+C$;　(2) $-\dfrac{1}{9}(3x+1)e^{-3x}+C$;

(3) $\left(\dfrac{1}{4}-\dfrac{x^2}{2}\right)\cos2x+\dfrac{1}{2}x\sin2x+C$;　(4) $-\dfrac{x}{2}+\dfrac{x^2+1}{2}\arctan x+C$;

(5) $\dfrac{1}{2}(x^2-1)\ln(x-1)-\dfrac{x^2}{4}-\dfrac{x}{2}+C$;

(6) $x\ln\left(x+\sqrt{1+x^2}\right)-\sqrt{1+x^2}+C$;

(7) $x(\arccos x)^2-2\sqrt{1-x^2}\arccos x-2x+C$;

(8) $x\tan x+\ln|\cos x|-\dfrac{x^2}{2}+C$;

(9) $-x\cot x+\ln|\sin x|+C$;　(10) $\dfrac{1}{8}e^x(2-\sin2x-\cos2x)+C$;

(11) $\dfrac{\arcsin e^x}{e^x}-\sqrt{e^{-2x}+1}+C$;　(12) $\dfrac{x}{2}(\sin(\ln x)-\cos(\ln x))+C$.

习题 5.5

1. (1) $\ln\left|\dfrac{x+1}{x+2}\right|+\dfrac{1}{x+2}+C$;　(2) $\ln|x|-\dfrac{1}{2}\ln(1+x^2)+C$;

(3) $x+\dfrac{1}{6}\ln|x|-\dfrac{9}{2}\ln|x-2|+\dfrac{28}{3}\ln|x-3|+C$;

(4) $\dfrac{1}{4}\ln\left|\dfrac{x-1}{x+1}\right|-\dfrac{1}{2}\arctan x+C$;

(5) $x+\dfrac{\arctan x}{3}-\dfrac{8}{3}\arctan\dfrac{x}{2}+C$;

(6) $\dfrac{1}{3}\ln\dfrac{|x+1|}{\sqrt{x^2-x+1}}+\dfrac{1}{\sqrt{3}}\arctan\dfrac{2x-1}{\sqrt{3}}+C$;

(7) $-\dfrac{1}{2(1-x^2)}+\dfrac{3}{4(1-x^2)^2}-\dfrac{1}{2(1-x^2)^3}+\dfrac{1}{8(1-x^2)^4}+C$;

(8) $\sqrt{2}\ln\left|\dfrac{\sqrt{2}x-1}{\sqrt{2}x+1}\right|+\dfrac{6x^2+1}{3x^3}+C$.

2. (1) $\frac{1}{2}\frac{\sin^3 x}{\cos^2 x}+\frac{3}{2}\sin x-\frac{3}{4}\ln\frac{1+\sin x}{1-\sin x}+C$;

(2) $\sec x+\frac{1}{3}\sec^3 x+\ln|\tan\frac{x}{2}|+C$;

(3) $x-\frac{\sqrt{2}}{2}\arctan(\sqrt{2}\tan x)+C$;　(4) $\frac{1}{2}(\tan x+\ln|\tan x|)+C$;

(5) $\ln|\sin x+\cos x|+C$;　(6) $\frac{1}{6}\ln\frac{(1-\cos x)(2+\cos x)^2}{(1+\cos x)^3}+C$;

(7) $-\frac{1}{2}\ln|\sin x+\cos x|+\frac{1}{2}x+C$;　(8) $\frac{2}{3}\arctan\left(\frac{5\tan\frac{x}{2}+4}{3}\right)+C$;

(9) $\frac{1}{2}\ln|\sin x+\cos x|+\frac{1}{2}x+C$;　(10) $\frac{1}{2}\ln(1+\cos^2 x)-\cos^2 x+C$.

3. (1) $6\ln(1+\sqrt[6]{x})+C$;

(2) $\frac{x^2}{2}-\frac{1}{2}\left(x\sqrt{x^2-1}-\ln(x+\sqrt{x^2-1})\right)+C$;

(3) $\frac{2}{5}(x+2)^{\frac{5}{2}}-\frac{4}{3}(x+2)^{\frac{3}{2}}+C$;

(4) $\frac{1}{8}\arcsin x+\frac{1}{8}x(2x^2-1)\sqrt{1-x^2}+C$;

(5) $\frac{1}{4}(x^2+1)\sqrt{x^4+2x^2-1}-\frac{1}{2}\ln(x^2+1+\sqrt{x^4+2x^2-1})+C$;

(6) $\arcsin x-\ln(1+\sqrt{1-x^2})+\ln|x|+C$;

(7) $\sqrt{(a-x)(x-b)}-(a-b)\arctan\sqrt{\frac{a-x}{x-b}}+C$;

(8) $\frac{11}{8}\arcsin\frac{2x-1}{\sqrt{5}}+\frac{2x-1}{4}\sqrt{1+x-x^2}+C$;

(9) $\frac{x}{a^2\sqrt{a^2-x^2}}+C$.

4. (1) $\sqrt{2}\ln\left|\tan\frac{x}{4}\right|+C$;　(2) $2\arcsin\sqrt{\sin x}+C$;

(3) $-x\cot\frac{x}{2}+2\ln|\sin\frac{x}{2}|+C$;

(4) $(\arctan\sqrt{x})^2+C$;　(5) $-\frac{x}{\ln x}+C$;　(6) $e^x\tan\frac{x}{2}+C$;

(7) $\frac{1}{2\sqrt{2}}\ln\frac{x^2-\sqrt{2}x+1}{x^2+\sqrt{2}x+1}+C$;　(8) $\frac{1}{4}\ln\frac{x^2}{x^2+1}-\frac{\ln x}{2(x^2+1)}+C$;

(9) $-\frac{\arctan x}{x}-\frac{(\arctan x)^2}{2}+\ln x-\frac{\ln(x^2+1)}{2}+C$.

习题 5.6

1. (1) 4； (2) $2\sqrt{2}$； (3) 1； (4) $\frac{1}{2}\ln\frac{3}{2}$； (5) $-\frac{1}{4}\ln 3$；

   (6) $\frac{1}{4}+\frac{\sqrt{2}}{8}\ln(\sqrt{2}+1)$； (7) $64\ln 2-32\ln 3-9$； (8) $\frac{1-\ln 2}{2}$；

   (9) $\frac{16-11\sqrt{2}}{3}$； (10) $1-\frac{\pi}{4}$； (11) $\frac{1}{2\sqrt{2}}\ln\frac{2+\sqrt{2}}{2-\sqrt{2}}$； (12) $\frac{\sqrt{3}-\sqrt{2}}{2}$；

   (13) $\frac{1}{\sqrt{2}}\arctan\frac{1}{\sqrt{2}}$； (14) $2(\sqrt{3}-\sqrt{2})+\ln\frac{\sqrt{3}-1}{\sqrt{3}+1}-2\ln(\sqrt{2}-1)$；

   (15) $\sqrt{3}-\frac{1}{2}\ln(2+\sqrt{3})$.

2. (1) $2-2\pi$； (2) $\frac{1}{4}\left(1-\frac{5}{e^2}\right)$； (3) $\frac{\pi^2}{16}-\frac{1}{4}$； (4) $\frac{2\pi}{3}-\frac{\sqrt{3}}{2}$；

   (5) $\frac{2}{5}-\frac{1}{5}e^{-\frac{\pi}{4}}$； (6) $\frac{1}{2}\left(1-\frac{1}{e}\right)$； (7) $\tan 1+\ln\cos 1-\frac{1}{2}$；

   (8) $\frac{3e^{\pi}-1}{8}$.

3. (1) $\frac{3\pi}{16}$； (2) $\frac{16}{15}$； (3) $\frac{5\pi}{16}$； (4) 0； (5) $\frac{\pi}{16}$； (6) $\frac{3\pi}{16}$；

   (7) $\left(\frac{a^2}{2}+\frac{a^4}{8}\right)\pi$； (8) $\frac{a^2}{2}\pi$； (9) $\frac{a^3}{2}\pi$.

8. $\frac{1-e}{4e}$.

11. $\frac{\pi}{4}$.

习题 5.7

2. (1) $4\sqrt{3}$； (2) $4\sqrt{2}$； (3) 10.42； (4) $\frac{3}{8}\pi a^2$； (5) $\frac{1}{2}\pi a^2$；

   (6) $\frac{5}{4}\pi-2$； (7) -2.

3. (1) 4； (2) $\ln(1+\sqrt{2})$； (3) $6a$； (4) $8a$；

   (5) $\pi a\sqrt{1+4\pi^2}+\frac{a}{2}\ln(2\pi+\sqrt{1+4\pi^2})$； (6) $a\sinh\frac{l}{a}$.

4. (1) $6|x|(1+9x^4)^{-\frac{3}{2}}$； (2) $\frac{1}{2\sqrt{2}a\sqrt{1-\cos t}}$；

   (3) $e^x(1+e^{2x})^{-\frac{3}{2}}$； (4) $\frac{t^2+2\sin^2 t}{a^2[t^2+4\sin^2 t+4t\sin t\cos t]^{\frac{3}{2}}}$.

5. (1) $\frac{3(1+\cos\theta)}{a(2+\cos\theta)^{\frac{3}{2}}}$； (2) $\frac{3}{a}\sqrt{\frac{\cos 2\theta}{2}}$.

6. $\left(\dfrac{\sqrt{2}}{2},-\dfrac{\ln 2}{2}\right)$，$(x-3)^2+(y+2)^2=8$.

7. (1) $\dfrac{2\pi}{35}$；(2) 8π；$\dfrac{256\pi}{15}$；(3) $24\pi,16\pi$；(4) $2\pi^2a^2b$；(5) $\dfrac{32}{105}\pi a^3$.

8. (1) $\dfrac{13\pi}{3}$；(2) $8\pi\left(\pi-\dfrac{4}{3}\right)a^2$；(3) $4\pi^2ab$；(4) $\dfrac{12\pi a^2}{5}$.

9. 求下列图形的质心.

(1) $\left(0,\dfrac{2}{\pi}\right)$；(2) $\left(\dfrac{2a}{5},\dfrac{2a}{5}\right)$；(3) $\left(\dfrac{7}{6}R,0\right)$；(4) $\left(0,\dfrac{112}{75\pi}\right)$.

10. 180N；11. 3626.7g；12. 18t；14. $k\dfrac{\theta}{l}\ln\dfrac{b(a+l)}{a(b+l)}$.

15. 3×10^6J.

16. $\dfrac{4}{3}\pi R^4$. 17. $\dfrac{1}{3}\sigma,\dfrac{1}{12}\sigma$. 18. (1) $8\pi\sigma,10\pi\sigma$；(2) $4\pi\sigma\omega^2,40\pi\sigma\omega^2$.

19. $\dfrac{\omega^2}{4}\rho\pi^2a^2b(3a^2+4b^2)$，$\dfrac{1}{2}\rho\pi^2a^2b(3a^2+4b^2)$.

第5章总复习题

9. $\dfrac{f'(0)}{2}$. 10. $\dfrac{1}{2}$. 11. (1) $F'(x)=\dfrac{1}{2}[f(x+1)-f(x-1)]$.

12. (1) $\varphi'(x)=\dfrac{-1}{x^2}\int_0^x f(u)\mathrm{d}u+\dfrac{1}{x}f(x)$；(2) 连续.

13. $I_n=I_{n-2}-\dfrac{1}{n-1}I_{n-1}+\dfrac{x^{n-1}}{n-1}\sqrt{1-x^2}$. 14. $\dfrac{1}{na}\ln\left|\dfrac{x^n}{x^n+a}\right|+C$.

习题6.1

2. (1) $-\ln\dfrac{1}{2}$；(2) 1；(3) $\dfrac{1}{2}$；(4) $\dfrac{\pi}{2}$；(5) $\dfrac{\ln 2}{2}$；(6) $\dfrac{1}{2}$；

(7) $\dfrac{1}{\mathrm{e}}$；(8) $\dfrac{\pi}{2}$；(9) -1.

3. (1) $\sqrt{2}-1$；(2) $\dfrac{\pi}{2}-1$；(3) $-\dfrac{\pi}{6}$；(4) 2；(5) $\dfrac{\pi}{2}$；

(6) $\dfrac{1}{\sqrt{3}}\ln\dfrac{\sqrt{3}+1}{\sqrt{3}-1}$.

4. (1) 发散；(2) 收敛，0；(3) 收敛，$\dfrac{\pi}{2}$；(4) 发散；(5) 收敛，2；

(6) 发散.

7. 3.

习题6.2

3. (1) 否；(2) 是.

4. (1) 收敛； (2) 收敛； (3) 收敛； (4) 条件收敛；

(5) $p>2$ 时收敛； (6) 收敛； (7) 发散； (8) 收敛；

(9) $n<3$ 收敛； (10) 收敛； (11) 发散； (12) 收敛.

5. (1) 发散； (2) $1<p<3$； (3) $0<p_0,p_1,p_2<1,\sum_{i=0}^{2}p_i>1$；

(4) 收敛； (5) $q-p>1$； (6) $\begin{cases}p>1, & \\ p=1, & q>1, \\ p=q=1, & r>1;\end{cases}$ (7) 收敛($\forall p$)；

(8) $p>1,q<1$； (9) $p>3$； (10) $p>1$； (11) $p<1,q<1$；

(12) 收敛； (13) p,q 一个在$(0,1)$,一个在$(1,+\infty)$； (14) 发散；

(15) 收敛.

9. (1) 条件收敛； (2) 条件收敛； (3) 发散； (4) 条件收敛；

(5) $q=0$,发散；$q>0$ 时,$\begin{cases}p<-1, & \text{绝对收敛;} \\ 0\leqslant p+1<q, & \text{条件收敛;} \\ p+1\geqslant q, & \text{发散;}\end{cases}$

$q<0$ 时,$\begin{cases}-(p+1)>1, & p>-1, \quad \text{绝对收敛,} \\ q<(p+1)\leqslant 0, & \text{条件收敛,} \\ p+1\leqslant q, & \text{发散.}\end{cases}$

第 6 章总复习题

1. (2) π.

2. (1) $1<p<3$； (2) 收敛.

3. (1) 条件收敛； (2) 条件收敛.

9. 提示：作变换 $x=2t$,进而考察 $\int_0^{\frac{\pi}{4}}\ln(\sin x)\mathrm{d}x$ 与 $\int_{\frac{\pi}{4}}^{\frac{\pi}{2}}\ln(\cos x)\mathrm{d}x$ 的关系,

$-\frac{\pi}{2}\ln 2$.

习题 7.1

1. (1)(4)(5)为线性方程.

3. (1) 是； (2) 是； (3) 是； (4) 是； (5) 是； (6) 是； (7) 是.

4. (1) 2； (2) $-1,4$； (3) $2,-5$； (4) $1,4$.

5. $y=x^3,y=-\frac{1}{3}x^3$.

习题 7.2

1. (1) $y=-1+\frac{C}{x-1}$； (2) $y-x+\ln|(1+x)(1-y)|=C$；

(3) $\frac{1}{x}+\frac{1}{y}+\ln\left|\frac{y}{x}\right|=C$； (4) $y^3=Cx^2\mathrm{e}^{-\sin x}$； (5) $\sin y\cos x=C$；

(6) $(\mathrm{e}^x+1)(\mathrm{e}^y-1)=C$； (7) $3\sqrt{y}=x^{\frac{3}{2}}+C$；

(8) $\arctan y=x-\ln|x+1|+C$；

(9) $y=0$ 或 $\sqrt{y}=k\pi+\frac{\pi}{2}, k\in\mathbb{Z}$ 或 $\tan\sqrt{y}=\frac{1}{2}x+C$；

(10) $y^2-1=2\ln\frac{1+\mathrm{e}^x}{1-\mathrm{e}^x}$； (11) $y=-\frac{1}{4}x^2+1$.

2. (1) $y=-\frac{2}{5}\cos x+\frac{1}{5}\sin x$； (2) $y=\mathrm{e}^{-5x}\left(\frac{1}{6}\mathrm{e}^{6x}+C\right)$；

(3) $xy=-\cos x+C$； (4) $y=x^2-2+2\mathrm{e}^{\frac{-x^2}{2}}$；

(5) $y=\frac{1}{x^2}(C-\cos x)$； (6) $r\sin\theta=-\ln\cos\theta$；

(7) $y=\mathrm{e}^{x^2}\left(6-\frac{1}{x+1}\right)$.

3. (1) $\frac{1-x+y}{3-x+y}=C\mathrm{e}^{2x}$； (2) $y+\ln x+1=Cx$； (3) $xy=C$；

(4) $\sin(x^2+y^2)=x^2+C$； (5) $xy=\mathrm{e}^{cx}$；

(6) $\frac{y}{x}+\arctan\frac{y}{x}=C$ 或 $y=Cx$； (7) $y=x\left(1-\frac{2}{\ln|x|+C}\right)$；

(8) $\sqrt{x^2+y^2}=y+Cx^2\,(C>0, x\neq 0)$； (9) $\sin\frac{y}{x}=Cx^2$；

(10) $\mathrm{e}^{-\frac{y}{x}}+\ln Cx=0$； (11) $-\left[\arctan u+\frac{1}{2}\ln(u^2+1)\right]=\ln|x|+C$；

(12) $3xy^2=C-x^3$； (13) $4y+5=(2x-3)\ln(C(2x-3))$；

(14) $y=\frac{1}{x^2+1+C\mathrm{e}^{x^2}}$.

4. $y=-x^3$. 5. $y=x+Cx^2, C=-\frac{75}{124}$.

6. $0.1782I_0$. 7. $80v'=800-0.178v^2, v(0)=60$.

习题 7.3

1. (1) $y=\frac{x^3}{3}+\cos x-x$； (2) $y=x-\ln(1+x)$； (3) $y=\left(\frac{1}{2}x+1\right)^4$；

(4) $y=C_1\left(x+\frac{x^3}{3}\right)+C_2$； (5) $y=\frac{1}{C_1x+C_2}+1$；

(6) $y=\cos(x-C_1)+C_2x+C_3$ 或者 $y=\pm\frac{x^2}{2}+C_1x+C_2$；

(7) $y=\frac{1}{C_1}\mathrm{e}^{1+C_1x}+C_2$； (8) $y=\frac{1+C_1^2}{C_1}\ln|1+C_1x|-\frac{x}{C_1}+C_2$；

(9) $y=\frac{1}{12}(x+C_1)^3+C_2$.

习题 7.4

2. 提示：利用解的存在唯一性定理.

5. (1) $y=(x\ln x-x+C_1x+C_2)e^x$；

(2) $y=x(x^2+C_1x+C_2)$；

(3) $y=-\frac{1}{2}\cos x+C_1e^{-x}+C_2e^x$；

(4) $y=x^3+C_1x^2+\frac{C_2}{x}$；

(5) $y=C_1x+C_2e^x-1$；

(6) $-\frac{x^2}{8}\cos 2x+\frac{x}{16}\sin 2x+C_1\cos 2x+C_2\sin 2x$.

6. $y=\frac{a+b}{2}e^x+\frac{a-b}{2}e^{-x}$.

7. (1) $y''+2y'+y=0$；　(2) $y'''+y=0$.

8. $C_1+C_2x+C_3(x-x^3)+x+x^2$.

习题 7.5

2. (1) $y=\frac{e^x-e^{-x}}{2}$；

(2) $y=(1-2x)e^{3x}$；

(3) $y=\frac{3}{2}-\frac{3}{5}e^{-x}+\frac{1}{10}e^{4x}$.

3. (1) $y=C_1e^{-2x}+C_2e^{6x}-\frac{1}{12}x^2+\frac{1}{18}x-\frac{7}{216}$；

(2) $y=C_1e^{-2x}+C_2e^{6x}-\frac{1}{20}e^{-4x}$；

(3) $y=C_1e^{2x}+C_2xe^{2x}+\frac{1}{6}x^3e^{2x}$；

(4) $y=(C_1+C_2x)e^{-x}-\frac{1}{2}\cos x$；

(5) $y=C_1e^{-x}+C_2xe^{-x}+\frac{3}{25}e^x\cos x+\frac{4}{25}e^x\sin x$；

(6) $y=C_1e^{-x}+C_2e^{-2x}+\left(\frac{1}{2}x^2-\frac{3}{2}x+\frac{7}{4}\right)+\left(\frac{1}{10}\sin x-\frac{3}{10}\cos x\right)$；

(7) $y=C_1e^{-2x}\cos x+C_2e^{-2x}\sin x-\frac{1}{2}xe^{-2x}\cos x$；

(8) $y=\left(C_1+C_2x+\frac{1}{6}x^3\right)e^{2x}+\frac{1}{4}-\frac{3}{25}\sin x+\frac{4}{25}\cos x$；

(9) $y=\left(1+\frac{1}{4}x\right)\sin 2x$;

(10) $y=\left(\frac{1}{6}x^3+4x-3\right)e^{2x}+4$;

(11) $y=\left(-4-\frac{1}{3}x\right)\cos x+\left(-\frac{8}{3}-2x\right)\sin x+3x+4$.

4. (1) $y=C_1x^n+C_2x^{-1-n}$;

(2) $y=C_1+C_2x^{-1}+3x(2\ln x-3)$;

(3) $y=6\left(x\ln x-\frac{3}{2}x\right)+C_1\ \frac{1}{x}+C_2$;

(4) $y=\frac{1}{2}+\frac{1}{4}(2x-1)+C_1(2x-1)^2+C_2(2x-1)^{-1}$.

5. $y=3\sqrt{x}+\frac{1}{\sqrt{x}}$.

6. $a=-3, b=2, c=-1$;

$y=C_1e^x+C_2e^{2x}+xe^x$.

7. $y=C_1\sin x+\frac{1}{2}x\cos x$.

习题 7.6

1. (1) $\boldsymbol{Y}=\begin{bmatrix}\frac{1}{4} & \frac{3}{4}\\ -\frac{1}{2} & \frac{3}{2}\end{bmatrix}\begin{bmatrix}e^{-3x}\\ e^{5x}\end{bmatrix}$;　(2) $\boldsymbol{Y}=\begin{bmatrix}\frac{1}{2} & 0\\ 0 & -1\end{bmatrix}\begin{bmatrix}e^{-x}\sin 4x\\ e^{-x}\cos 4x\end{bmatrix}$;

(3) $\boldsymbol{Y}=\begin{pmatrix}e^{2x}\\ 1-2e^{2x}\\ 1-e^{2x}\end{pmatrix}$;　(4) $\boldsymbol{Y}=\begin{bmatrix}-1 & 1 & 1\\ -1 & 0 & 1\\ 1 & 1 & 0\end{bmatrix}\begin{bmatrix}1\\ 0\\ 2e^{-x}\end{bmatrix}$;

(5) $\boldsymbol{Y}=e^{2x}\begin{bmatrix}1 & 0 & 0\\ x & 1 & 0\\ \frac{1}{2}x^2 & x & 1\end{bmatrix}\begin{bmatrix}C_1\\ C_2\\ C_3\end{bmatrix}$;

(6) $\boldsymbol{Y}=\begin{bmatrix}0 & 3\cos 4x-4\sin 4x & 4\cos 4x-3\sin 4x\\ 0 & 5\cos 4x & 5\sin 4x\\ e^x & 0 & 0\end{bmatrix}\begin{bmatrix}C_1\\ C_2\\ C_3\end{bmatrix}$.

2. (1) $\boldsymbol{Y}=\begin{bmatrix}3 & 1\\ -1 & 2\end{bmatrix}\begin{bmatrix}C_1e^{-3x}+\frac{1}{14}e^x-\frac{1}{35}e^{2x}\\ C_2e^{4x}-\frac{1}{21}e^x-\frac{3}{14}e^{2x}\end{bmatrix}$;

(2) $\boldsymbol{Y}=\begin{bmatrix}\cos x & \sin x\\ -\sin x & \cos x\end{bmatrix}\begin{bmatrix}C_1\\ C_2\end{bmatrix}+\begin{bmatrix}3\\ 0\end{bmatrix}$;

(3) $\boldsymbol{Y}=\begin{bmatrix}1 & 1\\ 1 & 3\end{bmatrix}\begin{bmatrix}C_1\mathrm{e}^{-x}\\ C_2\mathrm{e}^{-3x}\end{bmatrix}+\begin{bmatrix}0\\ \cos x\end{bmatrix}$;

(4) $\boldsymbol{Y}=\begin{bmatrix}1 & 1 & 1\\ 1 & 0 & 1\\ -1 & -1 & 2\end{bmatrix}\begin{bmatrix}5\\ \mathrm{e}^{x}\\ -3\mathrm{e}^{-x}\end{bmatrix}+\begin{bmatrix}-2\\ -1\\ 1\end{bmatrix}$.

第7章总复习题

1. (1) $\dfrac{Cx}{\sqrt{1+x^2}}$; (2) $x=y^2(1+C\mathrm{e}^{\frac{1}{y}})$;

(3) $y=\arcsin\left(x+C\sqrt{x^2-1}\right)$; (4) $y=\mathrm{e}^{(x-C)\sec x}$;

(5) $y=-\dfrac{2(1+x)}{2x+x^2-2C}$;

(6) $y=\dfrac{1}{9}[x^2-1+3C(x^2-1)^{\frac{1}{4}}]^2$;

(7) $y=\dfrac{1}{2}\left(C\pm\sqrt{4x^4+C^2}\right)$; (8) $y=\dfrac{1}{x(C-\ln x)}$;

(9) $y+\ln\dfrac{2+x-y}{2-x+y}=C$;

(10) $y=\pm\dfrac{\sqrt{16\ln x+C}}{x}$; (11) $y=\arcsin\left(x+\sqrt{x^2+1}\right)$.

2. (1) $y=C_1\arctan x+C_2$; (2) $y^2=C_1x^2+C_2$;

(3) $y=C\mathrm{e}^{-\varphi(x)}+(\varphi(x)-1)$.

6. 齐次方程的通解为 $y=C_1+C_2(x^2+1)$,非其次方程特解为 $y=C_1+C_2(x^2+1)+\dfrac{x^2}{6}(x^2-3)$.

8. $-\dfrac{\pi}{5}\sqrt{\dfrac{2}{g}}(h^{\frac{5}{2}}-10^{\frac{5}{2}})=0.9t$,约 100s 后水流完.

9. $v(t)=\dfrac{P}{k}(1-\mathrm{e}^{-kt})$.

10. $y=1-x$.

11. $y^{2k-1}=Cx$.

索　　引